现代数学译丛 38

非光滑分析与控制理论

Nonsmooth Analysis and Control Theory

〔法〕 F. H. 克拉克（F. H. Clarke）
〔俄〕 Yu. S. 拉德耶夫（Yu. S. Ledyaev）
〔加〕 R. J. 斯特恩（R. J. Stern）
〔美〕 P. R. 沃伦斯基（P. R. Wolenski） 著
李明华 薛小维 李小兵 王其林 卢成武 译

科学出版社
北京

图字：01-2023-3881号

内 容 简 介

本书介绍了非光滑分析中的基本工具、原理与方法，结构严密，方法严谨，并将非光滑分析应用到控制论中，推广和改进了控制论中的许多结论.

本书的主要内容包括 Hilbert 空间中的邻近次微分及计算法则、Banach 空间中的广义梯度及计算法则、最优化问题的几个专题(如中值不等式、Rademacher 定理等)、微分方程控制论中的一些基本概念等. 此外在每章后(第 1 章除外)都附了相当数量的习题供读者练习和参考.

本书可作为高等学校数学和统计类研究生专业课程的教材或参考书，也可供相关研究人员参考.

图书在版编目（CIP）数据

非光滑分析与控制理论 / （法）F.H.克拉克（F. H. Clarke）等著；李明华等译. -- 北京 ：科学出版社，2024. 6 -- (现代数学译丛). -- ISBN 978-7-03-078946-4

Ⅰ. O17

中国国家版本馆 CIP 数据核字第 20246KQ575 号

责任编辑：胡庆家　李　萍 / 责任校对：彭珍珍
责任印制：张　伟 / 封面设计：陈　敬

科学出版社 出版
北京东黄城根北街 16 号
邮政编码: 100717
http://www.sciencep.com
三河市骏杰印刷有限公司印刷
科学出版社发行　各地新华书店经销
*
2024 年 6 月第　一　版　开本：720×1000　1/16
2024 年 6 月第一次印刷　印张：17
字数：340 000

定价：118.00 元

(如有印装质量问题，我社负责调换)

序　一

本书的主题——数学控制理论，是一个广阔而奇妙的思想世界. 它将抽象理论的美与基础应用的重要性结合在一起, 并与数学、物理和工程有着密切的联系.

本书主要是解释和发展非光滑分析对数学控制理论的基本贡献.

"非光滑分析" 一词是半个世纪前由这篇序言的作者创造的, 是为了与光滑分析有一个明显相反的对比. 这只是一种简单的经典分析, 它假设数据的光滑性, 以便使用线性化技术. 通过非光滑分析, 我们可以在不使用线性化的情况下以新的方式进行.

本书从首次出版到现在证明了它所提出的概念、技术和定理的重要性和实用性.

就我个人而言, 我自己对这两个研究领域 (非光滑分析和控制) 的贡献构成了一个人生项目, 并总结在三部曲中. 三部曲始于 1983 年的《优化与非光滑分析》, 第二个是 1998 年出版的本书, 三部曲的最后一本 (也是篇幅相当大的一本) 是《函数分析、变分法和最优控制》(2013). 这可以被看作该学科的参考教材. 特别是, 它包含了一门关于函数分析的课程, 以及关于最优控制必要条件 (例如, 最大值原理) 的最新结果. 由于篇幅不足, 本书《非光滑分析与控制理论》省略了这些结果.

我和我的合著者对本书被翻译成中文感到高兴和荣幸. 我们感谢译者团队所做的努力, 并祝愿读者在数学控制理论的土地上有一段最愉快的旅程.

Francis Clarke
勃艮第, 法国
2023 年 9 月 3 日

序　二

Clarke 教授是国际知名的优化专家, 是研究非光滑分析的国际权威之一, 发表了许多非光滑分析方面的经典著作, 影响着大批非光滑分析爱好者.

《非光滑分析与控制理论》是 Clarke 教授等作者的三部曲之一. 该书全面系统地介绍了非光滑分析方法及其在控制理论中的应用. 特别地, 主要介绍了非凸和非光滑分析中的工具 (方向导数、次微分等) 和方法 (变分原理等), 结构清晰, 语言简洁. 该书的一大特色是将一些技术细节留作练习, 同时在每章末 (第 1 章除外) 配备了大量相关的习题. 阅读该书不需要深厚的分析基础, 适合绝大部分对非光滑分析感兴趣的研究人员. 该书不仅对从事专业理论研究的学者提供了翔实的分析技巧和方法, 更是在内容组织、逻辑推导等方面非常适合研究生和青年学者学习和参考. 该书非常适合数学优化、统计优化、图像处理和机器学习方向的研究生作为教材和工具书.

译者团队长期从事非光滑分析的研究工作, 对非光滑分析理论非常熟悉. 同时, 该团队在指导研究生学习期间, 与学生一起认真学习, 详细讨论了该书, 获得了一些富有价值的心得, 为翻译该书打下了坚实的基础.

经典著作的翻译工作耗时费力, 能坚持完成一定是出于对该书浓厚的兴趣. 我相信, 付出一定是有价值的,《非光滑分析与控制理论》中译本必将对我国科学研究和优化人才的培养起到积极作用.

李声杰
重庆大学
2023 年 9 月 1 日

序

Clarion 软件是[illegible]

[illegible]

[illegible]

[illegible]

[illegible]

译 者 序

为什么翻译本书? 译者在近五年指导了 20 多位硕士研究生, 一时苦于找不到一本既打基础又能快速进入研究前沿的书, 市面上最优化理论的书要么主题宏大需要长时间学习, 要么需要很深的泛函基础, 我们的研究生并不具备这些条件.《非光滑分析与控制理论》以前作为工具书查阅, 书中的方法简洁明了, 逻辑清晰, 内容合适, 学习时间恰当. 于是, 如获至宝. 我们有四届研究生先后参与了对本书两轮的学习与讨论, 强烈感受到, 要想完全掌握该书的技巧和方法, 翻译是一个最佳选择.

我们团队从 2021 年 1 月开始学习本书, 直到 2023 年 4 月结束, 共计 5 位导师和 27 位研究生参与学习与讨论, 共 16 位研究生用 CTeX 录入中文译本的原稿, 其中王禹、白思轩、王梅、唐田、翟玉雯、马杨、蒋源鑫参与了前四章的翻译, 马权禄、周金玉、王禹、赵立斌、冯盼盼参与了第 5 章的翻译, 郭倩、唐昊、范聪、张云淞、张雨荷参与了各章习题的翻译, 在此一并感谢他们, 祝他们在新的岗位上不断进步.

本书中译本的出版得到了很多优化专家和学者的鼓励与支持. 重庆大学的李声杰教授一直关注本书的翻译和出版工作并在百忙之中为中文译本作序. 本书的作者之一 Clarke 教授对译者的翻译工作非常支持, 并为中译本欣然作序. 我们对此表示衷心感谢.

学习和翻译本书耗费了我们大量的精力, 以致忽略了我们的家庭, 用此译本献给他们, 感谢他们的大力支持和理解.

本书中译本的出版得到了国家自然科学基金 (项目编号: 12271072)、重庆国家应用数学中心与重庆市科学技术局自然科学基金 (项目编号: cstc2019jcyj-msxmX0443, CQ-NCAM-2021-02, CSTB2022NSCQ-MSX0406, CSTB2022NSCQ-MSX0409, CSTB2023NSCQ-MSX1071, CSTB2023NSCQ-LZX0101)、重庆市教育委员会科技项目 (项目编号: KJQN202101328, KJZD-M202201303, KJQN202201343, KJQN202201349, KJZD-M202301303, KJZD-K202300708) 的资助, 在此表示感谢. 特别感谢科学出版社对本书出版所给予的大力支持和帮助.

我们忠于原著, 但有个别命题和定理的证明添加了一些详细步骤, 以便于读者更好地理解. 由于水平有限, 译文的某些地方难免有不妥之处, 欢迎广大读者批评和指正.

李明华　薛小维　李小兵　王其林　卢成武
重庆文理学院　重庆交通大学
2023 年 8 月 31 日

原书前言

请原谅我写了一封这么长的信, 我没多少时间去写一封更短的信了.

——Lord Chesterfield

非光滑分析指的是没有可微性的微分分析. 它可以被视为非线性分析这一庞大学科的一个子领域. 虽然非光滑分析有着经典的渊源 (可以追溯到 Dini), 但这门学科只是在最近几十年才迅速发展起来的. 事实上, 由于定义繁多和相关理论不清, 进一步发展有可能会面临受阻的风险.

毫无疑问, 该学科发展的一个原因是人们认识到不可微现象比人们想象的更为普遍, 所起的作用也更为重要. 至少在哲学上, 这与其他几种不规则和非线性行为 (灾难、分形和混沌) 的出现是一致的.

近年来, 非光滑分析在函数分析、最优化、最优设计、力学、微分方程 (如粘性解理论)、控制理论, 以及越来越多的一般分析 (临界点理论、不等式、不动点理论、变分法 ······) 中发挥了作用. 从长远来看, 我们希望它的方法和基本构造被视为微分分析的自然组成部分.

我们发现, 要写一本很长的关于非光滑分析及其应用的书相对来说比较容易, 我们写了好几次. 我们现在不打算这样做. 事实上, 我们写这部著作的主要目标是, 清晰简洁地呈现这一主题的本质以及一些应用和大量有趣的练习. 我们还在正文中加入了一些新结论, 这些结论阐明了该学科不同学派之间的关系. 我们希望这有助于更多读者了解非光滑分析. 本着这种精神, 本书的写作目的是让任何学过泛函分析课程的人都能使用.

现在我们开始讨论内容. 第 1 章是引言, 我们在其中加入了一些个人见解. 这样做的目的是让读者对接下来的内容有一个初步的了解, 并在早期阶段说明为什么这一主题令人感兴趣.

第 2 — 5 章中有许多练习, 建议读者去做这些练习. 我们的教学经验对本书的编写产生了很大的积极影响, 并表明理解力与所做练习成正比. 每章末的习题也为加深理解提供了空间. 在后续学习中, 我们可以根据需要调用练习的结果.

第 2 章的邻近分析是本书的每一位读者都应该认真阅读的. 我们选择在 Hilbert 空间中进行研究, 尽管具有光滑范数的某些 Banach 空间的更广泛性将是另一种合适的背景. 我们相信, Hilbert 空间的假设使理论在初次接触时更容易被理解, 同时也满足后续的应用需要.

第 3 章专门讨论广义梯度理论, 它是发展非光滑分析的另一种主要方法 (邻近方法是另外一种). 我们选择在 Banach 空间讨论这一理论. 现在, 这两种主要方法之间的关系已被很好地理解, 并在这里得到了清晰地描述. 与前一章一样, 本章的论述并非百科全书式的, 但涵盖了重要观点.

第 4 章讨论一些特定专题, 其中 4.1 节是约束优化问题和最优值函数分析. 这个专题在第 1 章中已有预告, 4.1 节有助于理解第 5 章后半部分的某些证明, 尽管不是必不可少的. 4.2 节中值不等式提供了更深入的微分学. 它也是 4.3 节可解性结果的基础, 4.3 节的特色是 Graves-Lyusternik 定理和 Lipschitz 反函数定理. 4.4 节简要介绍了通向非光滑微分的第三条途径, 即基于方向次导数的途径. 该理论的要点可以从前面的结果中推导出来. 我们还在此给出了 Rademacher 定理的自成一体的证明. 在 4.5 节中, 我们开发了一些在下一章中会用到的机制, 特别是可测选择. 我们快速介绍了变分泛函, 但省略了变分法. 4.6 节探讨了与切向量有关的一些问题.

第 5 章, 正如其标题所揭示的, 是对常微分方程控制理论的初步介绍. 这是一个失之偏颇的介绍, 因为其目标之一是在实际操作中演示前面的几乎所有理论. 它没有试图解决建模或实现的问题. 尽管如此, 我们还是研究了控制中的大部分核心问题, 而且我们相信, 任何认真学习数学控制理论的学生都会发现, 通过非光滑分析掌握这里开发的工具至关重要: 不变性、可行性、轨迹单调性、粘性解、非连续反馈和 Hamilton 函数包含. 我们相信, 这里首次提出的统一的以几何为动机的方法, 其价值将继续在这一课题中体现出来.

现在, 我们向没有时间阅读本书所有内容的读者提出一些建议. 如果读者对控制理论兴趣不大, 那么第 2 章和第 3 章, 时间允许的话再加上第 4 章, 构成了非光滑分析的主要结构. 另一种情况是, 读者希望完整地学习第 5 章. 这在第 2 章之后直接跳到第 5 章是可行的. 只是偶尔引用第 3 章和第 4 章中的结论, 直到 5.8 节, 这种方式引用参考前述内容对读者没有多大困难. 5.9 节和 5.10 节对第 3 章有较大的依赖性, 但如果读者愿意接受定理的证明, 仍可涵盖这两节内容.

我们要感谢 Université de Montréal 数学研究中心的工作人员, 特别是 Louise

Letendre, 感谢他们为本书的编写提供了宝贵的帮助.

最后, 在本书即将付梓之际, 得知我们的朋友和同事 Andrei Subbotin 去世的消息, 我们对他的去世表示沉痛哀悼, 并对他为我们的课题做出的诸多贡献表示感谢.

Francis Clarke, 里昂
Yuri Ledyaev, 莫斯科
Ron Stern, 蒙特利尔
Peter Wolenski, 巴吞鲁日
1997 年 5 月

目　录

第 1 章 引 言

本书主要介绍基础内容, 适合初学者.

——R. P. Boas 《实变函数入门》

首先介绍本书将要阐述的几个主题和技巧.

1.1 非线性分析

数学分析中常见的三类问题如下:

(i) 最小化函数 $f(x)$;

(ii) 解方程 $F(x)=y$ 得到 x 关于 y 的函数;

(iii) 考察微分方程 $\dot{x}=\varphi(x)$ 在平衡点 x^* 处的稳定性.

这些问题所涉及的函数不一定光滑 (可微). 例如, 如果连续函数满足**增长性** (growth) 或**紧性** (compactness), 则函数可以达到最小值.

尽管如此, 但借助经典的线性化技巧, 导数在上述问题中仍起到重要的作用. 线性化是指通过函数在某点的导数来构造函数的线性局部逼近. 当然, 该方法需要导数是存在的. 针对上述三类问题, 线性化给出了下列熟悉且有用的结论:

(i) 最小点 x 处的导数 $f'(x)=0$ (Fermat 定理);

(ii) 若 $n\times n$ 的 Jacobi 矩阵 $F'(x)$ 是非奇异的, 那么 $F(x)=y$ 局部可逆 (反函数定理);

(iii) 若 Jacobi 矩阵 $\varphi'(x^*)$ 的特征值有负实部, 则该点处的平衡状态是局部稳定的.

本书的主要目的是介绍一些工具和方法, 用于解决所涉及的函数非光滑时的上述问题, 以及在分析、优化和控制方面的其他问题.

为了简单地说明上述问题并与非光滑分析建立关联, 考虑如下问题: 用微分这种局部性质来刻画一个连续函数 $f:\mathbb{R}\to\mathbb{R}$ 是递减的整体性质, 即 $x\leqslant y\Longrightarrow f(y)\leqslant f(x)$.

若 f 连续可微, 则由

$$f(y)=f(x)+\int_x^y f'(t)dt$$

得到 f 递减的充要条件是: $f'(t) \leqslant 0, \forall t \in \mathbb{R}$.

若函数不是连续可微的, 则递减的充要条件将变得更加复杂. 众所周知, 存在一个严格递减函数且其导数几乎处处为 0 (存在不可导的点). 对这样的函数, 用导数刻画递减性质就失效了.

1878 年, Ulysse Dini 引出了一些方向导数, 其中一个为下列的右下导数:

$$Df(x) := \liminf_{t \downarrow 0} \frac{f(x+t)-f(x)}{t}.$$

注意到 $Df(x)$ 可能取到 $+\infty$ 或者 $-\infty$. 下列结论说明 Df 对刻画非光滑函数的递减性恰好合适. 虽然下列定理的结论是非常经典的, 且在后面有更一般的结论, 但为了引出本书的两大主题—— 最优化和非光滑计算, 我们给出本定理的一个非标准证明.

定理 1.1.1 连续函数 $f: \mathbb{R} \to \mathbb{R}$ 递减当且仅当

$$Df(x) \leqslant 0, \quad \forall x \in \mathbb{R}.$$

证明 必要性. 由 f 递减可知 $f(x+t) \leqslant f(x), \forall t > 0$. 根据 Dini 导数的定义容易得 $Df(x) \leqslant 0$.

充分性. 设 $x, y \in \mathbb{R}$ 且 $x < y$, 只需证对任意的 $\delta > 0$ 有

$$\min\{f(t) : y \leqslant t \leqslant y+\delta\} \leqslant f(x), \tag{1.1}$$

这意味着 $f(y) \leqslant f(x)$.

为了证明 (1.1), 引出定义在 $(x-\delta, y+\delta)$ 上的函数 g 满足以下性质:

(a) g 连续可微, $g(t) \geqslant 0$, $g(t) = 0$ 当且仅当 $t = y$;

(b) $g'(t) < 0$, $\forall t \in (x-\delta, y)$; $g'(t) \geqslant 0$, $\forall t \in [y, y+\delta)$;

(c) 当 $t \downarrow x-\delta$ 或 $t \uparrow y+\delta$ 时, 都有 $g(t) \to +\infty$.

考虑 $f+g$ 在 $(x-\delta, y+\delta)$ 上的最小值. 容易验证 $f+g$ 在区间 $(x-\delta, y+\delta)$ 上连续且满足增长性, 所以 $f+g$ 可以达到最小值并设最小值点为 z. 由于函数达到最小值的必要条件是 Dini 导数非负, 所以有

$$D(f+g)(z) \geqslant 0.$$

因为 g 是光滑的, 则有如下计算法则

$$D(f+g)(z) = Df(z) + g'(z).$$

由 $Df(z) \leqslant 0$ 可得 $g'(z) \geqslant 0$, 从而 $z \in [y, y+\delta)$. 因此 (1.1) 的左端有如下上界:

$$\min\{f(t) : y \leqslant t \leqslant y+\delta\} \leqslant f(z) \quad (z \in [y, y+\delta))$$

$$\leqslant f(z)+g(z) \quad (g \geqslant 0)$$

$$\leqslant f(x)+g(x) \quad (z\text{为最小值点}).$$

对于任意的 $\varepsilon>0$, εg 满足 g 的所有性质, 所以用 εg 替换上述过程中的 g, 再令 $\varepsilon \to 0$, 得到 (1.1) 成立. □

需要指出的是, 如果 f 的 "连续性" 替换成 "下半连续性", 上述证明同样可行. 函数的下半连续性将在第 2 章给出, 它是第 2 章函数的基本假设.

因为当 $f'(x)$ 存在时, $Df(x)=f'(x)$, 所以定理 1.1.1 的一个直接推论是: 连续且处处可微的函数 f 递减当且仅当它的导数 $f'(x)\leqslant 0, \forall x\in\mathbb{R}$. 该结论也可以通过下列中值定理得到: 当 f 可微时, 存在介于 x,y 之间的 z 使得 $f(y)-f(x)=f'(z)(y-x)$.

邻近次梯度

现在考虑多元函数的单调性. 对于 $x,y\in\mathbb{R}^n$, $x\leqslant y$ 指对应的每个分量都有不等式成立, 即 $x_i\leqslant y_i, i=1,2,\cdots,n$. 若对于任意的 x,y, 只要 $x\leqslant y$, 都有 $f(y)\leqslant f(x)$, 则称函数 $f:\mathbb{R}^n\to\mathbb{R}$ 递减.

经验表明推广一元函数的 Dini 导数到多元函数上的最佳方式如下: 对于一个给定的方向 $v\in\mathbb{R}^n$, 称

$$Df(x;v):=\liminf_{\substack{\omega\to v\\ t\downarrow 0}}\frac{f(x+t\omega)-f(x)}{t}$$

为 f 在点 x 处关于方向 v 的**方向次导数**.

令 $\mathbb{R}^n_+$ 为 $\mathbb{R}^n$ 上的正卦限, $\mathbb{R}^n_+:=\{x\in\mathbb{R}^n: x\geqslant 0\}$. 下面是定理 1.1.1 的推广, 它的证明与定理 1.1.1 类似, 故略去.

定理 1.1.2 连续函数 $f:\mathbb{R}^n\to\mathbb{R}$ 递减当且仅当

$$Df(x;v)\leqslant 0, \quad \forall x\in\mathbb{R}^n, \quad \forall v\in\mathbb{R}^n_+.$$

当函数 f 连续可微时, 有 $Df(x;v)=\langle\nabla f(x),v\rangle$. 于是有以下结论:

推论 1.1.3 连续可微函数 $f:\mathbb{R}^n\to\mathbb{R}$ 递减当且仅当

$$\nabla f(x)\leqslant 0, \quad \forall x\in\mathbb{R}^n.$$

因为一般来说, 计算一个梯度要比计算次导数容易, 所以当 f 不可微时, 我们需要去寻找一个工具替代推论 1.1.3 中的梯度.

邻近次梯度 (proximal subgradients) 是刻画多元函数性质的有力工具. 如果存在 x 的邻域 U 和 $\sigma > 0$ 使得

$$f(y) \geqslant f(x) + \langle \zeta, y - x \rangle - \sigma \|y - x\|^2, \quad \forall y \in U,$$

则称向量 ζ 为函数 f 在 x 处的**邻近次梯度**. 称所有 ζ 组成的集合 $\partial_P f(x)$ 为 f 在点 x 处**邻近次微分**. f 在 x 处邻近次梯度 ζ 的存在性, 对应着存在二次函数从下方逼近 f 的可能性. 点 $(x, f(x))$ 是 f 图像与二次函数图像的交点, 且 ζ 为二次函数图像在该点处的斜率. 对于可导函数, 函数 f 的图像可以用仿射函数来逼近.

后续章节将介绍邻近次微分的许多性质, 其中之一为中值定理: 给定 x 和 y, 对任意的 $\varepsilon > 0$, 存在 $z \in [x, y] + \varepsilon \mathbb{B}$ 和 $\zeta \in \partial_P f(z)$ 使得 $f(y) - f(x) \leqslant \langle \zeta, y - x \rangle + \varepsilon$. 该结论只需 f 满足下半连续. 根据这个定理我们可得如下结论:

定理 1.1.4 下半连续函数 $f : \mathbb{R}^n \to \mathbb{R}$ 递减当且仅当

$$\zeta \leqslant 0, \quad \forall \zeta \in \partial_P f(x), \quad \forall x \in \mathbb{R}^n.$$

注意到定理 1.1.4 包含了定理 1.1.2, 因为容易证明如下结论:

$$\zeta \in \partial_P f(x) \Longrightarrow Df(x; v) \geqslant \langle \zeta, v \rangle, \quad \forall v.$$

定理 1.1.4 所给出的描述则具有一定的实际意义, 它们能够在一些实际问题中发挥作用. 例如, 在变分计算的存在性理论研究中, 有一种方法得出如下函数 f:

$$f(t) := \max \left\{ \int_0^1 L(s, x(s), \dot{x}(s)) ds : \|\dot{x}\|_2 \leqslant t \right\},$$

其中最大值在某类函数 $x : [0, 1] \to \mathbb{R}^n$ 上取得, L 是给定的函数. 该函数在约束条件 $\|\dot{x}\|_2 \leqslant t$ 下可以达到最大值, 但我们的目的是说明没有该约束条件也能使函数 f 达到最大值. 关键在于说明当 t 足够大时, 函数 f 为常数. 因为根据定义 f 是递增的, 这相当于表明 f (最终) 是递减的, 由于没有假设 f 是光滑的, 则可由定理 1.1.4 证明 f 是递减的.

这个例子说明了非光滑分析如何在分析看似不相关的问题时发挥了重要作用; 稍后将结合控制理论给出详细的例子.

事实上, 即使 f 是连续可微的, $\partial_P f(x)$ 也可能几乎处处为空. 然而, 正如定理 1.1.4 所说明的, 以及我们将在更复杂的情况下看到的, 邻近次微分决定了某些基本函数性质的存在与否. 就像导数一样, $\partial_P f(x)$ 的作用是基于次微分的存在使我们得到估计 (如上面引用的邻近版本的中值定理), 或根据简单的要素来表达复杂泛函的次微分. 邻近次微分及其他次微分在 Hilbert 空间下的计算将在第 2 章和第 4 章中阐述.

广义梯度

继续探索函数 $f:\mathbb{R}^n\to\mathbb{R}$ 的递减性质, 现在希望找到 f 下降的方向.

若 f 是光滑的, 利用线性化, 只要 $\nabla f(x)\neq 0$, 方向 $v:=-\nabla f(x)$ 就是下降方向, 即对于足够小的 $t>0$, 有

$$f(x+tv)<f(x). \tag{1.2}$$

如果 f 不可微呢? 此时邻近次微分 $\partial_P f(x)$ 可能起不到任何作用, 譬如它为空集.

若 f 是局部 Lipschitz 连续的, 则有另一个非光滑计算工具, 即广义梯度 $\partial f(x)$. 考虑在第 4 章中将要证明的 Rademacher 定理: 局部 Lipschitz 连续函数几乎处处可微. 由局部 Lipschitz 连续函数 f 的梯度 ∇f 生成的**广义梯度** (generalized gradients) $\partial f(x)$ 如下 (其中 "co" 表示凸包):

$$\partial f(x)=\operatorname{co}\left\{\lim_{i\to\infty}\nabla f(x_i):x_i\to x,\nabla f(x_i)\text{存在}\right\}.$$

借助该广义梯度可以得到如下下降方向:

定理 1.1.5 对每一个点 $x\in\mathbb{R}^n$, 广义梯度 $\partial f(x)$ 是非空紧凸集. 若 $0\notin\partial f(x)$ 且 ζ 为 $\partial f(x)$ 中有最小范数的元素, 那么方向 $v:=-\zeta$ 满足公式 (1.2).

证明 非空性: 由 f 局部 Lipschitz 连续和 Rademacher 定理得 f 几乎处处可微且不可微的点组成的集合测度为 0. 故容易得 $\partial f(x)$ 非空.

有界性: 记 $A:=\left\{\lim_{i\to\infty}\nabla f(x_i):x_i\to x,\nabla f(x_i)\text{存在}\right\}$. 为证明 $\partial f(x)$ 的有界性, 我们只需要证明集合 A 有界. 任取 $w\in A$. 则存在序列 $x_i\to x$ 使得 $\nabla f(x_i)\to w$. 由 Taylor 展开式, 对任意充分小的 t 有

$$f(x_i+t\nabla f(x_i))-f(x_i)=t||\nabla f(x_i)||^2+o(t).$$

由 f 局部 Lipschitz 连续 (记其 Lipschitz 常数为 K), 对任意充分小的 t 容易得到

$$\left|||\nabla f(x_i)||^2+\frac{o(t)}{t}\right|\leqslant K\|\nabla f(x_i)\|.$$

在上式中令 $t\to 0$, 有 $||\nabla f(x_i)||\leqslant K$. 从而有 $\|w\|\leqslant K$. 所以 $\partial f(x)$ 是有界的.

闭性: 根据 $\partial f(x)$ 的定义和有界性, 为证 $\partial f(x)$ 的闭性, 我们只需要证明集合 A 是闭的. 设 $v^k\in A$ 且 $v^k\to v$. 下面证明 $v\in A$. 由于 $v^k\in A$, 存在 $x_i^k\overset{i\to\infty}{\longrightarrow}x$ 使得 $\nabla f(x_i^k)\overset{i\to\infty}{\longrightarrow}v^k$. 在序列 $\{x_i^1\}$ 中任选一个元素 $x_{i_1}^1$. 因为 $\nabla f(x_i^2)\overset{i\to\infty}{\longrightarrow}v^2$ 和 $x_i^2\to x$, 所以选择足够大的 i_2 可以得到

$$\|\nabla f(x_{i_2}^2)-v^2\|<\|\nabla f(x_{i_1}^1)-v^1\|\quad\text{且}\quad\|x_{i_2}^2-x\|<\|x_{i_1}^1-x\|.$$

同理选择 i_{j+1} 使得下式成立:

$$\|\nabla f(x_{i_{j+1}}^{j+1}) - v^{j+1}\| < \|\nabla f(x_{i_j}^j) - v^j\| \quad \text{且} \quad \|x_{i_{j+1}}^{j+1} - x\| < \|x_{i_j}^j - x\|, \ \forall j.$$

由此我们找到序列 $\{x_{i_k}^k\}$ 满足 $\|\nabla f(x_{i_k}^k) - v^k\| \downarrow 0$ 且 $\|x_{i_k}^k - x\| \downarrow 0$. 因为 $v^k \overset{k\to\infty}{\longrightarrow} v$, 所以 $\nabla f(x_{i_k}^k) \to v$, 从而 $v \in A$. 故 $\partial f(x)$ 是闭集.

凸: 因为 $\partial f(x)$ 为凸包, 显然 $\partial f(x)$ 是凸集. 综上所述, $\partial f(x)$ 是一个非空闭凸集.

下面证方向 $v = -\zeta$ 满足公式 (1.2). 由 $\partial f(x)$ 的非空紧凸性得, 存在唯一的 $\zeta \in \partial f(x)$ 使得 $\|\zeta\| = \min\{\|\eta\| | \eta \in \partial f(x)\} > 0$. 则存在 $\lambda_j \geqslant 0$ 和 $x_i^j \overset{i\to\infty}{\longrightarrow} x$, $j = 1, \cdots, n+1$ 使得

$$\zeta = \sum_{j=1}^{n+1} \lambda_j \lim_{i\to\infty} \nabla f(x_i^j) \quad \text{且} \quad \sum_{j=1}^{n+1} \lambda_j = 1.$$

所以对每一个 $j = 1, \cdots, n+1$ 和充分小的 t 都有

$$\begin{aligned} f(x+tv) - f(x) &= \lim_{i\to\infty} \left(\sum_{j=1}^{n+1} \lambda_j f(x_i^j + tv) - \sum_{j=1}^{n+1} \lambda_j f(x_i^j) \right) \\ &= \lim_{i\to\infty} \left[t \left\langle \sum_{j=1}^{n+1} \lambda_j \nabla f(x_i^j), v \right\rangle + o(t) \right]. \end{aligned}$$

所以对充分小的 t 有

$$f(x+tv) - f(x) = -t\|v\|^2 + o(t) < 0. \qquad \square$$

注 事实上, 由上述证明可知, $\partial_P f(x)$ 中任意非零向量均满足 (1.2).

广义梯度的计算将在第 3 章展开讨论.

为了避免讨论递减性过于单调, 下面转向另一个主题, 该主题将展示一些几何概念, 这将是未来发展的核心. 我们已经了解到, 自 Dini 时代以来, 如果同时重视函数和集合, 就会产生更好的结果.

1.2 流动-不变集

设 S 是 $\mathbb{R}^n$ 的闭子集, 并设 $\varphi : \mathbb{R}^n \to \mathbb{R}^n$ 是局部 Lipschitz 的. 我们关注的问题是: 带初值条件的微分方程

$$\dot{x}(t) = \varphi(x(t)), \quad x(0) = x_0 \tag{1.3}$$

解的轨迹 $x(t)$ 是否是保持 S 的不变性. 即, 如果 $x_0 \in S$, 则轨迹 $x(t)$ $(t>0)$ 也属于 S. 此时, 称系统 (S,φ) 是**流动-不变的** (flow-invariant).

像前一节一样 (但现在是针对集合而不是函数), 线性化给出了满足流动-不变性的集合 S 的一种情形, 即充分光滑. 假设 S 是一个**光滑流形** (smooth manifold), 即在局部满足形式

$$S=\{x\in\mathbb{R}^n: h(x)=0\},$$

其中 $h:\mathbb{R}^n\to\mathbb{R}^m$ 是一个连续可微函数并且在 S 上有非零导数. 如果 (1.3) 中的 $x(t)$ 仍在集合 S 中, 则对 $t\geqslant 0$ 有 $h(x(t))=0$. 当 $t>0$ 时, 对方程两边关于 t 求微分:

$$\begin{aligned}[h(x(t))]' &= \begin{pmatrix} \dfrac{\partial h_1}{\partial x_1}\cdot\dfrac{dx_1}{dt}+\cdots+\dfrac{\partial h_1}{\partial x_n}\cdot\dfrac{dx_n}{dt} \\ \vdots \\ \dfrac{\partial h_m}{\partial x_1}\cdot\dfrac{dx_1}{dt}+\cdots+\dfrac{\partial h_m}{\partial x_n}\cdot\dfrac{dx_n}{dt}\end{pmatrix} \\ &= \begin{pmatrix} \nabla h_1(x(t))^{\mathrm{T}}\cdot\dot{x}(t) \\ \vdots \\ \nabla h_m(x(t))^{\mathrm{T}}\cdot\dot{x}(t)\end{pmatrix} = \begin{pmatrix} 0\\ \vdots \\ 0\end{pmatrix}.\end{aligned}$$

结合 (1.3) 令 t 趋于 0 得

$$\langle\nabla h_i(x_0),\varphi(x_0)\rangle=0\quad(i=1,2,\cdots,m).$$

流形 S 在 x_0 处的**切空间** (tangent space) 定义为集合

$$\{v\in\mathbb{R}^n:\langle\nabla h_i(x_0),v\rangle=0, i=1,2,\cdots,m\},$$

所以我们已经证明了下面定理的必要性部分.

定理 1.2.1 设集合 S 是一个光滑流形. (S,φ) 是流动-不变的充分必要条件是对于每一个 $x\in S$, $\varphi(x)$ 属于 S 在 x 处的切空间.

在某些情况下我们感兴趣的是非光滑流形的流动不变性. 例如, $S=\mathbb{R}_+^n$. 一旦我们确定了如何定义任意闭集 S 的相切概念, 证明上述定理在非光滑情况下的充分性就变得简单了. 为此, 考虑与 S 相关的距离函数

$$d_S(x):=\min\{\|x-s\|:s\in S\},$$

该函数是一个全局 Lipschitz 且不可微的函数. 定义

$$f(t):=d_S(x(t))=\min\{\|x(t)-s\|:s\in S\}.$$

如果 $x(\cdot)$ 是 (1.3) 的解, 其中 $x_0 \in S$, 则有 $f(0)=0$ 且对 $t \geqslant 0$ 有 $f(t) \geqslant 0$.

什么性质能保证对 $t \geqslant 0$ 有 $f(t)=0$, 即 $x(t) \in S$? 显然, 当 f 单调递减时能达到此目标. 由定理 1.1.1 可得, f 单调递减的充要条件是 $Df(t) \leqslant 0$, 该条件在 $t=0$ 时, 有

$$\liminf_{t \downarrow 0} \frac{f(t)-f(0)}{t} = \liminf_{t \downarrow 0} \frac{d_S(x(t))}{t} \leqslant 0.$$

因为 d_S 是 Lipschitz 的, 再根据 $x(t)$ 在 0 处的 Taylor 展开式

$$x(t) = x_0 + t\varphi(x_0) + o(t),$$

上述下极限等价于

$$\liminf_{t \downarrow 0} \frac{d_S\left(x_0 + t\varphi\left(x_0\right)\right)}{t}.$$

这个发现启示我们引入下面的定义, 并实质上证明了下述定理, 将定理 1.2.1 的结论推广到任意闭集.

定义 1.2.2 如果

$$\liminf_{t \downarrow 0} \frac{d_S(x+tv)}{t} = 0,$$

那么称向量 v 是闭集 S 在点 x 处的**切向量**.

这些向量组成的集合是一个锥, 称作 S 在点 x 处的 **Bouligand 切锥**, 记作 $T_S^B(x)$. 当 S 是光滑流形时, $T_S^B(x)$ 与 S 在点 x 处的切空间是一样的.

定理 1.2.3 设 S 是闭集. 那么 (S, φ) 是流动-不变的当且仅当

$$\varphi(x) \in T_S^B(x), \quad \forall x \in S.$$

当 S 是光滑流形时, 它在 x 处的**法空间**被定义为与其切空间正交的空间, 即

$$\operatorname{span}\left\{\nabla h_i(x) : i=1,2,\cdots,m\right\}.$$

此时定理 1.2.1 可以重新表述为: (S, φ) 是流动-不变的当且仅当 $\langle \xi, \varphi(x) \rangle \leqslant 0$, 对任意的 $x \in S$ 及 S 在 x 处的法向量 ξ.

我们现在考虑如何在非光滑情形下把**外法线** (outward normal) 的概念扩展到 $\mathbb{R}^n$ 的任意闭子集 S. 该问题的关键是**投影** (projection): 任给 $u \notin S$, 设 x 是 S 中的一个距离 u 最近的点, 则称 x 是 u 在 S 上的投影. 向量 $u-x$ (以及该向量的所有的非负倍数) 定义为 S 在点 x 处的一个邻近法方向. 以这种方式 (固定 x, 通过变化的 u) 所构造的所有向量的集合称为 S 在点 x 处的**邻近法锥** (proximal normal cone), 记作 $N_S^P(x)$. 当 S 是光滑流形时, 它与 S 在点 x 处的法空间是一致的.

下面根据邻近法锥来刻画流动-不变性.

定理 1.2.4 设 S 为闭集, (S,φ) 是流动-不变的当且仅当

$$\langle \xi, \varphi(x)\rangle \leqslant 0, \quad \forall \xi \in N_S^P(x), \quad \forall x \in S.$$

我们可以观察到定理 1.2.3 和定理 1.2.4 之间存在一种对偶性. 前者通过集合 S 内产生的切线来刻画流动-不变性, 而后者则通过集合 S 外部生成的法线来刻画流动-不变性. 在光滑流形的情况下, 对偶性是确切的: 切线条件和法线条件是等价的. 一般在非光滑情况下, 该结论不再成立 (对 $x \in S$, 集合 $T_S^B(x)$ 和 $N_S^P(x)$ 不能互相表示).

虽然 "对偶性" 这个词可能需要粗略地理解, 但它自始至终是研究非光滑分析的一个重要的工具. 对偶工具常起到很好的配合作用. 例如: 虽然切线通常便于验证流动-不变性, 但邻近法线是 "近端瞄准法" 的核心, 该方法在第 5 章中被用来定义稳定反馈.

我们寻求的另一种对偶性涉及我们定义的各种分析和几何结构之间的一致性. 为了说明这一点, 考虑另一种研究 (S,φ) 流动-不变性的方法, 该方法试图借助**邻近次微分** (而不是次导数) 来刻画函数 $f(t) = d_S(x(t))$ 的单调递减的性质. 如果有合适的 "链式法则" 可用, 那么我们希望可以将其与定理 1.1.4 结合使用, 将问题简化为不等式:

$$\langle \partial_P d_S(x), \varphi(x)\rangle \leqslant 0, \quad \forall x \in S.$$

模块化一些我们以后会感兴趣的技术问题, 这是可行的. 根据定理 1.2.4, 我们猜想 (或希望) 以下事实:

$$N_S^P(x) = \operatorname{cone}\left(\partial_P d_S(x)\right).$$

这种类型的公式说明了我们所说的构造之间的一致性, 这里指集合的邻近法锥与距离函数的邻近次微分之间的一致性.

1.3 最 优 化

作为最优化问题中非光滑性如何产生的第一个例证, 我们考虑极小极大问题. 设光滑函数 f 依赖两个变量 x 和 u, 其中 x 是一个选择变量, 而 u 不定, 在集合 M 中变化. 我们寻求最小化函数 f.

给定 x, u 的所有可能取值中最差情形对应于 f 的值: $\max_{u\in M} f(x,u)$. 因此, 我们考虑如下问题:

$$\underset{x}{\operatorname{minimize}}\ g(x), \quad \text{其中 } g(x) := \max_{u\in M} f(x,u).$$

这样定义的函数 g 一般不光滑, 即使 f 是一个很好的函数并且最大值可达. 要在简单的情况中理解这一点, 可以考虑 g 是由两个光滑函数 f_1, f_2 组成的上包络 (我们建议读者画个草图来理解). 如果

$$f_1(x) = f_2(x), \quad f_1'(x) \neq f_2'(x),$$

则 g 在点 x 处有一个拐角 (不可微).

回到一般情况, 我们注意到, 在合适假设下, 可以计算广义梯度 $\partial g(x)$. 我们发现

$$\partial g(x) = \mathrm{co}\left\{f_x'(x,u) : u \in M(x)\right\},$$

其中 $M(x) := \{u \in M : f(x,u) = g(x)\}$. 该刻画可以作为分析或者数值计算方面解决问题的第一步. 接下来可能需要考虑关于 x 的具体约束.

特征值问题具有非常具体的结构, 并且在工程和优化设计中非常重要. 设 A 是一个依赖于参数 x 的 $n \times n$ 的对称矩阵, 我们记作 $A(x)$. 在设计由 $A(x)$ 表示的基础系统时, 一个常见的准则是使 $A(x)$ 最大特征值 Λ 尽可能小. 例如, 这可能对应一个稳定性问题.

根据最大特征值的 Rayleigh 公式, 我们有

$$\Lambda(x) = \max\{\langle u, A(x)u\rangle : \|u\| = 1\}.$$

由此表明, 这个问题是极小极大型的.

函数 $\Lambda(\cdot)$ 通常是非光滑的, 即使 $x \to A(x)$ 本身是光滑的. 例如, 读者可以验证以下矩阵

$$A(x,y) := \begin{pmatrix} 1+x & y \\ y & 1-x \end{pmatrix}$$

的最大特征值 $\Lambda(x,y)$ 是 $1 + \|(x,y)\|$.

注意到该最大特征值函数的最小值出现在点 $(0,0)$ 处, 也就是它的不可微点. 这不是巧合, 现在可以理解为, 不可微性通常是设计问题的一个内在特征.

不可微性发挥作用的另一类问题是 L^1 优化问题. 在其离散版本中, 该问题如下:

$$f(x) := \sum_{i=1}^{p} m_i \|x - s_i\|. \tag{1.4}$$

例如, 在逼近和统计中会出现这样的问题: 其中 L^1 逼近具有某些特征, 可以使它比更常见 (且光滑) 的 L^2 逼近更合适.

让我们在一个简单的物理系统中研究这个问题.

Torricelli 桌子问题

一桌子在坐标为 $s_1, s_2, \cdots, s_p$ 的点上有孔, 通过孔悬挂大量的物块 $m_1, m_2, \cdots, m_p$, 然后都与同一个质量为 m 的物块绑在一起, 其位置表示为 x (见图 1.1). 如果忽略摩擦力和线的重量, 则联结点 x 的平衡位置正好是使 (1.4) 中的函数 f 达到最小时的位置, 因为 $f(x)$ 可以被认为是系统的势能.

函数 $x \mapsto \|x-s\|$ 在点 s 处的邻近次微分为闭单位球, 在其他点处的邻近次微分是由其导数 $(x-s)/\|x-s\|$ 组成的单点集. 利用这一事实和一些计算法则, 我们可以得到 f 在最优点 x 处的必要条件:

$$0 \in \sum_{i=1}^{p} m_i \partial_P \|(\cdot) - s_i\| (x). \tag{1.5}$$

当然, (1.5) 仅仅是针对特殊函数 (1.4) 的次微分形式的 Fermat 法则. 满足 (1.5) 的点不一定唯一, 但满足 (1.5) 的任何点都是 f 的全局极小点. 这是因为函数 f 是一个凸函数, 这类函数在研究最优性条件时起到了重要的作用. 在凸优化问题中不存在纯粹的局部极小点.

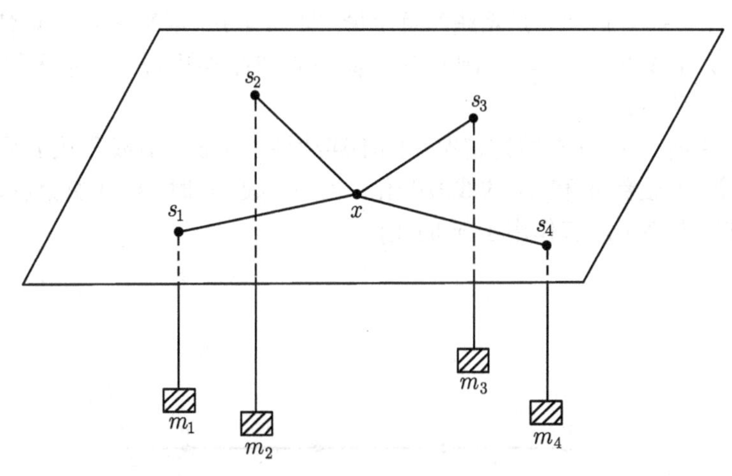

图 1.1 Torricelli 桌子

当 $p=3$, 每个 $m_i=1$, 且这三个点是三角形的顶点时, 问题就变成了寻找一个点, 使得它到这些顶点的距离之和最小. 这个解被称为 Torricelli 点, 以 17 世纪数学家的名字命名.

(1.5) 式是极小化问题的充分必要条件这一事实, 让我们可以很容易地得到关于这个问题的某些经典结论. 比如, Torricelli 点与三角形的一个顶点重合的充要条件是该顶点处的角度为 120° 或更大.

回到一般情况, 如果允许这些物块悬挂在桌子外侧边缘, 那么可以通过再添加另外的一条线和一个物块使得系统变得更加复杂. 然后, 这条新增的线将自动找到最靠近 x 的桌子边缘上的点 $s(x)$ (至少在局部意义上, 这是相对于 $s(x)$ 的邻域而言的, $s(x)$ 是桌子边缘上最接近 x 的点). 如果集合 S 表示桌子补集的闭包, 该系统潜在的势能是

$$\tilde{f}(x) := m_0 d_S(x) + \sum_{i=1}^{p} m_i \|x - s_i\|.$$

函数 $\tilde{f}(x)$ 如同 f 一样是非光滑的, 但又是非凸的, 且在不同的势能等级上会达到局部极小值. 在 S 边界上的点 s, 作为 (保持平衡状态) 通过桌子边缘的点, 使得其邻近法锥 $N_S^P(s)$ 包含非零向量. 这样的点尽管在 S 的边界中总是稠密的, 但它们可能相当稀疏. 对于矩形桌, $N_S^P(s) = \{0\}$ 的点 s 恰好有四个.

如果 $x(t)$ 表示结点关于时间的位移, 那么根据牛顿定律有

$$M\ddot{x} = \sum_{i=1}^{p} m_i \frac{s_i - x}{\|s_i - x\|} + m_0 \frac{s(x) - x}{\|s(x) - x\|}, \tag{1.6}$$

其中, $x \neq s_i, x \neq s(x)$, M 是系统的总质量, 即 $m + m_0 + \sum m_i$. 一般情况下, 局部投影 $x \mapsto s(x)$ 是不连续的, 因此在求解 (1.6) 时, 会出现一个包含状态不连续函数的微分方程问题.

图 1.2 说明了 $s(x)$ 在特定情况下的不连续性. 当 x 沿着线段从 u 到 v 时, 对应的 $s(x)$ 沿着连接 A 和 B 的线段变化. 当 x 越过 v 时, $s(x)$ 突然移动到点 C 的附近 (该图省略了所有作用于 x 的线).

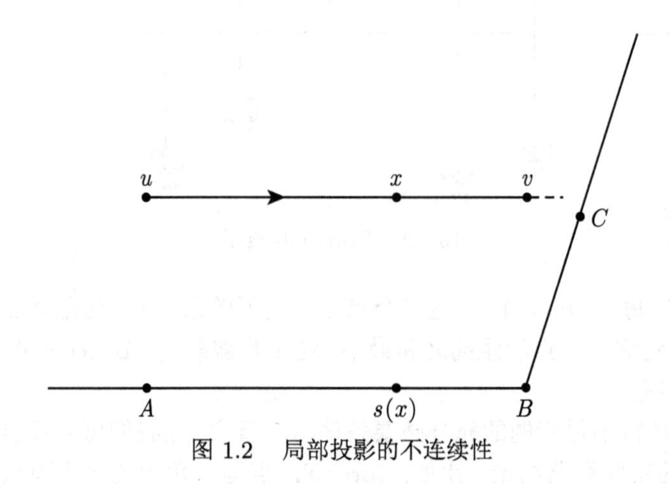

图 1.2 局部投影的不连续性

我们将在第 5 章讨论与反馈控制设计相关的不连续微分方程问题.

约束优化

最小化函数 $f(x)$ 时, 通常有必要考虑关于点 X 的具体约束, 例如, x 属于给定集合 S. 在本书中有两种方法处理此类问题, 且这些方法在本书中占有重要位置.

第一种方法称作**精确罚函数** (exact penalization), 它试图将约束优化问题

$$\text{minimize}\, f(x) \text{ s.t. } x \in S$$

由无约束优化问题

$$\text{minimize}\, f(x) + K d_S(x)$$

来代替. 在合适的条件下, 对于充分大的 K, 这种去除约束的技术是合理的.

因为距离函数在 S 的所有边界点从来都是不可微的, 且新问题的解又落在这些点中, 我们将不得不处理一类非光滑最小化问题, 即使原问题有光滑数据 f 和 S, 我们也避免不了这类问题.

第二种处理约束优化的通用技术为**价值函数分析** (value function analysis). 它主要用在约束集 S 由具体的函数表达式构成, 尤其是等式和不等式的情况. 一个简单的例子

$$\text{minimize } f(x) \text{ s.t. } h(x) = 0.$$

我们将这个问题嵌入到一类相似的问题中, 即在等式约束中加入一个扰动参数. 特别地, 问题 $P(\alpha)$ 如下:

$$P(\alpha): \text{ minimize } f(x) \text{ s.t. } h(x) + \alpha = 0.$$

设 $V(\alpha)$ 为问题 $P(\alpha)$ 的最小值.

我们的初始问题是简单的 $P(0)$. 如果 x_0 是 $P(0)$ 的解, 则必然有 $h(x_0) = 0$ (因为对于 $P(0)$ 来说, x_0 必须是可行的), 并且我们有 $V(0) = f(x_0)$, 即

$$f(x_0) - V(-h(x_0)) = 0.$$

根据 V 的定义, 对于任意的 x, 有

$$f(x) - V(-h(x)) \geqslant 0,$$

即函数 $x \mapsto f(x) - V(-h(x))$ 在 $x = x_0$ 处达到最小值, 由此得到

$$f'(x_0) + V'(0)h'(x_0) = 0,$$

这就是 **Lagrange 乘子公式** (Lagrange multiplier rule).

如果读者对乘子公式的简单证明持怀疑态度, 他们是有道理的. 不过, 唯一的错误在于假设 V 是可微的. 第 4 章非光滑分析将沿着以上思路进行严格的论证.

1.4 控制理论

在常微分方程的控制理论中, 标准模型如下:

$$\dot{x}(t) = f(x(t), u(t)) \text{ a.e.}, \quad 0 \leqslant t \leqslant T, \tag{1.7}$$

其中 (可测量的) 控制函数 $u(\cdot)$ 满足约束

$$u(t) \in U \text{ a.e.}, \tag{1.8}$$

随之产生的状态 $x(\cdot)$ 满足初始条件 $x(0) = x_0$ 或者其他的约束. 通过 $u(\cdot)$ 的选择而得到的间接控制 $x(\cdot)$ 是为了一些目的被使用, 其目的主要有两类: 位置的 (仍在给定 $\mathbb{R}^n$ 的某个集合中, 或很接近这个集合) 和最优的 ($x(\cdot)$ 和 $u(\cdot)$ 一起最小化某类给定的函数).

与优化情况类似, 某些问题由包含非光滑的数据而产生: 如极小极大准则. 在本节, 希望传递给读者如何考虑非可微性, 而这些非可微性产生于我们可能希望解决问题的方式. 最小时间问题就是一个这样的例子, 它结合了位置的和最优的两种因素.

该问题包括在 $[0, T]$ 上寻找最小的 $T\,(T \geqslant 0)$ 和控制函数 $u(\cdot)$, 并且使得 x 的最终状态满足 $x(T) = 0$. 粗略来讲, 该问题需要在最短时间内将初始状态 x_0 引导至原点.

接下来介绍集值映射 F:

$$F(x) := f(x, U).$$

F 的轨迹 $x(\cdot)$ 在区间 $[0, T]$ 上是绝对连续函数, 且满足

$$\dot{x}(t) \in F(x(t)) \text{ a.e.}, \quad 0 \leqslant t \leqslant T. \tag{1.9}$$

事实上, 在合理的假设下 $x(\cdot)$ 是一条轨迹 (即满足 (1.9) 式) 当且仅当存在一个控制函数 $u(\cdot)$ (即满足 (1.8) 式的可测量的函数) 与 x 一起满足微分方程 (1.7) (详见第 4 章, 在这里不再陈述这些假设).

就轨迹而言, 此问题是从 x_0 出发找到一个最优轨迹, 即寻找能够尽可能快地到达原点的轨迹. 让我们开始探索吧!

我们先来介绍定义在 $\mathbb{R}^n$ 上的**最小时间函数** (minimal time function) $T(\cdot)$:

$$T(\alpha) := \min\{T \geqslant 0 : \text{某个轨迹 } x(\cdot) \text{ 满足 } x(0) = \alpha, x(T) = 0\}.$$

这时就出现了**可控制性** (controllability) 问题: 是否总是可以在有限时间从 α 引导至原点? 我们将在第 5 章研究此问题, 在本节中假设这种情况成立.

从两方面来看优化原理. 一方面, 如果 $x(\cdot)$ 是任意轨迹, 则函数

$$t \mapsto T(x(t)) + t$$

是递增的; 如果 $x(\cdot)$ 是最优轨迹, 则上述函数为常数. 另一方面, 如果 $x(\cdot)$ 是从 α 到 0 的最优轨迹, 则

$$T(x(t)) = T(\alpha) - t, \quad 0 \leqslant t \leqslant T(\alpha),$$

这是因为从点 $x(t)$ 出发的一条最优轨迹是通过将 $x(\cdot)$ 截断在区间 $[t, T(\alpha)]$ 上得到的. 如果 $x(\cdot)$ 是一条任意轨迹, 则不等式

$$T(x(t)) \geqslant T(\alpha) - t$$

反映这样一个事实: 在 t 时刻, 从 α 到达 $x(t)$ 也许可以达到最优 (此时等式成立), 也可能达不到最优 (此时不等式成立).

因为 $t \mapsto T(x(t)) + t$ 是单调递增的, 我们期待有

$$\langle \nabla T(x(t)), \dot{x}(t) \rangle + 1 \geqslant 0, \tag{1.10}$$

且当 $x(t)$ 是最优轨迹时等式成立. $\dot{x}(t)$ 可能取值恰好是 $F(x(t))$ 中的元素, 我们得到

$$\min_{v \in F(x)} \{\langle \nabla T(x), v \rangle\} + 1 = 0.$$

我们定义下 Hamilton 函数 h 如下:

$$h(x, p) := \min_{v \in F(x)} \langle p, v \rangle.$$

根据 h, 得到偏微分方程

$$h(x, \nabla T(x)) + 1 = 0, \tag{1.11}$$

它是 Hamilton-Jacobi 方程的一个特例.

我们探索的第一步: 用 Hamilton-Jacobi 方程 (1.11) 和边界条件 $T(0) = 0$ 去寻找 $T(\cdot)$. 这个方法将如何帮助我们找到最优轨迹呢?

为了回答这一问题, 我们回顾前述事实: 一条最优轨迹需要使得 (1.10) 中的等式成立. 这表明了对于任意的 x, 我们需要寻找 $F(x)$ 中的一个点 $\hat{v}(x)$ 满足

$$\min_{v \in F(x)} \langle \nabla T(x), v \rangle = \langle \nabla T(x), \hat{v}(x) \rangle = -1. \tag{1.12}$$

然后通过下列初始值问题构造 $x(\cdot)$:

$$\dot{x}(t) = \hat{v}(x(t)), \quad x(0) = \alpha, \tag{1.13}$$

我们将从 α 处得到一条最优轨迹! 原因如下: 令 $x(\cdot)$ 满足 (1.13); 因为 $\hat{v}(x) \in F(x)$, 所以 $x(\cdot)$ 是一条轨迹. 此外

$$\begin{aligned}\frac{d}{dt}T(x(t)) &= \langle \nabla T(x(t)), \dot{x}(t) \rangle \\ &= \langle \nabla T(x(t)), \hat{v}(x(t)) \rangle = -1.\end{aligned}$$

由此我们得到

$$T(x(t)) = T(\alpha) - t,$$

表明当 $t = T(\alpha)$ 时, 有 $x = 0$. 因此 $x(\cdot)$ 是一条最优轨迹.

我们需要强调的重点是: $\hat{v}(\cdot)$ 从任意的初始值 α (通过 (1.13)) 产生最优轨迹, 因此构成了这个问题的核心: **最佳反馈合成** (optimal feedback synthesis). 这个问题最令人满意的答案是: 如果发现自己在 x 处, 你只需要选择 $\dot{x} = \hat{v}(x)$ 来尽可能快地接近原点.

遗憾地, 沿着我们刚才描述的路线会遇到严重障碍: 从简单的例子就可以看出 T 不可微 (T 是一个最优值函数, 正如我们在 1.3 节中遇到的情况一样).

因此, 我们需要重新对 Hamilton-Jacobi 方程 (1.11) 进行论证. 为了适应非光滑的情况, 必须要重新设计某种方案, 而此时的 T 是否是广义 Hamilton-Jacobi 方程的唯一解呢?

在刻画 T 之后的下一步会有一些新的困难: 即使 T 光滑, 对每个 x, 通常也不会有连续函数 $\hat{v}(\cdot)$ 满足 (1.12). 因此, 由 $\hat{v}(\cdot)$ 通过 (1.13) 所产生的一条轨迹 $x(\cdot)$, 其意义和存在性本身就是有问题的.

接近最小时间问题的 "动态规划" 的内在困难, 过去一直是微分方程和控制的研究焦点. 直到最近, 上述所有问题近乎完美的答案才被发现. 我们将在第 5 章连同数学控制理论中其他基本主题的结论, 如不变性、平衡性、稳定性、最优性的必要条件和充分条件一起呈现.

让我们现在开始更细致地学习吧!

1.5　符　号

我们期望读者有泛函分析的基础, 且希望下面的数学符号对读者是自然的.

X 是一个实 Hilbert 空间或 Banach 空间, 相应范数表示为 $\|\cdot\|$. X 中以 0 为中心、1 为半径的开球用 B 表示, $\bar{B}$ 表示它的闭包. 为了与其他空间区分开, 我们也用 B_X 来表示单位开球.

向量 ζ 和 x 的内积表示为 $\langle \zeta, x \rangle$. 当 X 是一个 Banach 空间时, $\langle \zeta, x \rangle$ 表示线性泛函 $\zeta \in X^*$ 在点 x 处的值, 其中 X^* 表示定义在 X 上的连续线性泛函组成的空间.

X^* 中的开球用 B_* 表示. 符号 $\text{w-}\lim_{i\to\infty} x_i = x$ 表示序列 $\{x_n\}$ 弱收敛到 x.

类似地, w^* 表示空间 X^* 中的弱*拓扑. $L_n^p[a,b]$ 表示区间 $[a,b]$ 到 $\mathbb{R}^n$ 上的 p 次方可积函数组成的集合.

对 X 中的两个子集 S_1 和 S_2, S_1+S_2 表示为

$$\{s=s_1+s_2:s_1\in S_1,s_2\in S_2\}.$$

以 x 为中心, $r>0$ 为半径的开球表示为 $B(x;r)$ 或者 $x+rB$. $B(x;r)$ 的闭包表示为 $\bar{B}(x;r)$ 或 $x+r\bar{B}$.

对集合 S, 用符号 $\operatorname{int}S,\operatorname{cl}S,\operatorname{bdry}S,\operatorname{co}S,\overline{\operatorname{co}}\,S$ 分别表示 S 的内部、闭包、边界、凸包和闭凸包.

本书中一些主要的符号放在了本书的最后部分.

第 2 章　Hilbert 空间中的邻近计算

我们从几个拉丁术语开始好吗?

——电影《危险关系》

本章, 我们介绍非光滑分析的两个基本概念: (集合的) 邻近法向量和 (函数的) 邻近次梯度. 邻近法向量是从集合指向外部的方向向量, 这些向量是由一点到集合上投影生成的. 邻近次梯度对函数的上图具有一定的局部支撑性. 将一个函数看作一个集合 (借助于它的图像) 是一种常见的方法, 但是我们在更大程度上发展了函数和集合之间的对偶性, 将它扩展到包括这些法线和次梯度的计算中去. 邻近次梯度的存在通常说明了函数在某一点的一些有趣性质; 2.3 节中的稠密性定理是一个深刻结论: 在有效域上几乎处处存在邻近次梯度. 借助它我们推导出两个最小化原理. 这些定理与 "几乎达到" 最小值的情况有关, 并断言一个小的扰动就会确切达到最小值. 在此过程中, 我们将遇到一些有用的函数: 凸函数、Lipschitz 函数、指示函数和距离函数. 最后, 我们将看到邻近计算的一些基本法则, 尤其是求和与链式法则.

2.1　投影与邻近法向量

设 X 是一实 Hilbert 空间, S 是 X 的一非空子集. 假设点 x 不属于 S. 进一步假设在 S 中存在一点 s, 满足 s 到 x 的距离是 S 中的点到 x 的最短距离. 则 s 被称为 x 到 S 上的一个**最近点或投影**, 用 $\operatorname{proj}_S(x)$ 表示所有投影组成的集合. 明显地, $s \in \operatorname{proj}_S(x)$ 当且仅当 $\{s\} \subseteq S \cap \bar{B}(x; \|x-s\|)$ 且 $S \cap B(x; \|x-s\|) = \varnothing$. 见图 2.1.

向量 $x - s$ 叫做 S 在点 s 处的邻近法方向; 对任意 $t \geqslant 0$, 向量 $\zeta = t(x-s)$ 叫做 S 在点 s 处的邻近法向量 (或 P-法向量). 所有以此形式构成的 ζ 的集合叫做 S 在点 s 处的邻近法锥, 记为 $N_S^P(s)$. 显然, $N_S^P(s)$ 是一个锥, 即该集合关于非负实数倍数乘封闭. 直观地, 集合在给定点处的邻近法向量定义了一个垂直远离该集合的方向.

若 $s \in S$ 使得对所有 $x \notin S$ 都有 $s \notin \operatorname{proj}_S(x)$ (如 $s \in \operatorname{int} S$), 则记 $N_S^P(s) = \{0\}$. 当 $s \notin S$ 时, $N_S^P(s)$ 没意义. 在图 2.1 中: 点 s_3 和 s_5 处的 P-法锥都等于 $\{0\}$,

点 s_1, s_2, s_7 和 s_8 处的 P-法锥至少有两个线性无关的向量. S 剩余边界点的邻近法锥是由单个非零向量生成的.

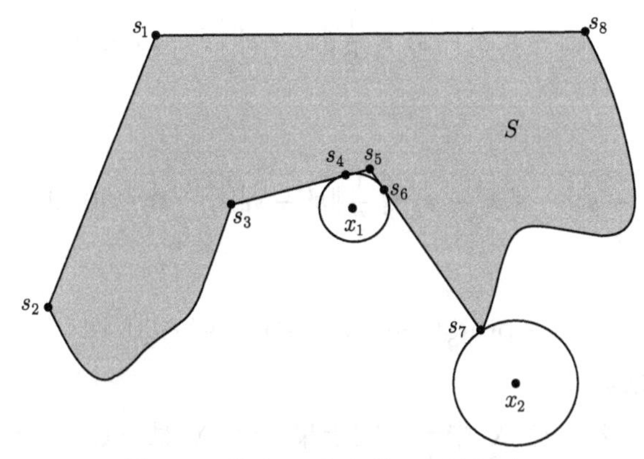

图 2.1　集合 S 和它的一些边界点

注意, 我们没有断言点 x 在 S 中一定存在投影. 在有限维空间中投影存在是容易的, 因为只要 S 是闭的, 投影就存在. 我们将只关注闭集 S, 但尽管如此, 在无限维中投影的存在性问题要微妙得多, 这将是后续研究的重点.

练习 2.1.1　设 X 有一可数标准正交基 $\{e_i\}_{i=1}^{\infty}$, 集合

$$S := \left\{ \frac{i+1}{i} e_i : i \geqslant 1 \right\}.$$

证明 S 是闭的且 $\operatorname{proj}_S(0) = \varnothing$.

上述概念可用距离函数 $d_S : X \to \mathbb{R}$ 描述, 其中 $d_S(x) := \inf\{\|x-s\| : s \in S\}$. 有时将 $d_S(x)$ 写成 $d(x;S)$ 会更方便. 集合 $\operatorname{proj}_S(x)$ 由那些达到 $d_S(x)$ 定义中下确界的点组成 (如果有的话). 也有公式

$$N_S^P(s) = \{\zeta : \exists t > 0,\ d_S(s+t\zeta) = t\|\zeta\|\}.$$

d_S 进一步的一些基本性质在下面的练习中列出.

练习 2.1.2

(a) 证明 $x \in \operatorname{cl}S$ 当且仅当 $d_S(x) = 0$.

(b) 设 $S, S' \subseteq X$, 证明 $d_S = d_{S'}$ 当且仅当 $\operatorname{cl}S = \operatorname{cl}S'$.

(c) 证明 d_S 满足 $|d_S(x) - d_S(y)| \leqslant \|x-y\|$, $\forall x, y \in X$, 即 d_S 在 X 上是 Lipschitz 的且 Lipschitz 常数为 1.

(d) 如果 S 是 $\mathbb{R}^n$ 中的闭子集, 证明对任意的 x, $\operatorname{proj}_S(x) \neq \varnothing$ 且 $\{s \in \operatorname{proj}_S(x) : x \in \mathbb{R}^n \backslash S\}$ 在 $\operatorname{bdry} S$ (bdry 表示边界) 中稠密. (提示: 设 $s \in \operatorname{bdry}S$ 且序列 $\{x_i\}$ 收敛到 s, 但 x_i 不在 S 中. 证明任意序列 $s_i \in \operatorname{proj}_S(x_i)$ 收敛到 s.)

现在假设 $s \in \mathrm{proj}_S(x)$. 其等价于 $\|x-s'\| \geqslant \|x-s\|$, $\forall s' \in S$. 不等式两边同时平方, 并按内积展开, 则可得到 $s \in \mathrm{proj}_S(x)$ 当且仅当

$$\langle x-s, s'-s\rangle \leqslant \frac{1}{2}\left\|s'-s\right\|^2, \quad \forall s' \in S.$$

这等价于

$$\langle [s+t(x-s)]-s, s'-s\rangle \leqslant \frac{1}{2}\left\|s'-s\right\|^2, \quad \forall t \in [0,1], \quad \forall s' \in S,$$

也等价于

$$s \in \mathrm{proj}_S(s+t(x-s)), \quad \forall t \in [0,1].$$

这些性质总结如下:

命题 2.1.3 设 S 是 X 中一非空子集, $x \in X$ 且 $s \in S$. 下列结论是等价的:

(a) $s \in \mathrm{proj}_S(x)$;

(b) $s \in \mathrm{proj}_S(s+t(x-s))$, $\forall t \in [0,1]$;

(c) $d_S(s+t(x-s)) = t\|x-s\|$, $\forall t \in [0,1]$;

(d) $\langle x-s, s'-s\rangle \leqslant \dfrac{1}{2}\left\|s'-s\right\|^2$, $\forall s' \in S$.

练习 2.1.4 在命题 2.1.3(b) 中, 如果 $0<t<1$, 则有 $\mathrm{proj}_S(s+t(x-s)) = \{s\}$. 即如果 x 在 S 中有一个投影 s, 则 $s+t(x-s)$ 在 S 中有唯一的投影 (见图 2.2, 取 $x=x_1, s=s_3$ 且 $s+t(x-s)=x_2$).

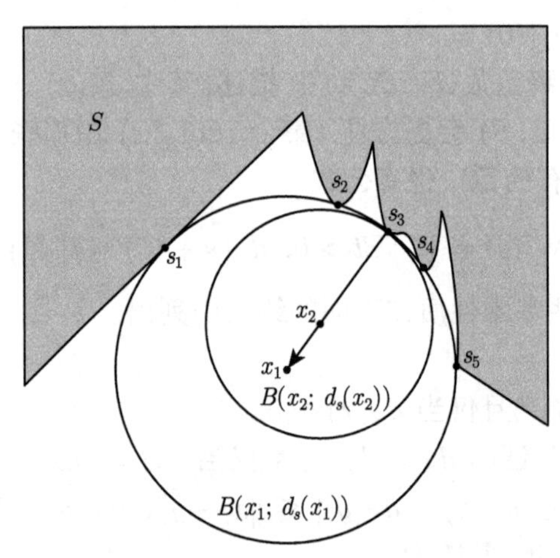

图 2.2　点 x_1 和它的五个投影

下面结果的第一部分很容易由 $N_S^P(s)$ 的锥性质与命题 2.1.3(d) 得到; 第二部分结果表明 P-法向量本质上是局部性质: 如果两个集合 S_1 和 S_2 在 s 的某邻域

内是相同的, 那么邻近法锥 $N^P_{S_1}(s)$ 和 $N^P_{S_2}(s)$ 是相同的. 命题 2.1.5(a) 中的不等式称为**邻近法向量不等式** (proximal normal inequality).

命题 2.1.5

(a) 向量 $\zeta \in N^P_S(s)$ 的充要条件是存在 $\sigma = \sigma(\zeta, s) \geqslant 0$ 使得

$$\langle \zeta, s' - s \rangle \leqslant \sigma \|s' - s\|^2, \quad \forall s' \in S.$$

(b) 对任意的 $\delta > 0$, $\zeta \in N^P_S(s)$ 的充要条件是存在 $\sigma = \sigma(\zeta, s) \geqslant 0$ 使得

$$\langle \zeta, s' - s \rangle \leqslant \sigma \|s' - s\|^2, \quad \forall s' \in S \cap B(s; \delta).$$

此命题需要证明的关键部分如下:

练习 2.1.6 证明: 如果命题 2.1.5(b) 中的不等式对某一 σ 和 δ 成立, 则 (a) 中的不等式对某一更大的 σ 成立.

由命题 2.1.5(a) 知 $N^P_S(s)$ 是凸的; 然而, 它不一定是开或闭的. 即使 S 是 $\mathbb{R}^n$ 中一闭子集且 $s \in \mathrm{bdry} S$, $N^P_S(s)$ 也可能仅为 $\{0\}$, 例如考虑集合

$$S := \{(x, y) \in \mathbb{R}^2 : y \geqslant -|x|\}.$$

S 外的任一点在 S 中的投影不可能是 $(0, 0)$. 换句话说: 若一个球的内部与 S 不相交, 则 $(0, 0)$ 不在此球的边界上. 因此 $N^P_S(0, 0) = \{(0, 0)\}$. 下面是一个稍微复杂但光滑的例子:

练习 2.1.7 设 $S := \{(x, y) \in \mathbb{R}^2 : y \geqslant -|x|^{\frac{3}{2}}\}$. 证明: 若 $(x, y) \in \mathrm{bdry} S$, 则 $N^P_S(x, y) = \{(0, 0)\}$ 当且仅当 $(x, y) = (0, 0)$.

练习 2.1.8 设 $X = X_1 \oplus X_2$ 是一正交分解, $S \subseteq X$ 是闭的, $s \in S$ 且 $\zeta \in N^P_S(s)$. 根据给定的分解, 记 $s = (s_1, s_2)$, $\zeta = (\zeta_1, \zeta_2)$, 并定义 $S_1 = \{s'_1 : (s'_1, s_2) \in S\}$ 和 $S_2 = \{s'_2 : (s_1, s'_2) \in S\}$. 证明 $\zeta_i \in N^P_{S_i}(s_i)$, $i = 1, 2$.

接下来的两个命题解释邻近法向量的概念推广了两个经典的定义, 一个是微分几何中定义的 C^2 流形的法方向, 另一个是凸分析中定义的法向量.

考虑 $\mathbb{R}^n$ 中具有如下形式的闭子集 S:

$$S = \{x \in \mathbb{R}^n : \ h_i(x) = 0, \ i = 1, 2, \cdots, k\}, \tag{2.1}$$

其中每个 $h_i : \mathbb{R}^n \to \mathbb{R}$ 是 C^1 的. 如果对任意的 $s \in S$, 向量组 $\{\nabla h_i(s), i = 1, 2, \cdots, k\}$ 是线性无关的, 那么 S 是 $n - k$ 维的 C^1 流形.

命题 2.1.9 对 (2.1) 式中定义的 S, 假设 $s \in S$ 且向量组 $\{\nabla h_i(s), i = 1, 2, \cdots, k\}$ 线性无关. 则

(a) $N^P_S(s) \subseteq \mathrm{span}\{\nabla h_i(s), i = 1, 2, \cdots, k\}$.

(b) 如果每个 h_i 都是 C^2 的, 则 $N_S^P(s) = \text{span}\{\nabla h_i(s), i = 1, 2, \cdots, k\}$.

证明 (a) 设 $\zeta \in N_S^P(s)$. 由命题 2.1.5 知, 存在 $\sigma > 0$ 使得

$$\langle \zeta, s' - s \rangle \leqslant \sigma \|s' - s\|^2, \quad \forall s' \in S.$$

于是有

$$\langle -\zeta, s \rangle \leqslant \langle -\zeta, s' \rangle + \sigma \|s' - s\|^2, \quad \forall s' \in S.$$

即函数 $s' \mapsto \langle -\zeta, s' \rangle + \sigma \|s' - s\|^2$ 在点 s 处取得 S 上的最小值. 由经典的 Lagrange 乘子法则知: 存在一组实数 $\{\mu_i\}_{i=1}^k$ 使得

$$\zeta = \sum_{i=1}^k \mu_i \nabla h_i(s),$$

所以 (a) 成立.

(b) 设 $\zeta = \sum\limits_{i=1}^k \mu_i \nabla h_i(s)$, 其中每个 h_i 都是 C^2的. 对某个 $\sigma > 0$ 构造 C^2 函数

$$g(x) := \langle -\zeta, x \rangle + \sum_i \mu_i h_i(x) + \sigma \|x - s\|^2.$$

那么容易计算得 $\nabla g(x) = -\zeta + \sum\limits_i \mu_i \nabla h_i(x) + 2\sigma(x - s)$, 故 $g'(s) = 0$. 也容易计算

$$\nabla^2 g(x) = \sum_i \mu_i \nabla_{xx}^2 h_i(x) + 2\sigma E,$$

其中 E 为单位矩阵, 所以有

$$\nabla^2 g(s) = \sum_i \mu_i \nabla_{xx}^2 h_i(s) + 2\sigma E.$$

根据对角线占优, 只要 σ 足够大, 就有 $\nabla^2 g(s)$ 是正定的, 从而 g 在 s 处取得局部最小值. 因此, 在 s 的某个 δ $(\delta > 0)$ 邻域内有

$$g(s') = \langle -\zeta, s' \rangle + \sum_i \mu_i h_i(s') + \sigma \|s' - s\|^2 \geqslant g(s) = \langle -\zeta, s \rangle, \quad \forall s' \in B(s; \delta).$$

对任意的 $s' \in S$, 有 $h_i(s') = 0$. 那么

$$\langle -\zeta, s' \rangle + \sigma \|s' - s\|^2 \geqslant \langle -\zeta, s \rangle, \quad \forall s' \in S \cap B(s; \delta).$$

从而由命题 2.1.5(b) 得: $\zeta \in N_S^P(s)$. □

S 为凸时是一个重要的特殊情形.

命题 2.1.10 设 S 是闭且凸的, 那么

(a) $\zeta \in N_S^P(s)$ 当且仅当

$$\langle \zeta, s' - s \rangle \leqslant 0, \quad \forall s' \in S.$$

(b) 如果 X 是有限维空间且 $s \in \operatorname{bdry} S$, 那么 $N_S^P(s) \neq \{0\}$.

证明 (a) 充分性. 由命题 2.1.5(a) 立刻得到.

必要性. 设 $\zeta \in N_S^P(s)$, 则存在 $\sigma \geqslant 0$ 使得

$$\langle \zeta, s' - s \rangle \leqslant \sigma \|s' - s\|^2, \quad \forall s' \in S.$$

设 s' 是 S 中的任一点. 由于 S 是凸的, 于是点 $\widetilde{s} := s + t(s' - s) = ts' + (1-t)s \in S$, $\forall t \in (0,1)$. 把 $\widetilde{s}$ 代入邻近法向量不等式中可得

$$\langle \zeta, t(s' - s) \rangle \leqslant \sigma t^2 \|s' - s\|^2.$$

两边同时除以 t, 并让 $t \downarrow 0$ 即得 $\langle \zeta, s' - s \rangle \leqslant 0$.

(b) 设 $\{s_i\} \subseteq S$ 且 $s_i \to s (s \in \operatorname{bdry} S)$ 使得

$$N_S^P(s_i) \neq \{0\}, \quad \forall i.$$

(根据练习 2.1.2(d), 这样的序列 $\{s_i\}$ 是存在的.) 设 $\zeta_i \in N_S^P(s_i)$ 且满足 $\|\zeta_i\| = 1$. 由于 X 是有限维的, 于是不妨设 $\zeta_i \to \zeta$ $(i \to \infty)$ (如果必要, 可以取一个子列). 注意 $\|\zeta\| = 1$. 由 (a) 知

$$\langle \zeta_i, s' - s_i \rangle \leqslant 0, \quad \forall s' \in S.$$

令 $i \to \infty$ 得 $\langle \zeta, s' - s \rangle \leqslant 0$, $\forall s' \in S$. 故由 (a) 知 $\zeta \in N_S^P(s)$. □

设 $0 \neq \zeta \in X$ 且 $r \in \mathbb{R}$. 与法向量 ζ 相关的一个**超平面** (hyperplane) 可描述为集合 $\{x \in X : \langle \zeta, x \rangle = r\}$. **半空间** (half-space) 描述为集合 $\{x \in X : \langle \zeta, x \rangle \leqslant r\}$. 命题 2.1.10(b) 是一个分离定理, 因为它说明凸集边界上的每个点都在某个超平面上, 而这个集合本身在某个相应的半空间中. 在本章结尾的问题中, 给出的一个例子表明: 当 X 是无限维时, 即使分离在其他假设下是成立的, 命题 2.1.10(b) 通常也是不成立的.

现在我们把注意力从集合转到函数上.

2.2 邻近次梯度

首先, 我们引入一些符号, 并回顾函数的一些性质.

在积分和优化理论中, 一个方便实用的技巧是允许出现函数 $f : X \to (-\infty, +\infty]$, 也就是我们说的**扩充实值函数** (extended real-valued function). 我们将看到, 允许

f 在给定的点上能够达到 $+\infty$ 有很多优点. 为了挑出函数值不是 $+\infty$ 的那些点, 我们定义了一个集合, 称为有效域:

$$\operatorname{dom} f := \{x \in X : f(x) < \infty\}.$$

函数 f 的**图** (graph) 和**上图** (epigraph) 分别定义为

$$\operatorname{gr} f := \{(x, f(x)) : x \in \operatorname{dom} f\},$$

$$\operatorname{epi} f := \{(x, r) \in \operatorname{dom} f \times \mathbb{R} : r \geqslant f(x)\}.$$

正如集合我们通常假设为闭集, 这里的函数 f 通常假设具有**下半连续性** (lower semicontinuity). 一个函数 $f : X \to (-\infty, +\infty]$ 称为在 x 处下半连续的, 如果

$$\liminf_{x' \to x} f(x') \geqslant f(x).$$

也即, 对任意 $\varepsilon > 0$, 存在 $\delta > 0$ 使得当 $y \in B(x; \delta)$ 时, 有 $f(y) \geqslant f(x) - \varepsilon$. 通常来说, 当 $r \in \mathbb{R}$ 时, $\infty - r$ 可以理解为 ∞.

与下半连续性互补的是**上半连续性** (upper semicontinuity): 如果 f 在 x 处是下半连续的, 则 $-f$ 在 x 处是上半连续的. 后续研究主要讨论下半连续函数, 上半连续函数具有类似的结果, 我们不做过多阐述. 这种对下半连续的偏爱也解释了为什么 $+\infty$ 被允许作为函数值而不是 $-\infty$.

通常来说, 函数 f 称为在 $x \in X$ 处是**连续** (continuous) 的, 如果 f 在 x 附近是有限值的, 且对于所有 $\varepsilon > 0$, 存在 $\delta > 0$, 使得当 $y \in B(x; \delta)$ 时, 有 $|f(x) - f(y)| \leqslant \varepsilon$. 对于有限值的 f, 这等价于 f 在 x 处, 既是上半连续也是下半连续的. 如果 f 在开集 $U \subseteq X$ 中的每一个点处都是下半连续 (上半连续, 连续) 的, 我们称 f 在 U 上是下半连续 (上半连续, 连续) 的.

为了避免讨论某些病态函数, 我们定义 $\mathcal{F}(U)$, 其中 $U \subseteq X$ 是开集, 为 U 上所有满足 $\operatorname{dom} f \cap U \neq \varnothing$ 的下半连续函数 $f : X \to (-\infty, +\infty]$ 的全体. 如果 $U = X$, $\mathcal{F}(U)$ 可以简写为 $\mathcal{F}$.

设 S 是 X 的一个子集. S 对应的**指示函数** (indicator function), 记为 $I_S(\cdot)$ 或 $I(\cdot; S)$, 定义为扩充实值函数

$$I_S(x) := \begin{cases} 0, & x \in S, \\ +\infty, & x \notin S. \end{cases}$$

设 $U \subseteq X$ 是一个开凸集. 函数 $f : X \to (-\infty, +\infty]$ 称为在 U 上是**凸** (convex) 的, 如果

$$f(tx + (1-t)y) \leqslant tf(x) + (1-t)f(y), \quad \forall x, y \in U, \quad 0 < t < 1.$$

若函数 f 在 X 上是凸的, 则简称函数 f 是凸的. 注意如果 f 是凸的, 那么 $\operatorname{dom} f$ 必然是凸集.

下面的练习包含了下半连续函数和凸函数的一些基本性质. (a) 和 (b) 部分特别有助于说明为什么在分析下半连续函数时, 起着根本作用的是函数的上图而不是图. 注意 $X \times \mathbb{R}$, 即 $\operatorname{epi} f$ 所在的空间, 总是被视为 Hilbert 空间, 其内积定义为 $\langle (x,r),(x',r')\rangle := \langle x,x'\rangle + rr'$.

练习 2.2.1 假设 $f : X \to (-\infty, +\infty]$.

(a) 证明 f 是 X 上的下半连续函数等价于 $\operatorname{epi} f$ 是 $X \times \mathbb{R}$ 上的闭集, 也等价于 r-水平集 $\{x : f(x) \leqslant r\}$ 是闭集, 其中 $r \in \mathbb{R}$. 注意当 f 是下半连续函数时, $\operatorname{gr} f$ 不一定是闭集.

(b) 证明 f 是 X 上的凸集当且仅当 $\operatorname{epi} f$ 是 $X \times \mathbb{R}$ 上的凸子集.

(c) 若 f 是一个指示函数, 即 $f = I_S$, 则 $f \in \mathcal{F}(X)$ 当且仅当 S 是非空闭集, 并且 f 是凸函数当且仅当 S 是凸集.

(d) 假设 $f \in \mathcal{F}$, $(x,r) \in \operatorname{epi} f$, $(\zeta, -\lambda) \in X \times \mathbb{R}$ 且 $(\zeta,-\lambda) \in N^P_{\operatorname{epi} f}(x,r)$. 证明 $\lambda \geqslant 0$; 若 $\lambda > 0$, 则 $r = f(x)$; 若 $r > f(x)$, 则 $\lambda = 0$, 此时 $(\zeta, 0) \in N^P_{\operatorname{epi} f}(x, f(x))$.

(e) 请举一个例子, 使得连续函数 $f \in \mathcal{F}(\mathbb{R})$ 在某点 x 处, 有 $(1,0) \in N^P_{\operatorname{epi} f}(x, f(x))$.

(f) 设 $S = \operatorname{epi} f$, 其中 $f \in \mathcal{F}$. 证明对于所有的 x, $d_S(x,r)$ 是关于 r 的非增函数.

向量 $\zeta \in X$ 被称为下半连续函数 f 在 $x \in \operatorname{dom} f$ 的**邻近次梯度** (proximal subgradient) 或 P-次梯度, 如果有

$$(\zeta, -1) \in N^P_{\operatorname{epi} f}(x, f(x)).$$

所有 ζ 构成的集合记为 $\partial_P f(x)$, 称为**邻近次微分** (proximal subdifferential), 或者 P-次微分. 注意到锥的性质, 若 $\alpha > 0$ 且 $(\zeta, -\alpha) \in N^P_{\operatorname{epi} f}(x, f(x))$, 则 $\zeta/\alpha \in \partial_P f(x)$. 根据对邻近法锥的研究, 易知 $\partial_P f(x)$ 是凸的, 但不一定是开的、闭的或者是非空的. 函数 $f : \mathbb{R} \to \mathbb{R}$ 定义为 $f(x) = -|x|$, 这就是一个简单的例子, 能够说明存在连续函数的次微分 $\partial_P f(0) = \varnothing$.

图 2.3 展示了函数 f 的上图和一些形如 $(\zeta, -1)$ 的向量, 其中 $\zeta \in \partial_P f(x)$. 在 x_1, 以及所有未标注的点处, 均只存在唯一的邻近次梯度. 在 x_2 处, 没有邻近次梯度. 在剩下的三个标注点处, 则有多个邻近次梯度. 在 x_4 处, 邻近次微分是一个无界集, 这里 (水平的) 虚线箭头与邻近次梯度无关, 尽管它确实表示 $\operatorname{epi} f$ 的一个邻近法向量.

指示函数是联系集合与函数的几种方式之一. 它在优化中也很有用: 在集合 S 上最小化 f 等价于在全局上最小化函数 $f + I_S$.

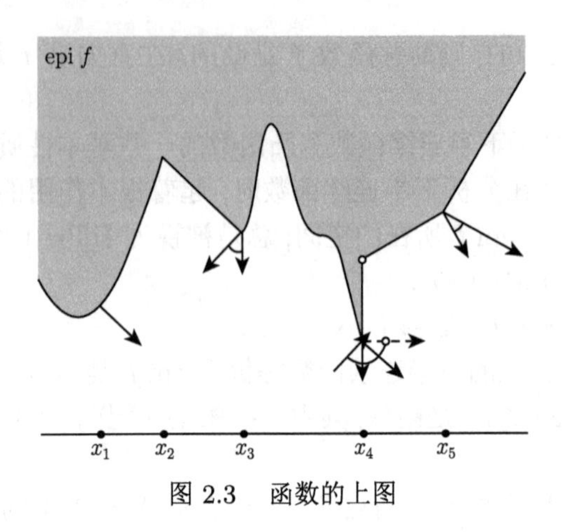

图 2.3　函数的上图

练习 2.2.2　设 $f = I_S$. 证明当 $x \in S$ 时

$$\partial_P f(x) = \partial_P I_S(x) = N_S^P(x).$$

这一章的主要内容就是研究邻近次梯度的计算法则. 令人惊奇的是, 经典导数所具有的许多性质会延续到邻近次梯度 $\partial_P f(x)$ 上. 下面的一个练习会说明这一点, 这个练习说明在局部最小值处不需要可导条件. 若 $x \in S \cap \operatorname{dom} f$, 且

$$f(x) \leqslant f(y), \quad \forall y \in S,$$

则称点 $x \in X$ 为 f 在 S 上的一个最小值点. 如果存在 $x \in X$ 的一个开邻域 U, 使得 x 为 f 在 U 上的一个最小点, 则称 x 为 f 的一个局部最小值点. 如果 x 是 f 在 $U = X$ 时的一个最小值点, 那么称 x 为一个全局最小值点.

练习 2.2.3　设 $f \in \mathcal{F}$.

(a) 证明若 f 在 x 处达到局部最小, 则 $0 \in \partial_P f(x)$.

(b) 假设 $S \subseteq X$ 是一个紧集且满足 $S \cap \operatorname{dom} f \neq \varnothing$. 证明 f 在 S 上有下界, 并在 S 上可以取到最小值.

经典导数

在进一步讨论邻近次梯度的性质之前, 我们先回顾经典导数的一些性质. 若极限

$$f'(x; v) := \lim_{t \downarrow 0} \frac{f(x + tv) - f(x)}{t} \tag{2.2}$$

存在, 则称 $f'(x;v)$ 是 f 在 $x \in \operatorname{dom} f$ 处沿 $v \in X$ 方向的 **方向导数** (directional derivative). 若在 (2.2) 中, 对所有的 $v \in X$ 极限都存在, 并且存在一个 (必然唯一

的) 元素 $f'_G(x) \in X$ (称为 **Gâteaux 导数**) 满足

$$f'(x;v) = \langle f'_G(x), v \rangle, \quad \forall v \in X, \tag{2.3}$$

则 f 在 x 处是 **Gâteaux 可微**的.

一个函数可能在 x 的每一个方向上都有方向导数, 但却不一定具有 Gâteaux 导数. 如 $f(x) = \|x\|$ 在 $x = 0$ 处, 对任意 v, 有 $f'(0;v) = \|v\|$. 同样, 一个下半连续函数可能在 x 点处有一个 Gâteaux 导数, 但在那里不连续.

若 (2.3) 式在 x 处成立, 同时 (2.2) 在 X 的有界子集上关于 v 一致收敛, 则称 f 在 x 处是 **Fréchet 可微**的, 此时用 $f'(x)$ (**Fréchet 导数**) 来代替 $f'_G(x)$. 这意味着对于所有的 $r > 0$ 和 $\varepsilon > 0$, 存在 $\delta > 0$, 使得对于所有的 $|t| < \delta$ 和 $\|v\| \leqslant r$,

$$\left| \frac{f(x+tv) - f(x)}{t} - \langle f'(x), v \rangle \right| < \varepsilon.$$

即使在有限维中, 两种可微性的概念也是不一样的. 我们很容易证明 x 处的 Fréchet 可微可以推导出 x 处的连续性, 但 Gâteaux 可微却不行.

多元微积分 (即 $X = \mathbb{R}^n$) 中导数的许多基本性质, Fréchet 导数或 Gâteaux 导数同样具有, 只需将梯度 ∇f 换成 f' 或 f'_G. 具体地说, 假设 $f, g : X \to \mathbb{R}$ 在 $x \in X$ 上有 Fréchet 导数, 那么 $f \pm g, f \cdot g, f/g (g(x) \neq 0)$ 都在 x 处有 Fréchet 导数, 且有经典运算法则:

$$\begin{aligned}
(f \pm g)'(x) &= f'(x) \pm g'(x), \\
(fg)'(x) &= f'(x)g(x) + f(x)g'(x), \\
\left(\frac{f}{g}\right)'(x) &= \left(\frac{f'(x)g(x) - f(x)g'(x)}{g^2(x)}\right).
\end{aligned}$$

其证明方法与经典导数相同.

中值定理 (mean value theorem) 的描述如下: 假设 $f \in \mathcal{F}(X)$ 在含有线段

$$[x, y] := \{tx + (1-t)y : 0 \leqslant t \leqslant 1\}, \quad x, y \in X$$

的开邻域上是 Gâteaux 可微的. 也就是说, 存在一个包含线段 $[x, y]$ 的开集 U, 使得 f 在 U 上的每一点都是可微的. 那么, 存在点 $z := tx + (1-t)y$, $0 < t < 1$, 使得

$$f(y) - f(x) = \langle f'_G(z), y - x \rangle.$$

将经典的一维中值定理应用到函数 $g : [0,1] \to \mathbb{R}$, $g(t) = f(x + t(y-x))$ 中, 就可以得到中值定理的一个证明.

另一个有用的结果是**链式法则** (chain rule), 为了说明它, 首先需要将上述可微性的概念推广到两个 Hilbert 空间之间的映射上. 设 X_1 和 X_2 为 Hilbert 空间, 范数分别为 $\|\cdot\|_1$ 和 $\|\cdot\|_2$, 假设 $F: X_1 \to X_2$ 是这些空间之间的映射. 记 $\mathcal{L}(X_1, X_2)$ 为 X_1 到 X_2 的赋有通常的算子范数的有界线性变换构成的空间. 上面讨论了标量情形 $X_2 = \mathbb{R}$, 在这种情形下, 通常将 $\mathcal{L}(X_1, \mathbb{R})$ 与 X_1 等同起来.

设 $x \in X_1$. F 在 x 处的 Gâteaux 导数 (如果存在的话) 记作 $F'_G(x)$, 为 $\mathcal{L}(X_1, X_2)$ 中的一个元素, 满足对于所有的 $v \in X_1$, 有

$$\lim_{t \downarrow 0} \left\| \frac{F(x+tv) - F(x)}{t} - F'_G(x)(v) \right\|_2 = 0.$$

此外, 如果上面的极限对 X_1 的有界集合上的 v 一致成立, 那么 F 在 x 是 Fréchet 可微的, 我们用 $F'(x)$ 来代替 $F'_G(x)$.

和标量的情形一样, 两个从 X_1 到 X_2 的映射的和的导数等于导数的和. 考虑到链式法则. 假设 X_1, X_2 和 X_3 均为 Hilbert 空间, $F: X_1 \to X_2, G: X_2 \to X_3$. 假设 F 在 $x \in X_1$ 处是 Fréchet 可微的, G 在 $F(x) \in X_2$ 处是 Fréchet 可微的, 则复合函数 $G \circ F: X_1 \to X_3$ 在 x 处是 Fréchet 可微的且有

$$(G \circ F)'(x) = G'(F(x))F'(x),$$

其中, $G'(F(x))F'(x) \in L(X_1, X_3)$ 表示 $F'(x)$ 与 $G'(F(x))$ 的复合.

假设 $U \subseteq X$ 是开集, $f: U \to \mathbb{R}$ 在 U 上是 Fréchet 可微的. 如果 $f'(\cdot): U \to X$ 在 U 上是连续的, 则称 f 在 U 上是 C^1 的, 记为 $f \in C^1(U)$. 实际上, 如果 f 在 U 上 Gâteaux 可微并且有连续导数, 则 $f \in C^1(U)$. 现在进一步假设映射 $f'(\cdot): U \to X$ 在 U 上是 Fréchet 可微的, 其在 $x \in U$ 处的导数表示为 $f''(x) \in \mathcal{L}(X, X)$ (在多元微积分中, $f''(x)$ 为 Hesse 矩阵). 对于每一个 $x \in U$, f 有一个带余项的局部二阶 Taylor 展开式, 即存在一个 x 的邻域 $B(x;\eta)$, 使得对于每一个 $y \in B(x;\eta)$, 有

$$f(y) = f(x) + \langle f'(x), y - x \rangle + \frac{1}{2} \langle f''(z)(y-x), y-x \rangle,$$

其中 z 是连接 x 到 y 的线段上的某元素. 注意, 如果 $f''(y)$ 的范数在 $y \in B(x;\eta)$ 上以常数 $2\sigma > 0$ 为界, 则对于所有的 $y \in B(x;\eta)$,

$$f(y) \geqslant f(x) + \langle f'(x), y - x \rangle - \sigma \|y - x\|^2. \tag{2.4}$$

如果 $f'': X \to \mathcal{L}(X, X)$ 在 U 上连续, 则称 f 在 U 上是二阶连续可微的, 记作 $f \in C^2(U)$, 当 $U = X$ 时, 简记为 $f \in C^2$. 注意, 如果 $f \in C^2(U)$, 则对于每一

个 $x \in U$, 都存在一个邻域 $B(x;\eta)$ 和一个常数 σ, 使得 (2.4) 成立, 因为 f'' 在 x 处的连续性意味着 f'' 的范数在 x 的邻域内有界.

练习 2.2.4

(a) 令 $x \in X$, 定义 $f : X \to \mathbb{R}$ 为 $f(y) = \|y - x\|^2$. 证明 $f \in C^2$, 且对于任意的 $y \in X$, 有 $f'(y) = 2(y - x)$ 及 $f''(y) = 2\mathcal{I}$, 其中 $\mathcal{I} \in \mathcal{L}(X, X)$ 是一个恒等变换.

(b) 假设 $c > 0$ 为常数, x 和 ζ 为 X 中的固定元素. 定义 $g : X \to \mathbb{R}$ 为

$$g(y) = \left[c^2 + 2c\langle \zeta, y - x\rangle - \|y - x\|^2\right]^{1/2}.$$

证明存在 x 的邻域 U, 使得 $g \in C^2(U)$, 且 $g'(x) = \zeta$.

(c) 令 $f(x) = \|x\|$. 证明当 $x \neq 0$ 时, $f'(x)$ 存在, 且等于 $x/\|x\|$.

下面接着研究邻近次梯度的性质. 下述结论中的不等式, 我们称之为**邻近次梯度不等式** (proximal subgradient inequality), 被广泛地应用于描述邻近次梯度.

定理 2.2.5 设 $f \in \mathcal{F}$ 且 $x \in \operatorname{dom} f$. 那么 $\zeta \in \partial_P f(x)$ 当且仅当存在 $\sigma > 0$ 和 $\eta > 0$, 使得

$$f(y) \geqslant f(x) + \langle \zeta, y - x\rangle - \sigma\|y - x\|^2, \quad \forall y \in B(x;\eta). \tag{2.5}$$

证明 充分性. 对任意的 $y \in B(x;\eta)$, $\alpha \geqslant f(y)$, 根据不等式 (2.5) 有

$$\alpha - f(x) + \sigma\left[\|y - x\|^2 + \big(\alpha - f(x)\big)^2\right] \geqslant f(y) - f(x) + \sigma\|y - x\|^2 \geqslant \langle \zeta, y - x\rangle.$$

于是对所有在 $\big(x, f(x)\big)$ 附近的点 $(y, \alpha) \in \operatorname{epi} f$, 有

$$\big\langle (\zeta, -1), (y, \alpha) - \big(x, f(x)\big)\big\rangle \leqslant \sigma\left\|(y, \alpha) - \big(x, f(x)\big)\right\|^2.$$

由命题 2.1.5 的 (b),

$$(\zeta, -1) \in N^P_{\operatorname{epi} f}\big(x, f(x)\big).$$

故 $\zeta \in \partial_P f(x)$.

必要性. 假设 $(\zeta, -1) \in N^P_{\operatorname{epi} f}\big(x, f(x)\big)$. 根据命题 2.1.3, 存在 $\delta > 0$ 使得

$$\big(x, f(x)\big) \in \operatorname{proj}_{\operatorname{epi} f}\big(\big(x, f(x)\big) + \delta(\zeta, -1)\big).$$

从而对任意的 $(y, \alpha) \in \operatorname{epi} f$, 有

$$\left\|\delta(\zeta, -1)\right\|^2 \leqslant \left\|\left[\big(x, f(x)\big) + \delta(\zeta, -1)\right] - (y, \alpha)\right\|^2,$$

如图 2.4. 取 $\alpha = f(y)$, 由上式可得

$$\delta^2\|\zeta\|^2 + \delta^2 \leqslant \|x - y + \delta\zeta\|^2 + (f(x) - f(y) - \delta)^2,$$

即

$$\big(f(y) - f(x) + \delta\big)^2 \geqslant \delta^2 + 2\delta\langle\zeta, y - x\rangle - \|x - y\|^2. \tag{2.6}$$

显然, 当 y 足够靠近 x 时 (不妨设 $y \in B(x;\eta)$), (2.6) 式右边部分是正的. 又因为 f 是下半连续的, 当 $y \in B(x;\eta)$ 时 (必要时缩小 η), 同样有

$$f(y) - f(x) + \delta > 0.$$

因此, 对 (2.6) 式两边开平方根可以得到

$$f(y) \geqslant g(y) := f(x) - \delta + \left\{\delta^2 + 2\delta\langle\zeta, y - x\rangle - \|x - y\|^2\right\}^{1/2}, \quad \forall y \in B(x;\eta). \tag{2.7}$$

由练习 2.2.4(b), 直接计算可得 $g'(x) = \zeta$, 并且在 x 的邻域上存在有界的二阶导数 g'', 不妨设其上界为 $2\sigma > 0$. 根据不等式 (2.4)(必要时缩小 η) 可得

$$g(y) \geqslant g(x) + \langle\zeta, y - x\rangle - \sigma\|y - x\|^2, \quad \forall y \in B(x;\eta).$$

根据 (2.7) 式, 同时注意到 $f(x) = g(x)$, 不难得出

$$f(y) \geqslant f(x) + \langle\zeta, y - x\rangle - \sigma\|y - x\|^2, \quad \forall y \in B(x;\eta),$$

故 (2.5) 式成立. □

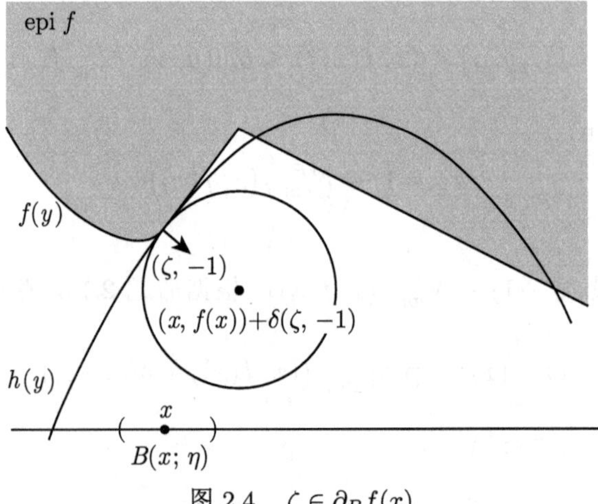

图 2.4　$\zeta \in \partial_P f(x)$

通过上图的邻近法向量定义邻近次梯度是一种几何方法, 定理 2.2.5 中的刻画也可以从几何上解释. 邻近次梯度不等式 (2.5) 表明, 在 x 附近, $f(\cdot)$ 优于二次函数

$$h(y) := f(x) + \langle \zeta, y - x \rangle - \sigma \|y - x\|^2, \quad \forall y \in B(x, \eta),$$

且在 $y = x$ 处二者相等 (因为显然 $h(x) = f(x)$). 值得注意的是, 这等价于说 $y \mapsto f(y) - h(y)$ 在 $y = x$ 处有一个局部最小值, 且最小值为 0. 定理 2.2.5 说明存在一个抛物线 h 在 $(x, f(x))$ 处 "从下方局部拟合"$f(x)$ 的上图, 也就是说存在球 $X \times \mathbb{R}$ 在 $(x, f(x))$ 处非水平地贴近上图, 这就是定理 2.2.5 的证明过程本质所展示的 (参见图 2.4).

在分析下半连续函数时, 定理 2.2.5 中的邻近次梯度的刻画通常比定义更有用. 下面的第一个推论说明了这一点, 并将 $\partial_P f$ 与经典可微性联系起来. 它还表明, 对于凸函数, 不等式 (2.5) 以一种更简单的形式在全局上成立; 这是凸集的简化邻近法向量不等式 (命题 2.1.10) 的函数推广.

推论 2.2.6 令 $f \in \mathcal{F}$, $U \subseteq X$ 是开集.

(a) 假设 f 在 $x \in U$ 是 Gâteaux 可导的, 则

$$\partial_P f(x) \subseteq \{f'_G(x)\}.$$

(b) 若 $f \in C^2(U)$, 则对任意的 $x \in U$,

$$\partial_P f(x) = \{f'(x)\}.$$

(c) 若 f 是凸的, 则 $\zeta \in \partial_P f(x)$ 当且仅当

$$f(y) \geqslant f(x) + \langle \zeta, y - x \rangle, \quad \forall y \in X. \tag{2.8}$$

证明 (a) 假设 f 在 x 存在 Gâteaux 导数并且设 $\zeta \in \partial_P f(x)$. 对任意的 $v \in X$, 令 $y := x + tv$, 根据邻近次梯度不等式 (2.5), 存在 $\sigma > 0$, 使得对于充分小的任意正数 t,

$$\frac{f(x + tv) - f(x)}{t} - \langle \zeta, v \rangle \geqslant -t\sigma \|v\|^2.$$

令 $t \downarrow 0$, 可得

$$\langle f'_G(x) - \zeta, v \rangle \geqslant 0.$$

因为 v 是任意的, 因此 $\zeta = f'_G(x)$ 成立.

(b) “$\supseteq$” 若 $f \in C^2(U)$ 并且 $x \in U$, 由 (2.4) 式可知

$$f(y) \geqslant f(x) + \langle f'(x), y - x \rangle - \sigma \|y - x\|^2, \quad \forall y \in B(x;\eta).$$

所以 $f'(x)$ 满足 (2.5), 根据定理 2.2.5 可得 $f'(x) \in \partial_P f(x)$.

“$\subseteq$” 由 (a) 直接可得.

(c) 显然当 ζ 满足 (2.8) 时, 对任意 $\sigma > 0, \eta > 0$, (2.5) 成立. 因此 $\zeta \in \partial_P f(x)$.

反过来, 假设 $\zeta \in \partial_P f(x)$, 选取 σ, η 满足 (2.5). 令 $y \in X$, 则对任意充分小的 $t \in (0,1)$, 有 $(1-t)x + ty \in B(x;\eta)$. 根据 f 的凸性及 (2.5)(我们用 $(1-t)x + ty$ 代替其中的 y) 可得

$$\begin{aligned}(1-t)f(x) + tf(y) &\geqslant f((1-t)x + ty) \\ &\geqslant f(x) + t\langle \zeta, y - x \rangle - t^2 \sigma \|y - x\|^2.\end{aligned}$$

化简, 不等式两边同时除以 t, 有

$$f(y) \geqslant f(x) + \langle \zeta, y - x \rangle - t\sigma \|y - x\|^2.$$

令 $t \downarrow 0$, 则 $f(y) \geqslant f(x) + \langle \zeta, y - x \rangle$, 即 (2.8) 成立. □

因为即使 $X = \mathbb{R}$ 且 f 是连续可微的, 邻近次微分的非空性也不能保证, 所以推论 2.2.6(a) 中为包含关系. 例如 C^1 函数 $f(x) = -|x|^{3/2}$ 在 $x = 0$ 处不存在邻近次梯度 (见练习 2.1.7).

下面推论的第一部分已经被证明 (练习 2.2.3). 尽管它很简单, 但它是在许多情况下产生邻近次梯度的基本事实. 第二部分指出, 在凸函数的情况下, 最小值的 “一阶” 必要条件也是充分的, 这是凸函数重要的主要原因.

推论 2.2.7　假设 $f \in \mathcal{F}$.

(a) 若 f 在 x 处有一个局部最小值, 则 $0 \in \partial_P f(x)$.

(b) 反过来, 若 f 是凸的且 $0 \in \partial_P f(x)$, 则 f 在 x 处有一个全局最小值.

证明　(a) 由局部最小值的定义, 存在 $\eta > 0$, 使得

$$f(y) \geqslant f(x), \quad \forall y \in B(x;\eta).$$

从而对任意的 $\sigma \geqslant 0$ 有

$$f(y) \geqslant f(x) + \langle 0, y - x \rangle - \sigma \cdot \|y - x\|^2, \quad \forall y \in B(x;\eta).$$

因此, 根据定理 2.2.5 有 $0 \in \partial_P f(x)$.

(b) 在题设下, 应用推论 2.2.6(c), 有

$$f(y) \geqslant f(x) + \langle 0, y - x \rangle = f(x), \quad \forall y \in X,$$

即 x 是 f 的全局最小值点. □

邻近次微分是分析下半连续函数的一个合适的"单侧"概念. 对于上半连续函数 f 的研究, **邻近超微分** (proximal superdifferential) $\partial^P f(x)$ 是个合适的工具, 其可以简单地定义为 $-\partial_P(-f)(x)$. 在后续的讨论中, 上半连续函数的类似性质通常不再表述, 因为它们只需要简单地用"超"代替"次", 用"$\geqslant$"代替"$\leqslant$", 用"极大"代替"极小", 用"凹"代替"凸"即可得到. 当然了, 我们偶尔还是会用到超梯度.

练习 2.2.8

(a) 假设 $-f \in \mathcal{F}$ 且 $x \in \operatorname{dom}(-f)$. 证明 $\zeta \in \partial^P f(x)$ 当且仅当存在正数 $\sigma > 0, \eta > 0$ 使得

$$f(y) - \langle \zeta, y - x \rangle - \sigma \|y - x\|^2 \leqslant f(x), \quad \forall y \in B(x; \eta).$$

(b) 假设 $U \subseteq X$ 为开集, $x \in U, f : U \to \mathbb{R}$ 在 U 上是连续的, 且 $\partial_P f(x)$ 和 $\partial^P f(x)$ 均非空. 证明 f 在 x 处是 Fréchet 可微的, 且 $\partial_P f(x) = \{f'(x)\} = \partial^P f(x)$.

(c) 假设 $f \in \mathcal{F}$ 是凸的且在点 $x \in \operatorname{int}\operatorname{dom} f$ 是连续的. 证明 $\partial_P f(x) \neq \varnothing$. (提示: 对 $\big(x, f(x)\big) \in \operatorname{bdry}\operatorname{epi} f$ 应用分离定理, 如参考 [Ru2].) 进一步推断, 若 $\partial^P f(x) \neq \varnothing$, 那么 f 在 x 是 Fréchet 可微的.

有一种自然的方法来定义偏邻近次梯度. 设 X 有正交子空间分解 $X = X_1 \oplus X_2$, $f \in \mathcal{F}$. 令 $x \in X$, 根据直和分解, $x = (x_1, x_2)$. 符号 $\partial_P f(\cdot, x_2)(x_1)$ 表示定义在 X_1 上的函数 $x_1' \mapsto f(x_1', x_2)$ 在 x_1 处的邻近次微分. (这是相对于第一个坐标取得**偏邻近次微分** (partial proximal subdifferential).) 类似地可定义 $\partial_P f(x_1, \cdot)(x_2)$. 练习 2.1.8 的函数情形如下:

练习 2.2.9 使用上面的符号, 假设存在 $\zeta \in \partial_P f(x)$, 根据直和分解, 记为 $\zeta = (\zeta_1, \zeta_2)$. 证明 $\zeta_1 \in \partial_P f(\cdot, x_2)(x_1)$ 且 $\zeta_2 \in \partial_P f(x_1, \cdot)(x_2)$. 举例说明反过来不成立.

尽管后面将会更详细地讨论邻近次微分计算, 但是我们在此指出, 不能期望微分和法则

$$\partial_P f(x) + \partial_P g(x) = \partial_P(f + g)(x) \tag{2.9}$$

具有广泛的普遍性. 其中一边的包含关系可以很容易地得到, 但这个包含关系我们很少用到.

练习 2.2.10

(a) 证明 $\partial_P f(x) + \partial_P g(x) \subseteq \partial_P(f + g)(x)$.

(b) 举例: $\partial_P(f + g)(x)$ 非空, 但 $\partial_P f(x)$ 或者 $\partial_P g(x)$ 其中一个是空集.

(c) 证明: 对任意的 $c > 0$, 有 $\partial_P(cf)(x) = c\partial_P f(x)$.

下面的命题是一个邻近求和规则, 本质上说, 只要函数之一是 C^2 的, (2.9) 就成立.

命题 2.2.11　假设 $f \in \mathcal{F}$, $x \in X$ 且 g 在 x 的邻域是 C^2 的. 那么, 若 $\zeta \in \partial_P(f+g)(x)$, 则

$$\zeta - g'(x) \in \partial_P f(x).$$

证明　由于 $-g$ 在 x 的邻域是 C^2 的, 应用不等式 (2.4), 可找到 $\sigma' > 0$, $\eta_1 > 0$, 使得

$$-g(y) \geqslant -g(x) + \langle -g'(x), y-x \rangle - \sigma' \|y-x\|^2, \quad \forall y \in B(x, \eta_1),$$

即

$$-g(y) + g(x) + \sigma' \|y-x\|^2 \geqslant \langle -g'(x), y-x \rangle, \quad \forall y \in B(x, \eta_1).$$

由于 $\zeta \in \partial_P(f+g)(x)$, 根据定理 2.2.5, 存在一个 $\sigma > 0$, $\eta_2 > 0$, 使得

$$f(y) + g(y) - f(x) - g(x) + \sigma \|y-x\|^2 \geqslant \langle \zeta, y-x \rangle, \quad \forall y \in B(x, \eta_2).$$

取 $\eta = \min\{\eta_1, \eta_2\}$, 将上面两个不等式相加, 有

$$f(y) - f(x) + (\sigma' + \sigma) \|y-x\|^2 \geqslant \langle \zeta - g'(x), y-x \rangle, \quad \forall y \in B(x, \eta).$$

由定理 2.2.5 可得 $\zeta - g'(x) \in \partial_P f(x)$. □

练习 2.2.12　设 $f \in C^2$, 且 f 在 x 处能达到在集合 S 上的最小值. 证明 $-f'(x) \in N_S^P(x)$. (提示: 考虑 $f + I_S$.)

若函数 $f : X \to (-\infty, \infty]$ 在集合 S 上有限且满足

$$|f(x) - f(y)| \leqslant K \|x-y\|, \quad \forall x, y \in S,$$

则称 f 在集合 S 上满足系数为 K 的 Lipschitz 条件.

练习 2.2.13　设 f 在给定点 x_0 的邻域上满足系数为 K 的 Lipschitz 条件. 证明: 对任意的 $\zeta \in \partial_P f(x_0)$ 都有 $\|\zeta\| \leqslant K$.

此练习的逆命题, 我们将在 2.7 节深入讨论. 如果函数 f 在 x 附近满足 Lipschitz 条件, 则称它在 x 附近是 Lipschitz 的. 如果对于每个 $x \in S$, f 在 x 附近是 Lipschitz 的, 则称函数 f 在 S 上是局部 Lipschitz 的.

练习 2.2.14　设 $f \in C^1(U)$, U 是开集. 证明 f 在 U 上是局部 Lipschitz 的. (提示: 利用中值定理.) 若 S 是 U 的紧凸子集, 证明 f 在 S 上是 Lipschitz 的且 Lipschitz 常数为 K, 其中 $K := \max\{\|f'(x)\| : x \in S\}$.

2.3 稠密性定理

下面, 我们建立一个重要的事实: $\operatorname{dom} f$ 中至少存在一个邻近次梯度的集合 $\operatorname{dom}(\partial_P f)$ 在 $\operatorname{dom} f$ 中**稠密** (dense).

定理 2.3.1 假设 $f \in \mathcal{F}$, $x_0 \in \operatorname{dom} f$, 并给定 $\varepsilon > 0$. 则存在点 $y \in x_0 + \varepsilon B$ 满足 $\partial_P f(y) \neq \varnothing$ 及 $f(x_0) - \varepsilon \leqslant f(y) \leqslant f(x_0)$. 特别地, $\operatorname{dom}(\partial_P f)$ 在 $\operatorname{dom} f$ 中稠密.

证明 由 f 的下半连续性, 存在 δ, 满足 $0 < \delta < \varepsilon$, 使得

$$x \in x_0 + \delta \bar{B} \Longrightarrow f(x) \geqslant f(x_0) - \varepsilon. \tag{2.10}$$

在 $X = \mathbb{R}^n$ 的情况下, 我们首先给出一个简单的具有启发性的证明. 我们定义

$$g(x) := \begin{cases} \left[\delta^2 - \|x - x_0\|^2\right]^{-1}, & \text{若 } \|x - x_0\| < \delta, \\ +\infty, & \text{其他}. \end{cases}$$

注意到 $g \in C^2(x_0 + \delta B)$, 并且当 x 趋于 $B(x_0; \delta)$ 的边界时, $g(x) \to +\infty$.

考虑函数 $(f + g) \in \mathcal{F}$, 易知 $(f + g)$ 在 $x_0 + \delta \bar{B}$ 上有下界, 从而存在点 $y \in x_0 + \delta \bar{B}$ 使得函数 $f + g$ 在 y 处达到 $x_0 + \delta \bar{B}$ 上的极小值. 显然 $y \in x_0 + \delta B$. 因此根据练习 2.2.3 可以得到 $0 \in \partial_P(f + g)(y)$. 再由命题 2.2.11 可得 $-g'(y) \in \partial_P f(y)$, 因此 $\partial_P f(y) \neq \varnothing$. 由于 δ 可以取任意小, 故 $\operatorname{dom}(\partial_P f)$ 在 $\operatorname{dom} f$ 中稠密.

由 (2.10) 可知, 我们只剩下证明 $f(y) \leqslant f(x_0)$. 由于 y 是 $f + g$ 的极小值点且 $g(x_0) \leqslant g(y)$, 故

$$f(y) \leqslant f(x_0) + (g(x_0) - g(y)) \leqslant f(x_0).$$

到此, 我们证明了 X 是有限维的情形.

由于在无限维空间中极小值可能不存在, 故一般情形下的证明是比较复杂的. 但是, 通过迭代可以产生一个适当的极小值.

我们重新选取 δ 使 (2.10) 成立, 并取 $\sigma > 2\varepsilon/\delta^2$. 我们将证明存在点 $y \in x_0 + \delta B$ 及函数 $g(x) \in C^2$ 使得 y 为 $x \mapsto f(x) + g(x)$ 在 $x_0 + \delta B$ 上的极小值点, 且满足 $f(y) \leqslant f(x_0)$. 一旦确定了这样的 y 和 $g(x)$ 存在, 证明就很容易完成. 因为如果极小值点 y 存在, 我们将有

$$0 \in \partial_P(f + g)(y),$$

再由命题 2.2.11 和练习 2.2.4 就有

$$-g'(y) \in \partial_P f(y),$$

即 $\partial_P f(y) \neq \varnothing$. 同样由 (2.10) 可得 $f(x_0) - \varepsilon \leqslant f(y) \leqslant f(x_0)$. 从而结论成立.

现在证明具有上述性质的点 y 和函数 g 的存在性. 我们定义

$$S_0 := \left\{ x \in x_0 + \delta \bar{B} : f(x) + \frac{\sigma}{2} \|x - x_0\|^2 \leqslant f(x_0) \right\}.$$

由 $f(x) + \frac{\sigma}{2} \|x - x_0\|^2$ 的下半连续性可知 S_0 是闭集 (参见练习 2.2.1(a)). 如果 $x \in S_0$, 那么由 (2.10) 和 σ 的取法, 我们有

$$\|x - x_0\|^2 \leqslant \frac{2}{\sigma} [f(x_0) - f(x)] \leqslant \frac{2}{\sigma} \cdot \varepsilon < \delta^2.$$

因此

$$x_0 \in S_0 \subseteq x_0 + \delta B. \tag{2.11}$$

如果 S_0 只包含一个单点 y, 那么 $y = x_0$. 由 S_0 的定义知 x_0 是函数 $x \mapsto f(x) + \frac{\sigma}{2} \|x - x_0\|^2$ 在 $x_0 + \delta B$ 上的极小值点, 证明完成.

若不然, 选择 $x_1 \in S_0$ 使得

$$f(x_1) + \frac{\sigma}{2} \|x_1 - x_0\|^2 \leqslant \inf_{x \in S_0} \left\{ f(x) + \frac{\sigma}{2} \|x - x_0\|^2 \right\} + \frac{\sigma}{4},$$

并定义另一个闭集

$$S_1 := \left\{ x \in S_0 : f(x) + \sigma \left[\frac{\|x - x_0\|^2}{2} + \frac{\|x - x_1\|^2}{4} \right] \leqslant f(x_1) + \frac{\sigma}{2} \|x_1 - x_0\|^2 \right\}.$$

由于 $x_1 \in S_1$, 所以 S_1 非空. 如果 x_1 是 S_1 中唯一的点, 那么由 S_0 及 S_1 的定义知, $f(x_1) \leqslant f(x_0)$ 且对任意的 $x \in (x_0 + \delta B) \backslash \{x_1\}$,

$$f(x_1) + \frac{\sigma}{2} \|x_1 - x_0\|^2 < f(x) + \frac{\sigma}{2} \|x - x_0\|^2 + \frac{\sigma}{4} \|x - x_1\|^2.$$

从而, x_1 为 $x \mapsto f(x) + \frac{\sigma}{2} \|x - x_0\|^2 + \frac{\sigma}{4} \|x - x_1\|^2$ 在 $(x_0 + \delta B)$ 上的极小点. 结论成立.

利用归纳法, 假设 $j \geqslant 0$ 时, x_j 和 S_j 已取定. 我们选择 $x_{j+1} \in S_j$ 使得

$$f(x_{j+1}) + \frac{\sigma}{2} \sum_{i=0}^{j} \frac{\|x_{j+1} - x_i\|^2}{2^i} \leqslant \inf_{s \in S_j} \left\{ f(x) + \frac{\sigma}{2} \sum_{i=0}^{j} \frac{\|x - x_i\|^2}{2^i} \right\} + \frac{\sigma}{4^{j+1}}, \tag{2.12}$$

并定义

$$S_{j+1} := \left\{ x \in S_j : f(x) + \frac{\sigma}{2} \sum_{i=0}^{j+1} \frac{\|x - x_i\|^2}{2^i} \leqslant f(x_{j+1}) + \frac{\sigma}{2} \sum_{i=0}^{j} \frac{\|x_{j+1} - x_i\|^2}{2^i} \right\}. \tag{2.13}$$

显然, 对任意 $j \geqslant 0$ 有 S_j 为闭集且 $x_{j+1} \in S_{j+1} \subseteq S_j$. 因此, $\{S_j\}$ 是一个非空闭集的嵌套序列. 若存在 $j > 0$ 使得 S_j 为单点集, 则类似上述讨论结论成立.

若不然, 任取 $x \in S_{j+1}$, 对 $j \geqslant 0$, 由 (2.13) 和 (2.12) 可得

$$\begin{aligned} &\frac{\sigma}{2} \frac{\|x - x_{j+1}\|^2}{2^{j+1}} \\ &\leqslant f(x_{j+1}) + \frac{\sigma}{2} \sum_{i=0}^{j} \frac{\|x_{j+1} - x_i\|^2}{2^i} - \left\{ f(x) + \frac{\sigma}{2} \sum_{i=0}^{j} \frac{\|x - x_i\|^2}{2^i} \right\} \leqslant \frac{\sigma}{4^{j+1}}. \end{aligned}$$

从而

$$\|x - x_{j+1}\| \leqslant 2^{\frac{-j}{2}}.$$

由 x 的任意性知

$$\sup_{x \in S_{j+1}} \|x - x_{j+1}\| \leqslant 2^{\frac{-j}{2}},$$

故当 $j \to \infty$ 时, $\sup\{\|x - x'\| : x, x' \in S_j\} =: \operatorname{diam}(S_j) \to 0$. 又因为 Hilbert 空间 X 是完备的, 由 Cantor 定理知, 存在一个点 y, 使得 $\bigcap_{j=1}^{\infty} S_j = \{y\}$. 当然有, $y \in S_0$, 从而由 (2.11) 知 $\|y - x_0\| < \delta < \varepsilon$. 同时由 S_0 的定义可得

$$f(y) \leqslant f(y) + \frac{\sigma}{2} \|y - x_0\|^2 \leqslant f(x_0).$$

易知 $(1/2) \sum\limits_{j=0}^{\infty} x_j / 2^j$ 一致收敛, 记其和为 z. 对任意 x, 显然等式

$$\|x - z\|^2 = \frac{1}{2} \left(\sum_{i=0}^{\infty} \frac{\|x - x_i\|^2}{2^i} \right) - c \tag{2.14}$$

成立, 其中 $c := \dfrac{1}{2} \sum\limits_{i=0}^{\infty} \dfrac{\|x_i\|^2}{2^i} - \|z\|^2$.

现在我们说明 y 是 $x \mapsto f(x) + \sigma\|x - z\|^2$ 在 $x_0 + \delta B$ 上的极小值点. 注意到对所有的 j, $x_{j+1} \in S_j$, 所以当 j 增大时,

$$f(x_j) + \frac{\sigma}{2} \sum_{i=0}^{j-1} \frac{\|x_j - x_i\|^2}{2^i} \tag{2.15}$$

非增. 现设 $x \in x_0 + \delta B$, $x \neq y$, 并设 $k \geqslant 0$ 是使 $x \notin S_k$ 的最小整数. 设 j 是任何大于 $k-1$ 的指标. 因为 $y \in S_{j+1}$, 由 S_{j+1} 的定义 (2.13) 和得到的 (2.15) 的非增性知

$$
\begin{aligned}
f(y)+\frac{\sigma}{2}\sum_{i=0}^{j+1}\frac{\|y-x_i\|^2}{2^i} &\leqslant \left\{f\left(x_{j+1}\right)+\frac{\sigma}{2}\sum_{i=0}^{j}\frac{\|x_{j+1}-x_i\|^2}{2^i}\right\} \\
&\leqslant \left\{f\left(x_k\right)+\frac{\sigma}{2}\sum_{i=0}^{k-1}\frac{\|x_k-x_i\|^2}{2^i}\right\}. \qquad (2.16)
\end{aligned}
$$

由 k 的选法知 $x \in S_{k-1}\backslash S_k$ (如果 $k=0$, 则 $S_{-1} := x_0 + \delta B$), 从而由 S_k 的定义得到

$$
\begin{aligned}
f\left(x_k\right)+\frac{\sigma}{2}\sum_{i=0}^{k-1}\frac{\|x_k-x_i\|^2}{2^i} &< f(x)+\frac{\sigma}{2}\sum_{i=0}^{k}\frac{\|x-x_i\|^2}{2^i} \\
&\leqslant f(x)+\frac{\sigma}{2}\sum_{i=0}^{\infty}\frac{\|x-x_i\|^2}{2^i}. \qquad (2.17)
\end{aligned}
$$

结合 (2.17) 和 (2.16), 并令 $j \to \infty$, 可得

$$
f(y)+\frac{\sigma}{2}\sum_{i=0}^{\infty}\frac{\|y-x_i\|^2}{2^i} \leqslant f(x)+\frac{\sigma}{2}\sum_{i=0}^{\infty}\frac{\|x-x_i\|^2}{2^i}.
$$

在不等式两边加上 $-\sigma c$, 根据 (2.14) 可得

$$
f(y)+\sigma\|y-z\|^2 \leqslant f(x)+\sigma\|x-z\|^2.
$$

因为 x 是 $x_0+\delta B$ 的任意点, 故 y 是 $x \mapsto f(x)+\sigma\|x-z\|^2$ 在 $x_0+\delta B$ 上的极小值点. □

2.4　最小化原理

正如之前提到的, 在有限维空间中, 稠密性定理 (定理 2.3.1) 有一个简单直接的证明. 但在无限维空间中, 这种证明方法就不适用了, 其原因涉及分析中一个持久而棘手的问题: 最小值可能不存在. 确切地说, 下半连续函数在有界闭集上, 可能无法达到最小值, 甚至不是下有界的. 一类重要的结果表明, 在某些情况下, 对此函数作任意小扰动就会达到最小值. 这里给出一例, 即 **Stegall 的最小化原理** (Stegall's minimization principle).

定理 2.4.1 设 $f \in \mathcal{F}$ 在有界闭集 $S \subseteq X$ 上有下界, $S \cap \mathrm{dom} f \neq \varnothing$. 则在 X 中存在一个稠密集 M, 对于任意的 $x \in M$, 函数 $y \mapsto f(y) - \langle x, y\rangle$ 在 S 上达到唯一的最小值点.

此定理的主要应用是取 x 趋于 0, 使 f 的一个小的线性扰动达到最小值. 我们接下来给出 Borwein 和 Preiss 的最小化原理, 其更为复杂. 它涉及一个二次扰动和两个参数, 当结论与事先给定的点 x_0 紧密相关时可以利用它.

定理 2.4.2 设 $f \in \mathcal{F}$ 有下界, 且 $\varepsilon > 0$. 假设 x_0 满足 $f(x_0) < \inf_{x\in X} f(x) + \varepsilon$, 则对任意 $\lambda > 0$, 存在点 y 和 z, 满足

$$||z - x_0|| < \lambda, \quad ||y - z|| < \lambda, \quad f(y) \leqslant f(x_0),$$

且使得函数 $x \mapsto f(x) + \dfrac{\varepsilon}{\lambda^2}||x - z||^2$ 有唯一的最小点 $x = y$.

将在下一节中证明上述两个最小化原理, 因为它们是 “下确界卷积”(结合稠密性定理) 的邻近分析的简单结果. 下面的练习有助于理解定理 2.4.2.

练习 2.4.3 设 f, x_0 和 ε 都同定理 2.4.2, 另设 f 是 Fréchet 可微的. 证明存在 $y \in x_0 + 2\sqrt{\varepsilon}B$ 使得 $||f'(y)|| \leqslant 2\sqrt{\varepsilon}$ 且 $f(y) \leqslant f(x_0)$. 进而证明存在 f 的极小化序列 y_i (即存在序列 y_i 满足 $\lim_{i\to\infty} f(y_i) = \inf_{x\in X} f(x)$), 使得 $\lim_{i\to\infty} ||f'(y_i)|| = 0$.

2.5 二次下确界卷积

两个函数 f, g 的**下确界卷积** (inf-convolution) 是另一个函数 h, 定义如下:

$$h(x) := \inf_{y\in X}\{f(y) + g(x - y)\}.$$

采用 “卷积” 这一术语是因为这个公式与经典积分的卷积公式形似. 我们在这里只关注在函数 $f \in \mathcal{F}$ 和二次函数 $x \to \alpha||x||^2$ 之间形成的下确界卷积, 其中 $\alpha > 0$. 此类函数具有很多意想不到的重要性质.

给定下有界函数 $f \in \mathcal{F}$ 及 $\alpha > 0$, 定义 $f_\alpha : X \to \mathbb{R}$ 如下:

$$f_\alpha(x) := \inf_{y\in X}\left\{f(y) + \alpha||x - y||^2\right\}. \tag{2.18}$$

首先回顾以下术语: 称 $\{x_i\}$ 为下确界 $\inf_{x\in S} g(x)$ 的极小化序列, 如果 $x_i \in S$ 且满足 $\lim_{i\to\infty} g(x_i) = \inf_{x\in S} g(x)$.

定理 2.5.1 假设 $f \in \mathcal{F}$ 以某个常数 c 为下界, $\alpha > 0$ 且 f_α 定义同上. 则 f_α 也以 c 为下界, 并且在 X 的每个有界子集上是 Lipschitz 的 (特别是有限值的). 此外, 假设 $x \in X$ 使得 $\partial_P f_\alpha(x)$ 非空, 则存在一个点 $\bar{y} \in X$ 满足以下几点:

(a) 若 $\{y_i\} \subseteq X$ 是 (2.18) 式的极小化序列, 则有 $\lim_{i\to\infty} y_i = \bar{y}$.

(b) (2.18) 式的下确界在 $\bar{y}$ 处唯一取得.

(c) Fréchet 导数 $f'_\alpha(x)$ 存在, 且等于 $2\alpha(x-\bar{y})$, 因此邻近次微分 $\partial_P f_\alpha(x)$ 为单点 $\{2\alpha(x-\bar{y})\}$.

(d) $2\alpha(x-\bar{y}) \in \partial_P f(\bar{y})$.

证明　假设 f 和 $\alpha > 0$ 如题, 由定义可知 f_α 显然也以 c 为下界. 下面证明 f_α 在任意有界集 $S \subseteq X$ 上是 Lipschitz 的.

对任何固定的 $x_0 \in \mathrm{dom} f \neq \varnothing$, 注意到对于所有 $x \in X$, 有 $f_\alpha(x) \leqslant f(x_0) + \alpha\|x-x_0\|^2$. 因此 $m := \sup\{f_\alpha(x) : x \in S\} < \infty$. 由于 $\alpha > 0$, 且 f 下有界, 所以对任意 $\varepsilon > 0$, 集合

$$C := \left\{z : \exists y \in S \text{ s.t. } f(z) + \alpha\|y - z\|^2 \leqslant m + \varepsilon\right\}$$

是 X 中的有界集.

任取 $x, y \in S$ 及 $\varepsilon > 0$. 因为 $f_\alpha(\cdot)$ 是下确界, 则存在 $z \in X$ 使得

$$f_\alpha(y) \geqslant f(z) + \alpha\|y - z\|^2 - \varepsilon.$$

注意到 $f_\alpha(y) \leqslant m$ 及 C 的定义, 我们有 $z \in C$. 因此

$$\begin{aligned} f_\alpha(x) - f_\alpha(y) &\leqslant f_\alpha(x) - f(z) - \alpha\|y - z\|^2 + \varepsilon \\ &\leqslant f(z) + \alpha\|x - z\|^2 - f(z) - \alpha\|y - z\|^2 + \varepsilon \\ &= \alpha\|x - y\|^2 - 2\alpha\langle x - y, z - y\rangle + \varepsilon \\ &\leqslant \lambda\|x - y\| + \varepsilon, \end{aligned}$$

其中 $\lambda := \alpha \sup\{\|s' - s\| + 2\|z - s\| : s', s \in S, z \in C\} < \infty$. 由 x, y 的任意性, 互换 x, y 的位置, 然后令 $\varepsilon \downarrow 0$, 便可得到 f_α 在 S 上是以 λ 为常数的 Lipschitz 函数.

我们现在考虑定理中的其他结论.

(a) 假设 $x \in X$ 使得至少存在一个 $\zeta \in \partial_P f_\alpha(x)$. 由邻近次梯度不等式, 存在正数 σ 和 η, 使得对于所有的 $y \in B(x;\eta)$,

$$\langle \zeta, y - x\rangle \leqslant f_\alpha(y) - f_\alpha(x) + \sigma\|y - x\|^2. \tag{2.19}$$

假定 $\{y_i\}$ 是 (2.18) 的任意极小化序列, 可得

$$\lim_{i\to\infty}\{f(y_i) + \alpha\|x - y_i\|^2\} = \inf_{y\in X}\{f(y) + g(x - y)\} = f_\alpha(x).$$

故存在 $\varepsilon_i \downarrow 0\ (i \to \infty)$ 使得

$$f_\alpha(x) \leqslant f(y_i) + \alpha \|y_i - x\|^2 = f_\alpha(x) + \varepsilon_i^2. \tag{2.20}$$

同时因为 f_α 定义为 X 上的下确界, 从而

$$f_\alpha(y) \leqslant f(y_i) + \alpha \|y_i - y\|^2. \tag{2.21}$$

将不等式 (2.20) 和 (2.21) 代入 (2.19) 中可得, 对于任意的 $y \in B(x;\eta)$, 有

$$\begin{aligned}\langle \zeta, y - x\rangle &\leqslant \alpha \|y_i - y\|^2 - \alpha \|y_i - x\|^2 + \varepsilon_i^2 + \sigma\|y - x\|^2\\ &= -2\alpha \langle y_i, y - x\rangle + \alpha\|y\|^2 - \alpha\|x\|^2 + \varepsilon_i^2 + \sigma\|y - x\|^2\\ &= 2\alpha \langle x - y_i, y - x\rangle + \varepsilon_i^2 + (\alpha + \sigma)\|y - x\|^2.\end{aligned}$$

也即, 对所有 $y \in B(x;\eta)$,

$$\langle \zeta - 2\alpha (x - y_i), y - x\rangle \leqslant \varepsilon_i^2 + (\alpha + \sigma)\|y - x\|^2. \tag{2.22}$$

任取 $v \in B$. 由于当 $i \to \infty$ 时, $\varepsilon_i \downarrow 0$, 故当 i 充分大时, $y := x + \varepsilon_i v \in B(x;\eta)$. 因此对于充分大的 i, 将此 y 的值代入 (2.22) 式可得

$$\langle \zeta - 2\alpha (x - y_i), v\rangle \leqslant \varepsilon_i(1 + \alpha + \sigma).$$

由于 v 的任意性, 根据算子范数的定义得到

$$\|\zeta - 2\alpha (x - y_i)\| \leqslant \varepsilon_i(1 + \alpha + \sigma), \tag{2.23}$$

也即

$$\left\| y_i - \left(x - \frac{\zeta}{2\alpha} \right) \right\| \leqslant \frac{\varepsilon_i}{2\alpha}(1 + \alpha + \sigma).$$

我们定义 $\bar{y} \in X$ 为

$$\bar{y} := x - \frac{\zeta}{2\alpha}.$$

令 (2.23) 式中 $i \to \infty$, 便可立即得到 (a).

(b) 要证明 $\bar{y}$ 达到了 (2.18) 中的下确界, 从 (a) 和 f 的下半连续性足以看出

$$f_\alpha(x) \leqslant f(\bar{y}) + \alpha\|\bar{y} - x\|^2 \leqslant \liminf_{i\to\infty} \left[f(y_i) + \alpha \|y_i - x\|^2 \right] = f_\alpha(x),$$

其中, 最后面的等式可以从 (2.20) 得到.

设 $\hat{y}$ 是 (2.18) 的另一极小值点, 则常数数列 $y_i := \hat{y}$ 是极小化序列, 则由结论 (a) 可得 $y_i = \hat{y}$ 收敛于 $\bar{y}$, 故 $\hat{y} = \bar{y}$. 因此, $\bar{y}$ 是唯一的极小值点.

(c) 设 $y \in X$, 由 $f_\alpha(\cdot)$ 的定义知

$$f_\alpha(y) \leqslant f(\bar{y}) + \alpha\|y - \bar{y}\|^2.$$

同时, 由结论 (b) 知, 当 $y = x$ 时, 上式等式关系成立. 从而

$$\begin{aligned} f_\alpha(x) - f_\alpha(y) &\geqslant f(\bar{y}) + \alpha\|x - \bar{y}\|^2 - f(\bar{y}) - \alpha\|y - \bar{y}\|^2 \\ &= \langle 2\alpha(x - \bar{y}), x - y\rangle - \alpha\|x - y\|^2. \end{aligned}$$

由练习 2.2.8(a) 可得

$$2\alpha(x - \bar{y}) \in \partial^P f_\alpha(x). \tag{2.24}$$

由练习 2.2.8(b) 及 $\partial^P f_\alpha(x)$ 的非空性可知结论 (c) 成立.

(d) 易知函数 $x' \mapsto f(x') + \alpha\|x' - x\|^2$ 在 $x' = \bar{y}$ 处取得最小值, 因此这个函数的邻近次微分包含 0. 根据命题 2.2.11 和练习 2.2.4(a), 便可得到 (d). □

定理 2.5.1 的两个直接结论就是 2.4 节中给出的最小化原理.

推论 2.5.2　定理 2.4.1 成立.

证明　假设 $S \subseteq X$ 是一个非空的有界闭集, $f \in \mathcal{F}$ 在 S 上是下有界的, 且 $\operatorname{dom} f \cap S \neq \varnothing$. 定义

$$g(x) := \inf_{y \in X}\left\{f(y) + I_S(y) - \frac{1}{2}\|y\|^2 + \frac{1}{2}\|x - y\|^2\right\}. \tag{2.25}$$

上式可以看作 (2.18) 式中的 f_α, 其中 $f = f + I_S - (1/2)\|\cdot\|^2$ 且 $\alpha = 1/2$. 同时, 由指示函数的定义易知 $g(x)$ 的表达式 (2.25) 可以简化为

$$g(x) = \inf_{y \in S}\{f(y) - \langle x, y\rangle\} + \frac{1}{2}\|x\|^2. \tag{2.26}$$

显然对固定的 $x \in X$, 使 (2.25), (2.26) 及

$$\bar{g}(x) := \inf_{y \in S}\{f(y) - \langle x, y\rangle\} \tag{2.27}$$

达到最优的 y 所成的集合是相同的.

注意到, $g(x)$ 中的函数 $f + I_S - (1/2)\|\cdot\|^2$ 是下半连续且下有界的 (f 是下半连续下有界函数, I_S 是下半连续下有界函数, 范数是连续函数, 且在集合 S 内是有界的). 由稠密性定理 (定理 2.3.1) 知 $\operatorname{dom}(\partial_P g)$ 在 $\operatorname{dom}(g) = X$ 中是稠密的.

同时, 由定理 2.5.1(b) 知, 对于任意 $x \in \mathrm{dom}(\partial_P g)$, (2.25) 的下确界唯一可达. 从而, 存在 X 中一稠密子集 $M = \mathrm{dom}(\partial_P g)$, 使得对任意 $x \in M$, (2.27) 的下确界在唯一点 $y \in S$ 处取到, 即函数

$$y \to f(y) - \langle x, y \rangle$$

在 S 上达到唯一的最优点 y. □

推论 2.5.3 定理 2.4.2 成立.

证明 按照定理 2.4.2 给定 f, x_0, ε, 并取 $\lambda > 0$. 令 $\alpha = \dfrac{\varepsilon}{\lambda^2}$, 考虑如下 f_α 函数:

$$f_\alpha(x) := \inf_{y' \in X} \left\{ f(y') + \frac{\varepsilon}{\lambda^2} \|y' - x\|^2 \right\}.$$

易知 f_α 下半连续, 由稠密性定理 (定理 2.3.1), 存在 $z \in x_0 + \lambda B$ 满足 $f_\alpha(z) \leqslant f_\alpha(x_0) \leqslant f(x_0)$ 且 $\partial_P f_\alpha(z) \neq \varnothing$. 由定理 2.5.1(b) 知, 存在唯一点 y, 使得 $f_\alpha(z)$ 在 y 处达到下确界, 即函数

$$x \to f(x) + \frac{\varepsilon}{\lambda^2} ||x - z||^2$$

在 $x = y$ 处达到唯一的最小值. 因此,

$$f_\alpha(z) := \inf_{y' \in X} \left\{ f(y') + \frac{\varepsilon}{\lambda^2} \|y' - z\|^2 \right\} = f(y) + \frac{\varepsilon}{\lambda^2} \|y - z\|^2.$$

故 $f(y) \leqslant f_\alpha(z) \leqslant f(x_0)$.

现在, 我们只剩验证 $||y - z|| < \lambda$. 事实上, 我们有

$$f(y) + \frac{\varepsilon}{\lambda^2} \|y - z\|^2 = f_\alpha(z) \leqslant f(x_0) < \inf_X(f) + \varepsilon,$$

从而

$$\frac{\varepsilon}{\lambda^2} \|y - z\|^2 < \inf_X(f) - f(y) + \varepsilon \leqslant \varepsilon,$$

因此 $||y - z|| < \lambda$. □

注 2.5.4 定理 2.4.2 的证明表明, 我们可以在 x_0 附近任意选取 z 值 (而不仅仅是在 x_0 的 λ 邻域内).

2.6 距离函数

本节, 我们研究与 X 的非空闭子集 S 相关的距离函数 d_S 的邻近次梯度. 根据分析结果, 我们可以推导出 2.4 节中最小化原理的几何类比.

定理 2.6.1　设 $x \notin S, \zeta \in \partial_P d_S(x)$. 那么存在 $\bar{s} \in S$ 使得下面的结论成立:

(a) $\inf_{s\in S}\|s-x\|$ 的任一最小化序列 $\{s_i\} \subseteq S$ 都收敛于 $\bar{s}$.

(b) x 到 S 的所有投影点组成的集合 $\mathrm{proj}_S(x) = \{\bar{s}\}$.

(c) Fréchet 导数 $d'_S(x)$ 存在, 且 $\{\zeta\} = \partial_P d_S(x) = \{d'_S(x)\} = \left\{\dfrac{x-\bar{s}}{\|x-\bar{s}\|}\right\}$.

(d) $\zeta \in N_S^P(\bar{s})$.

证明　(a) 假设 $x \notin S, \zeta \in \partial_P d_S(x)$, 由邻近次梯度不等式知, 存在 $\eta > 0$, $\sigma > 0$, 使得

$$d_S(y) - d_S(x) \geqslant \langle \zeta, y-x\rangle - \sigma\|y-x\|^2, \quad \forall y \in B(x;\eta). \tag{2.28}$$

注意到, 对所有的 $y \in X$,

$$d_S^2(y) = \inf_{z\in X}\left\{I_S(z) + \|z-y\|^2\right\}. \tag{2.29}$$

因此, $d_S^2(\cdot)$ 可以看成 $\alpha = 1$, $f = I_S$ 的二次下确界卷积函数. 设 $\{s_i\} \subseteq S$ 是 $\inf_{s\in S}\|s-x\|$ 的一个最小化序列, 则 $\lim_{i\to\infty}\|s_i - x\| = \inf_{s\in S}\|s-x\|$. 等式两边同时平方, 得到 $\lim_{i\to\infty}\|s_i-x\|^2 = \inf_{s\in S}\|s-x\|^2$, 即 $\{s_i\} \subseteq S$ 是 $\inf_{s\in S}\|s-x\|^2$ (即 $d_S^2(x)$) 的最小化序列. 又由于对于任意的 $y \in X$, 有

$$d_S^2(y) - d_S^2(x) = 2d_S(x)\left(d_S(y) - d_S(x)\right) + \left(d_S(y) - d_S(x)\right)^2.$$

结合上面的等式和 (2.28) 式, 对任意的 $y \in B(x;\eta)$, 有

$$\begin{aligned} d_S^2(y) - d_S^2(x) &\geqslant 2d_S(x)\left(d_S(y) - d_S(x)\right) \\ &\geqslant 2d_S(x)\left(\langle \zeta, y-x\rangle - \sigma\|y-x\|^2\right), \end{aligned}$$

即

$$d_S^2(y) - d_S^2(x) \geqslant \langle 2d_S(x)\zeta, y-x\rangle - 2\sigma d_S(x)\|y-x\|^2, \quad \forall y \in B(x;\eta).$$

根据邻近次梯度不等式有 $2d_S(x)\zeta \in \partial_P d_S^2(x)$, 所以 $\partial_P d_S^2(x)$ 非空, 又因为 $I_S \in \mathcal{F}$, 且 I_S 下有界, 从而由定理 2.5.1(a) 知, 存在 $\bar{s} \in S$, 使得 $\lim_{i\to\infty} s_i = \bar{s}$.

(b) 由定理 2.5.1(b) 知 $d_S^2(x) = \inf_{s\in X}\left\{I_S(s) + \|x-s\|^2\right\}$ 的下确界仅在 $\bar{s}$ 取得, 那么

$$d_S(x) = \|x-\bar{s}\|,$$

故 $\mathrm{proj}_S(x) = \{\bar{s}\}$.

(c) 由定理 2.5.1(c) 知 $d_S^2(\cdot)$ 在 x 处 Fréchet 可微, 且 $(d_S^2(x))' = \partial_P d_S^2(x) = \{2(x-\bar{s})\}$. 又因为 $\zeta \in \partial_P d_S(x)$, $2d_S(x)\zeta \in \partial_P d_S^2(x)$, 所以有

$$2\|x-\bar{s}\|\zeta = 2d_S(x)\zeta = 2(x-\bar{s}).$$

故有 $\partial_P d_S(x) = \{\zeta\}$ 且 $\zeta = \dfrac{x-\bar{s}}{\|x-\bar{s}\|}$. 由于 $d_S^2(\cdot)$ 在 x 处 Fréchet 可微, 故对任意 $v \in X$,

$$\frac{d_S^2(x+tv)-d_S^2(x)}{t} = \left[\frac{d_S(x+tv)-d_S(x)}{t}\right][d_S(x+tv)+d_S(x)]$$

在 $t \downarrow 0$ 时极限存在, 且在有界集上关于 v 一致收敛. 易知此极限为 $\langle 2d_S(x)\zeta, v\rangle$. 根据练习 2.1.2(c) 知 $d_S(x)$ 是全局 Lipschitz 的, 故当 $t \downarrow 0$ 时, $d_S(x+tv)+d_S(x)$ 在有界集上关于 v 一致收敛于 $2d_S(x) > 0$. 从而, 当 $t \downarrow 0$ 时,

$$\frac{d_S(x+tv)-d_S(x)}{t}$$

在有界集上关于 v 一致收敛于 $\langle \zeta, v\rangle$. 即 $d_S'(\cdot)$ 在 x 处 Fréchet 可微且 $d_S'(x) = \zeta$. 综上所述有

$$\partial_P d_S(x) = \{d_S'(x)\} = \{\zeta\} = \left\{\frac{x-\bar{s}}{\|x-\bar{s}\|}\right\}.$$

(d) 因为函数 $s \mapsto \|s-x\|^2$ 在 $\bar{s}$ 处取得 S 上的最小值, 且此函数是 C^2 的, 由练习 2.2.12 可得 $2(x-\bar{s}) \in N_S^P(\bar{s})$. 根据锥的性质及 $\dfrac{1}{2\|x-\bar{s}\|} > 0$, 有 $\dfrac{x-\bar{s}}{\|x-\bar{s}\|} \in N_S^P(\bar{s})$, 即 $\zeta \in N_S^P(\bar{s})$. □

下面的推论表明: 在给定闭集上投影点唯一的那些点是稠密的 (参见练习 2.1.2(d)).

推论 2.6.2 设 $S \subseteq X$ 是闭的.

(a) 在 S 中有唯一投影点的那些点组成的集合在 $X \backslash S$ 中稠密.

(b) 满足 $N_S^P(s) \neq \{0\}$ 的点 $s \in \operatorname{bdry} S$ 组成的集合在 $\operatorname{bdry} S$ 中稠密.

证明 (a) 因 $d_S(x)$ 连续, 根据定理 2.3.1 知, $\operatorname{dom}(\partial_P d_S(\cdot))$ 在 $X = \operatorname{dom} d_S(\cdot)$ 中稠密, 故 $\operatorname{dom}(\partial_P d_S(\cdot))$ 在 $X \backslash S$ 中稠密. 任取 $x \in \operatorname{dom}(\partial_P d_S(\cdot))$ 有 $\partial_P d_S(x)$ 非空, 由定理 2.6.1(b) 知, x 在 S 中有唯一的投影点. 因此, 结论 (a) 成立.

(b) 任取 $s \in \operatorname{bdry} S$, $\varepsilon > 0$. 由 (a) 知, 存在 $x \notin S$ 满足 $\|x-s\| < \dfrac{\varepsilon}{2}$, 且 x 到 S 的投影点是唯一的, 设为 $\bar{s}$, 即 $\operatorname{proj}_S(x) = \{\bar{s}\}$, $\bar{s} \in \operatorname{bdry} S$, 所以有

$0 \neq x - \bar{s} \in N_S^P(\bar{s})$. 由于

$$\|s - \bar{s}\| \leqslant \|x - s\| + \|x - \bar{s}\| \leqslant 2\|x - s\| \leqslant \varepsilon,$$

故所有满足 $N_S^P(\bar{s}) \neq \{0\}$ 的点 $\bar{s} \in \operatorname{bdry} S$ 组成的集合在 $\operatorname{bdry} S$ 中稠密. □

下一个命题阐释了一种利用距离函数作为工具解决**约束优化** (constrained optimization) 问题的技巧. 这种问题是

$$\begin{aligned} \inf \quad & f(s) \\ \text{s.t.} \quad & s \in S, \end{aligned} \tag{2.30}$$

这里 f 是下半连续的, $S \subseteq X$ 是闭的. 我们将在第 3 章详细研究约束优化问题. 下面介绍的技巧被称为 "**精确惩罚**"(exact penalization): 在最小化函数中增加一个罚函数使原约束问题与新的有罚无约束问题等价. 精确惩罚在优化中有许多理论和数值应用.

命题 2.6.3　设 S 为 X 中一闭子集, f 在包含 S 的开集 U 上满足系数为 K 的 Lipschitz 条件. 设 $s \in S$ 为 (2.30) 的解, 那么函数 $x \mapsto f(x) + Kd_S(x)$ 在 U 上 $x = s$ 处取得最小值. 反之, 若 $K' > K$ 且 $x \mapsto f(x) + K'd_S(x)$ 在 U 上 $x = s$ 处取得最小值, 那么 $s \in S$ 且 s 为 (2.30) 的解.

证明　任取 $x \in U$, $\varepsilon > 0$. 根据距离函数及下确界的定义, 存在 $s' \in S$ 使得 $\|x - s'\| \leqslant d_S(x) + \varepsilon$. 由于 f 在 s 处取得 S 上的最小值, 同时利用 f 的 Lipschitz 性, 我们有

$$\begin{aligned} f(s) + Kd_S(s) = f(s) &\leqslant f(s') \\ &\leqslant f(x) + K\|s' - x\| \\ &\leqslant f(x) + Kd_S(x) + \varepsilon K. \end{aligned}$$

令 $\varepsilon \downarrow 0$, 即可得 $f + Kd_S$ 在 U 上 $x = s$ 处取得最小值.

反之, 取 $K' > K$, 假设 $s \notin S$. 则存在 $s' \in S$ 使得 $\|s' - s\| < \dfrac{K'}{K} d_S(s)$. 由于 f 在 U 上满足系数为 K 的 Lipschitz 条件, 故

$$f(s') \leqslant f(s) + K\|s' - s\|.$$

又因为函数 $x \mapsto f(x) + K'd_S(x)$ 在 $x = s$ 处取得集合 U 上最小值, 所以

$$f(s) + K'd_S(s) \leqslant f(s') + K'd_S(s') = f(s') \leqslant f(s) + K\|s' - s\| < f(s) + K'd_S(s).$$

上式是矛盾的. 因此 $s \in S$, 从而易知 s 也是 (2.30) 的解. □

下一结论给出了几何与函数观点间的另一联系.

定理 2.6.4 设 S 是闭的, $s \in S$, 那么

$$N_S^P(s) = \{t\zeta : t \geqslant 0,\ \zeta \in \partial_P d_S(s)\}.$$

证明 任取 $\zeta \in N_S^P(s)$, 由邻近法向量不等式知, 存在 $\sigma > 0$, 使得对任意 $s' \in S$,

$$\langle \zeta, s' - s \rangle \leqslant \sigma \left\| s' - s \right\|^2, \tag{2.31}$$

即

$$-\langle \zeta, s \rangle \leqslant -\langle \zeta, s' \rangle + \sigma \left\| s' - s \right\|^2, \quad \forall s' \in S.$$

故 C^2 函数 $x \mapsto -\langle \zeta, x \rangle + \sigma \|x - s\|^2$ 在 $x = s$ 处达到 S 上最小值. 易知此函数是局部 Lipschitz 的, 由命题 2.6.3 知, 存在常数为 $K > 0$, 使得函数

$$x \mapsto -\langle \zeta, x \rangle + \sigma \|x - s\|^2 + K d_S(x)$$

在 $x = s$ 处取得局部最小值. 由推论 2.2.7 及命题 2.2.11 知, $\dfrac{\zeta}{K} \in \partial_P d_S(s)$, 故包含关系成立.

反过来, 任取 $\zeta \in \partial_P d_S(s)$. 由邻近次梯度不等式知, 存在 $\eta > 0$, $\sigma > 0$, 使得

$$d_S(x) - \langle \zeta, x - s \rangle + \sigma \|x - s\|^2 \geqslant d_S(s) = 0, \quad \forall x \in B(s; \eta).$$

则对于任意的 $s' \in S \cap B(s; \eta)$, (2.31) 成立. 从而由命题 2.1.5(b) 知 $\zeta \in N_S^P(s)$. 由于 $N_S^P(s)$ 为锥, 故反包含关系成立. □

2.7 Lipschitz 函数

在具有 Lipschitz 性质的函数中, 有距离函数 d_S, 2.5 节中的二次下确界卷积函数, C^1 函数, 以及即将看到的——所有的有限 (非病态) 凸函数. 一个函数 f 称为在 x 附近是**上有界** (bounded above) 的, 如果存在 $\eta > 0$ 以及 $r \in \mathbb{R}$ 使得

$$f(y) \leqslant r, \quad \forall y \in B(x; \eta).$$

命题 2.7.1 设 $U \subseteq X$ 是开且凸的, $f : U \to \mathbb{R}$ 在 U 上是凸且有限的. 若 f 在某一个点 $\bar{x} \in U$ 附近是上有界的, 则 f 在 U 上是局部 Lipschitz 的.

证明 设 $x \in U$, 并且设 f 在 x 的一邻域内有界. 取 $\eta > 0$ 及 $r \in \mathbb{R}$, 使得当 $y \in B(x; 2\eta) \subseteq U$ 时, $|f(y)| \leqslant r$. 设 y_1, y_2 为 $B(x; \eta)$ 中不同的点, 并令

$\delta = \|y_1 - y_2\|$. 设 $y_3 = y_2 + (\eta/\delta)(y_2 - y_1) \in B(x; 2\eta)$, 则

$$y_2 = \frac{\eta}{\eta+\delta} y_1 + \frac{\delta}{\eta+\delta} y_3.$$

由函数的凸性, 可以得到

$$f(y_2) \leqslant \frac{\eta}{\eta+\delta} f(y_1) + \frac{\delta}{\eta+\delta} f(y_3),$$

可改写为

$$f(y_2) - f(y_1) \leqslant \frac{\delta}{\eta+\delta}[f(y_3) - f(y_1)] \leqslant \frac{\delta}{\eta}\left|f(y_3) - f(y_1)\right|.$$

因为在 $B(x; 2\eta)$ 上 $|f(y)| \leqslant r$, 并且 $\delta = \|y_1 - y_2\|$, 所以

$$f(y_2) - f(y_1) \leqslant \frac{2r}{\eta}\|y_1 - y_2\|.$$

交换 y_1 与 y_2 的位置, 我们可以推出 f 在 $B(x;\eta)$ 上是 Lipschitz 连续的.

下面我们证明 f 在任意点 $x \in U$ 处是局部有界的. 不失一般性, 我们假定 $\bar{x} = 0$. 假设 $f(y) \leqslant r$ 对于所有满足 $\|y\| < \eta$ 的 y 都成立, 其中 $B(0;\eta) \subseteq U$. 设 $x \in U$, 则存在 $t \in (0,1)$, 使得 $z := x/t \in U$. 我们断言 f 在 $B(x;(1-t)\eta)$ 上是有上界的. 事实上, 任取 $v \in B(x;(1-t)\eta)$, 存在 $y \in \eta B$ 使得 $v = x + (1-t)y = tz + (1-t)y$. 由凸性可得

$$f(v) \leqslant tf(z) + (1-t)f(y) \leqslant tf(z) + r,$$

这说明了 f 在 $B(x;(1-t)\eta)$ 上是有上界的. 只需再证明 f 在同一个球上是有下界的, 就可以完成这个证明. 设 $\bar{r}$ 是 f 在 $B(x;(1-t)\eta)$ 中的上界, 在 $B(x;(1-t)\eta)$ 任取一点 u. 取 $u' \in B(x;(1-t)\eta)$ 使得 $(u+u')/2 = x$. 则由 $f(x) \leqslant (f(u) + f(u'))/2$ 可得 $f(u) \geqslant 2f(x) - f(u') \geqslant 2f(x) - \bar{r}$, 得到了要求的下界. □

练习 2.7.2 证明当 $X = \mathbb{R}^n$ 时, 命题 2.7.1 中的有界性假设自动成立. (提示: 存在有限个点 p_i 使得 $x \in \operatorname{int}\operatorname{co}\{p_i\} \subseteq U$.)

Lipschitz 函数具有非常有趣的性质. 在一般情况下可以用邻近术语来刻画函数的 Lipschitz 属性. 将这些证明与光滑情况下使用积分或均值定理的不同证明进行比较, 是很有趣的. 这里, 优化是主要的工具, 且判断准则只需要在某些点 ($\partial_p f(x)$ 非空) 成立.

定理 2.7.3 设 $U \subseteq X$ 是开且凸的, $f \in \mathcal{F}(U)$. 则 f 在 U 上满足系数为 $K(K \geqslant 0)$ 的 Lipschitz 条件当且仅当

$$\|\zeta\| \leqslant K, \quad \forall \zeta \in \partial_P f(x), \quad \forall x \in U. \tag{2.32}$$

证明 如果 f 满足 Lipschitz 条件, 由练习 2.2.13, (2.32) 式成立.

现在我们假定 (2.32) 式成立, 来证明 f 满足 Lipschitz 条件. 我们断言只需要证明下面的局部性质: 对于每一个 $x_0 \in U$, 存在一个以 x_0 为中心的开球, 使得 f 在上面满足系数为 K 的 Lipschitz 条件. 假设这个局部条件成立, 设 x 和 y 为 U 中的任意两点. 对线段 $[x, y]$ 上的任一点 z, 存在球 $B(z; r)$, f 在球上 Lipschitz 条件成立. 因为 $[x, y]$ 是紧的, 所以存在 N 个球 $B(z_j; r_j)$ 覆盖 $[x, y]$. 因此可以找到 $[x, y]$ 中的点 $x + t_i(y - x)(i = 0, 1, \cdots, N)$, 满足 $0 = t_0 < t_1 < \cdots < t_N = 1$, 且使得相邻两个点在同一个球 $B(z_j; r_j)$ 上. 从而

$$\begin{aligned} f(y) - f(x) &= \sum_{i=0}^{N-1} [f(x + t_{i+1}(y - x)) - f(x + t_i(y - x))] \\ &\leqslant \sum_{i=0}^{N-1} K(t_{i+1} - t_i)\|y - x\| = K\|y - x\|, \end{aligned}$$

确保了 f 在 U 上满足系数为 K 的 Lipschitz 条件.

现在我们来验证局部性质. 第一步是证明对于每一个点 $x_0 \in \operatorname{cl}(\operatorname{dom}_U f) \cap U$, 存在一个邻域使得 f 在这个邻域内有限且满足系数为 K 的 Lipschitz 条件, 其中 $\operatorname{dom}_U f$ 表示 U 中所有使 f 有限的点的集合. 由 $\mathcal{F}(U)$ 的定义, 该集合是非空的.

取 $\varepsilon > 0$, 使得 f 在 $\bar{B}(x_0; 4\varepsilon) \subseteq U$ 上是有下界的, 并设 $K' > K$. 定义函数 $\varphi : [0, 3\varepsilon) \to [0, \infty)$ 满足以下的性质: ① $\varphi(\cdot)$ 是严格递增的; ② 当 $0 \leqslant t \leqslant 2\varepsilon$ 时, $\varphi(t) = K't$, 当 $t \geqslant 2\varepsilon$ 时 $\varphi'(t) \geqslant K'$; ③ $\varphi(\cdot)$ 在 $(0, 3\varepsilon)$ 上是 C^2 的; ④ $t \to 3\varepsilon$ 时 $\varphi(t) \to \infty$.

现在我们固定任意两点 $y, z \in B(x_0; \varepsilon)$. 因为 $x_0 \in \operatorname{cl}(\operatorname{dom}_U f)$, 函数

$$x \mapsto f(y + x) + \varphi(\|x\|)$$

在 $B(0; 3\varepsilon)$ 上不恒等于 $+\infty$. 它在 $\bar{B}(0; 3\varepsilon)$ 上是下半连续而且有下界的, 在闭球的边界上等于 $+\infty$. 由定理 2.4.1 中的极小值原理, 存在 $\beta \in X$ 满足 $\|\beta\| < K' - K$, 使得函数

$$g(x) := f(y + x) + \varphi(\|x\|) - \langle \beta, x \rangle$$

在点 $u \in \bar{B}(0; 3\varepsilon)$ 处达到最小值. 必定有 $\|u\| < 3\varepsilon$, 因此 $0 \in \partial_P g(u)$.

若 $u \neq 0$, 则函数 $x \mapsto \phi(\|x\|)$ 在 u 的某邻域上是 C^2 的. 从而由命题 2.2.11 可得

$$\beta - \phi'(\|u\|)u/\|u\| \in \partial_P f(y+u).$$

但由于

$$\begin{aligned}\|\beta - \varphi'(\|u\|)u/\|u\|\| &\geqslant \varphi'(\|u\|) - \|\beta\| \\ &> K' - (K' - K) = K,\end{aligned}$$

且 $y + u \in B(x_0; 4\varepsilon) \subseteq U$, 这与 $\|\zeta\| \leqslant K$, $\forall \zeta \in \partial_P f$ 矛盾, 因此 $u = 0$.

因为 $u = 0$ 是 g 在 $B(0; 3\varepsilon)$ 上的最小点, 所以 $f(y) < \infty$, 并且有

$$\begin{aligned}f(y) = g(0) &\leqslant g(z-y) \\ &= f(z) + \varphi(\|z-y\|) - \langle \beta, z-y \rangle \\ &\leqslant f(z) + K'\|z-y\| + (K'-K)\|z-y\|,\end{aligned}$$

其中我们用到了 $\|z-y\| < 2\varepsilon$, 以及当 $t \in [0, 2\varepsilon]$ 时 $\varphi(t) = K't$ 这两个事实. 因为 y 与 z 是 $B(x_0; \varepsilon)$ 上任意的点, $K' > K$ 也是任意的, 故 f 在 $B(x_0; \varepsilon)$ 上是满足系数为 K 的 Lipschitz 条件的. 接下来需要解决的是 x_0 是否属于 $\mathrm{cl}(\mathrm{dom}_U f)$. 但是, 刚才的证明显然说明 x_0 属于 $\mathrm{int}(\mathrm{dom}_U f)$, 使得 $\mathrm{cl}(\mathrm{dom}_U f)$ 相对于 U 是开 (或者闭) 的; 因此, $\mathrm{cl}(\mathrm{dom}_U f) \cap U = \mathrm{dom}_U f \cap U = U$. 所以, U 中的点都具有局部性质, 得证. □

推论 2.7.4　设 $U \subseteq X$ 是开且凸的, 且 $f \in \mathcal{F}(U)$, 则 f 在 U 上是常数当且仅当

$$\partial_P f(x) \subseteq \{0\}, \quad \forall x \in U.$$

练习 2.7.5

(a) 说明: 当 U 是凸的这一条件去掉后, 推论 2.7.4 是错的.

(b) 证明: 如果 U 是开的 (不一定凸), 则 $f \in \mathcal{F}(U)$ 在 U 上是局部 Lipschitz 的当且仅当 $\partial_P f$ 在 U 上是局部有界的.

(c) 证明: 函数 f 在紧集 S 上是局部 Lipschitz 的, 当且仅当 f 在 S 上是全局 Lipschitz 的.

2.8 加 法 法 则

假设两个函数的和 $f_1 + f_2$ 在 x_0 处达到最小值:

$$f_1(x) + f_2(x) \geqslant f_1(x_0) + f_2(x_0), \quad \forall x \in X,$$

则有 $0 \in \partial_P(f_1+f_2)(x_0)$. 那么是否有 "分离结论" $0 \in \partial_P f_1(x_0)+\partial_P f_2(x_0)$? 答案一般是否定的. 例如: 设 $X=\mathbb{R}$, $f_1(x):=|x|$, $f_2(x):=-|x|$, 取 $x_0=0$. 那么 $0 \in \partial_P(f_1+f_2)(x_0)$, 但因为 $\partial_P f_2(0)=\varnothing$, 所以 $0 \notin \partial_P f_1(0)+\partial_P f_2(0)$. 更一般地, 精确求和法则 $\partial_P(f_1+f_2)(x)=\partial_P f_1(x)+\partial_P f_2(x)$ 是不成立的.

另一方面, 如果 f_1 和 f_2 是两个参数不相关的函数, 即如果 $f_1(x)+f_2(y)$, 那么在 $f_1(x)+f_2(y)$ 的最小序对 (x_0,y_0) 处, 我们显然有分离的结论 $0 \in \partial_P f_1(x_0)$ 和 $0 \in \partial_P f_2(y_0)$. 有一种技巧, 有时被称作 "解耦", 是用第二种 (非耦合) 情况来近似上述第一种 (耦合) 情况. 为了应用这种技巧, 当 $x \neq y$ 时, 我们通过增加 $\|x-y\|^2$ 的非常大的正数倍来惩罚序对 (x,y), 即最小化

$$f_1(x)+f_2(y)+r\|x-y\|^2,$$

其中 $(x,y) \in X \times X$. 为了使解耦方法 (去掉关联性) 发挥作用, 我们需要知道当 $r \to \infty$ 时, 最小值接近于耦合的情况. 我们将给出这种类型的精确结果, 它与求和规则的相关性很快就会显现出来. 得到结论需要用到额外的假设条件, 我们给出两个, 其中一个涉及弱下半连续性. 如果

$$\liminf_{i\to\infty} f(x_i) \geqslant f(x)$$

对于每一个满足 x_i 弱收敛于 x 的序列 $\{x_i\}_{i\in\mathbb{N}}$ 都成立, 我们说函数 f 在 x 处是**弱下半连续的** (weakly lower semicontinuous). (注意条件中序列的性质.)

练习 2.8.1

(a) 设 $f \in \mathcal{F}$ 是凸函数. 证明 f 在每一点 x 处是弱下半连续的. (提示: 回想一下, 如果一个 Hilbert 空间的子集 S 是凸的, 那么 S 是闭的当且仅当 S 是弱闭的, 当且仅当 S 是序列弱闭的.)

(b) 设 S 是 X 的弱闭子集. 那么它的指示函数 I_S 是弱下半连续的.

命题 2.8.2 设 f_1 和 f_2 属于 $\mathcal{F}(X)$, C 为 X 的闭凸有界子集, 且 $C \cap \operatorname{dom} f_1 \cap \operatorname{dom} f_2 \neq \varnothing$. 假设以下之一成立:

(i) f_1 和 f_2 在 C 上是弱下半连续的 (X 是有限维时自然成立);

(ii) 其中一个函数在 C 上是 Lipschitz 的, 另一个函数是在 C 上有下界.

那么, 对任意正序列 $\{r_n\}$, 且 $\lim_{n\to\infty} r_n=+\infty$, 有

$$\lim_{n\to\infty}\inf_{x,y\in C}\{f_1(x)+f_2(y)+r_n\|x-y\|^2\}=\inf_{x\in C}\{f_1(x)+f_2(x)\}. \tag{2.33}$$

证明 显然 (2.33) 中左边不大于右边, 因此只需要证明相反的不等式成立.

我们首先讨论情形 (i). 由已知条件知 C 是弱紧的并且 $(x,y)\mapsto\|x-y\|^2$ 在 $X \times X$ 上是凸的, 因此, 由 2.8.1(a) 知该函数是弱下半连续的, 所以函数 $(x,y) \to$

$f_1(x)+f_2(y)+r_n\|x-y\|^2$ 可在某点 (x_n,y_n) 达到 $C\times C$ 上的最小值. 我们从序列 $\{(x_n,y_n)\}$ 中选取一个弱收敛子列, 不妨仍记为 $\{(x_n,y_n)\}$.

如果 x_0 是 $C\cap\operatorname{dom}f_1\cap\operatorname{dom}f_2$ 中的任意点, 则

$$f_1(x_n)+f_2(y_n)+r_n\|x_n-y_n\|^2\leqslant f_1(x_0)+f_2(x_0),$$

从而存在 $m<+\infty$ 使得 $r_n\|x_n-y_n\|^2\leqslant m$. 因此当 $n\to\infty$ 时, $\|x_n-y_n\|\to 0$, 故弱收敛序列 $\{x_n\}$ 和 $\{y_n\}$ 有相同的弱极限 $\bar{x}\in C$. 根据弱下半连续可知

$$\begin{aligned}\liminf_{n\to\infty}\{f_1(x_n)+f_2(y_n)+r_n\|x_n-y_n\|^2\}&\geqslant f_1(\bar{x})+f_2(\bar{x})\\&\geqslant\inf_{x\in C}\{f_1(x)+f_2(x)\},\end{aligned}$$

这意味着 (2.33) 式的左边不小于右边, 故等式成立.

下面讨论情形 (ii). 令 K 为其中一个函数 (不妨设为 f_1) 在 C 上的 Lipschitz 常数. 则有

$$|f_1(x)-f_1(y)|\leqslant K\|x-y\|,\quad\forall x,y\in C.$$

所以 f_1 在 C 上有界. 结合已知条件 f_2 在 C 上有下界, 设 (x_n,y_n) 满足

$$f_1(x_n)+f_2(y_n)+r_n\|x_n-y_n\|^2\leqslant\inf_{x,y\in C}\{f_1(x)+f_2(y)+r_n\|x-y\|^2\}+\frac{1}{n}.$$

与 (i) 类似, 当 $n\to\infty$ 时, $\|x_n-y_n\|\to 0$. 于是, 我们有

$$\begin{aligned}&\inf_{x,y\in C}\{f_1(x)+f_2(y)+r_n\|x-y\|^2\}\\&\geqslant f_1(x_n)+f_2(y_n)+r_n\|x_n-y_n\|^2-\frac{1}{n}\\&\geqslant f_1(y_n)-K\|y_n-x_n\|+f_2(y_n)+r_n\|x_n-y_n\|^2-\frac{1}{n}\\&\geqslant\inf_{x\in C}\{f_1(x)+f_2(x)\}-K\|y_n-x_n\|-\frac{1}{n}.\end{aligned}$$

上式取极限 $n\to\infty$, 即得结论成立. □

下证 “模糊求和法则”.

定理 2.8.3 设 $x_0\in\operatorname{dom}f_1\cap\operatorname{dom}f_2$, 且 $\zeta\in\partial_P(f_1+f_2)(x_0)$. 假设以下之一成立:

(i) f_1 和 f_2 是弱下半连续的 (X 是有限维时自然成立);

(ii) 其中一个函数在 x_0 附近是 Lipschitz 的.

那么, 对于任意的 $\varepsilon > 0$, 存在 $x_i \in B(x_0;\varepsilon)$, $|f_i(x_0) - f_i(x_i)| < \varepsilon$, $i = 1, 2$, 使得

$$\zeta \in \partial_P f_1(x_1) + \partial_P f_2(x_2) + \varepsilon B.$$

证明 因为 $\zeta \in \partial_P(f_1 + f_2)(x_0)$, 故存在 $\delta > 0$ 和 $\sigma \geqslant 0$ 使得

$$f_1(x) + f_2(x) \geqslant f_1(x_0) + f_2(x_0) + \langle \zeta, x - x_0 \rangle - \sigma \|x - x_0\|^2, \quad \forall x \in B(x_0;\delta).$$

所以对于任意的 $x \in B(x_0;\delta)$, 我们有

$$f_1(x) + f_2(x) + \sigma\|x - x_0\|^2 - \langle \zeta, x - x_0 \rangle \geqslant f_1(x_0) + f_2(x_0).$$

故存在一个以 x_0 为中心, $\eta(< \delta)$ 为半径的闭球 $C := \bar{B}(x_0;\eta)$, 使得函数

$$x \mapsto f_1(x) + f_2(x) + \sigma\|x - x_0\|^2 - \langle \zeta, x - x_0 \rangle$$

在 $x = x_0$ 处达到 $\bar{B}(x_0;\eta)$ 上的最小值. 将 η 取得充分小使得 f_1 和 f_2 在 C 上都是有下界的, 且使得在情形 (ii) 中, 其中一个函数在此集合上是 Lipschitz 的. 现在我们考虑在 $X \times X$ 上最小化函数

$$\varphi_n(x, y) := f_1(x) + f_2(y) + \sigma\|y - x_0\|^2 - \langle \zeta, x - x_0 \rangle + I_C(x) + I_C(y) + r_n\|x - y\|^2,$$

其中 r_n 是当 $n \to \infty$ 时趋于 $+\infty$ 的正数序列. 应用命题 2.8.2(这里用 $f_1(x) - \langle \zeta, y - x_0 \rangle$ 代替 $f_1(x)$, 用 $f_2(x) + \sigma\|y - x_0\|^2$ 代替 $f_2(x)$) 可得当 $n \to \infty$ 时, 非负值

$$q_n := f_1(x_0) + f_2(x_0) - \inf_{X \times X} \varphi_n$$

趋于 0. 事实上, 我们有

$$q_n := f_1(x_0) + f_2(x_0) - \inf_{X \times X} \varphi_n = \varphi_n(x_0, x_0) - \inf_{X \times X} \varphi_n \geqslant 0,$$

且

$$\begin{aligned}
&\lim_{n \to \infty} \inf_{X \times X} \varphi_n(x, y) \\
&= \lim_{n \to \infty} \inf_{x, y \in C} \varphi_n(x, y) \\
&= \lim_{n \to \infty} \inf_{x, y \in C} \{f_1(x) + f_2(y) + \sigma\|y - x_0\|^2 - \langle \zeta, x - x_0 \rangle + r_n\|x - y\|^2\} \\
&= \inf_{x \in C} \{f_1(x) + f_2(x) + \sigma\|x - x_0\|^2 - \langle \zeta, x - x_0 \rangle\}
\end{aligned}$$

$$=f_1(x_0)+f_2(x_0).$$

即是说, 对于足够大的 n, 点 (x_0,x_0) "几乎最小化" φ_n.

利用定理 2.4.2 的最小化原理, 其中 $f:=\varphi_n$, $\varepsilon:=q_n+1/n$, $\lambda:=\sqrt{\varepsilon}$. 则存在 $(x_1^n,x_2^n)(=y)$ 和 $(z_1^n,z_2^n)(=z)$ 使得

$$\|(x_1^n,x_2^n)-(z_1^n,z_2^n)\|<\left(q_n+\frac{1}{n}\right)^{1/2},\quad \|(z_1^n,z_2^n)-(x_0,x_0)\|<\left(q_n+\frac{1}{n}\right)^{1/2},$$

且使得函数

$$\varphi_n(x,y)+\|x-z_1^n\|^2+\|y-z_2^n\|^2$$

在 $(x,y)=(x_1^n,x_2^n)$ 处取得 $X\times X$ 上的最小值. 当 n 充分大时, 由于 $q_n\to 0$, 故 x_1^n 和 x_2^n 一定在 $C=\bar{B}(x_0;\eta)$ 的内部. 因此, 上述最小化意味着分离的必要条件:

$$\begin{aligned}\zeta-2r_n\left(x_1^n-x_2^n\right)-2\left(x_1^n-z_1^n\right)&\in\partial_P f_1\left(x_1^n\right)\quad(\text{关于 } x \text{ 最小化}),\\ 2r_n\left(x_1^n-x_2^n\right)-2\sigma\left(x_2^n-x_0\right)-2\left(x_2^n-z_2^n\right)&\in\partial_P f_2\left(x_2^n\right)\quad(\text{关于 } y \text{ 最小化}).\end{aligned}$$

则

$$\zeta\in\partial_P f_1\left(x_1^n\right)+\partial_P f_2\left(x_2^n\right)+\gamma_n\bar{B},$$

其中 $\gamma_n:=2\left(\|x_1^n-z_1^n\|+\|x_2^n-z_2^n\|+\sigma\|x_2^n-x_0\|\right)$. 对于所有足够大的 n, x_1^n 和 x_2^n 将位于 x_0 的 ε (预先给定) 邻域内, 且 γ_n 将小于 ε. 所以剩下的只需证明当 n 充分大时, 函数值 $f_i\left(x_i^n\right)$ 趋于 $f_i\left(x_0\right)(i=1,2)$. 事实上, 从定理 2.4.2 进一步有

$$\varphi_n\left(x_1^n,x_2^n\right)\leqslant\varphi_n\left(x_0,x_0\right),$$

这意味着对于所有足够大的 n, 以下成立:

$$f_1\left(x_1^n\right)+f_2\left(x_2^n\right)\leqslant f_1\left(x_0\right)+f_2\left(x_0\right)+\|\zeta\|\left\|x_1^n-x_0\right\|.$$

从而 $\liminf_{n\to\infty}\left\{f_1\left(x_1^n\right)+f_2\left(x_2^n\right)\right\}\leqslant f_1\left(x_0\right)+f_2\left(x_0\right)$, 进一步有

$$\liminf_{n\to\infty}\left\{f_1\left(x_1^n\right)\right\}+\liminf_{n\to\infty}\left\{f_2\left(x_2^n\right)\right\}\leqslant f_1\left(x_0\right)+f_2\left(x_0\right).$$

而根据函数 f_1 和 f_2 的下半连续性, 有

$$f_1\left(x_0\right)\leqslant\liminf_{n\to\infty}\left\{f_1\left(x_1^n\right)\right\},\quad f_2\left(x_0\right)\leqslant\liminf_{n\to\infty}\left\{f_2\left(x_2^n\right)\right\}.$$

故 $0 \leqslant \liminf_{n\to\infty} f_1(x_1^n) - f_1(x_0) \leqslant f_2(x_0) - \liminf_{n\to\infty} f_2(x_2^n) \leqslant 0$. 即

$$\liminf_{n\to\infty} f_1(x_1^n) = f_1(x_0),$$

$$\liminf_{n\to\infty} f_2(x_2^n) = f_2(x_0).$$

故存在子列 $\{x_1^{n_k}\} \subseteq \{x_1^n\}$, $\{x_2^{n_k}\} \subseteq \{x_2^n\}$, 使得

$$\lim_{n\to\infty} f_1(x_1^{n_k}) = \liminf_{n\to\infty} f_1(x_1^n) = f_1(x_0),$$

$$\lim_{n\to\infty} f_2(x_2^{n_k}) = \liminf_{n\to\infty} f_2(x_2^n) = f_2(x_0).$$

因此, 对任意的 ε, 当 $n \to \infty$ 时, $|f_i(x_i^{n_k}) - f_i(x_0)| < \varepsilon$, $i = 1, 2$. □

练习 2.8.4

(a) 设 C_1 和 C_2 是 X 的弱闭子集, 且 $\zeta \in N_{C_1\cap C_2}^P(x)$. 那么对于任意的 $\varepsilon > 0$, 存在

$$x_1 \in C_1, \quad x_2 \in C_2, \quad \zeta_1 \in N_{C_1}^P(x_1), \quad \zeta_2 \in N_{C_2}^P(x_2),$$

使得 $\|x_1 - x\| + \|x_2 - x\| < \varepsilon$, $\|\zeta - \zeta_1 - \zeta_2\| < \varepsilon$.

(b) 假设局部 Lipschitz 函数 f 在 x 处达到集合 C 上的最小值. 那么对于任意的 $\varepsilon > 0$, 存在 x 的 ε 邻域内的 x_1 和 x_2 使得 $0 \in \partial_P f(x_1) + N_C^P(x_2) + \varepsilon B$.

2.9 链式法则

假设函数 f 是函数 $g : Y \to (-\infty, \infty]$ 和函数 $F : X \to Y$ (其中 Y 是另一个 Hilbert 空间) 的复合函数, 记作 $g \circ F$. 注意, 如果 g 属于 $\mathcal{F}(Y)$ 并且 F 是连续的 (特别地, 正如我们即将假设的那样, 如果 F 是局部 Lipschitz 的), 那么很容易得出 $f = g \circ F \in \mathcal{F}(X)$. 在经典的光滑情况下, 链式法则的形式是 $f'(x) = g'(F(x)) \circ F'(x)$. 拓展到非光滑情形时, 一个明显的困难是没有定义一个不可微的向量值函数的导数. 对于这个问题, 我们借鉴光滑的情况下, 把 $f'(x)$ 看成标量值函数 $u \to g'(F(x)) \circ F(u)$ 的导数这种方法来解决. 还值得注意的是, 我们的方法是将复合函数转化为两函数的和的情况.

定理 2.9.1 设 $g \in \mathcal{F}(Y)$, 并设 $F : X \to Y$ 是局部 Lipschitz 的. 令 $f(x) := g(F(x))$, 并设 $\zeta \in \partial_P f(x_0)$. 假设以下条件之一成立:

(i) g 弱下半连续并且 F 是线性的;

(ii) g 在 $F(x_0)$ 附近是 Lipschitz 的.

那么, 对于任意的 $\varepsilon > 0$, 存在 $\tilde{x} \in x_0 + \varepsilon B_X$, $\tilde{y} \in F(x_0) + \varepsilon B_Y$ 以及 $\gamma \in \partial_P g(\tilde{y})$ 使得

$$\|F(\tilde{x}) - F(x_0)\| < \varepsilon, \quad |g(\tilde{y}) - g(F(x_0))| < \varepsilon \text{ 并且 } \zeta \in \partial_P\{\langle \gamma, F(\cdot)\rangle\}(\tilde{x}) + \varepsilon B_X.$$

证明　因为 $\zeta \in \partial_P f(x_0)$, 所以存在 $\sigma, \eta > 0$ 使得对任意的 $x \in B(x_0; \eta)$,

$$f(x) - \langle \zeta, x\rangle + \sigma \|x - x_0\|^2 \geqslant f(x_0) - \langle \zeta, x_0\rangle.$$

令 S 表示 F 在空间 $X \times Y$ 上的图像, 那么上式可写作

$$g(y) - \langle \zeta, x\rangle + I_S(x, y) + \sigma \|x - x_0\|^2 \geqslant g(F(x_0)) - \langle \zeta, x_0\rangle.$$

这意味着函数

$$(x, y) \mapsto g(y) - \langle \zeta, x\rangle + I_S(x, y) + \sigma \|x - x_0\|^2$$

在 $(x_0, F(x_0))$ 处达到局部最小值. 因此根据练习 2.2.3(a) 可得

$$0 \in \partial_P \left\{ g(y) - \langle \zeta, x\rangle + I_S(x, y) + \sigma \|x - x_0\|^2 \right\} (x_0, F(x_0)).$$

定理中的情形 (i) 或 (ii) 可以用来应用模糊求和规则 (定理 2.8.3). 因此, 对任意 $\delta > 0$, 存在点 (x_1, y_1) 和 (x_2, y_2) 属于 $(x_0, F(x_0))$ 的 δ 邻域, 使得对某个 $\gamma \in \partial_P g(y_1)$ 有

$$0 \in (-\zeta + 2\sigma(x_1 - x_0), \gamma) + \partial_P I_S(x_2, y_2) + \delta B_{X\times Y},$$

即

$$(\zeta - 2\sigma(x_1 - x_0), -\gamma) \in \partial_P I_S(x_2, y_2) + \delta B_{X\times Y}.$$

由上式可以看出 $\partial_P I_S(x_2, y_2) \neq \varnothing$, 所以 $(x_2, y_2) \in S$. 从而有, $\partial_P I_S(x_2, y_2) = N_S^P(x_2, y_2)$ 及 $y_2 = F(x_2)$. 由上式, 存在 $(u, v) \in \delta B_{X\times Y}$ ($\|u\| < \delta$, $\|v\| < \delta$), 使得

$$(\zeta - 2\sigma(x_1 - x_0) + u, -\gamma - v) \in N_S^P(x_2, F(x_2)).$$

由本定理后面的练习 2.9.2, 有

$$\zeta - 2\sigma(x_1 - x_0) + u \in \partial_P\{\langle \gamma + v, F(\cdot)\rangle\}(x_2).$$

我们再次把模糊求和规则应用到局部 Lipschitz 函数 $\langle \gamma, F(\cdot)\rangle$ 和 $\langle v, F(\cdot)\rangle$ 上, 存在点 x_3 和点 x_4 在 x_2 的 δ-邻域中, 使得

$$\zeta - 2\sigma(x_1 - x_0) + u \in \partial_P\{\langle \gamma, F(\cdot)\rangle\}(x_3) + \partial_P\{\langle v, F(\cdot)\rangle\}(x_4) + \delta B_X.$$

如果 K 是 F 的局部 Lipschitz 常数, 那么函数 $\langle v, F(\cdot)\rangle$ 是带常数 $K\|v\| < K\delta$ 的局部 Lipschitz 函数. 再根据练习 2.2.13, 我们可以得到 $\partial_P\{\langle v, F(\cdot)\rangle\}(x_4)$ 的任何元素的范数小于 $K\delta$, 进而有

$$\zeta - 2\sigma(x_1 - x_0) + u \in \partial_P\{\langle \gamma, F(\cdot)\rangle\}(x_3) + \delta(K+1)B_X.$$

取 $\tilde{y} = y_1$, $\tilde{x} = x_3$, 则有 $\tilde{x} \in x_0 + 2\delta B_X$, $\tilde{y} \in F(x_0) + \delta B_Y$. 由 F 的连续性, $F(\tilde{x}) = F(x_3)$ 趋于 $F(x_0)$. 对于任意的 $\varepsilon > 0$, 只要让 δ 足够小就可以得到所求结论. □

以下是上述证明所需要的结果:

练习 2.9.2 设 $F: X \to Y$ 是局部 Lipschitz 的, 且设

$$(\alpha, -\gamma) \in N_S^P(x, F(x)),$$

其中 S 是 F 的图像. 证明

$$\alpha \in \partial_P\{\langle \gamma, F(\cdot)\rangle\}(x).$$

证明 设 $(\alpha, -\gamma) \in N_S^P(x, F(x))$, 那么对任意的 $\delta > 0$, 存在 $\sigma = \sigma((\alpha, -\gamma), (x, F(x))) \geqslant 0$ 使得对任意 $(x', F(x')) \in S \cap B((x, F(x)), \delta)$, 有

$$\langle(\alpha, -\gamma), (x', F(x')) - (x, F(x))\rangle \leqslant \sigma||(x', F(x')) - (x, F(x))||^2,$$

即

$$\langle \alpha, x' - x\rangle - \langle \gamma, F(x') - F(x)\rangle - \sigma||(x' - x), (F(x') - F(x))||^2 \leqslant 0.$$

又因为 F 是局部 Lipschitz 的, 存在常数 L 使得 $||F(x') - F(x)|| \leqslant L||x' - x||$, 则对任意的 $(x', F(x')) \in S \cap B((x, F(x)), \delta)$, 有

$$\langle \alpha, x' - x\rangle - \langle \gamma, F(x') - F(x)\rangle - \sigma(1+L)^2||x' - x||^2 \leqslant 0,$$

$$\langle \alpha, x' - x\rangle - \langle \gamma, F(x')\rangle + \langle \gamma, F(x)\rangle - \sigma(1+L)^2||x' - x||^2 \leqslant 0,$$

即

$$\langle \gamma, F(x')\rangle - \langle \alpha, x' - x\rangle + \sigma(1+L)^2||x' - x||^2 \geqslant \langle \gamma, F(x)\rangle.$$

也就是说 $\alpha \in \partial_P\{\langle \gamma, F(\cdot)\rangle\}(x)$. □

下面的两个练习是链式法则的应用, 后面会有应用.

练习 2.9.3 设 $g \in \mathcal{F}(Y)$ 弱下半连续, 并设 $A: X \to Y$ 是连续线性算子. 假设

$$\zeta \in \partial_P\{g(Ax)\}(x_0).$$

证明对任意的 $\varepsilon > 0$, 存在 $\tilde{y} \in Ax_0 + \varepsilon B_Y$ 使得

$$\zeta \in A^* \partial_P g(\tilde{y}) + \varepsilon B_X \text{ 并且 } |g(\tilde{y}) - g(Ax_0)| < \varepsilon.$$

(其中 $A^* : Y \to X$ 为 A 的伴随矩阵满足 $\langle A^* u, v\rangle = \langle u, Av\rangle$, $\forall u \in Y, v \in X$.)

练习 2.9.4　设 $g \in \mathcal{F}(\mathbb{R}^n)$ 是局部 Lipschitz 的, 并且定义 f:

$$f : L_n^2[a,b] \to \mathbb{R}, \quad f(v) := g\left(\int_a^b v(s)ds\right).$$

假设 $\zeta \in L^2$ 属于 $\partial_P f(v)$. 证明对于任意的 $\varepsilon > 0$, 存在 x 和 $\theta \in \partial_P g(x)$ 使得

$$\left\| x - \int_a^b v(s)ds \right\| < \varepsilon, \quad \|\zeta(t) - \theta\|_2 < \varepsilon.$$

有了上面的链式法则和上一节的模糊求和法则, 我们可以很容易地推导出"邻近模糊微积分"的其他基本结论. 但我们转而讨论上述结果的极限形式.

2.10　极限次微分计算

继续考虑邻近和法则. 易知

$$\partial_P f_1(x) + \partial_P f_2(x) \subseteq \partial_P(f_1 + f_2)(x), \tag{2.34}$$

并且我们证明了一种近似形式的反包含: 如果 $\zeta \in \partial_P(f_1 + f_2)(x)$, 则对于任意的 $\varepsilon > 0$, 我们有

$$\zeta \in \partial_P f_1(x_1) + \partial_P f_2(x_2) + \varepsilon B, \tag{2.35}$$

其中 $x_i \in B(x;\varepsilon)$ 且满足 $|f_i(x) - f_i(x_i)| < \varepsilon$ $(i = 1, 2)$. 自然会想到令 (2.35) 中 $\varepsilon \to 0$, 求极限. 如果这样做, 结果不一定能由 $\partial_P f_1(x)$ 和 $\partial_P f_2(x)$ 表述 (例如, 它们可能是空的). 为了解决这个问题, 我们提出**极限次微分** (limiting subdifferential) $\partial_L f(x)$ 如下:

$$\partial_L f(x) := \left\{ \text{w-}\lim \zeta_i : \zeta_i \in \partial_P f(x_i), x_i \xrightarrow{f} x \right\}. \tag{2.36}$$

也即, 我们考虑能表示成某序列 $\{\zeta_i\}$ 的弱极限的向量 ζ 的集合, 其中 $\zeta_i \in \partial_P f(x_i)$, $x_i \to x$, $f(x_i) \to f(x)$. (注: $x_i \xrightarrow{f} x$ 同时包含上述两种收敛.)

我们回到求和法则, 不过是极限形式的: 设 $\zeta \in \partial_L(f_1+f_2)(x)$. 由定义, 我们有 $\zeta = \text{w-}\lim \zeta_i$, 其中 $\zeta_i \in \partial_P(f_1+f_2)(x_i)$, 且有 $x_i \to x$, $(f_1+f_2)(x_i) \to (f_1+f_2)(x)$.

如果可以运用模糊求和法则 (定理 2.8.3) (例如, f_1, f_2 其中之一是局部 Lipschitz 的), 那么我们可以得出

$$\zeta_i = \theta_i + \xi_i + \varepsilon_i u_i, \tag{2.37}$$

其中 $\theta_i \in \partial_P f_1(x_i')$, $\xi_i \in \partial_P f_2(x_i'')$, $u_i \in B$, 并且 x_i' 和 x_i'' 位于 x_i 的 ε_i 球域中, 且当 $i \to \infty$ 时, 有 $\varepsilon_i \downarrow 0$. 同时, $f_1(x_i')$ 和 $f_2(x_i'')$ 分别在 $f_1(x_i)$ 和 $f_2(x_i)$ 的 ε_i 邻域内.

现在我们想对 (2.37) 求极限; 如何才能做到这一点呢? 同样, 假设其中一个函数 (比方说 f_1) 是局部的 Lipschitz 函数, 就可以做到这一点. 因为在这种情况下, $\partial_P f_1(\cdot)$ 是局部有界的 (以 Lipschitz 系数为界), 因此序列 $\{\theta_i\}$ 是有界的. 由 $\{\zeta_i\}$ 弱收敛到 ζ, 故 $\{\zeta_i\}$ 也是有界的. 从而根据 (2.37) 可以推出 ξ_i 是有界的. 提取子序列, 使得所有这些序列分别弱收敛到 θ, ζ, ξ, 则有 $\zeta = \theta + \xi$. 同时, 由 $f_1(x_i')$ 在 $f_1(x_i)$ 的 ε_i 邻域内, $x_i \to x$ 及 f_1 的连续性知 $\{f_1(x_i')\}$ 收敛到 $f_1(x)$. 再由 $f_2(x_i'')$ 在 $f_2(x_i)$ 的 ε_i 邻域内且 $(f_1 + f_2)(x_i) \to (f_1 + f_2)(x)$ 知 $\{f_2(x_i'')\}$ 收敛到 $f_2(x)$. 因此通过定义便得 $\theta \in \partial_L f_1(x)$, $\xi \in \partial_L f_2(x)$. 此讨论事实上证明了命题 2.10.1.

命题 2.10.1 若 f_1, f_2 之一在点 x 附近 Lipschitz 连续, 则

$$\partial_L(f_1 + f_2)(x) \subseteq \partial_L f_1(x) + \partial_L f_2(x).$$

这是一个有吸引力的 (非模糊) 求和法则. 回顾 (2.34) 式, 我们猜想 $\partial_L f_1(x) + \partial_L f_2(x) \subseteq \partial_L(f_1 + f_2)(x)$ 成立, 如此就有 $\partial_L f_1(x) + \partial_L f_2(x) = \partial_L(f_1 + f_2)(x)$. 可惜实际上, 猜想式并不能成立, 如练习 2.10.2 所示. (我们将在第 3 章中探讨上述等式成立所需的额外条件.)

练习 2.10.2 设 $X = \mathbb{R}$, $f_1(x) := |x|$, $f_2(x) := -|x|$. 说明 $\partial_L f_1(0) = [-1, 1]$, $\partial_L f_2(0) = \{-1, 1\}$. 从而命题 2.10.1 的结论成立, 但 $\partial_L f_1(0) + \partial_L f_2(0) \not\subseteq \partial_L(f_1 + f_2)(0)$.

现在我们从几何上考虑这种极限构造. 应用于 $N_S^P(\cdot)$ 的闭包运算产生的 $N_S^L(x)$, 称为 S 在点 $x \in S$ 处的**极限法锥** (limiting normal cone, L-normal cone):

$$N_S^L(x) := \left\{ \text{w-}\lim \zeta_i : \zeta_i \in N_S^P(x_i), x_i \xrightarrow{S} x \right\},$$

这里, $x_i \xrightarrow{S} x$ 表示 $x_i \to x$ 且对任意的 i 有 $x_i \in S$.

定义极限法锥的一个动机是, 对 "许多" x, $N_S^P(x)$ 可能是平凡的 (即为 0); 在逐点考虑中, $N_L^P(\cdot)$ 可能包含正则性信息. 下面的练习在 $\mathbb{R}^n$ 中证明了这一猜想的正确性, 确认了函数与几何闭包运算之间的某种一致性, 并导出了极限次微分的一些基本性质.

练习 2.10.3 假设 S 为闭集, 函数 $f \in \mathcal{F}$.

(a) $(\zeta,-1)\in N^L_{\text{epi } f}(x,f(x))$ 当且仅当 $\zeta\in\partial_L f(x)$, $\partial_L I_S(x)=N^L_S(x)$.

(b) 当 S 为凸集, $N^L_S(x)=N^P_S(x)$.

(c) 若 $X=\mathbb{R}^n$, 则 $N^L_S(x)$ 和 $\partial_L f(x)$ 都是闭集; 若 $x\in \text{bdry } S$, 则 $N^L_S(x)\neq\{0\}$; 若 f 在点 x 附近是 Lipschitz 连续的, 则 $\partial_L f(x)\neq\varnothing$.

虽然在定义 $N^L_S(x)$ 时使用了一种闭包运算, 但事实是, 当 X 为无限维时, $\partial_L f(x)$ 不一定是闭的; 类似地, 如果 f 不是 Lipschitz 的, $\partial_L f(x)$ 也不一定为闭的. 这些事实使得极限次微分在 Lipschitz 假设下或有限维的情形下极具吸引力. 定理 2.10.4 是链式法则 (定理 2.9.1) 的极限形式, 它的应用将在章末练习中予以说明.

定理 2.10.4 设 $F:X\to\mathbb{R}^n$ 在 x 附近是 Lipschitz 的, $g:\mathbb{R}^n\to\mathbb{R}$ 在 $F(x)$ 附近是 Lipschitz 的. 则

$$\partial_L(g\circ F)(x)\subseteq\{\partial_L\langle\gamma,F(\cdot)\rangle(x):\gamma\in\partial_L g(F(x))\}.$$

证明 设 $\zeta\in\partial_L(g\circ F)(x)$. 由极限次微分的定义, 我们有

$$\zeta=\text{w-}\lim\zeta_i,$$

其中 $\zeta_i\in\partial_P(g\circ F)(x_i)$, $x_i\to x$, $g\circ F(x_i)\to g\circ F(x)$. 由条件 $F:X\to\mathbb{R}^n$ 在 x 附近是 Lipschitz 的, $g:\mathbb{R}^n\to\mathbb{R}$ 在 $F(x)$ 附近是 Lipschitz 的, 运用定理 2.9.1, 我们有

$$\zeta_i=\theta_i+\varepsilon_i u_i, \tag{2.38}$$

其中 $\theta_i\in\partial_P\langle\gamma_i,F(x_i')\rangle$, $\gamma_i\in\partial_P g(y_i')$, $u_i\in B$, 并且 x_i', y_i' 分别位于 x_i 和 $F(x_i)$ 的 ε_i 球域中, $\|F(x_i')-F(x_i)\|<\varepsilon_i$, 同时, $\varepsilon_i\downarrow 0$ $(i\to\infty)$.

由弱收敛性知 ζ_i 是有界的, 从而由 (2.38), 序列 $\{\theta_i\}$ 也是有界的. 同时, 由 g 的 Lipschitz 性知 γ_i 有界. 提取其子序列, 使得所有这些序列分别弱收敛于 θ,ζ,γ, 有

$$\zeta=\theta,\quad \langle\gamma_i,F(\cdot)\rangle(x_i)\to\langle\gamma,F(\cdot)\rangle(x),\quad g(F(x_i))\to g(F(x)),\quad x_i'\to x,\quad y_i'\to F(x).$$

因此 $\zeta=\theta\in\partial_L\langle\gamma,\ F(\cdot)\rangle(x),\gamma\in\partial_L g(F(x))$. □

2.11 第 2 章习题

2.11.1 给出下列情形的例子:

(a) S 是 $\mathbb{R}^2$ 的子集, 点 $s\in S$, 使得 $N^P_S(s)$ 既不开也不闭; 函数 $f:\mathbb{R}\to\mathbb{R}$, 以及点 $x\in\text{dom} f$ 使得 $\partial_P f(x)$ 既不开也不闭.

(b) 函数 $f \in \mathcal{F}$ 在 $\bar{B}$ 无下界.

(c) 函数 $f \in \mathcal{F}$ 在 $\bar{B}$ 下有界, 但达不到最小值.

2.11.2 假设 $\{e_i\}_{i=1}^{\infty}$ 是 X 的正交基, 并且集合 $S := \overline{\text{co}}\,\{\pm e_i/i : i \geqslant 1\}$. 指出 0 位于 S 的边界上, 且 $N_S^P(0) = \{0\}$.

2.11.3 假设 $S \subseteq X$ 满足对任意 $x \in S, \zeta \in N_S^P(x)$, 有

$$\langle \zeta, x' - x \rangle \leqslant 0, \quad \forall x' \in S.$$

证明 S 是凸的. (这与命题 2.1.10(a) 相反.)

2.11.4 设 S 是有界闭且非空的. 证明 $\bigcup_{x \in S} N_S^P(x)$ 在 X 中是稠密的.

2.11.5 设 s 属于闭集 S.

(a) 若 d_S 在 s 上是可微的. 证明 $d_S'(s) = 0$.

(b) 若 $N_S^P(s) \neq \{0\}$, 则 d_S 在 s 处不可微.

2.11.6 设 $S \subseteq X$ 非空 (但不一定是闭的), 并且假设 $f \in \mathcal{F}$ 满足对某个 $c > 0$, $f(x) \geqslant -c\|x\|$.

(a) 设 $K > c$, 定义函数 $g : X \to \mathbb{R}$ 为

$$g(x) := \inf_{s \in S} \{f(s) + K\|s - x\|\}.$$

证明 g 在 X 上满足系数为 K 的 Lipschitz 条件.

(b) 此外, 假设 f 在 S 上满足系数为 K 的 Lipschitz 条件. 证明 g 与 f 在 S 上一致, 从而推导出定义在 X 的任何子集上的 Lipschitz 函数都可以扩展为 X 上的 Lipschitz 函数, 且保证 Lipschitz 常数 K 不增大.

2.11.7 设 $f \in \mathcal{F}$, $M \in \mathbb{R}$, 集合 $f^M(x) := \min\{f(x), M\}$.

(a) 证明 $f^M \in \mathcal{F}$.

(b) 如果 $\zeta \in \partial_P f^M(x)$, 证明: 当 $f(x) \leqslant M$ 时, $\zeta \in \partial_P f(x)$; 当 $f(x) > M$ 时, $\zeta = 0$.

2.11.8 假设 $L : \mathbb{R}^n \to (-\infty, +\infty]$ 是下半连续函数, 不恒等于 $+\infty$ 且有下界. 对于任意的 $v(\cdot) \in X := L_n^2[0,1]$, 定义 $f : X \to (-\infty, +\infty]$ 为 $f(v(\cdot)) := \int_0^1 L(v(t))dt$. 证明: f 是下半连续的. 对于任意的 $\alpha > 0$, 对于 X 上稠密的 $v(\cdot)$, 函数

$$F(u(\cdot)) := \int_0^1 \{L(u(t)) + \alpha\|v(t) - u(t)\|^2\}dt$$

都在 X 上达到唯一最小值.

2.11.9 假设 $f \in \mathcal{F}$ 有下界, $\alpha > 0$ 且 f_α 的定义同 2.5 节.

(a) 设 $x \in \operatorname{dom} f$, 证明: 对于任意的 $\alpha > 0$, 存在 $r_\alpha > 0$ 使得 $f_\alpha(x)$ 的任一最优解 $\bar{y}$ 都满足 $\bar{y} \in B(x; r_\alpha)$, 且当 $\alpha \to \infty$ 时, $r_\alpha \to 0$.

(b) 证明: (i) 对任意的 $x \in X$, 当 $\alpha \uparrow \infty$ 时, 有 $f_\alpha \uparrow f(x)$.

(ii) 对任意的 $x \in \operatorname{dom} f$, 有 $\liminf_{y \to x, \alpha \to \infty} f_\alpha(y) \geqslant f(x)$.

(因此 f_α 是 f 的一个局部 Lipschitz 下逼近, 随着 $\alpha \to \infty$, 逼近程度越来越好; 它被称为 Moreau-Yosida 逼近.)

2.11.10 假设 $f \in \mathcal{F}$ 有下界. 证明: 存在序列 $\{y_i\}$ 和 $\{\zeta_i\}$, 使得对每一个 i 都有 $\zeta_i \in \partial_P f(y_i)$, 且当 $i \to \infty$ 时, $f(y_i) \to \inf_{x \in X} f(x)$, $\|\zeta_i\| \to 0$.

2.11.11 令 $f \in \mathcal{F}$, $x_0 \in \operatorname{dom} f$. 假设存在 $\varepsilon > 0$, 对于所有满足 $|f(x) - f(x_0)| < \varepsilon$ 的 $x \in x_0 + \varepsilon B$, 以及 $\zeta \in \partial_P f(x)$, 有 $\|\zeta\| \leqslant k$. 证明: f 在 x_0 的某邻域上满足常数为 k 的 Lipschitz 条件. (提示: 在习题 2.11.7 中考虑 $\widetilde{f}(x) := \min\{f(x), f(x_0) + \varepsilon/2\}$.)

2.11.12 设 $X = \mathbb{R}$, $f(x) = \begin{cases} x^2 \sin(1/x), & x \neq 0, \\ 0, & x = 0. \end{cases}$ 计算 $\partial_P f(0)$ 和 $\partial_L f(0)$.

2.11.13

(a) 证明**邻近中值定理**: 设 $f \in \mathcal{F}(X)$ 在线段 $[x, y]$ 的某邻域上局部 Lipschitz. 则对任意的 $\varepsilon > 0$, 存在 $[x, y]$ 的 ε 邻域上的点 z 及 $\zeta \in \partial_P f(z)$, 使得 $f(y) - f(x) \leqslant \langle \zeta, y - x \rangle + \varepsilon$.

(b) 证明: 上述结论不能写成 $|f(y) - f(x) - \langle \zeta, y - x \rangle| < \varepsilon$.

(c) 当 $\varepsilon \to 0$ 时, 用 $\partial_L f$ 得到定理的极限形式. (提示: 在满足 $u = t(y - x), 0 \leqslant t < 1$ 的 (t, u) 的集合上最小化 $\varphi(t, u) := f(x + u) - tf(y) - (1 - t)f(x)$.)

2.11.14 设 $f : \mathbb{R}^n \to \mathbb{R}$ 的定义为

$$f(x) = f(x_1, x_2, \cdots, x_n) = \max_{1 \leqslant i \leqslant n} x_i.$$

设 $M(x)$ 为取得最大值的下标 i 所组成的集合. 证明: $\partial_P f(x)$ 包含所有满足 $\zeta_i \geqslant 0$, $\sum_{i=1}^n \zeta_i = 1$, 且当 $i \notin M(x)$ 时, $\zeta_i = 0$ 的向量 $(\zeta_1, \zeta_2, \cdots, \zeta_n)$. (提示: f 是凸的.)

2.11.15 (单调性) 设 C 是 X 上的锥, 且 $f \in \mathcal{F}$. 我们称 f 是 C-递减的, 如果 $y - x \in C$ 时有 $f(y) \leqslant f(x)$. 证明: 如果 f 是局部 Lipschitz 的, 则 f 是 C-递减的当且仅当对任意的 $x \in X$ 及 $\zeta \in \partial_P f(x)$, 有 $\zeta \in C^\circ$, 其中, C 的极锥 C° 的定义为

$$C^\circ := \{z \in X : \langle z, c \rangle \leqslant 0, \forall c \in C\}.$$

2.11.16 证明极限链式法则, 定理 2.10.4.

2.11.17 (上包络) 设 $f_i \in \mathcal{F}(X)$ 是局部 Lipschitz 的, $i=1,2,\cdots,n$, 并令 $f(x) := \max_{1\leqslant i\leqslant n} f_i(x)$. 我们用 $M(x)$ 表示 $f(x)$ 达到最大值时下标 i 所组成的集合.

(a) 证明 f 是局部 Lipschitz 的, 并且

$$\mathrm{co}\bigcup_{i\in M(x)} \partial_P f_i(x) \subseteq \partial_P f(x).$$

(b) 如果 $\zeta \in \partial_L f(x)$, 则存在 $\gamma_i \geqslant 0$ $(i=1,2,\cdots,n)$, 满足 $\sum_{i=1}^n \gamma_i = 1$ 且当 $i \notin M(x)$ 时有 $\gamma_i = 0$, 使得 $\zeta \in \partial_L(\sum_{i=1}^n \gamma_i f_i)(x)$.

2.11.18 (不等式约束的 Lagrange 乘子规则) 设 x_0 是最小化问题

$$\begin{aligned} \min \quad & g_0(x) \\ \text{s.t.} \quad & g_i(x) \leqslant 0,\ i=1,2,\cdots,n \end{aligned}$$

的最优解, 其中 $g_0, g_1, \cdots, g_n$ 都是局部 Lipschitz 函数.

(a) 证明: x_0 是 (无约束) 函数

$$x \mapsto \max\left\{g_0(x) - g_0(x_0), g_1(x), \cdots, g_n(x)\right\}$$

的最小值点.

(b) 证明存在 $\gamma_i \geqslant 0 (i=0,1,\cdots,n)$ 满足 $\sum_{i=0}^n \gamma_i = 1$ 且当 $i \geqslant 1$ 时, $\gamma_i g_i(x_0) = 0$, 使得

$$0 \in \partial_L\left(\sum_{i=0}^n \gamma_i g_i\right)(x_0).$$

2.11.19 (偏次梯度) 令 f 在 $X_1 \times X_2$ 上局部 Lipschitz, 且 $\bar{\zeta}_1 \in \partial_P f(\cdot, \bar{x}_2)(\bar{x}_1)$ (即 $\bar{\zeta}_1$ 是函数 $x_1 \mapsto f(x_1, \bar{x}_2)$ 在 $\bar{x}_1$ 的一个邻近次梯度). 那么对任意 $\varepsilon > 0$, 存在 $(\tilde{x}_1, \tilde{x}_2) \in (\bar{x}_1, \bar{x}_2) + \varepsilon B$, $\left(\tilde{\zeta}_1, \tilde{\zeta}_2\right) \in \partial_P f(\tilde{x}_1, \tilde{x}_2)$, 使得 $\left\|\tilde{\zeta}_1 - \bar{\zeta}_1\right\| < \varepsilon$. (提示: 在定理 2.9.1 中取 $F(x) := (x, \bar{x}_2)$.)

2.11.20 这个练习讨论了 Fréchet 可微性和 Gâteaux 可微性之间的一些关系.

(a) 假设 $f: X \to \mathbb{R}$ 在 x 处是 Fréchet 可微的. 证明 f 在 x 连续.

(b) 假设 $f: X \to \mathbb{R}$ 在 x 处是 Gâteaux 可微的. 证明对于任意的 $v \in X$, 对较小的 $|t|$ 定义的函数 $g(t) := f(x+tv)$ 在 $t=0$ 处连续.

(c) 考虑如下两个函数:

$$f_1(x,y) = \begin{cases} \dfrac{y^3}{x}, & 若\ x \neq 0, \\ 0, & 若\ x = 0, \end{cases} \qquad f_2(x,y) = \begin{cases} \dfrac{xy}{x^2+y^2}, & 若\ (x,y) \neq (0,0), \\ 0, & 若\ (x,y) = (0,0). \end{cases}$$

证明: f_1 虽然在原点处有 Gâteaux 导数, 但 f_1 在原点处不连续 (从而非 Fréchet 可微); f_2 在 $(0,0)$ 处有偏导数, 但 f_2 在 $(0,0)$ 处的 Gâteaux 导数不存在.

(d) 假设 $f:\mathbb{R}^n\to\mathbb{R}$ 在 x 附近是 Lipschitz 的, 则 f 在 x 处的 Gâteaux 可微性蕴含 Fréchet 可微性 (在无限维空间中一般不成立).

(e) 设 X 是一个 Hilbert 空间. 证明: $f'(x)$ 存在当且仅当对于任意的 $\zeta\in X$ 有

$$\lim_{i\to\infty}\frac{f(x+t_iv_i)-f(x)}{t_i}=\langle\zeta,v\rangle,\quad \forall v,$$

其中 $t_i\downarrow 0$ 且 v_i 弱收敛到 v (从而 $f'(x)=\zeta$).

(f) 假设 f 在 x 附近任意点处有 Gâteaux 导数, 且 $y\to f'_G(y)$ 在 x 连续. 证明 f 在 x 处 Fréchet 可微.

2.11.21　设 X 是可分离空间, $f\in\mathcal{F}(X)$ 在点 $\bar{x}$ 附近是 Lipschitz 的, 序列 $\{x_i\}$ 收敛到 $\bar{x}$ 且序列 $\{\zeta_i\}$ 弱收敛到 ζ, 其中对每个 i 有 $\zeta_i\in\partial_L f(x_i)$. 证明 $\zeta\in\partial_L f(\bar{x})$. (提示: 限定于 X 的一个有界闭子集上的弱拓扑等价于一个度量拓扑.)

2.11.22　设 X 具有一个标准基 $\{e_i\}_{i=1}^{\infty}$, 并设 $f\in\mathcal{F}(x)$ 在每个 $x\in\operatorname{dom} f$, 对于每个指标 i, 有

$$\liminf_{t\downarrow 0}\frac{f(x+te_i)-f(x)}{t}\leqslant 0,\quad \liminf_{t\downarrow 0}\frac{f(x-te_i)-f(x)}{t}\leqslant 0.$$

证明 f 是一个常值函数.

2.11.23　(水平近似定理) 这个问题 (在第 5 章中需要) 将证明上图的水平邻近法向量可以用非水平法向量来近似 (从而对应于次梯度).

定理　设 $f\in\mathcal{F}(\mathbb{R}^n)$, 并设 $(\theta,0)\in N^P_{\operatorname{epi} f}(x,f(x))$. 则对于每个 $\varepsilon>0$, 存在 $x'\in x+\varepsilon B$ 和 $(\zeta,-\lambda)\in N^P_{\operatorname{epi} f}(x',f(x'))$, 使得

$$\lambda>0,\quad |f(x')-f(x)|<\varepsilon,\quad \|(\theta,0)-(\zeta,-\lambda)\|<\varepsilon.$$

(a) 说明 $\theta=0$ 的情形是稠密性定理 (定理 2.3.1) 的直接结果.

下面假设 $x=0, f(0)=0, \theta\neq 0$, 同时点 $(\theta,0)$ 在 $\operatorname{epi} f=:S$ 中有唯一的最近点 $(0,0)$. (为什么这不失一般性?)

(b) 我们有 $d_S(\theta,t)>d_S(\theta,0)=\|\theta\|$, $\forall t<0$.

(c) 函数 $t\to d_S(\theta,t)$ 在任意接近 0 的点 $t<0$ 处具有严格为负的邻近次梯度.

(d) 存在任意接近 $(\theta,0)$ 且满足 $t<0$ 的点 (x,t), 使得 $\partial_P d_S(x,t)$ 的一个 (实际上是唯一的) 元素具有严格负的最后分量. (提示: 习题 2.11.19.)

(e) 当 (d) 中的点 (x,t) 收敛到 $\left(\frac{\theta}{|\theta|},0\right)$ 时, $\partial_P d_S(x,t)$ 的对应元素收敛于 $(\theta,0)$, 完成证明.

2.11.24 设 $f:X\to\mathbb{R}$ 是连续且凸的. 证明 f 在稠密点集上是 Fréchet 可微的. (提示: 参考练习 2.2.8.)

2.11.25 设 f 在 X 上局部 Lipschitz.

(a) 证明 $\partial_L f(x)$ 为单点集是 $f'_G(x)$ 存在的充分条件, 但不是必要条件 (提示: 运用习题 2.11.13.)

(b) 当 X 是有限维时, 证明 f 在开集 U 上是 C^1 的, 当且仅当对每个 $x\in U$, $\partial_L f(x)$ 均为单点.

2.11.26 令 $f\in\mathcal{F}(X)$, 且设 $S:=\{x\in X: f(x)\leqslant 0\}$. 令 $\bar{x}$ 满足 $f(\bar{x})=0$. 证明:

(a) $\bigcup_{\lambda\geqslant 0}\lambda\partial_P f(\bar{x})\subseteq N_S^P(\bar{x})$.

(b) 若 f 在 $\bar{x}$ 附近是 Lipschitz 的, 并且 $0\notin\partial_L f\{\bar{x}\}$, 则

$$N_S^L(\bar{x})\subseteq\bigcup_{\lambda\geqslant 0}\lambda\partial_L f(\bar{x}).$$

(提示: 应用习题 2.11.18.)

(c) 若 f 在 $\bar{x}$ 附近是 C^2 的且 $f'(\bar{x})\neq 0$, 则

$$N_S^P(\bar{x})=N_S^L(\bar{x})=\{\lambda f'(\bar{x}):\lambda\geqslant 0\}.$$

2.11.27 设 S 是 X 的非空闭子集, $\bar{x}\in S$. 我们将证明公式

$$N_S^L(\bar{x})=\bigcup_{\lambda\geqslant 0}\lambda\partial_L d_S(\bar{x}).$$

(a) 证明: 如果 $\zeta\in N_S^p(x)$, 那么对于任意的 $\varepsilon>0$, 我们有 $\zeta/(\|\zeta\|+\varepsilon)\in\partial_P d_S(x)$. (提示: 使用精确惩罚.)

(b) 证明: $N_S^L(\bar{x})\subseteq\bigcup_{\lambda\geqslant 0}\lambda\partial_L d_S(\bar{x})$.

(c) 通过确认反包含成立来完成证明.

2.11.28 设 $f:\mathbb{R}^n\mapsto\mathbb{R}$ 是局部 Lipschitz 的 . 证明: $\partial_L f$ 在以下意义上是可数生成的. 存在 $\mathbb{R}^n\times\mathbb{R}^n$ 上的一个可数集 Ω, 使得对于任意的 x 有

$$\partial_L f(x)=\left\{\lim_{i\to\infty}\zeta_i:(x_i,\zeta_i)\in\Omega,\ \forall i,\lim_{i\to\infty}x_i=x\right\}.$$

(提示: 考虑 $\partial_P f$ 图像上的一个可数稠密子集.)

2.11.29 (邻近 Gronwall 不等式) 设 $f:[0,T]\to\mathbb{R}$ 是局部 Lipschitz 的, 其中 $T>0$, 并假设存在一个常数 $M\geqslant 0$, 使得

$$\zeta\leqslant Mf(t),\quad \forall\zeta\in\partial_P f(t),\quad \forall t\in(0,T).$$

则对于任意 $t\in[0,T]$, 有 $f(t)\leqslant e^{Mt}f(0)$.

2.11.30 设 $f\in\mathcal{F}$ 且 $U\subseteq X$ 是一个开集. 证明 f 在 U 上是 C^1 的当且仅当对任意的 $x\in U$ 及 $\varepsilon>0$, 存在 $\delta>0$, 使得

$$\|x_i-x\|<\delta,\quad \zeta_i\in\partial_P f\left(x_i\right)\quad(i=1,2),$$

意味着 $\|\zeta_1-\zeta_2\|<\varepsilon$.

第 3 章　Banach 空间中的广义梯度

我现在开始郑重其事地考虑我目前的情形和环境, 把我每天的经历一一用笔记下来. 我这样做不是为留给后来的人看 (因为我不相信以后会有人到这荒岛上来), 只不过写出来给自己每天看看, 减轻一点心中的苦闷罢了.

——Daniel Defoe《鲁滨逊漂流记》

广义梯度微分是非光滑分析中最重要和常见的内容. 与 Hilbert 空间中的邻近微分不同, 广义梯度的计算可以在一般的 Banach 空间中进行. 与第 2 章从集合讲起不同, 本章将从函数开始研究. 首先展示局部 Lipschitz 函数类的基本性质, 然后介绍相关的几何概念, 其中就包括切锥. 实际上, 我们将考察两种切锥概念, 它们相等时叫做正则性且此时具有良好的性质. 在 Hilbert 空间中, 我们将把广义梯度与前一章中的概念进行比较. 最后, 在有限维空间中, 我们得到了一个有益的极限类梯度性质.

3.1　定义和基本性质

在本章中, X 是实 Banach 空间. 设 $f: X \to \mathbb{R}$ 在给定点 $x \in X$ 附近是 Lipschitz 的且 Lipschitz 常数为 $K > 0$, 即存在 $\varepsilon > 0$, 有

$$|f(y) - f(z)| \leqslant K \|y - z\|, \quad \forall y, z \in B(x; \varepsilon).$$

函数 f 在 x 点处以 v 为方向的**广义方向导数** (generalized directional derivative) 定义为

$$f^{\circ}(x; v) := \limsup_{\substack{y \to x \\ t \downarrow 0}} \frac{f(y + tv) - f(y)}{t},$$

其中 y 是 X 中的向量和 t 是正实数. 由于该定义只涉及上极限, 因此我们不需要假设其极限的存在性. 它仅仅涉及 f 在点 x 周围的变化, 与传统方向导数定义的不同之处在于差商的基点 (y) 是变化的. 若对任意的 $\lambda \geqslant 0$, 有 $g(\lambda v) = \lambda g(v)$, 则称函数 g 是**正齐次的** (positively homogeneous); 若 $g(v + w) \leqslant g(v) + g(w)$, 则称 g 是**次可加的** (subadditive).

广义方向导数 f° 的实用性源于下面的基本性质.

命题 3.1.1 设 f 在点 x 附近是 Lipschitz 的且 Lipschitz 常数为 K. 则有

(a) 函数 $v \mapsto f^\circ(x;v)$ 在 X 上是有限、正齐次、次可加的且满足

$$|f^\circ(x;v)| \leqslant K\|v\|.$$

(b) $f^\circ(x;v)$ 作为 (x,v) 的函数是上半连续的; 单独作为 v 的函数, 在 X 上是 Lipschitz 的且 Lipschitz 常数为 K.

(c) $f^\circ(x;-v) = (-f)^\circ(x;v)$.

证明 (a) 根据 Lipschitz 条件, 当 y 充分接近 x 且 t 充分接近 0 时, 容易得到 $f^\circ(x;v)$ 定义中的差商的绝对值以 $K\|v\|$ 为界. 即对 $y \to x$ 且 $t \downarrow 0$, 有

$$|f(y+tv) - f(y)| \leqslant K\|tv\|.$$

所以容易得到

$$|f^\circ(x;v)| \leqslant K\|v\|.$$

另外, 对任意的 $\lambda > 0$, 有

$$\begin{aligned} f^\circ(x;\lambda v) &= \limsup_{\substack{y\to x\\ t\downarrow 0}} \frac{f(y+t(\lambda v)) - f(y)}{t} \\ &= \limsup_{\substack{y\to x\\ t\downarrow 0}} \lambda \frac{f(y+(\lambda t)v) - f(y)}{\lambda t} \\ &= \lambda f^\circ(x;v). \end{aligned} \tag{3.1}$$

对 $\lambda = 0$, 明显有 $f^\circ(x;\lambda v) = \lambda f^\circ(x;v) = 0$. 故其满足正齐次性.

接下来证明次可加性. 通过计算有

$$\begin{aligned} f^\circ(x;v+w) &= \limsup_{\substack{y\to x\\ t\downarrow 0}} \frac{f(y+tv+tw) - f(y)}{t} \\ &= \limsup_{\substack{y\to x\\ t\downarrow 0}} \frac{f(y+tv+tw) - f(y+tw) + f(y+tw) - f(y)}{t} \\ &\leqslant \limsup_{\substack{y\to x\\ t\downarrow 0}} \frac{f(y+tv+tw) - f(y+tw)}{t} + \limsup_{\substack{y\to x\\ t\downarrow 0}} \frac{f(y+tw) - f(y)}{t} \\ &\leqslant f^\circ(x;v) + f^\circ(x;w), \end{aligned}$$

其中上述第一个不等式源自和的上极限以上极限的和为上界, 第二个不等式源自上极限的定义. 所以 (a) 得证.

(b) 设 $\{x_i\}$ 和 $\{v_i\}$ 是分别收敛到 x 和 v 的序列. 对于每个 i, 根据上极限的定义, 在 X 中存在 y_i 和 $t_i > 0$ 使得

$$\|y_i - x_i\| + t_i < \frac{1}{i}$$

且有

$$\begin{aligned} f^{\circ}(x_i; v_i) - \frac{1}{i} &\leqslant \frac{f(y_i + t_i v_i) - f(y_i)}{t_i} \\ &= \frac{f(y_i + t_i v) - f(y_i)}{t_i} + \frac{f(y_i + t_i v_i) - f(y_i + t_i v)}{t_i} \\ &\leqslant \frac{f(y_i + t_i v) - f(y_i)}{t_i} + K \parallel v_i - v \parallel, \end{aligned} \tag{3.2}$$

其中最后一个不等式源自 Lipschitz 条件. 对上式两端取上极限得

$$\limsup_{i \to \infty} f^{\circ}(x_i; v_i) \leqslant f^{\circ}(x; v),$$

即上半连续性成立.

最后, 给定 X 中的 v 和 w, 当 y 接近 x 且 t 接近 0 时, 利用 f 的 Lipschitz 性可知

$$f(y + tv) - f(y) \leqslant f(y + tw) - f(y) + tK \parallel v - w \parallel.$$

对上式两端同时除以 t 并取上极限得

$$f^{\circ}(x; v) \leqslant f^{\circ}(x; w) + K \parallel v - w \parallel.$$

互换 v 和 w, 不等式同样成立. 所以 (b) 成立.

(c) 令 $u := x' - tv$, 则有

$$\begin{aligned} f^{\circ}(x; -v) &= \limsup_{x' \to x, t \downarrow 0} \frac{f(x' - tv) - f(x')}{t} \\ &= \limsup_{u \to x, t \downarrow 0} \frac{f(u) - f(u + tv)}{t} \\ &= \limsup_{u \to x, t \downarrow 0} \frac{(-f)(u + tv) - (-f)(u)}{t} \\ &= (-f)^{\circ}(x; v). \end{aligned}$$

所以 (c) 得证. □

练习 3.1.2 设 f 和 g 在点 x 附近是 Lipschitz 的. 证明: 对任意的 $v \in X$, 有

$$(f+g)^\circ(x;v) \leqslant f^\circ(x;v) + g^\circ(x;v).$$

函数 $v \mapsto f^\circ(x;v)$ 在 X 上是正齐次且次可加的, 它是 X^*(X 上连续线性泛函的对偶空间) 中唯一确定的闭凸集的支撑函数.

给定 X^* 的一个非空集合 Σ, 它的**支撑函数** (support function) $H_\Sigma : X \to (-\infty, \infty]$ 定义如下:

$$H_\Sigma(v) := \sup\{\langle \zeta, v \rangle : \zeta \in \Sigma\},$$

其中 $\langle \zeta, v \rangle$ 表示线性泛函 ζ 在点 v 处的值. 支撑函数一些有用的结论如下:

命题 3.1.3 (a) 设 Σ 是 X^* 的一个非空子集, 则 H_Σ 是正齐次、次可加且下半连续的.

(b) 如果 Σ 是弱*闭凸集, 则 $\zeta \in \Sigma$ 当且仅当对任意的 $v \in X$, 有

$$H_\Sigma(v) \geqslant \langle \zeta, v \rangle.$$

(c) 更一般地, 若 Σ 和 Λ 是 X^* 中的两个非空弱*闭凸集, 则 $\Sigma \supset \Lambda$ 当且仅当对任意的 $v \in X$, 有

$$H_\Sigma(v) \geqslant H_\Lambda(v).$$

(d) 若 $p : X \to \mathbb{R}$ 是正齐次、次可加且在单位球上是有界的, 则在 X^* 中存在唯一的非空弱*紧凸集 Σ 使得 $p = H_\Sigma$.

证明 (a) H_Σ 的正齐次和次可加性可直接通过定义导出. 另外, 作为连续函数的上包络, H_Σ 自然是下半连续的. 故 (a) 成立.

(b) 首先必要性由 H_Σ 的定义明显可以得到.

充分性的逆否命题为: 若 $\zeta \notin \Sigma$, 对于某个 $v \in X$, 有 $H_\Sigma(v) < \langle \zeta, v \rangle$. 该结论可通过 Hahn-Banach 分离定理得到. 该定理可以应用到带弱*拓扑的 X^* 空间中 (参见 [Ru2]), 该空间的对偶与 X 相同. 具体如下: 由于 Σ 是弱*闭凸集且 $\zeta \notin \Sigma$, 则由严格凸集分离定理知, 存在 $v \neq 0 \in X$ 和 $\alpha \in \mathbb{R}$ 使得

$$\langle \zeta', v \rangle < \alpha < \langle \zeta, v \rangle, \quad \forall \zeta' \in \Sigma.$$

故有

$$\sup_{\zeta' \in \Sigma} \langle \zeta', v \rangle \leqslant \alpha < \langle \zeta, v \rangle,$$

即 $H_\Sigma(v) < \langle \zeta, v \rangle$.

(c) 根据 (b) 的证明可知 (c) 显然.

(d) 给定 p, 令

$$\Sigma := \{\zeta \in X^* : p(v) \geqslant \langle \zeta, v \rangle, \forall v \in X\}.$$

则由 p 的性质知, 对于任意的 $\zeta_1, \zeta_2 \in \Sigma$, 有

$$\begin{aligned}\langle \lambda\zeta_1 + (1-\lambda)\zeta_2, v \rangle &= \lambda \langle \zeta_1, v \rangle + (1-\lambda) \langle \zeta_2, v \rangle \\ &\leqslant \lambda p(v) + (1-\lambda) p(v) = p(v),\end{aligned}$$

即 $\lambda\zeta_1 + (1-\lambda)\zeta_2 \in \Sigma$, 因此 Σ 是凸的.

另外, 由一族弱*闭子集的交集是弱*闭的可得 Σ 是弱*闭的.

设 K 是 p 在 $B(0;1)$ 上的一个界, 则对于任意的 $v \in B(0;1)$ 和任意的 $\zeta \in \Sigma$, 有 $\langle \zeta, v \rangle \leqslant K$. 由此推论得 Σ 有界, 因此根据 Alaoglu 定理知 Σ 是弱*紧集.

很明显, 我们有 $p \geqslant H_\Sigma$. 接下来证明等式成立. 给定 $v \in X$, 根据 Hahn-Banach 定理的标准形式 [Ru2, 定理 3.2] 知, 存在 $\zeta \in X^*$, 使得 $\langle \zeta, v \rangle = p(v)$ 和 $\langle \zeta, w \rangle \leqslant p(w)$, $\forall w$. 从而根据 Σ 的定义知 $\zeta \in \Sigma$, 因此 $H_\Sigma(v) = p(v)$.

最后, 唯一性可以通过 (c) 得到. □

现在回到函数 f, 并将函数 $f^\circ(x;\cdot)$ 作为上述命题中的函数 p, 定义 f 在点 x 处的**广义梯度** (generalized gradient) 为 X^* 中的一个非空弱*紧集且它的支撑函数是 $f^\circ(x;\cdot)$, 记广义梯度为 $\partial f(x)$. 即 $\zeta \in \partial f(x)$ 当且仅当对于任意的 $v \in X$, 有 $f^\circ(x;v) \geqslant \langle \zeta, v \rangle$. 因为 $f^\circ(x;\cdot)$ 不依赖于 X 中两个等价范数中任意一个的选择, 所以得出 $\partial f(x)$ 是独立于 X 上的范数的.

从下面的练习可以直观地了解 ∂f, 其中可以看出 f° 和 ∂f 之间的关系推广了方向导数 $f'(x;v)$ 的经典公式 $f'(x;v) = \langle f'(x), v \rangle$.

练习 3.1.4

(a) 设 $f : \mathbb{R}^n \to \mathbb{R}$ 是 C^1 的. 证明 $f^\circ(x;v) = \langle f'(x), v \rangle$ 和 $\partial f(x) = \{f'(x)\}$.

(b) 设 $f : \mathbb{R} \to \mathbb{R}$ 定义为 $f(x) = \max\{0, x\}$. 证明 $f^\circ(0;v) = \max\{0, v\}$, 并求 $\partial f(0)$.

(c) 设 $f : \mathbb{R}^n \to \mathbb{R}$ 定义为 $f(x) = \|x\|$, 求 $f^\circ(0;\cdot)$ 和 $\partial f(0)$.

(d) 若 f 在 x 处有局部最小值或局部最大值, 证明 $0 \in \partial f(x)$.

现在我们继续考察广义梯度的一些基本性质. 若对于任意的 $\varepsilon > 0$, 存在 $\delta > 0$, 使得

$$\|x - y\| < \delta \Longrightarrow F(y) \subset F(x) + \varepsilon B,$$

则称多值函数 F 在 x 处上半连续.

我们用 $\|\zeta\|_*$ 表示在 X^* 中的范数:

$$\|\zeta\|_* := \sup\{\langle \zeta, v \rangle : v \in X, \|v\| = 1\},$$

且 B_* 表示在 X^* 中的单位开球.

命题 3.1.5 设 f 在点 x 附近是 Lipschitz 的且 Lipschitz 常数为 $K>0$. 则

(a) $\partial f(x)$ 是 X^* 中的一个非空弱 * 紧凸集, 且对于任意的 $\zeta \in \partial f(x)$, 有 $\|\zeta\|_* \leqslant K$.

(b) 对于任意的 $v \in X$, 有

$$f^\circ(x;v)=\max\{\langle \zeta, v\rangle : \zeta \in \partial f(x)\}.$$

(c) $\zeta \in \partial f(x)$ 当且仅当对于任意的 $v \in X$, 有 $f^\circ(x;v) \geqslant \langle \zeta, v\rangle$.

(d) 如果序列 $\{x_i\}$ 收敛到 x, $\zeta_i \in \partial f(x_i)$ 且 ζ 是序列 $\{\zeta_i\}$ 的一个弱*聚点, 则有 $\zeta \in \partial f(x)$.

(e) 若 X 是有限维的, 则 $\partial f(x)$ 在点 x 处上半连续.

证明 (a) 根据定义和命题 3.1.3(d) 可知, $\partial f(x)$ 是 X^* 中的一个非空弱*紧凸集.

下证对于任意的 $\zeta \in \partial f(x)$, 有 $\|\zeta\|_* \leqslant K$. 根据 ∂f 的定义知对于任意的 $v \in X$, 有 $f^\circ(x;v) \geqslant \langle \zeta, v\rangle$, 且由命题 3.1.1(a) 知 $f^\circ(x;v) \leqslant K\|v\|$, 故容易得到 $\|\zeta\|_* \leqslant K$.

(b) 和 (c) 只是重申 $f^\circ(x;v)$ 是 $\partial f(x)$ 的支撑函数.

(d) 给定 $v \in X$, 对于 $\forall i$, 由于 $\zeta_i \in \partial f(x_i)$, 我们有 $f^\circ(x_i;v) \geqslant \langle \zeta_i, v\rangle$(根据 (c) 得到). 由 (a) 知序列 $\{\langle \zeta_i, v\rangle\}$ 在 $\mathbb{R}$ 中是有界的. 因为有界数列必有收敛子列, 从而提取一个子序列 $\{\zeta_i\}$(不妨用原来的标记), 使得 $\langle \zeta_i, v\rangle \to \langle \zeta, v\rangle$. 由于 f° 在 x 处是上半连续的 (根据命题 3.1.1(b) 可知), 则通过在前面不等式两边取上极限, 得到 $f^\circ(x;v) \geqslant \langle \zeta, v\rangle$. 又因为 v 是任意的, 由 (c) 得 $\zeta \in \partial f(x)$.

(e) 设 $\varepsilon>0$, 则需证对于所有充分接近 x 的 y, 有

$$\partial f(y) \subset \partial f(x)+\varepsilon \bar{B}.$$

假设上式不成立, 则存在一个收敛于 x 的序列 $\{y_i\}$, 点 $\zeta_i \in \partial f(y_i)$ 使得 $\zeta_i \notin \partial f(x)+\varepsilon \bar{B}$. 因此我们可以将 ζ_i 从所讨论的紧凸集中分离出, 即存在 $v_i \neq 0$, 有

$$\begin{aligned}\langle \zeta_i, v_i\rangle \geqslant & \max\{\langle \zeta, v_i\rangle : \zeta \in \partial f(x)+\varepsilon \bar{B}\} \\ = & f^\circ(x;v_i)+\varepsilon\|v_i\|.\end{aligned}$$

故存在 $v_i \neq 0$, 使得

$$\langle \zeta_i, v_i\rangle \geqslant \max\{\langle \zeta, v_i\rangle : \zeta \in \partial f(x)+\varepsilon \bar{B}\}=f^\circ(x;v_i)+\varepsilon\|v_i\|.$$

由正齐次性, 我们可以取 $\|v_i\|=1$. 注意到序列 $\{\zeta_i\}$ 是有界的. 因为是在有限维中讨论, 故可从 $\{\zeta_i\}$ 和 $\{v_i\}$ 中提取收敛子序列 (不妨用原来的标记) 使得 $\zeta_i \to \zeta$,

$v_i \to v$, 其中 $\|v\| = 1$. 上述的不等式取极限得到 $\langle \zeta, v \rangle \geqslant f^\circ(x; v) + \varepsilon$, 又由于 $\varepsilon > 0$, 从而 $\langle \zeta, v \rangle > f^\circ(x; v)$. 由 (d) 知 $\zeta \in \partial f(x)$. 但是此时与 (c) 矛盾. □

练习 3.1.6

(a) 验证练习 3.1.4(b,c) 中的每个函数的 ∂f 在 0 处的上半连续性.

(b) 设 $\zeta_i \in \partial f(x_i) + \varepsilon_i B_*$, 其中 $x_i \to x$ 且 $\varepsilon_i \downarrow 0$. 设 ζ 是 $\{\zeta_i\}$ 的一个弱*聚点, 证明 $\zeta \in \partial f(x)$.

3.2 微分基础

当 f 由更简单的泛函通过线性组合、最大化、复合等生成时, 我们将推导出便于计算 ∂f 的各种公式. 假设给定的函数在考虑点处是 Lipschitz 的; 我们将发现这个性质在所讨论的运算中是有用的.

命题 3.2.1 对任意的 $\lambda \in \mathbb{R}$, 都有 $\partial(\lambda f)(x) = \lambda \partial f(x)$.

证明 注意到 λf 在 x 附近也是 Lipschitz 的且 Lipschitz 常数为 λK. 我们的证明将分两种情形讨论.

(1) 当 $\lambda \geqslant 0$ 时, 对任意的 $v \in X$, 有

$$(\lambda f)^\circ(x; v) = \limsup_{\substack{y \to x \\ i \downarrow 0}} \frac{\lambda f(y + tv) - \lambda f(y)}{t} = \lambda f^\circ(x; v).$$

因此, $\lambda \partial f(x) = \partial(\lambda f)(x)$.

(2) 当 $\lambda < 0$ 时, 只需证明 $\lambda = -1$ 的情形. 设 $\zeta \in \partial(-f)(x)$, 那么有

$$(-f)^\circ(x; v) \geqslant \langle \zeta, v \rangle, \quad \forall v \in X.$$

根据命题 3.1.1(c) 及 v 的任意性, 有

$$f^\circ(x; v) \geqslant \langle -\zeta, v \rangle, \quad \forall v \in X.$$

从而可得 $\zeta \in -\partial f(x)$, 即 $\partial(-f)(x) \subseteq -\partial f(x)$. 同理, $-\partial f(x) \subseteq \partial(-f)(x)$. 故 $-\partial f(x) = \partial(-f)(x)$.

综上所述, 对任意的 $\lambda \in \mathbb{R}$, $\partial(\lambda f)(x) = \lambda \partial f(x)$. □

现在我们研究函数 f, g 之和的广义梯度, 这里 f, g 在 x 附近是 Lipschitz 的. 很容易看出 $f + g$ 也是 Lipschitz 的. 我们将 $\partial(f+g)(x)$ 与 $\partial f(x) + \partial g(x)$ 联系起来, 现在引入一个技巧: 利用支撑函数之间的等价不等式来证明闭凸集之间的包含关系.

$\partial(f+g)(x)$ 在 v 处的支撑函数为 $(f+g)^\circ(x; v)$, $\partial f(x) + \partial g(x)$ 在 v 处的支撑函数为 $f^\circ(x; v) + g^\circ(x; v)$ (集合之和的支撑函数就是集合的支撑函数之和). 因

为两个 w^*-紧集的和也为 w^*-紧集, 因此根据命题 3.1.3(c) 知, 练习 3.1.2 中的不等式

$$(f+g)^\circ(x;v) \leqslant f^\circ(x;v)+g^\circ(x;v)$$

等价于包含关系

$$\partial(f+g)(x) \subseteq \partial f(x)+\partial g(x).$$

将这种包含关系 (和法则) 推广到有限线性组合是可行的.

命题 3.2.2 设函数 $f_i\,(i=1,2,\cdots,n)$ 在 x 处是 Lipschitz 的, $\lambda_i\,(i=1,2,\cdots,n)$ 为标量, 那么 $f:=\sum\limits_{i=1}^{n}\lambda_i f_i$ 在 x 处是 Lipschitz 的, 且

$$\partial\left(\sum_{i=1}^{n}\lambda_i f_i\right)(x) \subseteq \sum_{i=1}^{n}\lambda_i\partial f_i(x).$$

练习 3.2.3 证明命题 3.2.2, 并在 $X=\mathbb{R}$, $n=2$ 时举例子说明命题 3.2.2 中的包含关系是严格的.

定理 3.2.4 (Lebourg 中值定理) 设 $x,y\in X$, 且 f 在包含线段 $[x,y]$ 的开集上是 Lipschitz 的. 那么存在 $u\in(x,y)$ 使得

$$f(y)-f(x)\in\langle\partial f(u),y-x\rangle.$$

证明 首先给出下面特殊的链式法则.

引理 函数 $g:[0,1]\to\mathbb{R}$ 定义为 $g(t):=f\left(x_t\right)=f(x+t(y-x))$. 那么 g 在 $(0,1)$ 是 Lipschitz 的, 且 $\partial g(t)\subset\langle\partial f(x_t),y-x\rangle$.

证明引理 先证明 g 在 $(0,1)$ 上是 Lipschitz 的. 事实上, 任取 $t_1,t_2\in(0,1)$, 则

$$\begin{aligned}
|g(t_1)-g(t_2)| &= |f(x+t_1(y-x))-f(x+t_2(y-x))| \\
&\leqslant K\|x+t_1(y-x)-(x+t_2(y-x))\| \\
&= K\|(t_1-t_2)(y-x)\| \\
&\leqslant K|t_1-t_2|\|y-x\| \quad (\text{这里 } K \text{ 为 } f \text{ 的 Lipschitz 常数}),
\end{aligned}$$

故 $g(t)$ 在 $(0,1)$ 上是带常数 $K\|y-x\|$ 的 Lipschitz 函数.

因 $\partial g(t)$ 与 $\langle\partial f(x_t),y-x\rangle$ 在 $\mathbb{R}$ 中均为闭凸集, 那么对 $v=\pm1$, 我们只需要证明

$$\max\{\partial g(t)v\}\leqslant\max\{\langle\partial f(x_t),y-x\rangle v\}.$$

不难看出, $\max\{\partial g(t)v\} = g^\circ(t;v)$. 事实上, 我们有

$$\begin{aligned}
&\limsup_{\substack{s\to t\\ \lambda\downarrow 0}} \frac{g(s+\lambda v)-g(s)}{\lambda}\\
=&\limsup_{\substack{s\to t\\ t\downarrow 0}} \frac{f(x+(s+\lambda v)(y-x))-f(x+s(y-x))}{\lambda}\\
\leqslant&\limsup_{\substack{y'\to x_t\\ \lambda\downarrow 0}} \frac{f\left(y'+\lambda v(y-x)\right)-f\left(y'\right)}{\lambda}\\
=&f^\circ\left(x_t;v(y-x)\right)\\
=&\max\left\langle \partial f\left(x_t\right), v(y-x)\right\rangle \quad (\text{命题3.1.5(b)}).
\end{aligned}$$

根据命题 3.1.3(c) 可得 $\partial g(t)\subset\left\langle \partial f\left(x_t\right), y-x\right\rangle$. 引理得证.

考虑 $[0,1]$ 上函数 θ:

$$\theta(t)=f\left(x_t\right)+t[f(x)-f(y)].$$

注意到 $\theta(0)=\theta(1)=f(x)$. 因此, 存在 $t\in(0,1)$ 使得 θ 在 t 达到局部最小值或最大值 (注意 θ 是连续的). 由练习 3.1.4(d) 知, $0\in\partial\theta(t)$. 根据命题 3.2.2 及命题 3.2.1, 可得 $\partial\theta(t)\subseteq\partial f\left(x_t\right)+f(x)-f(y)$. 由**引理**知 $\partial\theta(t)\subseteq\left\langle \partial f\left(x_t\right), y-x\right\rangle+f(x)-f(y)$. 因此,

$$0\in f(y)-f(x)+\left\langle \partial f\left(x_t\right), y-x\right\rangle.$$

通过取 $u=x_t$, 命题得证. □

定理 3.2.5 (链式法则) 假设函数 $F: X\to\mathbb{R}^n$ 在 x 附近是 Lipschitz 的, 且 $g:\mathbb{R}^n\to\mathbb{R}$ 在 $F(x)$ 附近是 Lipschitz 的. 那么函数 $f\left(x'\right):=g\left(F\left(x'\right)\right)$ 在 x 附近是 Lipschitz 的, 且

$$\partial f(x)\subseteq\overline{\mathrm{co}}^*\{\partial\langle\gamma, F(\cdot)\rangle(x):\gamma\in\partial g(F(x))\},$$

其中 $\overline{\mathrm{co}}^*$ 表示 w^*-闭凸包.

证明 因为 g 在 $F(x)$ 附近是 Lipschitz 的, 所以存在 $K_g>0$ 和 $\delta_1>0$ 使得

$$|g(z_1)-g(z_2)|\leqslant K_g\|z_1-z_2\|, \quad \forall z_1, z_2\in B\big(F(x), \delta_1\big).$$

注意到 $F: X\to\mathbb{R}^n$ 在 x 附近是 Lipschitz 的. 因此, 存在 $K_F>0$ 和 $\delta_2>0$ 使得

$$\|F(x_1)-F(x_2)\|\leqslant K_F\|x_1-x_2\|, \quad \forall x_1, x_2\in B\big(x, \delta_2\big).$$

取 $\delta := \min\left\{\delta_2, \dfrac{\delta_1}{K_F}\right\}$, 那么对任意 $x_1, x_2 \in B(x;\delta)$,

$$\begin{aligned}|f(x_1) - f(x_2)| &= |g\big(F(x_1)\big) - g\big(F(x_2)\big)| \\ &\leqslant K_g\|F(y) - F(z)\| \\ &\leqslant K_g K_F\|x_1 - x_2\|.\end{aligned}$$

故函数 $f(x') = g(F(x'))$ 在 x 附近是 Lipschitz 的.

现在证明两个凸、w^*-紧集之间的包含关系. 为此, 等价于比较其支撑函数的大小关系. 对应的支撑函数不等式可这样表述: 对于给定的 v, 存在 $\gamma \in \partial g(F(x))$, 存在 ζ 属于函数 $x' \to \langle \gamma, F(x')\rangle$ 在 x 处的广义梯度, 使得 $f^\circ(x;v) \leqslant \langle \zeta, v\rangle$. 我们将通过产生这样一对 γ 和 ζ 来证明这个定理.

首先, 根据 $f^\circ(x;v)$ 定义, 存在 $y_i \to x$, $t_i \downarrow 0$ 使得

$$f^\circ(x;v) = \lim_{i\to\infty} \frac{f(y_i + t_i v) - f(y_i)}{t_i}.$$

应用中值定理 (定理 3.2.4), 对于每个 i, 存在 $z_i \in (F(y_i), F(y_i + t_i v))$ 和 $\gamma_i \in \partial g(z_i)$, 使得

$$\begin{aligned}\frac{f(y_i + t_i v) - f(y_i)}{t_i} &= \frac{g(F(y_i + t_i v)) - g(F(y_i))}{t_i} \\ &= \left\langle \gamma_i, \frac{F(y_i + t_i v) - F(y_i)}{t_i}\right\rangle.\end{aligned}$$

因此, $z_i \to F(x)$ 且 $\gamma_i \to \gamma \in \partial g(F(x))$. 这就是需要的 γ.

现在我们来看 ζ. 根据中值定理, 存在 $w_i \in (y_i, y_i + t_i v)$, $\zeta_i \in \partial\langle \gamma, F(\cdot)\rangle(w_i)$, 使得

$$\left\langle \gamma, \frac{F(y_i + t_i v) - F(y_i)}{t_i}\right\rangle = \langle \zeta_i, v\rangle.$$

不难看出 $w_i \to x$, 序列 $\{\zeta_i\}$ 在 X^* 是有界的, 以及 $\{\langle \xi_i, v\rangle\}$ 在 $\mathbb{R}$ 中是有界的. 假设 ζ 是 $\{\zeta_{i_k}\}$ 的 w^*-聚点, 对任意的 $v \in X$, 有 $\langle \zeta_{i_k}, v\rangle \to \langle \zeta, v\rangle$. 应用命题 3.1.5(d),

$$\zeta \in \partial\langle \gamma, F(\cdot)\rangle(x).$$

结合上面的结论可以得出

$$\begin{aligned}\frac{f\left(y_i+t_iv\right)-f\left(y_i\right)}{t_i}&=\left\langle(\gamma_i-\gamma)+\gamma,\frac{F\left(y_i+t_iv\right)-F\left(y_i\right)}{t_i}\right\rangle\\&=\left\langle\gamma_i-\gamma,\frac{F\left(y_i+t_iv\right)-F\left(y_i\right)}{t_i}\right\rangle+\left\langle\zeta_i,v\right\rangle.\end{aligned}$$

已知 F 是 Lipschitz 的, 那么 $\dfrac{F\left(y_i+t_iv\right)-F\left(y_i\right)}{t_i}$ 是有界的. 又 $\gamma_i\to\gamma$, 对上式左右两边同时取极限, 得到

$$f^\circ(x;v)=\lim_{i\to\infty}\frac{f\left(y_i+t_iv\right)-f\left(y_i\right)}{t}=\langle\zeta,v\rangle.$$

根据命题 3.1.3(c), 结论成立. □

下面的练习是定理 3.2.5 在特殊情况下的应用.

练习 3.2.6 设函数 f,g 在 x 附近是 Lipschitz 的, 那么积函数 fg 在 x 附近也是 Lipschitz 的, 且

$$\partial(fg)(x)\subseteq\partial(f(x)g(\cdot)+g(x)f(\cdot))(x)\subseteq f(x)\partial g(x)+g(x)\partial f(x).$$

3.3 与导数的关系

在 2.2 节, 我们和读者一起回顾了经典微分的一些基本定义和性质. (这些都将延拓到 Banach 空间, 此空间中 $\langle\cdot,\cdot\rangle$ 被理解为对偶对.)

命题 3.3.1 设 f 在 x 附近是 Lipschitz 连续的.

(a) 如果 f 在 x 处有 Gâteaux 导数 $f_G'(x)$, 则 $f_G'(x)\in\partial f(x)$.

(b) 如果 f 在 x 处连续可微, 则有 $\partial f(x)=\{f'(x)\}$.

证明 (a) 由定义我们可以得到以下 $f_G'(x)$ 与单边方向导数的关系:

$$f'(x;v)=\langle f_G'(x),v\rangle,\quad\forall v\in X.$$

但是, 不难看出

$$f'(x;v):=\lim_{t\downarrow0}\frac{f(x+tv)-f(x)}{t}\leqslant\limsup_{y\to x,t\downarrow0}\frac{f(y+tv)-f(y)}{t}:=f^\circ(x;v).$$

由命题 3.1.5(c) 知道 $\zeta\in\partial f(x)$ 当且仅当对于 $\forall v\in X$, $f^\circ(x;v)\geqslant\langle\zeta,v\rangle$. 因此,

$$\langle f_G'(x),v\rangle=f'(x;v)\leqslant f^\circ(x;v),$$

即, $f_G'(x)\in\partial f(x)$.

(b) 假设 f 在 x 的某邻域内是 C^1 的, 且固定 $v \in X$. 对 $y \to x$ 和 $t \downarrow 0$, 由经典中值定理知: 存在 $z \in (y, y+tv)$ 使得

$$\frac{f(y+tv)-f(y)}{t} = \langle f'(z), v\rangle .$$

由 $y \to x$ 和 $t \downarrow 0$, $z \to x$, 且由于 $f'(\cdot)$ 是连续的 (作为一个 Banach 空间 X 与 X^* 之间的映射), 我们可以得到 $f^\circ(x;v) \leqslant \langle f'(x), v\rangle$.

由命题 3.1.5(c), $\langle \zeta, v\rangle \leqslant \langle f'(x), v\rangle$, $\forall \zeta \in \partial f(x)$. 因为 v 是任意的, 可以得出 $\partial f(x) = \{f'(x)\}$, 即 $\partial f(x)$ 是单点集 $\{f'(x)\}$. □

注 在本章最后的一些问题中, 我们将会看到: 当 f 在 x 处是 "严格可微的" 时 (Gâteaux 可微与连续可微的一种中间概念), $\partial f(x)$ 恰好缩小为一个单点集.

定理 3.3.2 设 $F: X \to Y$ 在 x 附近是连续可微的, 其中 Y 是一个 Banach 空间, 且 $g: Y \to \mathbb{R}$ 在 $F(x)$ 附近是 Lipschitz 连续的. 则 $f := g \circ F$ 在 x 附近是 Lipschitz 连续的, 且下面包含关系成立

$$\partial f(x) \subseteq (F'(x))^* \, \partial g(F(x)),$$

其中 $*$ 表示伴随. 如果 $F'(x): X \to Y$ 是满射的, 那么等式成立.

证明 我们不难验证 f 在 x 附近是 Lipschitz 连续的. 按照支撑函数性质 (命题 3.1.3(c)), 要证明包含关系只需要证明任意给定 $v \in X$, 存在 $\zeta \in \partial g(F(x))$ 使得

$$f^\circ(x;v) \leqslant \langle v, F'(x)^*\zeta\rangle = \langle \zeta, F'(x)v\rangle .$$

对 $y_i \to x$ 和 $t_i \downarrow 0$, 由中值定理 (定理 3.2.4) 有

$$\frac{f(y_i + t_i v) - f(y_i)}{t_i} = \left\langle \zeta_i, \frac{F(y_i+t_i v) - F(y_i)}{t_i} \right\rangle,$$

其中 $\zeta_i \in \partial g(z_i), z_i$ 在线段 $[F(y_i), F(y_i + t_i v)]$ 上. 不难看出 $z_i \to F(x)$. 用定理 3.2.5 的证明方法, 提取 $\{\zeta_i\}$ 中的子列, 使得 $\langle \zeta_i, v\rangle$ 收敛, 然后设 ζ 为 ζ_i 的一个聚点. 因此, $\zeta_i \to \zeta \in \partial g(F(x))$. 此外, $[F(y_i+t_i v) - F(y_i)]/t_i$ (强) 收敛于 $F'(x)v$. 故不等式得证.

现在考虑 $F'(x)$ 是满射的. 令 $\Sigma = (F'(x))^* \, \partial g(F(x))$, 由支撑函数的定义,

$$H_\Sigma(v) = \sup\{\langle \zeta, F'(x)v\rangle, \forall \zeta \in \partial g(F(x))\}.$$

再由命题 3.1.3(c), 有

$$g^\circ(F(x);\omega) \geqslant \langle \zeta, \omega\rangle, \quad \forall \omega \in Y,$$

此时令 $\omega = F'(x)v$, 有

$$f^\circ(x;v) \leqslant \sup_{\zeta \in \partial g(F(x))} \langle \zeta, F'(x)v \rangle \leqslant g^\circ\left(F(x); F'(x)v\right),$$

若能证明 $f^\circ(x;v) = g^\circ\left(F(x); F'(x)v\right)$, 则必有

$$f^\circ(x;v) = \sup_{\zeta \in \partial g(F(x))} \langle \zeta, F'(x)v \rangle,$$

即两个集合支撑函数相等, 此时等式成立.

因为 $F'(x)$ 是满射的, 由 Graves 给出的一个经典定理 (我们将在第 4 章证明这个和其他类似的满射性结果) 知 F 将 x 的每一个邻域映射到 $F(x)$ 的每一个邻域. 这一事实证明了下面第二个等式的正确性:

$$\begin{aligned} g^\circ\left(F(x); F'(x)v\right) &= \limsup_{\substack{y \to F(x) \\ t \downarrow 0}} \frac{g\left(y + tF'(x)v\right) - g(y)}{t} \\ &= \limsup_{\substack{x' \to x \\ t \downarrow 0}} \frac{g\left(F\left(x'\right) + tF'(x)v\right) - g\left(F\left(x'\right)\right)}{t} \\ &= \limsup_{\substack{x' \to x \\ t \downarrow 0}} \frac{g\left(F\left(x' + tv\right)\right) - g\left(F\left(x'\right)\right)}{t} \\ &= f^\circ(x;v), \end{aligned}$$

其中第三个等式成立的原因如下: 当 $x' \to x$ 且 $t \downarrow 0$ 时, $[F\left(x' + tv\right) - F\left(x'\right) - tF'(x)v]/t$ 是趋近于 0 以及 g 是局部 Lipschitz 连续的. 由于 v 是任意的, 结论成立. □

在一个补充假设下, 定理 3.3.2 的包含关系可以成等式, 这一事实提出了一个更一般的问题, 即在其他结果中, 例如在命题 3.2.2 和定理 3.2.5 中, 或者在定理 3.3.2 中, 也可以保持相等, 但是对 g 而不是对 F 有一个补充假设. 当然, 如果数据都是光滑的, 那么所有这些结果都是等式, 因为它们只是简化为经典的微分公式. 有趣的在于一类函数, 不一定是光滑的, 即使涉及非单点集, 也会产生等式. 我们将在下一节讨论这个问题.

3.4 凸和正则函数

设 U 是 X 的开凸子集, f 是定义在 U 上的实值函数, 如果对任意的 $x, y \in U$ 有

$$f(tx + (1-t)y) \leqslant tf(x) + (1-t)f(y), \quad \forall t \in [0,1],$$

则称 f 在 U 上是凸函数.

下面命题的证明可根据命题 2.7.1 的证明在 Banach 空间中原封不动地给出.

命题 3.4.1　如果 f 是 U 上的凸函数, 且它在 U 上某些点的邻域上有界, 则对任意的 $x \in U$, f 在 x 处是 Lipschitz 的.

练习 3.4.2　设 $f: X \to \mathbb{R}$ 是凸函数, 以及 $\theta: \mathbb{R} \to \mathbb{R}$ 是凸和非减的函数. 证明 $x \mapsto \theta\big(f(x)\big)$ 是凸函数.

命题 3.4.3　设 f 是 U 上的凸函数, 且在 $x \in U$ 附近是 Lipschitz 的. 则方向导数 $f'(x;v)$ 存在且 $f'(x;v) = f^\circ(x;v)$. 更进一步, 向量 $\zeta \in \partial f(x)$ 当且仅当

$$f(y) - f(x) \geqslant \langle \zeta, y - x \rangle, \quad \forall y \in U.$$

证明　由凸函数的定义, 对任意的 $x' \in U$, $v \in X$ 和充分小的 $t > 0$ 满足 $x' + tv \in U$, 则函数

$$h(t) := \frac{f(x' + tv) - f(x')}{t}$$

是单调非减的. 事实上, 对任意 $t > s > 0$, 总有

$$\begin{aligned}
h(t) - h(s) &= \frac{f(x' + tv) - f(x')}{t} - \frac{f(x' + sv) - f(x')}{s} \\
&= \frac{1}{s}\left[\frac{s}{t} f(x' + tv) + \left(1 - \frac{s}{t}\right) f(x') - f(x' + sv)\right] \\
&\geqslant 0,
\end{aligned}$$

其中最后一个不等式由 $0 < \dfrac{s}{t} < 1$, $x' + sv = \dfrac{s}{t}(x' + tv) + \left(1 - \dfrac{s}{t}\right) x'$ 和凸函数的定义可得. 故函数 h 单调非减. 由于 f 在 $x \in U$ 附近是 Lipschitz 的, 意味着对点 x 附近的所有点 x' 和任意方向 v, $f'(x;v)$ 总是存在和有限的, 且有

$$f'(x';v) = \inf_{t>0} \frac{f(x' + tv) - f(x')}{t}.$$

现在固定 $\delta > 0$, 对于 $\varepsilon \downarrow 0$, $f^\circ(x;v)$ 可以写作

$$f^\circ(x;v) = \lim_{\varepsilon \downarrow 0} \sup_{\|x' - x\| \leqslant \varepsilon\delta} \sup_{0 < t < \varepsilon} \frac{f(x' + tv) - f(x')}{t}.$$

由 h 的单调非减性, $f^\circ(x;v)$ 的另一个表达式是

$$f^\circ(x;v) = \lim_{\varepsilon \downarrow 0} \sup_{\|x' - x\| \leqslant \varepsilon\delta} \frac{f(x' + \varepsilon v) - f(x')}{\varepsilon}.$$

若 K 是 f 在 x 附近的 Lipschitz 常数, 那么对于任意的 $x' \in B(x;\varepsilon\delta)$, 以及所有充分小的 ε, 有

$$\left|\frac{f(x'+\varepsilon v)-f(x')}{\varepsilon}-\frac{f(x+\varepsilon v)-f(x)}{\varepsilon}\right| \leqslant 2\delta K.$$

因此

$$f^\circ(x;v) \leqslant \lim_{\varepsilon\downarrow 0}\left\{\frac{f(x+\varepsilon v)-f(x)}{\varepsilon}+2\delta K\right\} = f'(x;v)+2\delta K.$$

由于 δ 是任意的, $f^\circ(x;v) \leqslant f'(x;v)$. 因为 $f'(x;v) \leqslant f^\circ(x;v)$ 自然成立, 所以两式相等. 最后, 我们观察到

$$\begin{aligned}
\zeta \in \partial f(x) &\iff f^\circ(x;v) \geqslant \langle\zeta, v\rangle, \quad \forall v \\
&\iff f'(x;v) \geqslant \langle\zeta, v\rangle, \quad \forall v \\
&\iff \inf_{t>0}\frac{f(x+tv)-f(x)}{t} \geqslant \langle\zeta, v\rangle, \quad \forall v \\
&\iff f(y)-f(x) \geqslant \langle\zeta, y-x\rangle, \quad \forall y \in U.
\end{aligned}$$

□

事实证明, 具有与 $f^\circ(x;v)$ 重合的方向导数 $f'(x;v)$ 的性质正是使我们的基本计算"更精确"所必需的. 如果 f 在 x 附近是 Lipschitz 的, 并且对任意的 $v \in X$, $f'(x;v)$ 存在且满足

$$f'(x;v) = f^\circ(x;v),$$

则称 f 在 x 处是**正则的** (regular).

显然, 在 x 处连续可微的函数在 x 处是正则的, 因为此时 $f'(x;v) = \langle f'(x), v\rangle = f^\circ(x;v)$. 此外, 根据前面的命题, 在 x 附近 Lipschitz 的凸函数在 x 处是正则的.

练习 3.4.4 给出一个函数在 x 附近既不是 C^1 也不是凸的, 但在 x 处是正则的例子.

现在让我们来说明正则性是如何强化某些计算法则的, 比如两个函数之和的法则. 如果 f 和 g 在 x 附近是 Lipschitz 的, 由命题 3.2.2 知

$$\partial(f+g)(x) \subseteq \partial f(x) + \partial g(x).$$

现在假设 f 和 g 在 x 处是正则的. 然后, 按如下方式论证, 以获得相反的包含关系: 对任意的 v,

$$\begin{aligned}
&\max\{\langle\zeta+\xi, v\rangle : \zeta \in \partial f(x), \xi \in \partial g(x)\} \\
=&f^\circ(x;v)+g^\circ(x;v)
\end{aligned}$$

$$
\begin{aligned}
&= f'(x;v) + g'(x;v) \\
&= (f+g)'(x;v) \leqslant (f+g)^{\circ}(x;v) \\
&= \max\{\langle \gamma, v\rangle : \gamma \in \partial(f+g)(x)\}.
\end{aligned}
$$

上述有关支撑函数的不等式等价于如下包含关系 (命题 3.1.3(c)):

$$
\partial f(x) + \partial g(x) \subseteq \partial(f+g)(x),
$$

因此等式成立. 这个论点的额外结果是 $(f+g)'(x;\cdot)$ 和 $(f+g)^{\circ}(x;\cdot)$ 一致, 因此 $f+g$ 从 f 和 g 继承了正则性. 事实上, 正则函数的任何 (有限) 非负线性组合都是正则的.

下面的定理包含了刚才讨论的有限和的情况, 其正则性结论与练习 3.4.2 有关. 这里假设条件是对链式法则 (定理 3.2.5) 的相应条件的改进.

定理 3.4.5 设向量函数 $F: X \to \mathbb{R}^n$ 的每个分量函数 f_i 在 x 处正则. 设 $g: \mathbb{R}^n \to \mathbb{R}$ 在 $F(x)$ 是正则的, 并假设每个 $\gamma \in \partial g\big(F(x)\big)$ 分量非负. 那么函数 $f(x') := g\big(F(x')\big)$ 在 x 处正则, 且

$$
\partial f(x) = \overline{\mathrm{co}}^{*}\big\{\partial\langle \gamma, F(\cdot)\rangle(x) : \gamma \in \partial g\big(F(x)\big)\big\}.
$$

证明 由定理 3.2.5 知 f 在 x 附近 Lipschitz 连续和等式左边包含于右边成立. 由于 F 每个分量在 x 处正则, 对任意的 $v \in X$, 有

$$
\begin{aligned}
F'(x;v) &:= \lim_{t \downarrow 0} \frac{F(x+tv) - F(x)}{t} \\
&= \left(\lim_{t \downarrow 0} \frac{f_1(x+tv) - f_1(x)}{t}, \cdots, \lim_{t \downarrow 0} \frac{f_n(x+tv) - f_n(x)}{t} \right).
\end{aligned}
$$

根据方向导数的定义和 g, f_i 的 Lipschitz 性有下述等式成立:

$$
\begin{aligned}
& g'\big(F(x); F'(x;v)\big) \\
=& \lim_{t \downarrow 0} \frac{g\big(F(x) + tF'(x;v)\big) - g\big(F(x)\big) + g\big(F(x+tv)\big) - g\big(F(x+tv)\big)}{t} \\
=& \lim_{t \downarrow 0} \frac{g\big(F(x) + tF'(x;v)\big) - g\big(F(x+tv)\big)}{t} + \lim_{t \downarrow 0} \frac{g\big(F(x+tv)\big) - g\big(F(x)\big)}{t} \\
=& f'(x;v),
\end{aligned}
$$

其中最后一个等式成立是因为 g 在 $F(x)$ 处是 Lipschitz 的, 即

$$
\left| \frac{g\big(F(x) + tF'(x;v)\big) - g\big(F(x+tv)\big)}{t} \right| \leqslant K \left\| \frac{F(x+tv) - F(x)}{t} - F'(x;v) \right\|,
$$

这意味着 $\lim_{t\downarrow 0}\dfrac{g\big(F(x)+tF'(x;v)\big)-g\big(F(x+tv)\big)}{t}=0$. 因此, 第二个等式的第一部分为 0 以及最后一个等式成立.

给定 v, 考虑定理中等式的右边项所取的元素和 v 的内积的最大值. 该最大值等于

$$
\begin{aligned}
&\max\left\{\big\langle\gamma,F(\cdot)\big\rangle^{\circ}(x;v):\gamma\in\partial g\big(F(x)\big)\right\}\\
=\ &\max\left\{\big\langle\gamma,F(\cdot)\big\rangle'(x;v):\gamma\in\partial g\big(F(x)\big)\right\}\\
=\ &\max\left\{\big\langle\gamma,F'(x;v)\big\rangle:\gamma\in\partial g\big(F(x)\big)\right\}\\
=\ &g^{\circ}(F(x);F'(x;v))\\
=\ &g'(F(x);F'(x;v))\\
=\ &f'(x;v)\leqslant f^{\circ}(x;v),
\end{aligned}
$$

其中第一个等式是因为 γ 是非负的, 所以作为在 x 处是正则的函数的非负线性组合 $\langle\gamma,F(\cdot)\rangle$ 在 x 处正则; 第四个等式成立是因为 g 在 $F(x)$ 是正则的. 显然上述最后一项是 $\partial f(x)$ 的支撑函数, 则由命题 3.1.3(c) 知定理中等式右边包含于左边. 再由定理 3.2.5 知左右两边相等. 此时显然有 $f'(x;v)=f^{\circ}(x;v)$, 故函数 f 在 x 处正则. □

练习 3.4.6

(a) 设 $g:\mathbb{R}^n\to\mathbb{R}$ 第一个分量是非减的, $\zeta=(\zeta_1,\zeta_2,\cdots,\zeta_n)\in\partial g(x)$. 证明 $\zeta_1\geqslant 0$.

(b) 找到 f 和 g 在 x 处的条件, 使得练习 3.2.6 的结论中各项相等.

(c) 设 $f_i\,(i=1,2,\cdots,n)$ 在 x 附近 Lipschitz, 令 $f(x):=\max_{1\leqslant i\leqslant n}f_i(x)$. 证明 f 在 x 附近 Lipschitz 且

$$
\partial f(x)\subseteq\operatorname{co}\left\{\bigcup_{i\in M(x)}\partial f_i(x)\right\},
$$

其中 $M(x)=\big\{i\in\{1,2,\cdots,n\}:\ f_i(x)=f(x)\big\}$. 注意, 我们必须证明在右边的集合是 w^*-闭的. 如果每个 f_i 在 x 处都是正则的, 证明等式成立. 当最大值替换为最小值时, 有类似的公式.

(d) 设 $f:\mathbb{R}^2\to\mathbb{R}$ 定义为 $f(x,y):=\max\{|\,x-y\,|,\,y-x^2\}$. 求 $\partial f(0,0)$.

3.5　切锥和法锥

设 S 是 X 上的一个非空闭子集. 与 S 有关的距离函数

$$d_S(x) := \inf\{\|x-s\| : s \in S\}$$

是全局 Lipschitz 的.

通过距离函数 $d_S(\cdot)$ 的 Lipschitz 性质, 可以定义 S 的几何构造. 从这个角度来定义在 $x \in S$ 处与 S 相切的方向 v: 要求 $d_S^\circ(x;v) \leqslant 0$. (即, 根据广义方向导数, d_S 不应在 v 方向上递增.) 我们注意到, 因为对于所有的 v 有 $d_S^\circ(x;v) \geqslant 0$, 于是它等价于要求 $d_S^\circ(x;v) = 0$.

我们引出如下定义: S 在 $x \in S$ 处的**切锥**是指在 X 中满足 $d^\circ(x;v) \leqslant 0$ 的所有 v 的集合, 记为 $T_S(x)$, 即

$$T_S(x) := \{v \in X : d^\circ(x;v) \leqslant 0\}.$$

练习 3.5.1　证明 $0 \in T_S(x)$, 且 $T_S(x)$ 是一个闭凸锥.

有时直接定义切锥 $T_S(x)$ 更方便, 且切线不依赖于 X 的等价范数的选择 (正如 d_S 一样).

命题 3.5.2　元素 $v \in X$ 在 x 处与 S 相切, 当且仅当 S 中的每一个收敛于 x 的序列 x_i 和在 $(0,+\infty)$ 收敛于 0 的序列 t_i, 都存在一个收敛于 v 的序列 $v_i \in X$, 使得 $x_i + t_i v_i \in S$ 对于所有 i 成立.

证明　首先假设 $v \in T_S(x)$, 序列 $x_i \in S : x_i \to x$ 以及 $t_i \downarrow 0$. 由于 $d_S^\circ(x;v) = 0$, 有

$$\lim_{i\to\infty} \frac{d_S(x_i + t_i v) - d_S(x_i)}{t_i} = \lim_{i\to\infty} \frac{d_S(x_i + t_i v)}{t_i} = 0.$$

取点列 $\{s_i\} \subseteq S$ 满足

$$\|x_i + t_i v - s_i\| \leqslant d_S(x_i + t_i v) + \frac{t_i}{i},$$

且令

$$v_i := \frac{s_i - x_i}{t_i}.$$

则有 $\|v - v_i\| \to 0$, 即 $v_i \to v$. 从而 $x_i + t_i v_i = s_i \in S$.

反之, 设 v 为满足条件的序列, 选择一个收敛到 x 的序列 y_i 和正向收敛到 0 的序列 t_i 使得

$$\lim_{i\to\infty} \frac{d_S(y_i + t_i v) - d_S(y_i)}{t_i} = d_S^\circ(x;v).$$

要证明 $v \in T_S(x)$, 我们只需要证明这个等式非正. 在 S 中取点列 $\{s_i\}$ 满足

$$\|s_i - y_i\| \leqslant d_S(y_i) + \frac{t_i}{i}.$$

这意味着 s_i 收敛到 x. 因此, 由假设条件知存在 $\{v_i\}$: $v_i \to v$ 使得 $s_i + t_i v_i \in S$. 但 d_S 是常数为 1 的 Lipschitz 函数, 那么

$$\begin{aligned} d_S(y_i + t_i v) &\leqslant d_S(s_i + t_i v_i) + \|y_i - s_i\| + t_i\|v - v_i\| \\ &\leqslant d_S(y_i) + t_i\left(\|v - v_i\| + \frac{1}{i}\right). \end{aligned}$$

因此,

$$d_S^\circ(x; v) = \lim_{i\to\infty} \frac{d_S(y_i + t_i v) - d_S(y_i)}{t_i} \leqslant \lim_{i\to\infty} \|v - v_i\| + \frac{1}{i} = 0.$$

故, 我们已经证明 $d_S^\circ(x; v)$ 以及命题得证. □

练习 3.5.3 设 $X = X_1 \times X_2$, 其中 X_1, X_2 都是 Banach 空间, 且 $x = (x_1, x_2) \in S_1 \times S_2$, 其中 S_1, S_2 分别为 X_1, X_2 的子集. 那么 $T_{S_1\times S_2}(x) = T_{S_1}(x_1) \times T_{S_2}(x_2)$.

法锥

对于 $\mathbb{R}^n$ 中的经典流形, 切空间和法空间是相互正交的. 当涉及凸锥时, 可以通过极化作用从一个得到另一个.

我们定义 S 在 x 处的**法锥**, 记为 $N_S(x)$, 如下:

$$N_S(x) := T_S(x)^\circ = \{\zeta \in X^* : \langle \zeta, v\rangle \leqslant 0,\ \forall v \in T_S(x)\}.$$

命题 3.5.4

(a) $N_S(x)$ 是一个 w^*-闭凸锥.

(b) $N_S(x) = \mathrm{cl}^*\left\{\bigcup_{\lambda\geqslant 0} \lambda\partial d_S(x)\right\}$.

(c) $T_S(x)$ 是 $N_S(x)$ 的极化集, 即

$$T_S(x) = N_S(x)^\circ = \{v \in X : \langle \zeta, v\rangle \leqslant 0,\ \forall \zeta \in N_S(x)\}.$$

证明 性质 (a) 是显然的, 证明方法和练习 3.5.1 证切锥 $T_S(x)$ 是闭凸锥类似.

现在证明 (b). 设 $\zeta \in \partial d_S(x)$. 对于 $v \in T_S(x)$, 由 $T_S(x)$ 的定义可知 $d_S^\circ(x; v) \leqslant 0$. 又因为 $d_S^\circ(x; \cdot)$ 是 $\partial d_S(x)$ 的支撑函数, 所以有

$$\langle \zeta, v\rangle \leqslant d_S^\circ(x; v) \leqslant 0.$$

因此, $\zeta \in N_S(x)$, 从而 $\partial d_S(x) \subseteq N_S(x)$. 由 $N_S(x)$ 是一个锥, 则对于所有的 $\lambda > 0$, 都有 $\bigcup_{\lambda \geqslant 0} \lambda \partial d_S(x) \subseteq N_S(x)$. 由 $N_S(x)$ 为 w^* 闭知, $\mathrm{cl}^* \left\{ \bigcup_{\lambda \geqslant 0} \lambda \partial d_S(x) \right\} \subseteq \mathrm{cl}^* N_S(x) = N_S(x)$.

反之, 设 ζ 为集合 $\Sigma := \mathrm{cl}^* \left\{ \bigcup_{\lambda \geqslant 0} \lambda \partial d_S(x) \right\}$ 外的一点. 根据强分离定理, 存在 $v \in X$ 使得

$$H_\Sigma(v) = \sup\{\langle \zeta', v \rangle : \zeta' \in \Sigma\} < \langle \zeta, v \rangle.$$

因为 Σ 是一个锥, 所以 $\langle \zeta, v \rangle > 0$ 且 $H_\Sigma(v) \leqslant 0$. 那么后者蕴含 $\langle v, \theta \rangle \leqslant 0$, $\forall \theta \in \partial d_S(x)$. 这意味着 $d_S^\circ(x; v) \leqslant 0$ 以及 $v \in T_S(x)$. 由于 $\langle \zeta, v \rangle > 0$, 所以 $\zeta \notin N_S(x)$. 因此 $N_S(x) \subseteq \Sigma$ 以及结论 (b) 得证.

现在证明 (c). 任取 $v \in T_S(x)$, 则 $\langle \zeta, v \rangle \leqslant 0$, $\forall \zeta \in \partial d_S(x)$. 根据 (b) 有 $\langle \zeta, v \rangle \leqslant 0$, $\forall \zeta \in N_S(x)$. 因此 $v \in N_S(x)^\circ$.

反之, 任取 $v \in N_S(x)^\circ$. 那么根据 (b) 有 $\langle \zeta, v \rangle \leqslant 0, \forall \zeta \in \partial d_S(x)$. 因此, $d_S^\circ(x; v) \leqslant 0$. 故 $v \in T_S(x)$. □

当 S 是一个光滑流形时, T_S 和 N_S 与经典的切空间和法空间重合. 另一个特殊情况就是 S 为凸集的情况.

命题 3.5.5 设 S 是凸的, 则

$$T_S(x) = \mathrm{cl}\{\lambda(s - x) : \lambda \geqslant 0, s \in S\}$$

和

$$N_S(x) = \{\zeta \in X^* : \langle \zeta, x' - x \rangle \leqslant 0,\ \forall x' \in S\}.$$

证明 集合 S 的凸性意味着函数 $d_S(\cdot)$ 是凸函数. 根据命题 3.4.3 可知, $d_S'(x; v)$ 与 $d_S^\circ(x; v)$ 相等. 因此, $T_S(x)$ 由 X 中满足 $\lim_{t \downarrow 0} \dfrac{d_S(x + tv)}{t} = 0$ 的 v 构成. 这等价于存在 $s(t) \in S$ 使得当 $t \downarrow 0$ 时

$$\frac{\|x + tv - s(t)\|}{t} \to 0.$$

令 $u(t) := \dfrac{x + tv - s(t)}{t}$, 则

$$v = \frac{1}{t}(s(t) - x) + u(t),$$

其中 $\lim_{t \downarrow 0} u(t) \to 0$. 这等价于命题中给出的 $T_S(x)$ 的刻画. 由于 $N_S(x)$ 是 $T_S(x)$ 的极化集, 所以 $N_S(x) = \{\zeta \in X^* : \langle \zeta, x' - x \rangle \leqslant 0,\ \forall x' \in S\}$. □

练习 3.5.6 确定 $\mathbb{R}^2$ 的每个子集在原点处的切锥和法锥:

(a) $S_1 := \{(x,y) : xy = 0\}$.

(b) $S_2 := \{(x,y) : y \geqslant 2|x|\}$.

(c) $S_3 := S_2$ 补集的闭包.

(d) $S_4 := \{(x,y) : y \leqslant \sqrt{|x|}\}$.

(e) $S_5 := \{(x,y) : y = -\sqrt{|x|}\}$.

(f) $S_6 := \{(x,y) : y \leqslant -\sqrt{|x|}\}$.

(g) $S_7 := S_2 \cup \{(0,y) : y \in \mathbb{R}\}$.

当 S 是一个函数的上图时, 一方面我们期望它的切锥和法锥存在着某种关系, 另一方面, 与函数的广义梯度之间存在某种关系. 事实上, 切锥和法锥存在互补对偶的关系.

定理 3.5.7 设 f 在 x 附近是 Lipschitz 的, 则:

(a) $T_{\text{epi } f}(x, f(x)) = \text{epi}\, f^\circ(x;\cdot)$.

(b) $\zeta \in \partial f(x) \Longleftrightarrow (\zeta, -1) \in N_{\text{epi } f}(x, f(x))$.

证明 (a) 首先假设 (v, r) 属于 $T_{\text{epi } f}(x, f(x))$. 选择序列 $y_i \to x$, $t_i \downarrow 0$, 使得

$$\lim_{i\to\infty} \frac{f(y_i + t_i v) - f(y_i)}{t_i} = f^\circ(x; v).$$

注意到 $(y_i, f(y_i))$ 是 epi f 中的一个收敛到 $(x, f(x))$ 的序列. 根据命题 3.5.2, 存在收敛到 (v, r) 的序列 (v_i, r_i) 使得 $(y_i, f(y_i)) + t_i(v_i, r_i) \in \text{epi } f$. 因此,

$$f(y_i) + t_i r_i \geqslant f(y_i + t_i v_i),$$

即

$$\frac{f(y_i + t_i v_i) - f(y_i)}{t_i} \leqslant r_i.$$

上式取极限可得 $f^\circ(x; v) \leqslant r$.

现证明对于任意 v 和任意 $\delta \geqslant 0$, $(v, f^\circ(x; v) + \delta) \in T_{\text{epi } f}(x, f(x))$. 设 (x_i, r_i) 是 epi f 中的收敛到 $(x, f(x))$ 的任意序列, 且 $t_i \downarrow 0$. 我们必须构造出序列 (v_i, s_i) 收敛到 $(v, f^\circ(x; v) + \delta)$, 使得对于每一个 i 都有 $(x_i, r_i) + t_i(v_i, s_i)$ 属于 epi f; 即, $r_i + t_i s_i \geqslant f(x_i + t_i v_i)$.

为此, 我们假设 $v_i = v$ 和

$$s_i := \max\left\{ f^\circ(x; v) + \delta, \frac{f(x_i + t_i v) - f(x_i)}{t_i} \right\}.$$

因为

$$\limsup_{i\to\infty}\frac{f(x_i+t_iv)-f(x_i)}{t_i}\leqslant f^\circ(x;v),$$

则 $s_i\to f^\circ(x;v)+\delta$. 又因为 $(x_i,r_i)\in \text{epi } f$, 则 $r_i\geqslant f(x_i)$. 因此,

$$r_i+t_is_i\geqslant r_i+[f(x_i+t_iv)-f(x_i)]\geqslant f(x_i+t_iv).$$

于是, $(x_i+t_iv,r_i+t_is_i)\in \text{epi } f$.

现证 (b). 已知 $\zeta\in\partial f(x)$ 当且仅当 $f^\circ(x;v)\geqslant\langle\zeta,v\rangle$, $\forall v\in X$. 于是对任意 v 和任意 $r\geqslant f^\circ(x;v)$ 都有

$$\langle(\zeta,-1),(v,r)\rangle\leqslant 0.$$

根据 (a), $(v,r)\in \text{epi } f^\circ(x;\cdot)$ 当且仅当 $(v,r)\in T_{\text{epi } f}(x,f(x))$. 因此上式不等式意味着 $(\zeta,-1)\in N_{\text{epi } f}(x,f(x))$. □

注 广义梯度理论的主要优点之一是它引出切锥和法锥之间、函数和集合之间 (通过上图, 或通过距离函数) 的对偶关系. 在发展这一理论时要注意, 我们选择了广义方向导数作为基本概念, 并使用它来定义广义梯度、切锥 (通过 d_S), 然后通过极化得到法锥. 或者, 我们可以选择相切方向作为起点, 使用命题 3.5.2 的描述作为定义, 并从那里开始研究 (怎么做?). 目前不知道如何使法锥 (或广义梯度, 或次微分) 成为理论的真正出发点, 除非 Banach 空间 X 有额外的性质, 例如在第 1 章中考虑的 Hilbert 空间的情况, 法锥是起点. 现在可以和第 2 章中最邻近理论联系起来了.

3.6 与邻近分析的关系

现在假设 X 是 Hilbert 空间, 对内积 $\langle\cdot,\cdot\rangle$, 有 $\|x\|=\langle x,x\rangle^{1/2}$. 在这种情况下, $\partial f(x)$ 和 $N_S(x)$ 由其邻近的弱极限产生, 也是 X 的子集:

定理 3.6.1 假设 X 是 Hilbert 空间.

(a) 如果 f 在 x 附近 Lipschitz, 那么

$$\partial f(x)=\overline{\text{co}}\left\{\text{w-}\lim_{i\to\infty}\zeta_i:\zeta_i\in\partial_P f\left(x_i\right),x_i\to x\right\}.$$

(b) 如果 S 是 X 中包含 x 的闭子集, 那么

$$N_S(x)=\overline{\text{co}}\left\{\text{w-}\lim_{i\to\infty}\zeta_i:\zeta_i\in N_S^P\left(x_i\right),x_i\to x\right\}.$$

证明 先证明 (a). 结论 (a) 本质是闭凸集之间的一个等式. 首先, 将通过支持函数之间对应的不等式来证明 "$\subseteq$". 更确切地说, 假设

$$\Sigma := \overline{\text{co}}\left\{\text{w-}\lim_{i\to\infty}\zeta_i : \zeta_i \in \partial_P f(x_i), x_i \to x\right\}.$$

我们将证明对任意 v, 存在序列 x_i 收敛于 x, 序列 $\zeta_i \in \partial_P f(x_i)$ 弱收敛于 ζ, 使得 $f^\circ(x;v) \leqslant \langle \zeta, v\rangle$. 因为 $f^\circ(x;v)$ 是有限的, 则存在序列 $\{y_i\}, \{t_i\}$ 使 $y_i \to x, t_i \downarrow 0$, 且

$$\lim_{i\to\infty}\frac{f(y_i + t_i v) - f(y_i)}{t_i} = f^\circ(x;v).$$

注意到对充分大的 i, f 在线段 $[y_i, y_i + t_i v]$ 的邻域上是 Lipschitz 的. 由邻近中值定理, 存在 $x_i \in (y_i, y_i + t_i v)$ 和 $\zeta_i \in \partial_P f(x_i)$, 使得

$$f(y_i + t_i v) - f(y_i) \leqslant \langle \zeta_i, t_i v\rangle + \frac{1}{i}.$$

因为 f 在 x 附近是 Lipschitz 的, 由 $\partial_P f(x_i) \subseteq \partial f(x_i)$ 以及命题 3.1.5(a) 知序列 $\{\zeta_i\}$ 是有界的. 故 $\{\zeta_i\}$ 一定存在子列弱收敛到 ζ. 因此 $f^\circ(x;v) \leqslant \langle \zeta, v\rangle$. 又因为 $\partial f(x)$ 和 Σ 都是非空、凸、弱紧集, 由命题 3.1.3(c) 可得 $\partial f(x) \subseteq \Sigma$.

为了证明 "$\supseteq$" 和结论 (a), 只需证对任意 $\zeta = \text{w-}\lim_{i\to\infty}\zeta_i$, 其中 $x_i \to x$ 且 $\zeta_i \in \partial_P f(x_i)$, 有 $\zeta \in \partial f(x)$. 因为 $\zeta_i \in \partial_P f(x_i) \subseteq \partial f(x_i)$, f 在 x 附近是 Lipschitz 的和 $x_i \to x$, 所以由命题 3.1.5(d) 有 $\zeta \in \partial f(x)$. 因此结论 (a) 得证.

我们再证明 (b). 先证 "$\subseteq$". 根据命题 3.5.4(b): $N_S(x) = \text{cl}^*\left\{\bigcup_{\lambda\geqslant 0}\lambda\partial d_S(x)\right\}$. 要证明 $N_S(x)$ 包含于公式右边, 需要证明 $\partial d_S(x)$ 包含于右边. 事实上, 任取 $\zeta \in \partial d_S(x)$. 则根据 (a), 存在 $x_i \to x$ 和 $\zeta_i \in \partial_P d_S(x_i)$ 使得 $\zeta = \text{w-}\lim_{i\to\infty}\zeta_i$. 再由定理 2.6.4, 有 $\zeta_i \in N_S^P(x_i)$, 即已证左边包含于右边.

为了完成定理的证明, 现在需要证明对任意 $\zeta = \text{w-}\lim\zeta_i$, 其中 $x_i \to x$ 且 $\zeta_i \in N_S^P(x_i)$, 都有 $\zeta \in N_S(x)$. 不失一般性, 假定 $\|\zeta\| = 1$ 以及 $\|\zeta_i\| \to \lambda > 0$. 由于 $\zeta_i \in N_S^P(x_i)$, 因此存在 $\sigma_i \geqslant 0$ 使得

$$\langle \zeta_i, x' - x_i\rangle \leqslant \sigma_i \|x' - x_i\|^2, \quad \forall x' \in S.$$

因此函数 $f(x') = -\langle \zeta_i, x'\rangle + \sigma_i\|x' - x_i\|^2$ 在集合 S 上的 $x' = x_i$ 处达到最小值.

下面验证函数 $f(x')$ 在 x_i 附近是 Lipschitz 的. 事实上, 给定 $\sigma_i > 0$, 对任意 $y, z \in B\left(x_i, \dfrac{1}{4i\sigma_i}\right)$, 有

$$\begin{aligned} f(y) - f(z) &= -\langle \zeta_i, y\rangle + \sigma_i\|y - x_i\|^2 - (-\langle \zeta_i, z\rangle + \sigma_i\|z - x_i\|^2) \\ &= \langle \zeta_i, z - y\rangle + \sigma_i\|y - x_i\|^2 - \sigma_i\|z - x_i\|^2, \end{aligned}$$

其中

$$\begin{aligned}\|y-x_i\|^2&=\langle y-x_i,y-x_i\rangle\\&=\langle y-z+z-x_i,y-z+z-x_i\rangle\\&=\langle y-z,y-z\rangle+2\langle y-z,z-x_i\rangle+\langle z-x_i,z-x_i\rangle\\&=\|y-z\|^2+2\langle y-z,z-x_i\rangle+\|z-x_i\|^2.\end{aligned}$$

进而, 我们有

$$\begin{aligned}f(y)-f(z)&=\langle\zeta_i,z-y\rangle+\sigma_i\|y-z\|^2+2\sigma_i\langle y-z,z-x_i\rangle\\&\leqslant\|\zeta_i\|\|y-z\|+\sigma_i\|y-z\|^2+2\sigma_i\|y-z\|\|z-x_i\|\\&=(\|\zeta_i\|+\sigma_i\|y-z\|+2\sigma_i\|z-x_i\|)\|y-z\|\\&\leqslant\left(\|\zeta_i\|+\frac{1}{i}\right)\|y-z\|.\end{aligned}$$

同理, 我们有 $f(z)-f(y)\leqslant\left(\|\zeta_i\|+\frac{1}{i}\right)\|y-z\|$. 因此, 在 $B\left(x_i,\frac{1}{4i\sigma_i}\right)$ 上, 函数 f 是 Lipschitz 的, 其 Lipschitz 常数为 $\|\zeta_i\|+1/i$.

因此, 根据命题 2.6.3 可以推出函数

$$x'\mapsto\langle-\zeta_i,x'\rangle+\sigma_i\|x'-x_i\|^2+\left(\|\zeta_i\|+\frac{1}{i}\right)d_S(x')$$

在 $x'=x_i$ 处达到最小值. 根据局部最优性条件, 则有

$$\zeta_i\in\left(\|\zeta_i\|+\frac{1}{i}\right)\partial_P d_S(x_i)\subseteq\left(\|\zeta_i\|+\frac{1}{i}\right)\partial d_S(x_i),$$

即, $\zeta_i/(\|\zeta_i\|+1/i)\in\partial d_S(x_i)$. 因为 $\zeta_i/(\|\zeta_i\|+1/i)$ 弱收敛于 ζ/λ, d_S 是 Lipschitz 的, 根据命题 3.1.5(d) 和命题 3.5.4(b), 可以得到 $\zeta\in\lambda\partial d_S(x)\subseteq N_S(x)$. □

注 3.6.2 根据 2.10 节中极限次微分的定义

$$\partial_L f(x):=\left\{\text{w-lim}\,\zeta_i:\zeta_i\in\partial_P f(x_i),x_i\xrightarrow{f}x\right\}$$

和极限法锥的定义

$$N_S^L(x):=\left\{\text{w-lim}\,\zeta_i:\zeta_i\in N_S^P(x_i),x_i\xrightarrow{S}x\right\},$$

由定理 3.6.1(b) 知, 在 Hilbert 空间中, 有

$$N_S(x) = \overline{\mathrm{co}}\, N_S^L(x).$$

当 f 在 x 附近为 Lipschitz 时,

$$\partial f(x) = \overline{\mathrm{co}}\, \partial_L f(x).$$

我们将在第 3 章中证明当 $X = \mathbb{R}^n$ 且函数 f 在 x 处正则时, 则有 $\partial_L f(x) = \partial f(x)$. 对定理 3.6.1 中闭凸包, 我们有时会对广义梯度、法锥和切锥采用 $\partial_C f, N_S^C$ 和 T_S^C 等符号代替 (特别是当 ∂_P 和 ∂_L 等其他构造同时存在时). 此外, $\partial_C f$ 和 T_S^C 分别被称为 Clarke 广义梯度和 Clarke 切锥.

定理 3.6.1 使我们可以在 Hilbert 空间设定中得到第 1 章的结果. 例如 (从练习 2.10.3(c) 和定理 3.6.1), 如果 $x \in \mathrm{bdry}\, S$ 且 X 是有限维的, $N_S(x) \neq \{0\}$. 另一个例子如下:

练习 3.6.3 假设 $S \in \mathbb{R}^n$ 有如下的形式

$$S := \{x \in \mathbb{R}^n : f_i(x) = 0, i = 1, 2, \cdots, k\},$$

其中每一个 $f_i : \mathbb{R}^n \to \mathbb{R}$ 是 C^2 的. 设 $x \in S$ 且集合 $\{f_i'(x) : i = 1, 2, \cdots, k\}$ 是线性无关的. 证明

$$N_S^C(x) = \mathrm{span}\, \{f_i'(x) : i = 1, 2, \cdots, k\} = N_S^P(x),$$

$$T_S^C(x) = \{v \in \mathbb{R}^n : \langle f_i'(x), v\rangle = 0, i = 1, 2, \cdots, k\}.$$

练习 3.6.4 在练习 3.5.6 的每一种情况下, 验证定理 3.6.1(b) 的公式. (注意: 该公式在某些情况下提供了一种更简单的方法来查找 N_S^C.)

3.7 Bouligand 切锥和正则集

设 S 是 Banach 空间 X 中的一个闭子集以及 $x \in S$. S 在 x 处的 **Bouligand 切锥**, 记作 $T_S^B(x)$, 定义如下:

$$T_S^B(x) := \left\{\lim_{i\to\infty} \frac{x_i - x}{t_i} : x_i \xrightarrow{S} x, t_i \downarrow 0\right\}.$$

(回顾 $x_i \xrightarrow{S} x$ 表示 $x_i \in S$, $\forall i = 1, 2, \cdots$, 且 $\lim_{i\to\infty} x_i = x$.) 这个相切概念, 同 3.5 节的切锥 $T_S(x)$ 一样, 可以用距离函数来刻画.

练习 3.7.1

(a) 证明 $v \in T_S^B(x)$ 当且仅当

$$\liminf_{t\downarrow 0}\frac{d_S(x+tv)}{t}=0.$$

(b) 证明 $T_S^C(x)\subseteq T_S^B(x)$.

(c) 计算练习 3.5.6 中每一个集合 S 的 $T_S^B(0)$. 注意: 与 $T_S^C(x)$ 不同, $T_S^B(x)$ 可能不是凸集.

(d) 当 X 是 Hilbert 空间时, 证明

$$T_S^B(x)\subseteq\left(N_S^P(x)\right)^\circ.$$

(e) 计算练习 3.5.6 中每一个集合 S 的 $T_S^B(0)$.

讨论 $T_S^B(x)$ 和 $T_S^C(x)$ 可能会重合是很自然的. 如果 $T_S^B(x)=T_S^C(x)$, 则称集合 S 在 $x\in S$ 处**正则**.

练习 3.7.2　证明一个凸集 S 在其每个点都是正则的. (提示: $d_S(\cdot)$ 是凸的.)

我们对 3.4 节中的函数和本节中的集合都使用了术语 "正则"; 下面叙述使用相同术语的原因.

命题 3.7.3　设 f 在 x 附近是 Lipschitz 的. 那么 f 在 x 处是正则的当且仅当 $\operatorname{epi} f$ 在 $\big(x,f(x)\big)$ 处是正则的.

证明　首先证明必要性. 假设 f 在 x 处是正则的, 我们则希望证明

$$T^B_{\operatorname{epi}\,f}(x,f(x))=T^C_{\operatorname{epi}\,f}(x,f(x)).$$

由练习 3.7.1(b) 知

$$T^C_{\operatorname{epi}\,f}(x,f(x))\subseteq T^B_{\operatorname{epi} f}(x,f(x)).$$

下证 $T^C_{\operatorname{epi}\,f}(x,f(x))\supseteq T^B_{\operatorname{epi} f}(x,f(x))$. 事实上, 任取 $(v,r)\in T^B_{\operatorname{epi} f}(x,f(x))$, 我们需要证明 $(v,r)\in T^C_{\operatorname{epi} f}(x,f(x))$. 根据定理 3.5.7, 有 $\in T^C_{\operatorname{epi} f}(x,f(x))=\operatorname{epi} f^\circ(x;\cdot)$. 因此, 我们只需等价地证明 $f^\circ(x;v)\leqslant r$.

设 $(v,r)\in T^B_{\operatorname{epi} f}(x,f(x))$, 则根据 $T^B_{\operatorname{epi} f}$ 定义知, 对于任意 i, 存在 $t_i\downarrow 0$, 存在 $(v_i,r_i)\to(v,r)$, 有

$$\begin{aligned}
&\big(x,f(x)\big)+t_i(v_i,r_i)\in\operatorname{epi} f\\
\Longrightarrow&(x+t_iv_i,f(x+t_ir_i))\in\operatorname{epi} f\\
\Longrightarrow&f(x+t_iv_i)\leqslant f(x)+t_ir_i\\
\Longrightarrow&\frac{f(x+t_iv_i)-f(x)}{t_i}\leqslant r_i.
\end{aligned}$$

由 f 是 Lipschitz 函数可知

$$\begin{aligned}
&\frac{-K\|t_iv_i-t_iv\|}{t_i}+\frac{f(x+t_iv)-f(x)}{t_i}\\
\leqslant&\frac{f(x+t_iv_i)-f(x+t_iv)+f(x+t_iv)-f(x)}{t_i}\\
\Longrightarrow&\lim_{i\to\infty}\frac{f(x+t_iv)-f(x)}{t_i}\leqslant\lim_{i\to\infty}(r_i+K\|v_i-v\|)\\
\Longrightarrow&f'(x;v)\leqslant r.
\end{aligned}$$

根据 f 在 x 处正则, $f^\circ(x;v)=f'(x;v)\leqslant r$. 因此, $T^B_{\mathrm{epi}f}(x,f(x))=T^C_{\mathrm{epi}f}(x,f(x))$ 得证.

下面证明充分性. 假设 $\mathrm{epi}\,f$ 在 $(x,f(x))$ 处是正则的. 为了证明 f 在 x 处是正则的, 我们将证明对于任意 $v\in X$, 有

$$\liminf_{t\downarrow 0}\frac{f(x+tv)-f(x)}{t}\geqslant f^\circ(x;v).$$

(思考: 为什么这表明 f 在 x 处是正则的?) 也就是说, 只要我们证明对任意的序列 $t_i\downarrow 0$, 极限 λ 存在, 就有

$$\lambda:=\lim_{i\to\infty}\frac{f\left(x+t_iv\right)-f(x)}{t_i}\geqslant f^\circ(x;v).$$

对此, 不难看出

$$\begin{aligned}
(v,\lambda)&=\left(v,\lim_{i\to\infty}\frac{f(x+t_iv)-f(x)}{t_i}\right),\quad\forall v\in X\\
&=\left(\lim_{i\to\infty}\frac{x+t_iv-x}{t_i},\lim_{i\to\infty}\frac{f(x+t_iv)-f(x)}{t_i}\right)\\
&=\lim_{i\to\infty}\frac{(x+t_iv,f\left(x+t_iv\right))-(x,f(x))}{t_i},
\end{aligned}$$

这意味着 $(v,\lambda)\in T^B_{\mathrm{epi}f}(x,f(x))$.

由于 $\mathrm{epi}\,f$ 在 $(x,f(x))$ 处是正则的, 有

$$(v,\lambda)\in T^B_{\mathrm{epi}f}(x,f(x))=T^C_{\mathrm{epi}f}(x,f(x)).$$

又因为 f 是 Lipschitz 函数, 根据定理 3.5.7 知

$$(v,\lambda)\in T^C_{\mathrm{epi}\ f}(x,f(x))=\mathrm{epi}\,f^\circ(x;\cdot).$$

由此得到 $f^{\circ}(x;v) \leqslant \lambda$. □

集合正则性的主要作用是在切锥和法锥的公式中提供"更精确"的结果, 就像函数的正则性导致广义梯度更清晰的结论一样. 我们在下面的结论中说明了这一点, 它将在第 3 章中扩展到等式和不等式混合的情况.

命题 3.7.4 设 S 是 $\mathbb{R}^n$ 中的一个子集, 定义如下

$$S := \{x \in \mathbb{R}^n : f_j(x) = 0, j = 1, 2, \cdots, k\},$$

其中每一个 $f_j : \mathbb{R}^n \to \mathbb{R}$ 都是局部 Lipschitz 的, 且对于任意 v 都有单边导数 $f_j'(x;v)$. 那么有

$$T_S^B(x) \subseteq \{v \in \mathbb{R}^n : f_j'(x;v) = 0, j = 1, 2, \cdots, k\}.$$

如果进一步假设每一个 f_j 在 x 附近是 C^1 的, 且这些向量 $\left\{f_j'(x)\right\}_{j=1}^k$ 都是线性无关的, 则

$$\{v : \left\langle f_j'(x), v\right\rangle = 0, j = 1, 2, \cdots, k\} \subseteq T_S^C(x);$$

在后一种情况下, 上述包含关系为等式, 且集合 S 在 x 处是正则的.

证明 对 $v \in T_S^B(x)$, 则存在 $x_i \xrightarrow{S} x, t_i \downarrow 0$, 使得 $v = \lim_{i\to\infty} \dfrac{x_i - x}{t_i}$. 令 $v_i := \dfrac{x_i - x}{t_i}$, 则 $x_i = x + t_i v_i$, 以及 $f_j(x_i) = 0\,(j = 1, 2, \cdots, k)$. 进而, 可以推出

$$\begin{aligned} f_j'(x;v) &= \lim_{i\to\infty} \frac{f_j(x + t_i v) - f_j(x)}{t_i} = \lim_{i\to\infty} \frac{f_j(x + t_i v)}{t_i} \\ &= \lim_{i\to\infty} \frac{f_j(x_i)}{t_i} = 0, \end{aligned}$$

其中最后一个等式成立的原因: 由于 f_j 在 x_i 处是 Lipschitz 函数且有 Lipschitz 常数 K, 故 $\dfrac{|f_j(x + t_i v) - f_j(x_i)|}{t_i} \leqslant K_{ij} \dfrac{\|x + t_i v - x_i\|}{t_i} \to 0$, 即 $\lim_{i\to\infty} \dfrac{f_j(x + t_i v)}{t_i}$ $= \lim_{i\to\infty} \dfrac{f_j(x_i)}{t_i}$. 因此

$$T_S^B(x) \subseteq \{v \in \mathbb{R}^n : f_j'(x;v) = 0, j = 1, 2, \cdots, k\}.$$

现在假设关于 f_j 的附加条件成立. 于是应用命题 3.1.9(a), 对所有充分接近 x 的 x', 有

$$N_S^P(x') \subseteq \operatorname{span}\left\{f_j'(x')\right\}_{j=1}^k.$$

因此, 我们应用定理 3.6.1(b) 得到

$$N_S^C(x) \subseteq \operatorname{span}\left\{f_j'(x)\right\}_{j=1}^k.$$

由命题 3.5.4(c) 及极化集的性质可知

$$T_S^C(x) = N_S^C(x)^\circ \supseteq \left(\operatorname{span}\left\{f_j'(x')\right\}_{j=1}^k\right)^\circ = \left\{v : \langle f_j'(x), v\rangle = 0, j = 1, 2, \cdots, k\right\}.$$

根据练习 3.7.1(b) 知 $T_S^C(x) \subseteq T_S^B(x)$ 总是成立的, 因此等式成立且 S 在 x 处是正则的. □

3.8 有限维中的梯度公式

著名的 Rademacher 定理描述到: 如果一个实值函数 $f : \mathbb{R}^n \to \mathbb{R}$ 在开集 U 上是 Lipschitz 的, 则此函数在 U 上几乎处处可微 (在 Lebesgue 测度意义下); 我们将在第 4 章证明此定理. 结果表明: 函数 f 的导数可以被用来生成它的广义梯度, 如下面公式所示, 这是非光滑分析中最有用的计算工具之一. 这表明了: 在 $\mathbb{R}^n$ 中, $\partial f(x)$ 可以由 $\nabla f(x')$ 在附近点 x' 的值生成, 其中函数 f 在 x' 处的 Fréchet 导数 $f'(x')$ 存在, 而且在不改变结果的情况下, 属于任意给定测度为 0 的集的点 x' 可以在构造中忽略.

定理 3.8.1 (广义梯度法则) 设 $f : \mathbb{R}^n \to \mathbb{R}$ 在 $x \in \mathbb{R}^n$ 附近是 Lipschitz 的. 设 Ω 为 $\mathbb{R}^n$ 中任意零测度子集, 且 Ω_f 为 f 在 $\mathbb{R}^n$ 中不可微点构成的集合. 那么

$$\partial f(x) := \operatorname{co}\left\{\lim_{i\to\infty} \nabla f(x_i) : x_i \to x, x_i \notin \Omega, x_i \notin \Omega_f\right\}.$$

证明 该公式含义如下: 考虑任何序列 $\{x_i\} : x_i \to x, x_i \notin \Omega, x_i \notin \Omega_f$, 且使得序列 $\{\nabla f(x_i)\}$ 收敛; 那么所有这些极限点的凸包是 $\partial f(x)$. 与 Hilbert 空间一样, 我们将 $\partial f(x)$ 视为 $\mathbb{R}^n$ 的子集.

首先, 我们证明 "$\supseteq$". 因为 $\Omega \cup \Omega_f$ 在 x 附近测度为 0, 所以我们可任取序列 $\{x_i\}$:

$$x_i \to x, \quad x_i \notin \Omega \cup \Omega_f.$$

进一步, 因为 ∂f 在 x 附近是局部有界的 (命题 3.1.5(a)), 且 $\nabla f(x_i) \in \partial f(x_i)$, $\forall i$ (命题 3.3.1), 又由 Bolzano-Weierstrass 定理 (致密性定理, 有界序列必有收敛子列), 序列 $\{\nabla f(x_i)\}$ 存在一个收敛子列. 根据命题 3.1.5(d) 中 ∂f 的闭性, $\lim\limits_{i\to\infty} \nabla f(x_i) \in \partial f(x)$. 由此可得

$$\left\{\lim_{i\to\infty} \nabla f(x_i) : x_i \to x, x_i \notin \Omega \cup \Omega_f\right\}$$

包含于 $\partial f(x)$, 且是非空、有界的. 因为上面集合显然是闭的, 所以它也是紧的. 因为 $\partial f(x)$ 是凸的, 我们得证关系 "$\supseteq$".

现在, 我们证明 "$\subseteq$". 因为 $\mathbb{R}^n$ 中紧集的凸包是紧的, 故上式左右两边都是非空闭凸的. 根据命题 3.1.3(c), 只需要证明左边的支撑函数小于等于右边的支撑函数, 即证明如下引理.

引理 对于任意 $v(\neq 0) \in \mathbb{R}^n$, $\varepsilon > 0$, 我们有

$$f^\circ(x;v) - \varepsilon \leqslant \limsup_{y \to x} \left\{ \nabla f(y) \cdot v : y \to x, y \notin \Omega \cup \Omega_f \right\}.$$

为了证明这一点, 把右侧的值记为 α. 那么, 根据定义, 存在 $\delta > 0$, 使得

$$y \in x + \delta B, \quad y \notin \Omega \cup \Omega_f,$$

有 $\nabla f(y) \cdot v \leqslant \alpha + \varepsilon$. 我们选取足够小的 δ 使得 f 在 $B(x;\delta)$ 是 Lipschitz 的, 且 $\left(\Omega \cup \Omega_f\right) \cap \left(x + \delta B\right)$ 的测度为 0. 我们现在考虑线段

$$L_y = \{y + tv : 0 < t < \delta/(2\|v\|)\}.$$

因为 $\Omega \cup \Omega_f$ 与 $x + \delta B$ 的交集的测度为 0, 根据 Fubini 定理, 对于几乎所有 $y \in x + (\delta/2)B$, 线段 L_y 与 $\Omega \cup \Omega_f$ 交集的测度为 0. 取 y 为拥有此性质的在 $x + (\delta/2)B$ 中的任意一点, 并且设 t 位于 $(0, \delta/(2\|v\|))$. 因为 f' 在 L_y 上几乎处处存在, 所以有

$$f(y + tv) - f(y) = \int_0^t \nabla f(y + sv) \cdot v ds.$$

又因为对于 $0 < s < t$, $\|y + sv - x\| < \delta$, 所以 $\nabla f(y + sv) \cdot v \leqslant \alpha + \varepsilon$, 进而

$$f(y + tv) - f(y) \leqslant t(\alpha + \varepsilon).$$

因为上式对于所有 $y \in x + (\delta/2)B$ (除 0 测度集外) 和 $t \in (0, \delta/(2|v|))$ 成立, 以及 f 是连续的, 所以对于所有这样的 y 和 t 上式子都成立. 我们可以推出

$$f^\circ(x;v) \leqslant \alpha + \varepsilon. \qquad \square$$

推论 3.8.2 $f^\circ(x;v) = \limsup_{y \to x} \left\{ \nabla f(y) \cdot v : y \notin \Omega \cup \Omega_f \right\}$.

练习 3.8.3 利用定理 3.8.1 计算 $\partial f(0,0)$, 其中 f 定义在 $\mathbb{R}^2$ 上:

$$f(x,y) = \max\{\min[x, -y], y - x\}.$$

定义

$$C_1 = \{(x,y) : y \leqslant 2x \text{ 和 } y \leqslant -x\},$$
$$C_2 = \{(x,y) : y \leqslant x/2 \text{ 和 } y \geqslant -x\},$$
$$C_3 = \{(x,y) : y \geqslant 2x \text{ 或 } y \geqslant x/2\}.$$

那么 $C_1 \cup C_2 \cup C_3 = \mathbb{R}^2$, 且

$$f(x,y) = \begin{cases} x, & (x,y) \in C_1, \\ -y, & (x,y) \in C_2, \\ y-x, & (x,y) \in C_3. \end{cases}$$

请注意, 这三个集合的边界形成的集合 Ω 是 0 测度集, 并且如果 (x,y) 不在 Ω 中, 那么 f 是可微的 (边界点不可微, 左右导数不相等), 并且 $\nabla f(x,y)$ 是点 $(1,0)$, $(0,-1)$ 或 $(-1,1)$ 中的其中一个. 则 $\partial f(0,0)$ 是这三个点的凸包得到的三角形.

设 S 是 $\mathbb{R}^n$ 中的闭集, 它的距离函数 $d_S(\cdot)$ 的导数可以根据其邻近次梯度给出一种解释 (见定理 2.6.1).

命题 3.8.4 设 $d'_S(x)$ 存在且不为 0. 则 $x \notin S$, $\mathrm{proj}_S(x)$ 是单点集 $\{s\}$, 且 $\nabla d_S(x) = (x-s)/\|x-s\|$.

证明 如果 $x \in S$, 则 d_S 在 x 处有极小值 0, 从而 $d'_S(x) = 0$. 因此 $x \notin S$. 设 $s \in \mathrm{proj}_S(x)$. 我们将证 $\nabla d_S(x) = (x-s)/\|x-s\|$, 由此还证明了 $\mathrm{proj}_S(x)$ 是单点. 对 $t \in (0,1)$, S 中离 $x + t(s-x)$ 最近的点为 s (见命题 2.1.3). 进而有

$$d_S\big(x + t(s-x)\big) = (1-t)\|x-s\|.$$

先两边同时减去 $d_S(x) = \|x-s\|$, 除以 t, 然后令 $t \downarrow 0$ 可得

$$d'_S(x; s-x) = \langle \nabla d_S(x), s-x \rangle = -\|s-x\|.$$

因为 d_S 是全局 Lipschitz 的且 Lipschitz 常数为 1, 所以 $\|\nabla d_S(x)\| \leqslant 1$. 由 $\langle \nabla d_S(x), s-x \rangle = -\|s-x\|$, 可得

$$\|x-s\| = \langle \nabla d_S(x), x-s \rangle \leqslant ||d_S(x)|| \cdot ||x-s||.$$

这蕴含着 $||\nabla d_S(x)|| \geqslant 1$, 从而 $||\nabla d_S(x)|| = 1$. 于是, 有

$$\langle \nabla d_S(x), x-s \rangle = ||d_S(x)|| \cdot ||x-s|| \cos\theta = \|x-s\|,$$

其中 θ 为向量 $\nabla d_S(x)$ 与 $x-s$ 之间的夹角. 上式意味着 $\theta=0$, 即 $\nabla d_S(x)$ 是 $x-s$ 同方向单位. 因此, $\nabla d_S(x)=(x-s)/\|x-s\|$. □

练习 3.8.5

(a) 设 S 是 $\mathbb{R}^n$ 中的闭子集, Ω 是任意 0 测集且 $x\in \operatorname{bdry} S$. 根据定理 3.8.1、练习 3.5.4 和命题 3.8.4, 可以推导出 $N_S(x)$ 有如下公式.

$$N_S(x)=\overline{\mathrm{co}}\left\{\lim_{i\to\infty}\lambda_i\left(x_i-s_i\right):\lambda_i\geqslant 0, x_i\notin\Omega\cup S,\ x_i\to x,\operatorname{proj}_S\left(x_i\right)=\{s_i\}\right\}.$$

由此得出 $N_S(x)$ 包含非零元素.

(b) 使用这个特征来计算练习 3.5.6 的法锥.

3.9　第 3 章习题

3.9.1　函数 $f:X\to\mathbb{R}$ 在 x 处是严格 (Hadamard) 可微的, 如果存在一个元素 $\zeta\in X^*$ 使得对于 X 中的每个 v, 有

$$\lim_{\substack{x'\to x\\ t\downarrow 0}}\frac{f(x'+tv)-f(x')}{t}=\langle\zeta,v\rangle,$$

并且假设 v 在紧集合中是一致收敛的.

(a) f 在 x 处是严格可微的当且仅当 f 在 x 附近是 Lipschitz 的, 以及 $\partial f(x)$ 是单点.

(b) 如果 f 在 x 处是正则的且 $f'(x)$ 存在, 则 f 在 x 处是严格可微的.

(c) 如果 f 在 x 处是正则的, $f'(x)$ 存在, 并且如果 g 在 x 附近是 Lipschitz 的, 则

$$\partial(f+g)(x)=\{f'(x)\}+\partial g(x).$$

(d) 如果 X 是有限维的, 且 U 是 X 的开子集, 则 $f\in C^1(U)$ 当且仅当 f 在 U 上是局部 Lipschitz 的且对于每个 $x\in U,\partial f(x)$ 是单点.

3.9.2　设 $\varphi:[0,1]\to\mathbb{R}$ 且 $\varphi\in L^\infty[0,1]$. 定义 Lipschitz 函数 $f:[0,1]\to\mathbb{R}$ 为 $f(x):=\int_x^0\varphi(t)dt$. 证明:

$$\partial f(x)=[\varphi^-(x),\varphi^+(x)],$$

其中 $\varphi^-(x)$ 和 $\varphi^+(x)$ 分别是 φ 在 x 处的本质下确界和本质上确界; 例如,

$$\varphi^+(x):=\inf\{M:\exists\varepsilon>0\ni\varphi(x')\leqslant M \text{ a.e. 对 } x'\in[x-\varepsilon,x+\varepsilon]\}.$$

3.9.3 对于习题 3.9.2 中的 f, 证明: 存在一个点 $z \in (0,1)$, 对于任意 $\delta > 0$, 在 z 的 δ 范围内存在 x 和 y 使得

$$\varphi(x) - \delta \leqslant \int_0^1 \varphi(t)dt \leqslant \varphi(y) + \delta.$$

(当 φ 在 $\delta = 0$ 连续时, 上述结论为中值定理.)

3.9.4 设 $X = X_1 \times X_2$, 其中 X_1 和 X_2 是 Banach 空间. 设 X 上的 $f(x_1, x_2)$ 在 (x_1, x_2) 附近是 Lipschitz 的. 我们用 $\partial_1 f(x_1, x_2)$ 表示 $f(\cdot, x_2)$ 在 x_1 处的 (偏) 广义梯度, 对于 $\partial_2 f$ 也类似.

(a) 设 $\pi_1 \partial f(x_1, x_2) = \{\zeta_1 \in X_1^* : \exists \zeta_2 \in X_2^*, (\zeta_1, \zeta_2) \in \partial f(x_1, x_2)\}$. 证明: $\partial_1 f(x_1, x_2) \subseteq \pi_1 \partial f(x_1, x_2)$; 当 f 在 (x_1, x_2) 处正则时, 两者相等. (提示: 考虑定理 3.3.2 和 $F(x) = (x, x_2)$.)

(b) 计算练习 3.8.3 中函数 f 的 $\partial_1 f(0,0), \partial_2 f(0,0)$. 注意到

$$\partial_1 f(0,0) \times \partial_2 f(0,0) \not\subseteq \partial f(0,0) \not\subseteq \partial_1 f(0,0) \times \partial_2 f(0,0).$$

3.9.5 设 X 是 Banach 空间, $f : X \to \mathbb{R}$ 在 x 附近是 Lipschitz 的. 假设 x 使得 f 在闭集 S 上取得最小值, 那么 $0 \in \partial f(x) + N_S(x)$. (提示: 使用命题 2.6.3 中的精确惩罚函数.)

3.9.6 设 X 是 Hilbert 空间, $f : X \to \mathbb{R}$ 在 x 附近是 Lipschitz 的. 假设 $0 \notin \partial f(x)$ 以及 ζ 是 $\partial f(x)$ 中具有最小范数的元素. 证明: $-\zeta$ 是 "下降方向": 对于充分小的 $t > 0$, 有

$$f(x - t\zeta) \leqslant f(x) - t\frac{\|\zeta\|^2}{2}.$$

3.9.7 给出一个一维例子来说明: 不像 ∂_f, $\partial_L f$ 不能对零测集视而不见. 也就是说, 即使 f 是 Lipschitz 的, 也不能在公式

$$\partial_L f = \left\{\lim_{i\to\infty} \zeta_i : \zeta_i \in \partial_P f(x_i), x_i \xrightarrow{f} x\right\}$$

中忽略任意零测集.

3.9.8 设 $f : \mathbb{R}^n \to \mathbb{R}$ 是局部 Lipschitz 的. 函数 f 的 Dini 次导数定义为

$$Df(x;\nu) := \liminf_{t\downarrow 0} \frac{f(x+tv) - f(x)}{t}.$$

证明: $f^\circ(x;v) = \limsup_{y\to x} Df(y;\nu)$.

3.9.9 (直线拟合问题的分析) 求下列函数在 $\mathbb{R}^2$ 上的最小解

$$f(\alpha, \beta) := |\alpha N + \beta| + \sum_{i=0}^{N-1} |\alpha i + \beta - i|,$$

其中 N 是给定的正整数. (我们将其理解为找到适合给定数据 $(1,1), (2,2), \cdots,$ $(N-1, N-1)$ 和 $(N, 0)$ 的最佳直线.)

(a) 对于给定的 c 和 k, 定义 $g(\alpha, \beta) := |\alpha c + \beta - k|$. 证明:

$$\partial g(\alpha, \beta) = \begin{cases} \{(c, 1)\}, & \alpha c + \beta - k > 0, \\ \{(-c, -1)\}, & \alpha c + \beta - k < 0, \\ \{\lambda(c, 1) : |\lambda| \leqslant 1\}, & \alpha c + \beta - k = 0. \end{cases}$$

(b) 利用 (a), 问题的必要条件 $0 \in \partial f(\alpha, \beta)$ 将理解为

$$0 = \lambda_N(N, 1) + \sum_{i=0}^{N-1} \lambda_i(i, 1),$$

其中参数 λ_i $(i = 0, 1, \cdots, N)$ 的值取决于 (α, β).

(c) 对于 $N \geqslant 3$, 利用 f 的凸性推导出 $\alpha = 1$, $\beta = 0$ 使 f 取得最小.

(d) 若 $N \geqslant 4$, 没有其他 (α, β) 满足必要条件 (b). (因此, 非光滑准则忽略了异常点 $(N, 0)$, 该情形通常不是最小二乘拟合的情况.)

3.9.10 设 $S = \{x \in \mathbb{R}^n : f(x) \leqslant 0\}$, 其中 $f : \mathbb{R}^n \to \mathbb{R}$ 是局部 Lipschitz 的. 假设 $x \in S$, 且 $0 \notin \partial f(x)$. 证明: $\operatorname{int} T_S(x) \neq \varnothing$, 且

$$T_S(x) \supseteq \{v \in \mathbb{R}^n : f^\circ(x; v) \leqslant 0\}.$$

证明: 如果 f 在 x 处正则, 则 S 在 x 处是正则的, 进而等式成立. (注: 如果集合的切锥具有非空内部, 那么这样的集合有一些有用的性质; 在第 4 章, 我们将对其进行研究.)

3.9.11 我们将给出 $\mathbb{R}^n$ 的两个闭子集 S_1 和 S_2 的交集的切锥和法锥的一个公式. (提示: 极限法锥 N_S^L 是在 2.10 节中引入的, 用 N_S 和 T_S 替代注 3.6.2 中的 N_S^C 和 T_S^C.)

(a) 证明: 若 $C \subseteq S$, 则 $T_C^B(x) \subseteq T_S^B(x)$ (举例说明 T^C 的这类单调性不成立). 还可推导出

$$T_{S_1 \cap S_2}^B(x) \subseteq T_{S_1}^B(x) \cap T_{S_2}^B(x).$$

(b) $T_S^B(x)^\circ \subseteq N_S^C(x)$, 且

$$N_{S_1 \cap S_2}^C(x) \supseteq T_{S_1}^B(x)^\circ + T_{S_2}^B(x)^\circ.$$

(c) 假设 $N^L_{S_1}(x)\cap\left(-N^L_{S_2}(x)\right)=\{0\}$ (该条件称为横截性条件). 证明:

$$N^L_{S_1\cap S_2}(x)\subseteq N^L_{S_1}(x)+N^L_{S_2}(x).$$

(提示: 参考命题 2.10.1 的证明.) 当横截性失效时, 给出反例说明这个结论不成立.

(d) **定理** 如果横截性条件在 x 处成立, 则

$$N^C_{S_1\cap S_2}(x)\subseteq N^C_{S_1}(x)+N^C_{S_2}(x),\quad T^C_{S_1\cap S_2}(x)\supseteq T^C_{S_1}(x)\cap T^C_{S_2}(x).$$

若 S_1 和 S_2 都在 x 处正则, 则等式成立; 在这种情况下 $S_1\cap S_2$ 也在 x 处正则.

3.9.12 设 $f:\mathbb{R}^n\to\mathbb{R}$ 在 x 附近是 Lipschitz 的.

(a) $f'(x)$ 存在当且仅当 $T^B_{\mathrm{gr}f}(x,f(x))$ 是一个超平面.

(b) f 在 x 处是严格可微的当且仅当 $T^C_{\mathrm{gr}f}(x,f(x))$ 是一个超平面.

(c) f 在 x 处是严格可微的当且仅当 $T^C_{\mathrm{epi}f}(x,f(x))$ 是一个半空间. (提示: 定理 3.5.7.)

(d) 事实上, $T^B_{\mathrm{epi}f}(x,f(x))$ 是一个半空间并不意味 $f'(x)$ 存在.

3.9.13 (Danskin 定理) 设 $g:\mathbb{R}^n\times M\to\mathbb{R}$ 是一个连续函数, 其中 M 是一个紧的度量空间. 我们假设对于给定点 $x\in\mathbb{R}^n$ 的一个邻域 Ω, 导数 $g_x(x',u)$ 存在, 且对 $(x',u)\in\Omega\times M$ 是一致连续的. 设

$$f(x'):=\max_{u\in M}g(x',u).$$

那么 f 在 x 附近是 Lipschitz 和正则的, 且

$$\partial_C f(x)=\mathrm{co}\left\{g_x(x,u):u\in M(x)\right\},$$

其中 $M(x):=\{u\in M:g(x,u)=f(x)\}$. 推导出如下 Danskin 公式

$$f'(x;u)=\max\left\{\langle g_x(x,u),v\rangle:u\in M(x)\right\}.$$

3.9.14 设 X 是 Banach 空间以及 $f(x):=\|x\|$. 如果对于 $x\neq 0,\zeta\in\partial_C f(x)$, 则 $\|\zeta\|_*=1$.

3.9.15 设 $f:\mathbb{R}^m\times\mathbb{R}^n\to\mathbb{R}$ 是局部 Lipschitz 的, 且对每个 $x\in\mathbb{R}^m$, 函数 $y\mapsto f(x,y)$ 是凸的. 那么, 如果 $(\theta,\zeta)\in\partial_C f(x,y)$, 则 $\zeta\in\partial_C f(x,\cdot)(y)$. (习题 3.9.4 表明: 如果删除部分凸性假设, 该结论不成立.)

3.9.16 设 $f:[-1,1]\to\mathbb{R}$ 是一个连续函数, 且满足如下四个条件: (i) 当 $x=\pm 2^{-n}$, $n=0,1,2,\cdots$ 时, $f(x)=0$.

(ii) 当 $x=\pm\dfrac{3}{2^{2n}}$, $n=0,1,2,3,\cdots$ 时, $f(x)=x$.

(iii) 当 $x = \pm\dfrac{3}{2^{2n+1}}$, $n = 0, 1, 2, 3, \cdots$ 时, $f(x) = -x$.

(iv) 在上面引用的任意两个 x 值之间, f 是仿射的.

证明:

(a) f 是 Lipschitz 的, 且方向导数 $f'(0;1)$ 和 $f'(0,-1)$ 不存在.

(b) 次梯度 $Df(0,1) = -1$ (参见习题 3.9.8).

(c) $\partial_P f(0) = \varnothing$ 和 $\partial_L f(0) = \partial_C f(0) = [-3.3]$.

3.9.17　设 A, C, D 是 X^* 的有界弱*闭凸子集满足 $A + C \subseteq D + C$. 证明: $A \subseteq D$.

3.9.18　设 $F : X \longrightarrow \mathbb{R}^n$ 是局部 Lipschitz 的以及 $A \subseteq \mathbb{R}^n$ 是紧的. 设

$$\theta(x) := \max_{\alpha \in A} \langle \alpha, F(x) \rangle .$$

证明:

(a) θ 是局部 Lipschitz 的.

(b) 如果 $\theta(x)$ 在单点 $\alpha \in A$ 处达到最大, 那么

$$\partial\theta(x) \subseteq \partial \langle \alpha, F(\cdot) \rangle (x) .$$

3.9.19　设 f, g_i, h_j 是 Hilbert 空间 X 上的局部 Lipschitz 函数, $i \in I := \{1, 2, \cdots, m\}$, $j \in J := \{1, 2, \cdots, n\}$, 且 C 是 X 中的一个闭子集. 假设 $\overline{x}$ 是以下优化问题的局部解:

$$\text{minimize}\{f(x) : g_i(x) \leqslant 0 (i \in I), h_j(x) = 0 (j \in J), x \in C\}.$$

证明问题的 Firtz John 的必要条件, 即乘子法则: 存在 $\lambda_0 \in \mathbb{R}, \gamma \in \mathbb{R}^m, \lambda \in \mathbb{R}^n$ 与

$$\lambda = 0 \text{ 或 } 1, \quad (\lambda_0, \gamma, \lambda) \neq 0, \quad \gamma \geqslant 0, \quad \langle \gamma, g(\overline{x}) \rangle = 0,$$

使得

$$0 \in \partial_C \{\lambda_0 f + \langle \gamma, g \rangle + \langle \lambda, h \rangle\}(\overline{x}) + N_L^C(\overline{x}).$$

(a) 假设 C 是有界的, f 是全局 Lipschitz 的且有下界, $\overline{x}$ 是问题的一个全局解. 记 A 为

$$A := \{(\lambda_0, \gamma, \lambda) =: \alpha \in \mathbb{R} \times \mathbb{R}^m \times \mathbb{R}^n : \lambda_0 \geqslant 0, \gamma \geqslant 0, \|(\lambda_0, \gamma, \lambda)\| = 1\}.$$

对固定的 $\varepsilon > 0$, 定义

$$F_\varepsilon(x) := (f(x) - f(\overline{x}) + \varepsilon, g(x), h(x)), \quad \theta_\varepsilon(x) := \max_{\alpha \in A} \langle \alpha, F_\varepsilon(x) \rangle.$$

那么 $\theta_\varepsilon(x) > 0$, $\forall x \in C$, 且 $\theta_\varepsilon(\overline{x}) = \varepsilon$.

(b) 存在 $x_\varepsilon \in C$ 和一个常数 K, 使得

$$0 \in \partial_L \theta_\varepsilon(x_\varepsilon) + K\partial_L d_C(x_\varepsilon) + 4\sqrt{\varepsilon}B.$$

(提示: 借助最小化原理 (定理 2.4.2).)

(c) 存在 $\alpha_\varepsilon \in A$, 使得

$$0 \in \partial_C \langle \alpha_\varepsilon, F_\varepsilon(\cdot) \rangle (x_\varepsilon) + K\ \partial_L d_C(x_\varepsilon) + 4\sqrt{\varepsilon}B.$$

(提示: 请参阅前面的问题.)

(d) 在上述问题中, 取 $\varepsilon \downarrow 0$, 得出相应结论.

3.9.20 设 X 和 Y 是 Banach 空间, $A : X \longrightarrow Y$ 是连续线性算子. 设 Ω 和 Z 分别是 X 和 Y 的闭凸子集. 对每个 $y \in Y$, 考虑如下问题:

$$\text{minimize}\, f(x) : x \in \Omega,\ Ax \in Z + y,$$

其中 $f : X \longrightarrow \mathbb{R}$ 是一给定函数. 用 $V(y)$ 表示这个问题对给定 y 的最优值. 假设存在 X 的有界子集 K, 使得 f 在 K 上是 Lipschitz 的, 且对于所有足够接近 0 的 y, 有

$$x \in \Omega, Ax \in Z + y \Longrightarrow x \in K.$$

(a) 如果满足 $0 \in \operatorname{int}\{A\Omega - Z\}$, 那么 $V(\cdot)$ 在 0 附近是 Lipschitz 的.

(b) 此外, 如果 $\bar{x}$ 是 $y = 0$ 时问题的最优解, 则存在 $\zeta \in \partial f(\bar{x})$ 和 $\theta \in \partial V(0)$ 使得

$$-\zeta + A^*\theta \in N_\Omega(\bar{x}) \text{ 且 } \theta \in -N_Z(A\bar{x}).$$

(提示: 对任意 $x \in \Omega$ 和 $z \in Z$, 有 $V(Ax - z) \leqslant f(x)$.)

第 4 章　几 个 专 题

当然, 当然, 我们还要起舞, 和着我们曾如此深爱的旋律 …… 即使不复从前.

——Michel Berger et France Gall 《当然》

本章将研究几个不同的专题, 每个问题都有各自有趣之处. 这里得到的所有结果都是建立在前几章的基础之上的, 在某些情况下是对前几章的补充, 其中几个专题解决了第 1 章中讨论的问题. 例如, 4.1 节的约束优化问题. 4.5 节与 4.6 节的一些结果将在第 5 章中给出.

4.1　约束优化和最优值函数

考虑在约束 $h(x)=0$ 下的最小化 $f(x)$ 的问题, 其中 $f:\mathbb{R}^n\to\mathbb{R}$ 和 $h:\mathbb{R}^n\to\mathbb{R}^m$ 是给定的光滑函数. 正如在第 1 章中所述, 将此约束优化问题与一系列由 $\alpha\in\mathbb{R}^m$ 参数化的问题 $P(\alpha)$ 联系起来:

$$P(\alpha):\qquad \begin{array}{ll} \min & f(x) \\ \text{s.t.} & h(x)+\alpha=0. \end{array}$$

该问题的最优值函数 $V(\cdot)$ 在 α 处的值为

$$V(\alpha):=\inf\{f(x):h(x)+\alpha=0\}.$$

一般情况下, V 取值于 $[-\infty,+\infty]$. V 取值 $+\infty$ 对应于 $P(\alpha)$ 的可行集为空集, 即

$$\Phi(\alpha):=\{x\in\mathbb{R}^n:h(x)+\alpha=0\}=\varnothing.$$

正如我们在第 1 章所述, V 的定义意味着 $f(x)\geqslant V(-h(x))$, $\forall x\in\mathbb{R}^n$. 如果 $\Sigma(\alpha)$ (可能为空集) 表示 $P(\alpha)$ 的解集, 即

$$\Sigma(\alpha):=\{x\in\Phi(\alpha):f(x)=V(\alpha)\},$$

那么对任意的 $x_0\in\Sigma(0)$, 有 $f(x_0)=V(0)$. 因此, 如果 $V'(0)$ 存在, 有

$$f'(x_0)+\nabla V(0)^*h'(x_0)=0,$$

这就是 Lagrange 乘子法则 (我们习惯用 $h'(x_0)$ 表示 $m\times n$ 的 Jacobi 矩阵; V 的梯度 ∇V 是 $\mathbb{R}^m$ 中的列向量; $*$ 表示转置). 由于 V 在 0 处可能不可微, 因此这种有趣的推理方法是有问题的. 一个切实可行的解决办法是: 注意到上述讨论中的梯度 $\nabla V(0)$ 可以用 V 在 0 处的邻近次微分 $\partial_P V(0)$ 中的一个向量 ζ 来替代. 让我们看看为什么.

邻近次梯度不等式 (定理 2.2.5) 表明, 对某一 $\sigma\geqslant 0$, 对充分接近 0 的 α, 我们有

$$V(\alpha)-V(0)+\sigma\|\alpha\|^2\geqslant\langle\zeta,\alpha\rangle.$$

给定点 $x_0\in\Sigma(0)$ 满足 $f(x_0)=V(0)$. 如果 x 充分接近 x_0, 那么 $h(x)$ 就充分接近 $h(x_0)=0$, 因此在前面的不等式中选择 $\alpha=-h(x)$ 是合理的. 最后, 我们知道对任意的 $x\in\mathbb{R}^n$, 有 $f(x)\geqslant V(-h(x))$, 代入邻近次梯度不等式并整理可得, 对 x_0 附近的所有 x,

$$f(x)+\langle\zeta,h(x)\rangle+\sigma\|h(x)\|^2\geqslant f(x_0).$$

即函数 $x\mapsto f(x)+\langle\zeta,h(x)\rangle+\sigma\|h(x)\|^2$ 在 $x=x_0$ 处取得局部最小值, 故有

$$f'(x_0)+\zeta^*h'(x_0)=0.$$

我们得到了类似于上面形式的乘子法则, 只是 $\nabla V(0)$ 被 $\partial_P V(0)$ 中的任一元素 ζ 所代替.

然而, 还存在一个重要的问题, 就是并不能保证 $\partial_P V(0)$ 非空. 下述定理将通过使用邻近致密性定理来处理这种不确定性: 找到满足 $\partial_P V(\alpha_i)\neq\varnothing$ 且收敛到 0 的序列 $\{\alpha_i\}$ 并取极限. 这种方法只要求 $V(\cdot)$ 是下半连续的, 这 (与可微性相比) 更容易满足. 为此, 我们引入如下的增长性假设.

增长性假设 4.1.1 对任意的 $r,s\in\mathbb{R}$, 集合 $\{x\in\mathbb{R}^n: f(x)\leqslant r,\|h(x)\|\leqslant s\}$ 有界.

练习 4.1.2 在增长性假设下, 证明以下事实:

(a) 当 $\Phi(\alpha)\neq\varnothing$ 时, 有 $V(\alpha)<+\infty$ 和 $\Sigma(\alpha)$ 非空.

(b) $V:\mathbb{R}^m\to(-\infty,\infty]$ 下半连续; 如果 V 在某处是有限的, 那么 $V\in\mathcal{F}(\mathbb{R}^m)$.

我们将看到下述定理是如何得到必要条件和可解性结果的.

定理 4.1.3 假设 f,h 是 C^1 函数且增长性假设成立, 同时 $V(0)<+\infty$, 那么存在满足 $V(\alpha_i)\to V(0)$ 且收敛到 0 的序列 $\{\alpha_i\}$, 使得对任意 $\zeta_i\in\partial_P V(\alpha_i)$ 和 $x_i\in\Sigma(\alpha_i)$, 有

$$f'(x_i)+\zeta_i^*h'(x_i)=0,\quad i=1,2,\cdots.$$

证明 已知 V 下半连续 (练习 4.1.2(b)) 且 $V(0) < +\infty$, 根据定理 2.3.1 可知, 存在序列 $\{\alpha_i\}$ 使得

$$\alpha_i \to 0,\ V(\alpha_i) \to V(0) \text{ 且 } \partial_P V(\alpha_i) \neq \varnothing.$$

选取 $\zeta_i \in \partial_P V(\alpha_i)$ 和 $x_i \in \Sigma(\alpha_i)$ (由练习 4.1.2(a) 知 $\Sigma(\alpha_i)$ 非空), 则 V 在 α_i 处的邻近次梯度不等式可转化为: 存在 $\sigma_i > 0$, 使得对 x_i 附近的任意 x 有

$$f(x) + \langle \zeta_i, h(x)\rangle + \sigma_i \|h(x) - h(x_i)\|^2 \geqslant f(x_i) + \langle \zeta_i, h(x_i)\rangle.$$

可看出函数

$$x \mapsto f(x) + \langle \zeta_i, h(x)\rangle + \sigma_i \|h(x) - h(x_i)\|^2$$

在 $x = x_i$ 处取得局部最小值, 故有 $f'(x_i) + \zeta_i^* h'(x_i) = 0,\ i = 1, 2, \cdots$. □

现在的问题就变成了要对定理中的序列取极限. 我们如何进行取决于我们的具体目标. 假设首先我们需要问题 $P(0)$ 对等式约束扰动的灵敏性. 例如, 应用于 $P(0)$ 的一种数值算法, 可以证明它不是 $P(0)$ 本身的解, 而是扰动问题 $P(\alpha)$ 的解. 问题是: $V(\alpha)$ 和 $V(0)$ 有什么差异? 这与 V 在 0 处的可微性有关. 沿着这个思路, 我们引入对应于 x 的**乘子集** (multiplier set)$M(x)$:

$$M(x) := \{\zeta \in \mathbb{R}^m : f'(x) + \zeta^* h'(x) = 0\}.$$

在定理 4.1.3 的假设下, 我们有

推论 4.1.4 假设对每一个 $x \in \Sigma(0)$, Jacobi 矩阵 $h'(x)$ 满秩, 那么 $V(\cdot)$ 在 0 附近是 Lipschitz 的, 且有

$$\varnothing \neq \partial_L V(0) \subseteq \bigcup_{x \in \Sigma(0)} M(x).$$

证明 考虑定理 4.1.3 中的序列 $\{\alpha_i\}, \{x_i\}$ 和 $\{\zeta_i\}$. 根据增长性假设与已知条件 $f(x_i) \to V(0)$ 和 $h(x_i) = -\alpha_i \to 0$, 可以得到序列 $\{x_i\}$ 有界. 故存在子列 (不妨沿用标记 x_i) 收敛到一点 x_0. 由 f 和 h 的连续性知

$$f(x_0) = V(0), \quad h(x_0) = 0,$$

从而 $x_0 \in \Sigma(0)$. 现选取子列来使得 $\|\zeta_i\| \to \infty$ 或 $\zeta_i \to \zeta_0 \in \mathbb{R}^m$. 第一种情况是不可能的: 若 $\|\zeta_i\| \to \infty$, 在 $f'(x_i) + \zeta_i^* h'(x_i) = 0$ 两端除以 $\|\zeta_i\|$, 可得

$$\frac{f'(x_i)}{\|\zeta_i\|} + \frac{\zeta_i^* h'(x_i)}{\|\zeta_i\|} = 0.$$

进一步取 $\dfrac{\zeta_i}{\|\zeta_i\|}$ 的子序列使之收敛于 $\lambda \in \mathbb{R}^m$ (必然非零), 对上述等式取极限有

$$\lambda^* h'(x_0) = 0,$$

与满秩假设矛盾. 因此 $\{\zeta_i\}$ 是有界的. 邻近次梯度序列 $\{\zeta_i\}$ 的任意性 (注意到 $V(\alpha_i) \to V(0)$), 意味着存在 $\varepsilon > 0$, $K > 0$, 对满足于 $|V(\alpha) - V(0)| < \varepsilon$ 的所有 $\alpha \in B(0, \varepsilon)$ 和 $\zeta \in \partial_P V(\alpha)$, 有

$$\|\zeta\| \leqslant K.$$

根据习题 2.11.11 的结论知, V 在 0 的某邻域内是 Lipschitz 的. 注意到任一序列 $\{\zeta_i\}$ 的极限 $\zeta_0 \in \partial_L V(0)$. 对 $f'(x_i) + \zeta_i^* h'(x_i) = 0$ 取极限可得 $\zeta_0 \in M(x_0)$. □

注 我们不应该期望用乘子来计算 $\partial_L V$ 的精确公式, 因为通常情况下, 最小化本身 (由 V 衡量) 和稳定性条件 (由乘子提供) 之间确实存在着差距. 在问题 "完全凸" 的情况下, 这种差别就消失了, 公式就变成精确的了; 参见本章末的问题.

给定问题 $P(0)$ 的一个特解 x_0, 乍一看并不清楚推论 4.1.4 是否蕴含着乘子法则, 即 $M(x_0) \neq \varnothing$. 但正如我们现在看到的, 它确实如此.

练习 4.1.5

(a) 设 x_0 是 $P(0)$ 的解, $h'(x_0)$ 满秩. 证明 $M(x_0) \neq \varnothing$. (提示: 通过构造函数 $f(x) + \|x - x_0\|^2$, 使 x_0 变成 $P(0)$ 的唯一解; 那么如何定义 $M(x_0)$?)

(b) 考虑 $n = m = 1$, $f(x) = x$, $h(x) = x^2$ 的情形. 说明满秩假设不是多余的.

现在的问题是如何放宽关于 f 和 h 的光滑假设. 推论 4.1.4 的论证分析表明, 向非光滑情形的推广将取决于能否对关系式 $0 \in \partial_P \{f(\cdot) + \langle \zeta_i, h(\cdot)\rangle\}(x_i)$ 取极限. 以下结论给出了答案.

练习 4.1.6 设 $\theta : \mathbb{R}^n \to \mathbb{R}^k$ 是局部 Lipschitz 的, $\{\lambda_i\} \subseteq \mathbb{R}^k$ 收敛到 λ 且 $\{x_i\} \subseteq \mathbb{R}^n$ 收敛到 x. 假设对任意的 i, 有 $0 \in \partial_L\{\langle \lambda_i, \theta(\cdot)\rangle\}(x_i)$, 证明 $0 \in \partial_L\{\langle \lambda, \theta(\cdot)\rangle\}(x)$ (提示: 命题 2.10.1).

现在我们重新定义非光滑情形的乘子集

$$M(x) := \{\zeta \in \mathbb{R}^m : 0 \in \partial_L\{f(\cdot) + \langle \zeta, h(\cdot)\}(x)\}.$$

如果 $0 \in \partial_L\{\langle \zeta, h(\cdot)\rangle(x)\}$ 可推导出 $\zeta = 0$, 则称 x 是**正规的** (normal); 否则称 x 是**非正规的** (abnormal). 如果 h 为 C^1 的, 则 x 正规等价于 $h'(x)$ 满秩. 注意到练习 4.1.2 只要求 f 和 h 的连续性, 再利用练习 4.1.6, 就可得到如下类似于推论 4.1.4 的结果. 具体证明留作练习.

定理 4.1.7 假设 f 与 h 是局部 Lipschitz 的且增长性假设 4.1.1 成立. 如果 $V(0) < \infty$ 且任一 $x \in \Sigma(0)$ 是正规的, 那么 $V(\cdot)$ 在 0 附近是 Lipschitz 的, 且

$$\varnothing \neq \partial_L V(0) \subseteq \bigcup_{x\in\Sigma(0)} M(x).$$

这个定理同光滑情形一样 (例如练习 4.1.5(a)), 在局部 Lipschitz 条件下, 给出解 x_0 对应的乘子法则. 这个结果通常用另一种没有正规性假设的等价形式来表述, 但结论以两种可选形式之一成立: 正规或非正规.

练习 4.1.8　假设 x_0 是 $P(0)$ 的解, f 和 h 是局部 Lipschitz 的且增长性假设成立, 则存在 $(\lambda_0,\zeta)\in\mathbb{R}\times\mathbb{R}^m$, 使得

$$0\in\partial_L\left\{\lambda_0 f(\cdot)+\langle\zeta,h(\cdot)\rangle\right\}(x_0),$$

其中 $(\lambda_0,\zeta)\neq(0,0)$, $\lambda_0=0$ 或 1.

定理 4.1.7 的结果包含可解性信息: 因为 $V(\cdot)$ 在 0 附近是 Lipschitz 的, 所以对于 0 附近的 α, $V(\alpha)$ 有限, 那么此时可行集 $\Phi(\alpha)$ 是非空的. 这就说明, 当 α 接近于 0 时, 等式 $h(x)=-\alpha$ 至少有一个解. 下一个定理对此会有所改进. 值得注意的是, 虽然最优化没有体现在其公式中, 但这个定理的证明实质上是应用了定理 4.1.7.

定理 4.1.9　假设 h 是局部 Lipschitz 的, x_0 是一个正规点且满足 $h(x_0)=0$, 那么存在 $K>0$, 对于所有充分靠近 0 的 α, 等式 $h(x)+\alpha=0$ 存在一个解 x_α 满足 $\|x_\alpha-x_0\|\leqslant K\|\alpha\|$.

证明　考虑问题 $P(\alpha)$

$$\begin{aligned}\min\quad&\|x-x_0\|\\ \text{s.t.}\quad&h(x)+\alpha=0.\end{aligned}$$

显然 x_0 是 $P(0)$ 的唯一解, 且增长性假设成立. 根据定理 4.1.7, 问题 $P(\alpha)$ 的最优值函数 $V(\cdot)$ 在 0 附近是 Lipschitz 的, 设 K 为 V 在邻域 $B(0;\varepsilon)(\varepsilon>0)$ 内的 Lipschitz 常数. 如果 $\|\alpha\|<\varepsilon$ 且 x_α 是 $P(\alpha)$ 的一个解, 那我们有

$$\|x_\alpha-x_0\|=V(\alpha)\leqslant V(0)+K\|\alpha\|=K\|\alpha\|.\qquad\square$$

我们对上述结论稍作解释. 首先, 注意到, 当 h 光滑时, 它可以退化为隐函数定理的经典推论: 如果 Jacobi 矩阵 $h'(x_0)$ 满秩, 那么 $h(x)+\alpha=0$ 是局部可解的. 4.3 节中, 我们将在更一般的情况下, 处理构造的隐函数和反函数问题, 以及如何精确地量化参数问题. 其次, 观察到, 即使 h 是光滑的, 定理的证明也涉及非光滑价值函数 $f(x)=||x-x_0||$. 若选择光滑的价值函数, 例如 $||x-x_0||^2$, 则只能推出弱 (Hölder) 有界 $||x_\alpha-x_0||\leqslant K||\alpha||^{\frac{1}{2}}$. 最后, 我们将在 4.3 节中以 h 的广义 Jacobi 矩阵给出一个准则, 用它可以更直接地验证正规性假设.

不等式约束

除等式约束外, 许多优化问题还具有不等式约束. 现在考虑在 $g(x) \leqslant 0$ 约束下最小化 $f(x)$ 的问题, 其中 $g : \mathbb{R}^n \to \mathbb{R}$ 是给定的函数, 且与 f 均是局部 Lipschitz 的. 与前面一样, 我们将 $P(\beta)$ 定义为具有约束 $g(x) + \beta \leqslant 0$ 的扰动问题, 相应地定义可行集 $\Phi(\beta)$、解集 $\Sigma(\beta)$ 和最优值函数 $V(\beta)$. 合适的增长性假设: 对任意的 r 和 $s \in \mathbb{R}$, 集合 $\{x : f(x) \leqslant r,\ g(x) \leqslant s\}$ 有界.

通过分析 V 的邻近次梯度不等式, 我们就可以发现与等式约束情形的第一个不同之处. 举个例子: 设 $\gamma \in \partial_P V(0)$, $x_0 \in \Sigma(0)$, 则像之前一样, 存在 $\sigma > 0$, 使得当 β 充分接近 0 时, 有

$$V(\beta) - V(0) + \sigma|\beta|^2 \geqslant \langle \gamma, \beta \rangle = \gamma\beta.$$

注意到, 当 $\beta \leqslant 0$ 时, $V(\beta) \leqslant V(0)$ (函数 V 非减), 所以对所有充分接近 0 的 $\beta \leqslant 0$, 有

$$\langle \gamma, \beta \rangle \leqslant \sigma|\beta|^2,$$

从而 $\gamma \geqslant 0$. 现在假设 $g(x_0)$ 严格小于零, 对任意的 $\beta \in [0, -g(x_0)]$, 可得 $V(\beta) = V(0)$, 代入邻近次梯度不等式中得

$$\langle \gamma, \beta \rangle \leqslant \sigma|\beta|^2,$$

推出 $\gamma \leqslant 0$. 综上所述, 我们有 $\gamma = 0$.

总之, 我们已经证明 γ 与 $g(x_0)$ 中至少有一个为零, 这一结论也可以用 $\gamma g(x_0) = 0$ 的形式来表示.

另外, 如果 $g(x_0) < 0$, 则 x_0 是 f 的局部最小点, 故 $0 \in \partial_L f(x_0)$. 如果 $g(x_0) = 0$, 对 x_0 附近的 x, 我们将 $\beta = -g(x)$ 代入邻近次梯度不等式中, 可以推出

$$f(x) + \sigma|g(x)|^2 + \gamma g(x) \geqslant f(x_0),$$

在 $x = x_0$ 时等号成立. 这意味着 $0 \in \partial_L\{f(\cdot) + \gamma g(\cdot)\}(x_0)$. 这个条件在上述两种情况中的任何一种情况下都成立, 因为在第一种情况下我们有 $\gamma = 0$.

综上所述, 我们为不等式约束定义新的乘子集:

$$M(x) := \{\gamma | \gamma \geqslant 0,\ \gamma g(x) = 0,\ 0 \in \partial_L\{f(\cdot) + \gamma g(\cdot)\}(x)\}.$$

如果 $\gamma \geqslant 0$, $\gamma g(x) = 0$ 且 $0 \in \partial_L\{\gamma g(\cdot)\}(x)$, 可推导出 $\gamma = 0$, 那么满足 $g(x) \leqslant 0$ 的 x 被称为是正规的.

根据定理 4.1.7 的证明过程可以类似推出下述结论:

练习 4.1.10 这里函数 f 和 g 如上所述. 假设 $V(0) < +\infty$, 且任一 $x \in \Sigma(0)$ 是正规的, 那么 $V(\cdot)$ 在 0 附近是 Lipschitz 的, 且

$$\varnothing \neq \partial_L V(0) \subseteq \bigcup_{x \in \Sigma(0)} M(x).$$

以下是不等式约束类似于等式约束的结论 (练习 4.1.8 和定理 4.1.9).

练习 4.1.11 设 x_0 是 $P(0)$ 的解, 其中 f 和 g 是局部 Lipschitz 的且增长性假设成立, 那么存在 (λ_0, γ) 不全为 0 , 其中 $\lambda_0 = 0$ 或 1, $\gamma \geqslant 0$, 使得

$$\gamma g(x_0) = 0 \text{ 且 } 0 \in \partial_L \{\lambda_0 f(\cdot) + \gamma g(\cdot)\} (x_0).$$

练习 4.1.12 假设 g 是局部 Lipschitz 的, x_0 为一个正规点且满足 $g(x_0) \leqslant 0$, 那么存在 K, 对所有充分接近 0 的 β, 存在 x_β 满足不等式 $g(x) + \beta \leqslant 0$, 使得 $\|x_\beta - x_0\| \leqslant K \max\{0, \beta\}$.

练习 4.1.13 证明当 $n = 1, x_0 = 0$ 时, 函数 $h(x) := -|x|$ 不满足定理 4.1.9 中的正规性; 但是同样的函数 $g(x) := -|x|$ 则满足练习 4.1.12 中的正规性. 由此可见, 在练习 4.1.12 的结论成立下, 定理 4.1.9 可能不成立.

更一般的等式与不等式混合约束问题如下所示:

$$\begin{aligned} \min \quad & f(x) \\ \text{s.t.} \quad & h(x) = 0, \\ & g(x) \leqslant 0, \end{aligned}$$

其中 $h: \mathbb{R}^n \to \mathbb{R}^m$, $g: \mathbb{R}^n \to \mathbb{R}^p$. 向量不等式 $g(x) \leqslant 0$ 以分量形式来理解. 我们假设这些函数都是局部 Lipschitz 的且对任意的 $r,\ t \in \mathbb{R}$ 和 $s \in \mathbb{R}^p$, 集合 $\{x : f(x) \leqslant r,\ g(x) \leqslant s,\ \|h(x)\| \leqslant t\}$ 有界. 考察问题 $P(\alpha, \beta)$

$$\begin{aligned} \min \quad & f(x) \\ \text{s.t.} \quad & h(x) + \alpha = 0, \\ & g(x) + \beta \leqslant 0. \end{aligned}$$

记

$$V(\alpha, \beta) := \inf\{f(x) : h(x) + \alpha = 0,\ g(x) + \beta \leqslant 0\},$$

$$\Phi(\alpha, \beta) := \{x \in \mathbb{R}^n : h(x) + \alpha = 0,\ g(x) + \beta \leqslant 0\},$$

$$\Sigma(\alpha, \beta) := \{x \in \mathbb{R}^n : x \in \Phi(\alpha, \beta),\ f(x) = V(\alpha, \beta)\}.$$

此问题的 Lagrange 函数为 $\mathcal{L}:\mathbb{R}^n\times\mathbb{R}^p\times\mathbb{R}^m\to\mathbb{R}$, 定义为

$$\mathcal{L}(x,\gamma,\zeta):=f(x)+\langle\gamma,g(x)\rangle+\langle\zeta,h(x)\rangle.$$

定义 $P(0,0)$ 的可行点 x 的乘子集:

$$M(x):=\{(\gamma,\zeta)\in\mathbb{R}^p\times\mathbb{R}^n:\gamma\geqslant 0,\ \langle\gamma,\ g(x)\rangle=0,\ 0\in\partial_L\mathcal{L}(\cdot,\gamma,\zeta)(x)\}.$$

如果

$$\gamma\geqslant 0,\ \langle\gamma,g(x)\rangle=0,\ 0\in\partial_L\{\langle\gamma,g(\cdot)\rangle+\langle\zeta,h(\cdot)\rangle\}(x)\Longrightarrow\gamma=0,\ \zeta=0,$$

就称 x 是正规的, 否则称为非正规的. 我们假设 $V(0,0)<\infty$. 通过上述讨论, 以下定理的来源应该是清楚的. 它的详细证明留作练习.

定理 4.1.14

(a) 如果每一个 $x\in\Sigma(0,0)$ 是正规的, 那么 V 在 $(0,0)$ 附近是 Lipschitz 的, 且有

$$\varnothing\neq\partial_L V(0,0)\subseteq\bigcup_{x\in\Sigma(0,0)}M(x).$$

(b) 如果 x 是 $P(0,0)$ 的任一解, 则要么 x 是非正规的, 要么 $M(x)\neq\varnothing$.

推论 4.1.15 设 x_0 满足 $h(x_0)=0$, $g(x_0)\leqslant 0$, 且 x_0 是正规的, 那么存在 $K>0$, 对 0 附近的任意 α 和 β, 存在点 $x_{\alpha,\beta}$ 使得

$$h\left(x_{\alpha,\beta}\right)+\alpha=0,\quad g\left(x_{\alpha,\beta}\right)+\beta\leqslant 0,\quad \|x_{\alpha,\beta}-x_0\|\leqslant K\left(\|\alpha\|+\sum_{i=1}^{p}\max\{0,\beta_i\}\right).$$

需要说明的是, 上述讨论的最优值函数方法是一种非常有效的方法. 它不仅仅在有限维下讨论, 而且可以处理很多更复杂的优化问题, 也包括控制理论中的许多问题.

4.2 中值不等式

在本节我们将证明一个“多向”中值定理, 这个结果即使在光滑多变量微积分内容中也是新颖的, 是非光滑分析的基石. 首先回顾经典中值定理的表述, 它通过把函数值与某中间点的导数联系起来, 在分析中起着基础性的作用. 为了便于后续比较, 还值得注意的是这个经典结果的证明是基于优化方法得到的. 回顾给定两点 $x,y\in X$, 连接它们的开线段 (x,y) 表示为

$$(x,y):=\big\{tx+(1-t)y:0<t<1\big\}.$$

如果允许 $t=0$ 和 1, 我们得到闭线段 $[x,y]$. 在本节, 设 X 是一个 Hilbert 空间.

命题 4.2.1　假设 $x,y\in X$ 和 $f\in\mathcal{F}$ 在 $[x,y]$ 的邻域上是 Gâteaux 可微的, 则存在 $z\in(x,y)$ 使得

$$f(y)-f(x)=\langle f'_G(z),y-x\rangle. \tag{4.1}$$

证明　定义函数 $g:[0,1]\to\mathbb{R}$ 为

$$g(t):=f\big(ty+(1-t)x\big)-tf(y)-(1-t)f(x).$$

则 g 在 $[0,1]$ 上连续, 在 $(0,1)$ 内可微, 并且满足 $g(0)=g(1)=0$. 由连续函数最值定理和 Rolle 中值定理得, 存在一个点 $\bar{t}\in(0,1)$ 使得 $g(\bar{t})$ 是函数 g 在 $[0,1]$ 上的最大值或最小值, 且有 $g'(\bar{t})=0$. 我们直接通过 f 在 $z:=\bar{t}y+(1-\bar{t})x=x+\bar{t}(y-x)$ 处的 Gâteaux 可微定义来计算 $g'(\bar{t})$, 从而得到

$$0=g'(\bar{t})=\langle f'_G(z),y-x\rangle-\big(f(y)-f(x)\big).$$

因此 (4.1) 成立.　□

中值定理的一个典型应用是推导单调性. 例如: 假设对所有 $z\in(x,y)$, $\langle f'_G(z),y-x\rangle\leqslant 0$, 然后立即有 $f(y)\leqslant f(x)$. 实际上在大多数应用中, 只需利用不等式形式的中值定理就足够了, 即把 (4.1) 式替换成

$$f(y)-f(x)\leqslant\langle f'_G(z),y-x\rangle.$$

当 f 不可微时, 不等式形式给出了适当的推广. 为了说明这一点, 考虑 $\mathbb{R}$ 上的函数 $f(x):=-|x|$, 则存在 $z\in(-1,1)$ 和 $\zeta\in\partial_P f(z)$ 使得

$$0=f(1)-f(-1)\leqslant\langle\zeta,1-(-1)\rangle=2\zeta,$$

但等式 (即 $\zeta=0$) 不成立. 在非光滑情况下, 事实证明由此产生的不等式中也存在一定容忍度. 例如: 若 $f(x_1,x_2):=-|x_2|$, 则 $f(-1,0)=f(1,0)$. 但是对于 $(-1,0)$ 和 $(1,0)$ 之间的线段上的任何 z, f 在这两个点取值的差 (为 0) 不能由 $\partial_P f(z)$ 估算, 这是因为 $\partial_P f(z)$ 对于所有这样的 z 都是空集. 我们需要允许 z 稍微偏离该线段.

除了不可微性, 我们将呈现的中值不等式还具有一个新奇的特征: 多方向性; 即, 在许多方向上保持一致的估计. 这一新的性质极大地增强了该结果的应用范围, 即使在光滑情况下也是如此. 让我们在一个特殊的二维情况下描述它, 在这种情况下, 我们试图将 Gâteaux 可微的连续函数 f 在 $(0,0)$ 处的值与它在

线段 $Y := \{(1,t) : 0 \leqslant t \leqslant 1\}$ 上的值进行比较. 对每个 $t \in [0,1]$, 常用中值定理应用于两点 $(0,0)$ 和 $y_t := (1,t)$ 得, 在连接 $(0,0)$ 和 y_t 的开线段内存在一个点 z_t 使得

$$f(y_t) - f(0) \leqslant \langle f'_G(z_t), y_t \rangle.$$

我们推导出

$$\min_{y \in Y} \big(f(y) - f(0)\big) \leqslant \langle f'_G(z_t), y_t \rangle. \tag{4.2}$$

新的中值不等式说明, 对于 $\{0\} \cup Y$ 的凸包 (三角形) 中的某个 z, 我们有

$$\min_{y \in Y} \big(f(y) - f(0)\big) \leqslant \langle f'_G(z), y_t \rangle, \quad \forall t \in [0,1]. \tag{4.3}$$

虽然这些结论看起来非常相似, 但有一个重要的区别: (4.3) 对于同一个给定的 z, 对所有的 y_t 都成立, 而在 (4.2) 中, z_t 依赖于 y_t.

为了进一步强调区别, 现在考虑一下 Y 是 X 中的封闭单位球 $\bar{B}$ 的情况. 对于连续 Gâteaux 可微的函数 f, 新的中值不等式说明, 对于某些 $z \in \bar{B}$, 我们有

$$\inf_{\bar{B}} f - f(0) \leqslant \langle f'_G(z), y \rangle, \quad \forall y \in \bar{B}.$$

假设 $\|f'_G\|$ 在 $\bar{B}$ 上的值大于等于 1, 然后令不等式中 $y = -f'_G(z)/\|f'_G(z)\|$, 则有

$$\inf_{\bar{B}} f - f(0) \leqslant -1$$

(这就是我们利用结论的一致性的地方). 当应用于 $-f$ 时, 同理可得

$$\sup_{\bar{B}} f - f(0) \geqslant 1.$$

由此得到

$$\sup_{\bar{B}} f - \inf_{\bar{B}} f \geqslant 2.$$

请读者思考通常的中值定理是如何不足以得出这一结论的. 此外, 我们注意到, 即使在单个点上不存在 f' 也可能会产生影响. 考虑以下例子: $f(x) := \|x\|$, 与上述相对照, 尽管使对所有不等于 0 的 x 有 $\|f'(x)\| = 1$, 我们却有 $\sup_{\bar{B}} f - \inf_{\bar{B}} f = 1$.

有限维光滑情形

我们将呈现的一般定理具有非光滑、无穷维和多方向的特点. 在没有前两个因素的情况下, 该定理的证明容易得到. 因此, 首先证明 $\mathbb{R}^n$ 上可微函数的中值不等式. 我们即将需要的一个预备结论如下:

命题 4.2.2　假设 $Y \subseteq X$ 是一个闭凸集, $f \in \mathcal{F}$ 在 Y 中的 $\bar{y}$ 处达到最小值, 且 f 在 $\bar{y}$ 处所有方向上都有方向导数. 则有

$$f'(\bar{y}; y - \bar{y}) \geqslant 0, \quad \forall y \in Y. \tag{4.4}$$

特别地, 如果 f 在 $\bar{y}$ 处是 Gâteaux 可微的, 那么

$$\langle f'_G(\bar{y}); y - \bar{y} \rangle \geqslant 0, \quad \forall y \in Y.$$

证明　设 $y \in Y$, 定义 $g : [0,1] \to \mathbb{R}$ 为 $g(t) = f\big(\bar{y} + t(y - \bar{y})\big)$. 由 Y 的凸性知, 对任意的 $t \in [0,1]$ 有

$$\bar{y} + t(y - \bar{y}) = ty + (1-t)\bar{y} \in Y.$$

由于 f 在 Y 中的 $\bar{y}$ 处达到最小值, 故对所有的 t 有 $g(0) \leqslant g(t)$. 因此, 通过让 $t \downarrow 0$, 并利用方向导数 $f'(\bar{y}; y - \bar{y})$ 存在这一假设, 我们得到

$$0 \leqslant \lim_{t \downarrow 0} \frac{g(t) - g(0)}{t} = f'(\bar{y}; y - \bar{y}).$$

因为 y 是任意给定的, 故 (4.4) 成立. 特殊结论由 Gâteaux 可微的定义直接得到. □

对 $Y \subseteq X$ 和 $x \in X$, 定义 $\{x\} \cup Y$ 的**凸包** (convex hull) 为

$$[x, Y] := \big\{tx + (1-t)y : t \in [0,1], y \in Y\big\}.$$

特别地, 若 $Y = \{y\}$, 则 $[x, Y]$ 是连接 x 和 y 的闭线段. 注意到下面我们允许 $x \in Y$.

定理 4.2.3　假设 $Y \subseteq \mathbb{R}^n$ 是一个有界闭凸集, $x \in \mathbb{R}^n$, 且 $f \in \mathcal{F}$ 在 $[x, Y]$ 的一个邻域上是 Gâteaux 可微的. 则存在 $z \in [x, Y]$ 使得

$$\min_{y' \in Y} f(y') - f(x) \leqslant \big\langle f'_G(z), y - x \big\rangle, \quad \forall y \in Y. \tag{4.5}$$

证明　设

$$r := \min_{y' \in Y} f(y') - f(x)$$

且 U 是 $[x,Y]$ 的一个开邻域, 并且 f 在 U 上 Gâteaux 可微. 定义 $g:[0,1]\times U\to\mathbb{R}$ 为

$$g(t,y)=f\big(x+t(y-x)\big)-rt. \tag{4.6}$$

由于 g 是下半连续的且 Y 是紧的, 我们有 $r\neq-\infty$ 且存在 $(\bar{t},\bar{y})\in[0,1]\times Y$ 使得 g 关于 $[0,1]\times Y$ 在该点达到最小值. 令

$$z:=x+\bar{t}(\bar{y}-x)\in[x,Y]. \tag{4.7}$$

我们将证明 (4.5) 式关于 z 在 $\bar{t}<1$ 时成立, 若 $\bar{t}=1$, 则 (4.5) 式关于 $z:=x$ 成立. 接下来我们从得到最小值的必要条件中推导出多向不等式 (4.5).

首先我们假设 $\bar{t}\in(0,1)$. 容易得到函数 $t\mapsto g(t,\bar{y})$ 关于 $[0,1]$ 在 $t=\bar{t}$ 时达到最小值. 因此通过 (4.6) 和 (4.7) 计算 $g(\cdot,\bar{y})$ 关于 t 的导数, 得

$$0=\frac{\partial}{\partial t}\bigg|_{t=\bar{t}}g(t,\bar{y})=\big\langle f'_G(z),\bar{y}-x\big\rangle-r. \tag{4.8}$$

另一方面, 容易得到函数 $y\mapsto g(\bar{t},y)$ 关于 Y 在 $\bar{y}$ 处达到最小值. 由命题 4.2.2 有

$$\left\langle\frac{\partial}{\partial y}\bigg|_{y=\bar{y}}g(\bar{t},y),y-\bar{y}\right\rangle\geqslant 0,\quad\forall y\in Y, \tag{4.9}$$

其中 $\frac{\partial}{\partial y}\Big|_{y=\bar{y}}g(\bar{t},y)=\bar{t}f'_G(z)$. 上式两端同时除以 $\bar{t}$ 有

$$\big\langle f'(z),y-\bar{y}\big\rangle\geqslant 0,\quad\forall y\in Y. \tag{4.10}$$

结合 (4.8) 和 (4.10) 式, 对所有的 $y\in Y$ 有下式成立:

$$r\leqslant\big\langle f'_G(z),\bar{y}-x\big\rangle+\big\langle f'_G(z),y-\bar{y}\big\rangle=\big\langle f'_G(z),y-x\big\rangle.$$

这正是 $\bar{t}\in(0,1)$ 时定理的结论. 下面证明 $\bar{t}=0$ 或 1 的情形.

当 $\bar{t}=0$ 时, 对每一个 $(t,y)\in(0,1]\times Y$, 由 (4.6) 式和最小值的定义有

$$f(x)=g(0,\bar{y})\leqslant g(t,y)=f\big(x+t(y-x)\big)-rt.$$

将上式移项后不等式两边同时除以 t, 再令 $t\downarrow 0$, 注意到此时 $z=x$, 对任意的 $y\in Y$ 有

$$r\leqslant\lim_{t\downarrow 0}\frac{1}{t}\Big(f\big(x+t(y-x)\big)-f(x)\Big)=\big\langle f'_G(z),y-x\big\rangle.$$

得到 (4.5).

最后考虑 $\bar{t}=1$. 我们断言 $g(1,\bar{y})=f(x)$. 事实上, $g(1,\bar{y})\leqslant g(0,\bar{y})=f(x)$. 另一方面,

$$g(1,\bar{y})=f(\bar{y})-r=f(\bar{y})-\min_{y'\in Y}f(y')+f(x)\geqslant f(x).$$

这意味着 $f(x)$ 是 g 在 $[0,1]\times Y$ 上的最小值. 但是对任意的 $y\in Y$ 有 $f(x)=g(0,y)$, 所以 $(0,y)$ 也是 g 的最优解. 因此, 对 $\bar{t}=1$ 的情况, 我们可以用 $\bar{t}=0$ 替换, 再由上述证明得出结论. □

练习 4.2.4

(a) 设 $r:=\min_{y'\in Y}f(y')-f(x)$, 证明定理 4.2.3 中的 z 满足

$$f(z)\leqslant\min_{w\in[x,Y]}f(w)+|r|.$$

(b) 考虑定理 4.2.3 的特殊情况: $n=2$, $x=(0,0)$ 和 $Y=\{(1,t):-1\leqslant t\leqslant 1\}$. 假设 $f(0,0)=0$ 和 $f(1,t)=1,\forall t\in[-1,1]$. 证明存在 $(u,v)\in[0,Y]$ 使得

$$f_x(u,v)\geqslant 1+|f_y(u,v)|.$$

(c) 设 x 和 Y 为 (b) 中所述且 $f(x,y):=x-y+xy$, 找到满足定理 4.2.3 结论的所有点 z.

中值不等式的一般情况

现在我们希望将上述定理推广到以下情况: Y 是 Hilbert 空间 X 中的有界闭凸子集, 而 f 仅仅是一个下半连续函数.

证明更一般情况下的定理的第一个技术性困难与之前证明稠密性定理时遇到的困难是一样的. 即, 一个有下界的下半连续函数在有界闭集上有可能取不到最小值. 我们注意到, 如果假设 Y 是一个紧集, 或者 f 是弱下半连续的, 那么上述定理 4.2.3 的证明在无限维中是有效的. 这是因为这些假设蕴含了最优解 $(\bar{t},\bar{y})$ 的存在性. 但是, 正如我们将看到的, 在无限维中证明一般的中值不等式定理并不需要这些额外的假设. 其思想是沿着上述的证明, 但取得最小值是通过最小化原理 (定理 2.4.1). 然而, 要利用这种方法, 需要付出一定的代价: 命题的表述需要稍微修正, 是对定理 4.2.3 结论的松弛; 如果不进行修正, 结论就不一定成立. 证明中实际上需要避免 $\bar{t}=1$ 的可能性 (我们发现如果 $\bar{t}=1$, 从最优性必要条件中得不到相关信息). 在前面定理 4.2.3 的证明中, $\bar{t}=1$ 是通过转移到 $\bar{t}=0$ 来处理的, 但是在中值不等式中添加了扰动项之后, $\bar{t}=1$ 的情况就不存在了.

第二个技术性困难是用邻近次梯度代替导数. 当 f 不可微时, 命题 4.2.2 对我们不再有效. 在最小化过程中, 我们用一个光滑罚项来代替 z 在 $[x,Y]$ 中的约束. 此时允许最优解 z 不在 $[x,Y]$ 中, 但是它可以任意接近这个集合 (将有一个例子说明这个松弛是必要的). 此外, 定理 4.2.3 的证明中定义的 $r=\min_{y'\in Y}f(y')-f(x)$ 必须被在逼近下更稳定的量所取代, 即

$$\hat{r}:=\lim_{\delta\downarrow 0}\inf_{w\in Y+\delta B}\{f(w)-f(x)\}. \tag{4.11}$$

练习 4.2.5 如果 X 为有限维的, 证明由 (4.11) 定义的 $\hat{r}$ 可以退化成 $r=\min_{y'\in Y}\{f(y')-f(x)\}$ (可以举例子来说明, 这种情况在无限维下可能不成立).

定理 4.2.6 (中值不等式) 设 Y 是 X 中的有界闭凸子集, $x\in\operatorname{dom}f$, 其中 $f\in\mathcal{F}$. 假设由上面定义的 $\hat{r}\neq-\infty$, 给定 $\bar{r}<\hat{r}$ 和 $\varepsilon>0$. 那么存在 $z\in[x,Y]+\varepsilon B$ 和 $\zeta\in\partial_P f(z)$ 使得

$$\bar{r}<\langle\zeta,y-x\rangle,\quad \forall y\in Y.$$

并且可以选择这样的 z 满足

$$f(z)<\inf_{[x,Y]}f+|\bar{r}|+\varepsilon.$$

我们注意到 $\hat{r}=\infty$ 的情况没有被排除, 且只有在 $Y\cap\operatorname{dom}f=\varnothing$ 时才会出现.

中值不等式的证明

证明 不失一般性, 我们假设 $x=0$, $f(x)=0$. 假设 $\bar{r}<\hat{r}$ 和 $\varepsilon>0$. 我们首先固定一些常数, 后面的证明将用到这些常量. 定理的假设保证了这些常数的存在性. 令 $\|Y\|:=\sup\{\|y\|:y\in Y\}$. 设 $r\in\mathbb{R}$, 正数 δ,M,k 满足以下条件:

$$\bar{r}<r<\hat{r},\quad |r|<|\bar{r}|+\varepsilon, \tag{4.12}$$

$$\delta\leqslant\varepsilon \text{ 且 } y\in Y+\delta B\Longrightarrow f(y)\geqslant r+\delta, \tag{4.13}$$

$$z'\in[0,Y]+\delta\bar{B}\Longrightarrow f(z')\geqslant -M, \tag{4.14}$$

$$k>\frac{1}{\delta^2}\{M+|r|+1+2\|Y\|+\delta\}. \tag{4.15}$$

现在我们定义函数 $g:[0,1]\times X\times X\longrightarrow(-\infty,\infty]$ 如下

$$g(t,y,z):=f(z)+k\|ty-z\|^2-tr.$$

为了简化符号, 设集合

$$S := Y \times \{[0, Y] + \delta\bar{B}\},$$

且用 $s = (y, z)$ 代表 S 中的元素. 易知

$$t \mapsto \inf_{s \in S} g(t, s) \tag{4.16}$$

在 $[0,1]$ 上是连续的, 所以可在 $[0,1]$ 上的某一点 $\bar{t}$ 达到最小值. 选择足够大的 k 可使得 $\bar{t}$ 远离 1, 这是我们的第一个断言.

断言 1 $\bar{t} < 1$.

证明 设 $s = (y, z) \in S$. 若 $\|y - z\| \leqslant \delta$, 那么由 (4.13) 知 $f(z) \geqslant r + \delta$. 如下计算可以得到 $g(1, s)$ 的下界:

$$\begin{aligned} g(1, s) &= f(z) + k\|y - z\|^2 - r \\ &\geqslant \begin{cases} f(z) + k\|y - z\|^2 - r, & \text{若 } \|y - z\| \leqslant \delta, \\ f(z) + k\delta^2 - r, & \text{若 } \|y - z\| > \delta \end{cases} \\ &\geqslant \min\{r + \delta - r, -M + (M + |r| + 1) - r\} > 0. \end{aligned}$$

另一方面, 令 $t = 0$, 可得到 (4.16) 中函数的上界

$$\inf_{s \in S} g(0, s) \leqslant g(0, y, 0) = f(0) + k\|0\|^2 = 0. \tag{4.17}$$

因此 $t \mapsto \inf_{s \in S} g(t, s)$ 在区间 $[0,1]$ 上的下确界不可能在 $t = 1$ 处取得, 所以 $\bar{t} < 1$.

我们现在要解决的困难是 $s \mapsto g(\bar{t}, s)$ 在 S 中可能取不到最小值. 利用最小化原理, 可以得到 $g(\bar{t}, \cdot)$ 加上线性扰动后的最小值.

注意到 $g(\bar{t}, \cdot) \in \mathcal{F}$ 且在有界闭集 S 上有下界. 由定理 2.4.1 得, 对于每一个足够小的 $\eta > 0$, 存在 $\xi := (\xi_y, \xi_z) \in X \times X$ 和 $\bar{s} := (\bar{y}, \bar{z}) \in S$ 使得 $\|\xi\| < \eta$, 且函数

$$s \mapsto g(\bar{t}, s) + \langle \xi, s \rangle \tag{4.18}$$

在 S 中的点 $\bar{s}$ 处达到最小值. 注意到 ξ 和 $\bar{s}$ 与 η 的取值有关. 结论中 ζ 的选择也与 η 的取值有关. 在本定理的后面会选择

$$\zeta := 2k(\bar{t}\bar{y} - \bar{z}) - \xi_z.$$

我们将看到, 只要 η 选得足够小, 对于 ζ 这样的取值, 定理的结论是成立的.

断言 2 若 η 足够小, 则有 $\bar{z} \in [0, Y] + \delta B$.

证明 假设 $d_{[0,Y]}(\bar{z}) \geqslant \delta$. 首先注意到

$$\begin{aligned} |\langle \xi, s\rangle| &\leqslant \|\xi\|\|s\| = \|\xi\|\|(y,z)\| \leqslant \|\xi\|\big(\|y\| + \|z\|\big) \\ &\leqslant \|\xi\|\big(\|Y\| + \|Y\| + \delta\big) \\ &\leqslant \eta(2\|Y\| + \delta), \quad \forall s \in S. \end{aligned} \tag{4.19}$$

因为 $\bar{t}\bar{y} \in [0, Y]$, 由 (4.19) 和 (4.14) 可知

$$\begin{aligned} g(\bar{t}, \bar{s}) + \langle \xi, \bar{s}\rangle =& f(\bar{z}) + k\|\bar{t}\bar{y} - \bar{z}\|^2 - r\bar{t} + \langle \xi, \bar{s}\rangle \\ \geqslant& - M + k\delta^2 - |r| - \eta(2\|Y\| + \delta). \end{aligned}$$

如果 η 足够小且根据公式 (4.15) 中的 k 的选取, 则可使得上式大于 1. 另一方面, 由于 $\bar{s}$ 使得 (4.18) 中的函数达到最小值, 因此, 当 $\eta \leqslant \dfrac{1}{2(2\|Y\| + \delta)}$ 时, 则由 (4.17) 和 (4.19) 可得

$$g(\bar{t}, \bar{s}) + \langle \xi, \bar{s}\rangle \leqslant g(0, \bar{y}, 0) + \sup_{s \in S}\langle \xi, s\rangle \leqslant \eta(2\|Y\| + \delta) \leqslant 1/2.$$

导致了矛盾. 因此, $\bar{z} \in [0, Y] + \delta B$.

断言 3 $\zeta \in \partial_P f(\bar{z})$.

证明 因为 $z \mapsto f(z) + k\|\bar{t}\bar{y} - z\|^2 + \langle \xi_z, z\rangle$ 在 $[0, Y] + \delta\bar{B}$ 中的点 $z = \bar{z}$ 处达到最小值, 且 $\bar{z}$ 为集合 $[0, Y] + \delta\bar{B}$ 内部的一个点 (**断言 2**), 则有

$$2k(\bar{t}\bar{y} - \bar{z}) - \xi_z \in \partial_P f(\bar{z}).$$

所以 $\zeta \in \partial_P f(\bar{z})$.

接下来证明 $f(\bar{z})$ 的上界.

断言 4 若 η 足够小, 则 $f(\bar{z}) \leqslant \inf_{z \in [0,Y]} f(z) + |\bar{r}| + \varepsilon$ 成立.

证明 由 (4.19) 计算得到

$$\begin{aligned} f(\bar{z}) - \bar{t}r &\leqslant f(\bar{z}) + k\|\bar{t}\bar{y} - \bar{z}\|^2 - \bar{t}r + \langle \xi, (\bar{y}, \bar{z})\rangle + \eta(2\|Y\| + \delta) \\ &= \inf_{s \in S}\{g(\bar{t}, s) + \langle \xi, s\rangle\} + \eta(2\|Y\| + \delta) \\ &\leqslant \inf_{s \in S}\{g(t, s) + \langle \xi, s\rangle\} + \eta(2\|Y\| + \delta) \quad (\text{根据 } \bar{t} \text{ 的定义可得}) \\ &= \inf_{(y,z) \in S}\{f(z) + k\|ty - z\|^2 - tr + \langle \xi, (y, z)\rangle\} + \eta(2\|Y\| + \delta) \\ &\leqslant \inf_{z \in [0,Y]} f(z) + \max\{0, -r\} + 2\eta(2\|Y\| + \delta). \end{aligned}$$

最后一个不等号成立是因为可以取 $ty = z \in [0, Y]$, 使得取下确界的集合范围缩小. 因此, 如果 η 足够小, 则结合 (4.12) 可得到

$$
\begin{aligned}
f(\bar{z}) &\leqslant \inf_{z\in[0,Y]} f(z) + \max\{0, -r\} + \bar{t}r + 2\eta(2\|Y\| + \delta) \\
&= \inf_{z\in[0,Y]} f(z) + \max\{\bar{t}r, \bar{t}r - r\} + 2\eta(2\|Y\| + \delta) \\
&\leqslant \inf_{z\in[0,Y]} f(z) + \max\{\bar{t}, 1 - \bar{t}\}|r| + 2\eta(2\|Y\| + \delta) \\
&\leqslant \inf_{z\in[0,Y]} f(z) + |r| + 2\eta(2\|Y\| + \delta) \\
&\leqslant \inf_{z\in[0,Y]} f(z) + |\bar{r}| + \varepsilon. \quad (\eta \text{ 足够小使得 } |r| + 2\eta(2\|Y\| + \delta) < |\bar{r}| + \varepsilon)
\end{aligned}
$$

断言 5　若 $\bar{t} = 0$, $0 < \eta < [(r - \bar{r})/6(2\|Y\| + \delta)]^2$ 并且 η 足够小, 那么, 对所有的 $y \in Y$, 有 $\bar{r} < \langle \zeta, y \rangle$.

证明　在 $\bar{t} = 0$ 的情况下, $\zeta = -2k\bar{z} - \xi_z$. 利用 (4.19) 可得到

$$
\begin{aligned}
\inf_{s\in S} g(0, s) &\geqslant \inf_{s\in S}\{g(0, s) + \langle \xi, s \rangle\} - \eta(2\|Y\| + \delta) \\
&= f(\bar{z}) + k\|\bar{z}\|^2 + \langle \xi, (\bar{y}, \bar{z}) \rangle - \eta(2\|Y\| + \delta) \\
&\geqslant f(\bar{z}) + k\|\bar{z}\|^2 - 2\eta(2\|Y\| + \delta).
\end{aligned} \tag{4.20}
$$

令 $t := \min\left\{\sqrt{\eta}, (r - \bar{r})/3k(\|Y\|^2 + \delta)\right\} > 0$. 对任意的 $y \in Y$, 有

$$
\inf_{s\in S} g(t, s) \leqslant \inf_{y'\in Y} g(t, y', \bar{z}) \leqslant f(\bar{z}) + k\|ty - \bar{z}\|^2 - tr.
$$

因为 $\bar{t} = 0$ 为 (4.16) 的一个最小值点, 则由 (4.20) 和上式可知, 对于任意的 $y \in Y$,

$$
\begin{aligned}
0 &\leqslant \inf_{s\in S} g(t, s) - \inf_{s\in S} g(0, s) \\
&\leqslant k\|ty - \bar{z}\|^2 - tr - k\|\bar{z}\|^2 + 2\eta(2\|Y\| + \delta) \\
&= t[\langle -2k\bar{z}, y \rangle - r] + t^2k\|y\|^2 + 2\eta(2\|Y\| + \delta) \\
&= t[\langle \zeta, y \rangle - r] + t^2k\|y\|^2 + t\,\langle \xi_z, y \rangle + 2\eta(2\|Y\| + \delta) \\
&\leqslant t[\langle \zeta, y \rangle - r] + t^2k\|Y\|^2 + t\eta\|Y\| + 2\eta(2\|Y\| + \delta).
\end{aligned}
$$

上述不等式两边同时除以 t, 然后移项得

$$
\langle \zeta, y \rangle \geqslant r - tk\|Y\|^2 - \eta\|Y\| - \frac{2\eta}{t}(2\|Y\| + \delta) > \bar{r}.
$$

上述第二个不等式根据 t 的定义和 η 足够小及 (4.12) 可以得到.

为了处理 $\bar{t}>0$ 的情况, 我们首先证明了关于 $\bar{y}$ 的一个估计.

断言 6 若 η 足够小, 那么 $\langle \zeta, \bar{y}\rangle > (r+\bar{r})/2$.

证明 类似断言 5 开始的证明, 可得

$$\begin{aligned}\inf_{s\in S} g(\bar{t},s) &\geqslant \inf_{s\in S}\{g(\bar{t},s)+\langle \xi, s\rangle\}-\eta(2\|Y\|+\delta)\\ &\geqslant f(\bar{z})+k\|\bar{t}\bar{y}-\bar{z}\|^2-\bar{t}r-2\eta(2\|Y\|+\delta)\end{aligned}\tag{4.21}$$

和

$$\inf_{s\in S} g(t,s)\leqslant f(\bar{z})+k\|(t-\bar{t})\bar{y}+(\bar{t}\bar{y}-\bar{z})\|^2-r,\quad \forall 1\geqslant t>\bar{t}.\tag{4.22}$$

由于 $\bar{t}$ 是 (4.18) 的一个最小值点. 从 (4.21) 和 (4.22) 可得

$$\begin{aligned}0&\leqslant \frac{\inf_{s\in S} g(t,s)-\inf_{s\in S} g(\bar{t},s)}{t-\bar{t}}\\ &\leqslant \frac{k\|(1-\bar{t})\bar{y}+(\bar{t}\bar{y}-\bar{z})\|^2-r-k\|\bar{t}\bar{y}-\bar{z}\|^2+\bar{t}r+2\eta(2\|Y\|+\delta)}{t-\bar{t}}\\ &=(t-\bar{t})k\|\bar{y}\|^2+\langle 2k(\bar{t}\bar{y}-\bar{z}),\bar{y}\rangle-r+\frac{2\eta(2\|Y\|+\delta)}{t-\bar{t}}.\end{aligned}$$

由上式可得

$$\langle 2k(\bar{t}\bar{y}-\bar{z}),\bar{y}\rangle\geqslant r-\frac{2\eta}{t-\bar{t}}(2\|Y\|+\delta)-(t-\bar{t})k\|\bar{y}\|^2.$$

所以有

$$\begin{aligned}\langle \zeta,\bar{y}\rangle&=\langle 2k(\bar{t}\bar{y}-\bar{z})-\xi_z,\bar{y}\rangle\\ &=\langle 2k(\bar{t}\bar{y}-\bar{z}),\bar{y}\rangle-\langle \xi_z,\bar{y}\rangle\\ &\geqslant \langle 2k(\bar{t}\bar{y}-\bar{z}),\bar{y}\rangle-\eta\|Y\|\\ &\geqslant r-\eta\left[\frac{2}{t-\bar{t}}(2\|Y\|+\delta)+\|Y\|\right]-(t-\bar{t})k\|\bar{y}\|^2.\end{aligned}$$

因此, 当 t 充分接近 $\bar{t}$ 且 η 足够小 (比 $t-\bar{t}$ 小) 时可以使得 $\langle \zeta,\bar{y}\rangle>(r+\bar{r})/2$ 成立.

这个定理的证明将从如下断言得到.

断言 7 如果 η 除了要满足前面断言中的要求, 还满足 $\eta < \bar{t}(r-\bar{r})/(8\|Y\|)$, 那么

$$\bar{r} < \langle \zeta, y \rangle, \quad \forall y \in Y.$$

证明 函数

$$y \mapsto k\|\bar{t}y - \bar{z}\|^2 + \langle \xi_y, y \rangle$$

在集合 Y 中的点 $y = \bar{y}$ 处达到最小值. 因为 Y 是凸的, 由命题 4.2.2 可得, 对于所有的 $y \in Y$, 有

$$\langle 2\bar{t}k(\bar{t}\bar{y} - \bar{z}) + \xi_y, y - \bar{y} \rangle \geqslant 0.$$

从而根据**断言 5** 有

$$\langle 2k(\bar{t}\bar{y} - \bar{z}), y - \bar{y} \rangle \geqslant -\left\langle \frac{\xi_y}{\bar{t}}, y - \bar{y} \right\rangle \geqslant -2\frac{\eta}{\bar{t}}\|Y\|.$$

因此,

$$\begin{aligned} \langle \zeta, y - \bar{y} \rangle &= \langle 2k(\bar{t}\bar{y} - \bar{z}) - \xi_z, y - \bar{y} \rangle \\ &\geqslant -2\frac{\eta}{\bar{t}}\|Y\| - 2\eta\|Y\| \\ &\geqslant -4\frac{\eta}{\bar{t}}\|Y\| \geqslant \frac{\bar{r} - r}{2}. \end{aligned}$$

最后, 上式结合**断言 6** 对任意的 $y \in Y$ 可得

$$\langle \zeta, y \rangle \geqslant \langle \zeta, \bar{y} \rangle - \frac{r - \bar{r}}{2} > \frac{r + \bar{r}}{2} - \frac{r - \bar{r}}{2} = \bar{r}.$$ □

练习 4.2.7

(a) 证明: 若 $x \in Y$, 那么定理 4.2.6 中的 z 满足 $f(z) < f(x) + \varepsilon$.

(b) 从定理 4.2.6 推出 (单向) 邻近中值定理: 若 $f \in \mathcal{F}$, 给定 $x, y \in \operatorname{dom} f$, 那么对任意的 $\varepsilon > 0$, 存在 $z \in [x, y] + \varepsilon B$, 使得对某个 $\zeta \in \partial_P f(z)$ 有

$$f(y) - f(x) < \langle \zeta, y - x \rangle + \varepsilon.$$

(c) 如果 (b) 中的点 y 不在 $\operatorname{dom} f$ 中, 则存在充分接近 $[x, y]$ 附近的点 z 和存在 $\zeta \in \partial_P f(z)$ 使得 $\langle \zeta, y - x \rangle (\|\zeta\|)$ 充分大.

(d) 设 f 在 $[x, y]$ 的某个邻域上是 Lipschitz 的. 证明存在 $z \in [x, y]$ 和 $\zeta \in \partial_L f(z)$ 使得

$$f(y) - f(x) \leqslant \langle \zeta, y - x \rangle.$$

递减原则

作为中值不等式的几个应用中的第一个, 我们得到的结论将在下节中起重要作用. 先考虑一个在某点 x_0 处的导数不为零的可微函数 f. 因为 x_0 不可能为 f 的局部最优解, 所以对于 x_0 的任意开球 $x_0+\rho B$, 我们一定有

$$\inf_{x\in x_0+\rho B} f(x) < f(x_0).$$

这个结论可以进行局部推广和量化, 如下所示:

定理 4.2.8 令 $f\in\mathcal{F}$. 假设存在 $\delta>0$ 和 $\rho>0$ 使得以下条件成立:

$$z\in x_0+\rho B,\ \zeta\in\partial_P f(z)\Longrightarrow \|\zeta\|\geqslant\delta.$$

则有

$$\inf_{x\in x_0+\rho B} f(x)\leqslant f(x_0)-\rho\delta.$$

证明 假设 $x_0\in\operatorname{dom} f$. 接下来我们将证明对任意的 $s\in(0,\rho)$ 和任意小的 $\varepsilon>0$, 有

$$\inf_{x\in x_0+\rho B} f(x)\leqslant f(x_0)-s\delta+\varepsilon, \tag{4.23}$$

这个命题明显蕴含本定理的结论. 显然不失一般性, 假设 (4.23) 的左边是有限的, 否则定理的结论可以直接得到. 给定 $s\in(0,\rho)$ 和集合 $Y:=x_0+s\bar{B}$, 观察 (4.11) 定义的 $\hat{r}$, 则有

$$\inf_{x\in x_0+\rho B} f(x)-f(x_0)\leqslant\hat{r}<\infty.$$

选择 $\varepsilon\in(0,\rho-s)$, 且设 $\bar{r}:=\hat{r}-\varepsilon$. 应用定理 4.2.6 有

$$\inf_{x\in x_0+\rho B} f(x)-f(x_0)\leqslant\hat{r}=\bar{r}+\varepsilon<\langle\zeta,su\rangle+\varepsilon,\quad\forall u\in\bar{B},$$

其中 $\zeta\in\partial_P f(z)$ 并且 $z\in Y+\varepsilon B=x_0+s\bar{B}+\varepsilon B\subseteq x_0+\rho B$. 通过假设我们有 $\|\zeta\|\geqslant\delta>0$. 在上述不等式中选择 $u=-\zeta/\|\zeta\|$, 我们有

$$\inf_{x\in x_0+\rho B} f(x)-f(x_0)<-s\|\zeta\|+\varepsilon\leqslant -s\delta+\varepsilon.$$

因此 (4.23) 成立. □

定理 4.2.8 蕴含定理 2.4.1 和定理 2.4.2 的混合形式.

推论 4.2.9 假设 $f\in\mathcal{F}$ 是下有界的, 且假设 $x\in X,\varepsilon>0$ 使得

$$f(x)<\inf_{y\in X} f(y)+\varepsilon.$$

那么对任意的 $\lambda > 0$, 存在 $z \in x + \lambda B$ 且 $f(z) < \inf_{y \in X} f(y) + \varepsilon$, 并且存在 $\zeta \in \partial_P f(z)$ 使得 $\|\zeta\| < \varepsilon/\lambda$.

练习 4.2.10 证明这个推论. 同时推导出对某个 $\sigma \geqslant 0$, 函数

$$x' \mapsto f(x') - \langle \zeta, x' \rangle + \sigma \|x' - z\|^2$$

在 $x' = z$ 处达到局部最小值. 将这个结论与定理 2.4.1 和定理 2.4.2 的结论进行比较. 注意, 如果 f 是可微的, 那么我们有 $\|f'(z)\| \leqslant \varepsilon/\lambda$, 通过取 $\lambda = \sqrt{\varepsilon}$ 得到 $\|f'(z)\| \leqslant \sqrt{\varepsilon}$. 这改进了练习 2.4.3.

强单调性与弱单调性

假设 C 是 X 的一个非空紧凸集. 如果对任意的 $t > 0$, $y \in x + tC$, 我们有 $f(y) \leqslant f(x)$, 那么称函数 f 相对 C 是强递减的. 如果对任意的 $t > 0$, 存在 $y \in x + tC$ 使得 $f(y) \leqslant f(x)$, 那么称函数 f 相对 C 是弱递减的. 集合 C 的下支撑函数记作 $h_C(\cdot)$, 定义为 $h_C(\zeta) := \min\{\langle \zeta, c \rangle : c \in C\}$; C 的上支撑函数记作 $H_C(\cdot)$, 定义为 $H_C(\zeta) := \max\{\langle \zeta, c \rangle : c \in C\}$. 下面的弱递减和强递减性质预示了第 5 章中控制轨迹的某些相应特性.

定理 4.2.11 假设 $f \in \mathcal{F}$. 那么 f 相对集合 C 是强递减的当且仅当

$$H_C(\zeta) \leqslant 0, \quad \forall \zeta \in \partial_P f(x), \quad \forall x \in X.$$

f 相对集合 C 是弱递减的当且仅当

$$h_C(\zeta) \leqslant 0, \quad \forall \zeta \in \partial_P f(x), \quad \forall x \in X.$$

证明 涉及 H_C 的条件可以表达为更简洁的方式

$$H_C\left(\partial_P f(x)\right) \leqslant 0, \quad \forall x.$$

假设对任意的 x, $H_C\left(\partial_P f(x)\right) \leqslant 0$ 成立. 对 $t > 0$ 取 $y \in x + tC$, 我们想证明 $f(y) \leqslant f(x)$. 不失一般性, 假设 $x \in \operatorname{dom} f$. 如果 $y \in \operatorname{dom} f$, 那么由邻近中值定理 (练习 4.2.7(b)) 得, 对任意的 $\varepsilon > 0$, 存在 $z \in [x, y] + \varepsilon B$ 使得对某个 $\zeta \in \partial_P f(z)$, 我们有 $f(y) - f(x) < \langle \zeta, y - x \rangle + \varepsilon$. 由于 $y - x \in tC$, 则根据假设得 $\langle \zeta, y - x \rangle \leqslant H_C(\zeta) \leqslant 0$, 从而得到 $f(y) \leqslant f(x)$. 另一方面, 对 $f(y) = +\infty$ 的情况, 由练习 4.2.7 (c) 可知 $\langle \zeta, y - x \rangle$ 可以被任意变大, 这和 $H_C(\zeta) \leqslant 0$ 矛盾.

假设 f 相对 C 是强递减的, 并设 $\zeta \in \partial_P f(x)$. 对任意的 $c \in C$ 和 $t > 0$, 我们可以得到 $f(x + tc) \leqslant f(x)$. 再结合 ζ 的邻近次梯度不等式可以得到对任意的 $c \in C$, $\langle \zeta, c \rangle \leqslant 0$. 因此 $H_C\left(\partial_P f(x)\right) \leqslant 0$.

下面证明弱递减性的充要条件. 现在我们假设对任意的 x, $h_C(\partial_P f(x)) \leqslant 0$. 设 $t>0$, 对 $Y:=x+tC$ (紧) 和 $\forall\varepsilon>0$ 应用定理 4.2.6 得

$$\hat{r}=\min_{y\in x+tC} f(y)-f(x)\leqslant\langle\zeta,tc\rangle+\varepsilon,\quad \forall c\in C.$$

现在对这个不等式的右端关于 $c\in C$ 取最小值得

$$\min_{y\in x+tC} f(y)-f(x)\leqslant th_C(\zeta)+\varepsilon.$$

由假设 $h_C(\zeta)\leqslant 0$ 和 ε 的任意性, 可得 $y\in x+tC$ 使得 $f(y)\leqslant f(x)$, 即 f 是弱递减的.

现在我们假设 f 是弱递减的, 并设 $\zeta\in\partial_P f(x)$. 对每一个 $t>0$, 存在 $c\in C$ 使得 $f(x+tc)\leqslant f(x)$. 设 $t_i\downarrow 0$ 并提取对应 c_i 点的子列 (不妨还使用原来的标记) 使其收敛到 $c\in C$. 对于充分大的 i, 邻近梯度不等式为

$$0\geqslant f(x+t_ic_i)-f(x)\geqslant\langle\zeta,t_ic_i\rangle-\sigma\left\|t_ic_i\right\|^2.$$

对上式两端除以 t_i 并求极限得 $\langle\zeta,c\rangle\leqslant 0$, 从而有 $h_C(\zeta)\leqslant 0$. □

练习 4.2.12

(a) 如果函数 f 是弱下半连续的, 则相对闭的、有界的、凸的 (不一定是紧的) 集合 C 是弱递减的刻画仍然成立.

(b) 设 $X=\mathbb{R}^2$, 并且设 $C=\{(t,1-t):0\leqslant t\leqslant 1\}$. C^1 函数 $f:\mathbb{R}^2\to\mathbb{R}$ 相对 C 是弱递减的需要对 $f'(x)$ 添加什么条件?

4.3 解 方 程

考虑下列方程

$$f(x,\alpha)=0,\tag{4.24}$$

其中 f 是一个给定的二元函数. 在数学中比较常见的是将 α 看作参数, 去解方程中的 x. 通常这是在给定初值 (x_0,α_0) 满足 (4.24) 的前提下考虑该问题的, 且重要的问题是: 对于充分接近 α_0 的 α, 是否至少存在一个点 x 使得 (4.24) 式成立? 这组解随 α 如何变化? 当 α 变化时, 我们什么时候可以保证有一个合适的 "很好的" 函数 $x(\alpha)$; 即, 使得 $f(x(\alpha),\alpha)=0$ 且 $x(\alpha_0)=x_0$?

我们将通过非光滑分析研究一种简单且有效的方法处理上述问题, 所得结果不仅包含经典结论, 而且建立了一些新的结论. 对于给定的非负函数 f, 我们感兴

趣的是, 对于给定的 α, 使得 (4.24) 式成立的点 $x \in X$ (Hilbert 空间), 并且希望将关注点限制在 X 的指定子集 Ω 上. 定义可行集:

$$\Phi(\alpha) := \{x \in \Omega : f(x, \alpha) = 0\}. \tag{4.25}$$

下面的结论是我们方法的关键, 其中 $\partial_P f(x,\alpha)$ 是函数 $x \mapsto f(x,\alpha)$ 的邻近次微分.

定理 4.3.1 (可解性定理) 设 A 是一个参数集, 假设对任意的 $\alpha \in A$, 函数 $x \mapsto f(x,\alpha)$ 是非负的, 并且属于集合 $\mathcal{F}(X)$. 假设存在 $V \subseteq X$ 和 $\delta > 0$, 有以下非平稳性条件:

$$\alpha \in A, x \in V, f(x,\alpha) > 0, \zeta \in \partial_P f(x,\alpha) \Longrightarrow \|\zeta\| \geqslant \delta.$$

则对所有的 $(x,\alpha) \in X \times A$, 有

$$\min\{d(x; \operatorname{comp} V), d(x; \operatorname{comp} \Omega), d(x; \Phi(\alpha))\} \leqslant \frac{f(x,\alpha)}{\delta}, \tag{4.26}$$

其中 $\operatorname{comp} V$ 表示 V 的补集.

证明 假设结论不成立, 则存在 $(x,\alpha) \in X \times A$, 使得 $f(x,\alpha)$ 是有限的, 且存在 $\rho > 0$ 使得

$$\min\{d(x; \operatorname{comp} V), d(x; \operatorname{comp} \Omega), d(x; \Phi(\alpha))\} > \rho > \frac{f(x,\alpha)}{\delta}.$$

由此可得

$$x + \rho B \subseteq V, \quad x + \rho B \subseteq \Omega, \quad d(x; \Phi(\alpha)) > \rho.$$

因此对任意的 $x' \in x + \rho B$, 有 $f(x',\alpha) > 0$ 成立. 根据非平稳性条件知, $f(\cdot,\alpha)$ 在开集 $x + \rho B$ 上的邻近次梯度的范数以 δ 为下界. 我们利用递减原理 (定理 4.2.8) 得

$$0 \leqslant \inf_{x' \in x + \rho B} f(x',\alpha) \leqslant f(x,\alpha) - \rho\delta < 0,$$

从而假设不成立. □

我们注意到, 上述定理常被使用的情形是, 给定点 (x_0,α_0), 使得 $f(x_0,\alpha_0) = 0$, 且 V 和 Ω 是 x_0 的邻域. 从而根据 (4.26) 推断出, 当 $f(x,\alpha)$ 足够小且 x 足够接近 x_0 时, 有

$$d(x; \Phi(\alpha)) \leqslant \frac{f(x,\alpha)}{\delta}.$$

在 f 是连续的情况下, 对所有充分接近 (x_0,α_0) 的 (x,α) 都可以得到上式. 当然, 上式暗示了 $\Phi(\alpha)$ 的非空性 (因为当 $\Phi(\alpha)$ 为空时, $d(x,\Phi(\alpha)) = +\infty$).

可解性定理的如下应用说明了以上情形. 我们考虑如下方程

$$F(x,\alpha)=0,$$

其中 $F:X\times M\to Y,M$ 是一个度量空间, Y 是一个 Hilbert 空间. 假设存在某个开集 $U\subseteq X$, 使得 F 在 $U\times M$ 上是连续的, 并且使得偏导数 $F'_x(x,\alpha)$ 对所有 $(x,\alpha)\in U\times M$ 都存在, 且关于 (x,α) 是连续的.

定理 4.3.2 (Graves-Lyusternik) 设点 $(x_0,\alpha_0)\in U\times M$ 满足 $F(x_0,\alpha_0)=0$, 并且假设 $F'_x(x_0,\alpha_0)$ 是满射:

$$F'_x(x_0,\alpha_0)X=Y.$$

设 Ω 是 x_0 的任一邻域, 则存在 $\delta>0$ 使得对所有充分接近点 (x_0,α_0) 的 (x,α), 有

$$d(x;\Phi(\alpha))\leqslant\frac{\|F(x,\alpha)\|}{\delta},$$

其中 $\Phi(\alpha):=\{x'\in\Omega:F(x',\alpha)=0\}$.

证明 根据 Banach 空间的开映射定理知, 存在 $\delta>0$ 使得

$$2\delta\bar{B}_Y\subseteq F'_x(x_0,\alpha_0)\bar{B}_X.$$

因为 $(x,\alpha)\mapsto F'_x(x,\alpha)$ 是连续的, 则存在 x_0 和 α_0 的邻域 V 和 A, 使得当 $(x,\alpha)\in V\times A$ 时, $F'_x(x_0,\alpha_0)-F'_x(x,\alpha)$ 的算子范数不大于 δ. 对这样的 (x,α), 有

$$\begin{aligned}2\delta\bar{B}_Y&\subseteq F'_x(x_0,\alpha_0)\bar{B}_X\subseteq F'_x(x,\alpha)\bar{B}_X+[F'_x(x_0,\alpha_0)-F'_x(x,\alpha)]\bar{B}_X\\&\subseteq F'_x(x,\alpha)\bar{B}_X+\delta\bar{B}_Y.\end{aligned}$$

这表明对于任意的 $(x,\alpha)\in V\times A$, 有

$$\delta\bar{B}_Y\subseteq F'_x(x,\alpha)\bar{B}_X.$$

所以对 Y 中的任意单位向量 y, 任意的 $(x,\alpha)\in V\times A$, 存在向量 $v\in\bar{B}_X$, 使得 $F'_x(x,\alpha)v=\delta y$. 从而有

$$\|F'_x(x,\alpha)^*y\|\geqslant\langle F'_x(x,\alpha)^*y,v\rangle=\langle y,F'_x(x,\alpha)v\rangle=\langle y,\delta y\rangle=\delta,$$

即 $\|F'_x(x,\alpha)^*y\|\geqslant\delta$.

现在对 $f(x,\alpha):=\|F(x,\alpha)\|$ 应用定理 4.3.1(可解性定理). 我们需要验证这个定理的非平稳性条件. 如果 $f(x,\alpha)>0$, 则 $f(\cdot,\alpha)$ 在 x 处唯一可能的邻近次梯

度是它的导数, 即 $F_x'(x,\alpha)^*F(x,\alpha)/\|F(x,\alpha)\|$ (根据经典链式法则). 如上所述我们已经证明了这个向量的范数以 δ 为下界.

应用可解性定理的结论 (4.26) 并结合如下事实: 对所有充分接近 (x_0,α_0) 的点 (x,α) 有

$$\min\{d(x;\operatorname{comp} V),d(x;\operatorname{comp}\Omega)\}>\frac{f(x,\alpha)}{\delta}.$$

从而得到本定理要证结论. □

我们注意到, 定理的结论包含了参数变化或变量 x 变化的稳定性结果这类特殊情况. 如果 α 单独变化 (稍微有一点变化), 那么 x_0 不再是 $F(x,\alpha)=0$ 的解, 但不会离得很远; 如果只有 x 变化, 那么在原始方程中存在一个解, 这个解与不可行解 x 很接近 (即 $\|F(x,\alpha_0)\|$). (我们注意到这两个性质中的第一个与定理 4.1.9 不同).

混合等式/约束系统

引理 4.3.3 的结论将用于定理 4.3.4. 定理 4.3.4 将说明在可解性方面如何使用扩充值函数 f, 以及如何使用约束规格. 这涉及问题的约束数据的非退化假设, 类似于 4.1 节中引入的正态性假设.

引理 4.3.3　设 F 和 (x_0,α_0) 满足定理 4.3.2 的所有假设, 其中 X 和 Y 是有限维的. 设 S 是 X 中包含 x_0 的闭子集, 并且假设下列约束规格成立:

$$0\in F_x'(x_0,\alpha_0)^*y+N_S^L(x_0)\Longrightarrow y=0. \tag{4.27}$$

则存在 $\delta>0$ 以及 x_0 和 α_0 的邻域 V 和 A 使得: 对所有的 $(x,\alpha)\in V\times A$, 对任意的单位向量 y, 任意的向量 $\zeta\in F_x'(x,\alpha)^*y+N_S^L(x)$, 满足 $\|\zeta\|\geqslant\delta$.

证明　假设结论是错误的, 则存在序列 $\{x_i\}$ 收敛到 x_0, 序列 $\{\alpha_i\}$ 收敛到 α_0, $\{y_i\}$ 是单位向量, 序列 $\{\zeta_i\}$ 收敛到 0 且有

$$\zeta_i\in F_x'(x_i,\alpha_i)^*y_i+N_S^L(x_i).$$

我们不妨假设序列 y_i 收敛到某个单位向量 y_0. 因为集值映射 $x\mapsto N_S^L(x)$ 有闭图 (X 是有限维的), 从而我们得到极限 $0\in F_x'(x_0,\alpha_0)^*y_0+N_S^L(x_0)$, 这与假设 (4.27) 矛盾. □

定理 4.3.4　在引理 4.3.3 的假设下, 尤其是在约束规格 (4.27) 的条件下, 设 (x_0,α_0) 是等式/约束系统

$$F(x,\alpha)=0,\quad x\in S$$

的一个解. 则存在 $\delta > 0$, 使得当 (x, α) 充分接近 (x_0, α_0) 且 $x \in S$ 时, 有

$$d\left(x; \Phi_S(\alpha)\right) \leqslant \frac{\|F(x, \alpha)\|}{\delta},$$

其中 $\Phi_S(\alpha) := \{x \in S : F(x, \alpha) = 0\}$. 特别地, 当 α 充分接近 α_0 时, $\Phi_S(\alpha)$ 是非空的.

练习 4.3.5

(a) 借助引理 4.3.3, 回顾命题 2.10.1, 并且在可解性定理中令

$$f(x, \alpha) := \|F(x, \alpha)\| + I_S(x),$$

证明定理 4.3.4,

(b) 在引理 4.3.3 中, 当 $x_0 \in \operatorname{int} S$ 时, 证明 (4.27) 式成立当且仅当矩阵 $F'_x(x_0, \alpha_0)$ 满秩.

(c) 给定一个函数 $F : \mathbb{R}^3 \times M \to \mathbb{R}^2$ 满足定理 4.3.2 的假设, 并且有

$$F'_x(x_0, \alpha_0) = \begin{pmatrix} 1 & 0 & 0 \\ 1 & 1 & -1 \end{pmatrix}.$$

证明对充分接近 α_0 的 α, 在 $\mathbb{R}^3$ 中存在 $x = (x_1, x_2, x_3)$ 且 $x_2 \geqslant 0, x_3 \geqslant 0$, 使得 $F(x, \alpha) = 0$. 事实上, 证明中还可以要求 $x_2 x_3 = 0$.

隐函数和反函数

在额外的结构假设下, 可以证明方程 $F(x, \alpha) = 0$ 将 x 唯一地定义为 α (局部) 的函数; 隐函数继承了 F 的相应性质. 如下基本假设与定理 4.3.2 相同, 但假定 $X = Y$.

定理 4.3.6

(a) 设 $F'_x(x_0, \alpha_0)$ 为双射, 则存在 x_0 的邻域 Ω, α_0 的邻域 W 和满足 $\hat{x}(\alpha_0) = x_0$ 的唯一的连续函数 $\hat{x}(\cdot) : W \to \Omega$ 使得

$$F\big(\hat{x}(\alpha), \alpha\big) = 0, \quad \forall \alpha \in W.$$

(b) 如果另外假设 F 在 (x_0, α_0) 处是 Lipschitz 的, 则函数 $\hat{x}$ 在 α_0 处是 Lipschitz 的.

(c) 如果更进一步假设 M 是一个 Hilbert 空间和 F 在 (x_0, α_0) 附近是 C^1 的, 则函数 $\hat{x}$ 在 α_0 附近是 C^1 的.

证明 (a) 根据闭图像定理知, 若线性算子定义域为全空间, 则该算子为闭算子, 并且是连续线性算子. 由于 $F'_x(x_0, \alpha_0)$ 为双射, 可知 $F'_x(x_0, \alpha_0)^{-1}$ 的定义域是

全空间, 因此是一个连续线性算子, 并且可得 $F'_x(x_0,\alpha_0)^*$ (与 $\big(F'_x(x_0,\alpha_0)^{-1}\big)^*$) 是满射. 因此由开映射定理, 存在 $\eta>0$ 使得 $F'_x(x_0,\alpha_0)^*\bar{B}\supseteq 2\eta\bar{B}$. 对于 (x_0,α_0) 的适当凸邻域 $\Omega\times N\subseteq U\times M$, 有

$$\|F'_x(x,\alpha)-F'_x(x_0,\alpha_0)\|<\eta,\quad \forall(x,\alpha)\in\Omega\times N.$$

令 $x,x'\in\Omega$ 和 $\alpha\in N$, $x'\neq x$. 取 $\theta\in\bar{B}$ 且满足 $F'_x(x_0,\alpha_0)^*\theta=2\eta(x'-x)/\|x'-x\|$. 通过中值定理知, 存在 $z\in[x,x']$ 有

$$\begin{aligned}\big\langle\theta,F(x',\alpha)-F(x,\alpha)\big\rangle&=\big\langle\theta,F'_x(z,\alpha)(x'-x)\big\rangle\\&=\langle\theta,F'_x(x_0,\alpha_0)(x'-x)\rangle+\langle\theta,(F'_x(z,\alpha)-F'_x(x_0,\alpha_0))(x'-x)\rangle\\&\geqslant\big\langle F'_x(x_0,\alpha_0)^*\theta,x'-x\big\rangle-\eta\|x'-x\|\\&=\eta\|x'-x\|,\end{aligned}$$

这意味着

$$\|F(x',\alpha)-F(x,\alpha)\|\geqslant\eta\|x'-x\|,\quad \forall(x,\alpha)\in\Omega\times N.\tag{4.28}$$

由定理 4.3.2 知存在 α_0 的邻域 $W\subseteq N$, 使得

$$\Phi(\alpha):=\{x\in\Omega:F(x,\alpha)=0\}\neq\varnothing,\quad \forall\alpha\in W.$$

结合 (4.28) 式, 对每个 $\alpha\in W$, $\Phi(\alpha)$ 是单点集 $\{\hat{x}(\alpha)\}$, 并且 $\hat{x}$ 是从 W 到 Ω 且满足 $F(\hat{x}(\alpha),\alpha)$, $\forall\alpha\in W$ 的唯一函数. 现在证明 $\hat{x}(\cdot)$ 是连续的. 对任意的 α, $\alpha'\in W$, 由 (4.28) 式我们有

$$\eta\|\hat{x}(\alpha')-\hat{x}(\alpha)\|\leqslant\|F\big(\hat{x}(\alpha'),\alpha'\big)-F\big(\hat{x}(\alpha),\alpha'\big)\|=\|F\big(\hat{x}(\alpha),\alpha'\big)\|,$$

当 α' 趋于 α 时由 F 的连续性知右式趋于 0, 故 $\hat{x}$ 连续.

(b) 此外, 如果 F 在 (x_0,α_0) 处是 Lipschitz 的, 那么对足够接近 α_0 的 α, α', 以及适当的 Lipschitz 常数 K, 由 (4.28) 得

$$\eta\|\hat{x}(\alpha')-\hat{x}(\alpha)\|\leqslant\|F\big(\hat{x}(\alpha),\alpha'\big)\|=\|F\big(\hat{x}(\alpha),\alpha'\big)-F\big(\hat{x}(\alpha),\alpha\big)\|\leqslant Kd_M(\alpha,\alpha'),$$

其中 d_M 表示 M 中的度量. 所以 $\hat{x}$ 在 α_0 处是 Lipschitz 的.

(c) 假设 M 是一个 Hilbert 空间和 F 在 (x_0,α_0) 附近是 C^1 的. F 在 (x_0,α_0) 处的 Taylor 展开式为

$$0=F\big(\hat{x}(\alpha),\alpha\big)=F(x_0,\alpha_0)+F'_x(x_0,\alpha_0)\big(\hat{x}(\alpha)-x_0\big)+F'_\alpha(x_0,\alpha_0)(\alpha-\alpha_0)$$

$$+o\big(\hat{x}(\alpha)-x_0,\alpha-\alpha_0\big),$$

其中 $o(x-x_0,\alpha-\alpha_0)/\|(x-x_0,\alpha-\alpha_0)\|\to 0$ $\big((x,\alpha)\to(x_0,\alpha_0)\big)$. 由于 $\hat{x}$ 在 α_0 附近, 因此 $o\big(\hat{x}(\alpha)-x_0,\alpha-\alpha_0\big)$ 可以写作 $o(\alpha-\alpha_0)$. 直接从上述 Taylor 展开式中求解得

$$\hat{x}(\alpha)-x_0=-F'_x(x_0,\alpha_0)^{-1}(F'_\alpha(x_0,\alpha_0)(\alpha-\alpha_0))-F'_x(x_0,\alpha_0)^{-1}(o(\alpha-\alpha_0)).$$

因此 $\hat{x}(\cdot)$ 在 α_0 处是可微的且导数为 $-F'_x(x_0,\alpha_0)^{-1}F'_\alpha(x_0,\alpha_0)$. 类似地, 可以证明 $\hat{x}(\cdot)$ 在 α_0 附近是可微的, 因此函数 $\hat{x}$ 在 α_0 附近是 C^1 的. □

该定理的一个特殊情况是反函数:

推论 4.3.7 设 F 满足定理 4.3.6 的假设, 并且 $F(x,\alpha)=G(x)-\alpha$ $(X=Y=M)$. 则存在 α_0 的邻域 W, x_0 的邻域 Λ 和 W 上的 C^1 函数 $\hat{x}$ 使得

$$G\big(\hat{x}(\alpha)\big)=\alpha,\ \forall\alpha\in W,\quad \hat{x}\big(G(x)\big)=x,\ \forall x\in\Lambda.$$

证明 由定理 4.3.6 知 $\hat{x}$ 在 α_0 附近是 C^1 的且对于定理中的 α_0 的邻域 W, 有 $G\big(\hat{x}(\alpha)\big)=\alpha,\forall\alpha\in W$. 现在选择 $\Lambda\subseteq\Omega$ 使得 $G(x)\in W,\forall x\in\Lambda$. 由定理中证明知, 对任意的 $x\in\Lambda$, $\Phi\big(G(x)\big)$ 是单点集, 即存在唯一的 $x'\in\Omega$ 使得 $G(x')=G(x)$. 因此 $\hat{x}\big(G(x)\big)=x'=x$. □

混合等式和不等式系统

我们现在考虑如下参数系统的解:

$$h(x)=\alpha,\quad g(x)\leqslant\beta, \tag{4.29}$$

其中 $x\in X$ (X 是一个 Hilbert 空间), 向量 $(\alpha,\beta)\in\mathbb{R}^m\times\mathbb{R}^p$ 是参数. 当 $(\alpha,\beta)=(0,0)$ 时, 假设 x_0 是该系统的解, 并假设函数 $g:X\to\mathbb{R}^p$ 和 $h:X\to\mathbb{R}^m$ 在 x_0 的邻域 Ω 内是 Lipschitz 的. 令

$$\Phi(\alpha,\beta):=\big\{x\in\Omega:h(x)=\alpha,\ g(x)\leqslant\beta\big\}.$$

定理 4.3.8 假设在 x_0 处满足以下约束规格:

$$\gamma\geqslant 0,\ \ \big\langle\gamma,g(x_0)\big\rangle=0,\ \ 0\in\partial_L\big\{\big\langle\gamma,g(\cdot)\big\rangle+\big\langle\lambda,h(\cdot)\big\rangle\big\}(x_0)\Longrightarrow\gamma=0\text{ 和 }\lambda=0.$$

则存在 $\delta>0$ 使得对充分接近 x_0 的 x, 充分接近 $(0,0)$ 的 (α,β), 有

$$d\big(x;\Phi(\alpha,\beta)\big)\leqslant\frac{1}{\delta}\max_{i,j}\big\{\big(g_i(x)-\beta_i\big)_+,|h_j(x)-\alpha_j|\big\},$$

其中 $\left(g_i(x)-\beta_i\right)_+ := \max\{g_i(x)-\beta_i, 0\}$. 特别地, 对于靠近 $(0,0)$ 的 (α,β), $\Phi(\alpha,\beta)$ 非空.

证明 令

$$f(x,\alpha,\beta) := \max_{i,j}\left\{\left(g_i(x)-\beta_i\right)_+, |h_j(x)-\alpha_j|\right\} \geqslant 0.$$

则 x 是系统 (4.29) 的解当且仅当 $f(x,\alpha,\beta)=0$. 由习题 2.11.17 得, f 在点 $(x_0,0,0)$ 处是 Lipschitz 的. 结合如下引理, 再应用可解性定理 (定理 4.3.1) 即可得出结论.

引理 在定理 4.3.8 的假设下, 存在 x_0 的邻域 V 和 $(0,0)$ 的邻域 A, 且存在 $\delta>0$ 使得

$$x\in V,\ \ (\alpha,\beta)\in A,\ \ f(x,\alpha,\beta)>0,\ \ \zeta\in\partial_P f(x,\alpha,\beta)\Longrightarrow \|\zeta\|\geqslant\delta.$$

证明 假设结论不成立, 则存在序列 $\{x_k\}$, $\{(\alpha_k,\beta_k)\}$ 和 $\{\zeta_k\}$ 使得

$$x_k\to x_0,\ \ (\alpha_k,\beta_k)\to(0,0),\ \ f(x_k,\alpha_k,\beta_k)>0,\ \ \zeta_k\in\partial_P f(x_k,\alpha_k,\beta_k),\ \ \|\zeta_k\|\to 0.$$

存在 x_0 的某个邻域，使得当 k 充分大时，x_k 属于该邻域且 f 在该邻域内是 Lipschitz 的. 注意到

$$\zeta_k\in\partial_P f(x_k,\alpha_k,\beta_k)\subseteq\partial_L f(x_k,\alpha_k,\beta_k),$$

根据习题 2.11.17(b) 知, f 中只有严格为正的项 $g_i(x)-\beta_i$, $\pm\left(h_j(x)-\alpha_i\right)$ 才能起作用. 故而当 k 足够大时,

$$\zeta_k\in\partial_L\left\{\left\langle\gamma^k, g(\cdot)\right\rangle+\left\langle\lambda^k, h(\cdot)\right\rangle\right\}(x_k),$$

其中

$$\gamma_i^k\geqslant 0,\ \ \left\langle\gamma^k, g(x_k)-\beta_k\right\rangle=0,\ \ \sum_i\gamma_i^k+\sum_j|\lambda_j^k|=1.$$

不失一般性, 选择序列 $\{\gamma^k\}$, $\{\lambda^k\}$ 中收敛的子序列, 通过取极限将生成一个非零向量 (γ,λ), 而这正好与约束规格矛盾. 故该引理结论成立并且定理证毕. □

当 (4.29) 中没有不等式时, 寻找定理 4.3.6 中的非光滑隐函数是很自然的. 我们将检验由方程 $G(x)=\alpha$ 引起的反函数问题, 光滑情形已经在推论 4.3.7 中讨论. 下面由定理 4.3.8 得到非光滑情形.

练习 4.3.9 设 $G: X\to\mathbb{R}^n$ 在 x_0 附近是 Lipschitz 的且有 $G(x_0)=\alpha_0$. 假设满足以下约束规格:

$$0\in\partial_L\left\langle\zeta, G(\cdot)\right\rangle(x_0)\Longrightarrow\zeta=0. \tag{4.30}$$

则对 x_0 的任意邻域 Ω, 存在 $\delta > 0$ 使得对任意充分接近 (x_0, α_0) 的 (x, α) 有

$$d\big(x; \Phi(\alpha)\big) \leqslant \frac{\|G(x) - \alpha\|}{\delta},$$

其中 $\Phi(\alpha) := \{x \in \Omega : G(x) = \alpha\}$. 说明当 G 为 C^1 时, 该结论退化为定理 4.3.2 的特殊情形.

广义 Jacobi 矩阵和反函数

反函数的存在性需要类似条件 (4.28), 其蕴含 G 是局部双射的. 用广义 Jacobi 矩阵 ∂G 表示这样的条件是一种方便的方法, 该工具适用于空间为有限维的情况, 该条件也将被证明是蕴含约束规格 (4.30) 的更容易验证的标准.

设 $X = \mathbb{R}^m$, 定义 $\partial G(x)$ 如下:

$$\partial G(x) := \mathrm{co}\left\{\lim_{i\to\infty} G'(x_i) : G'(x_i)\,\text{存在},\ x_i \to x\right\}.$$

这个公式类似定理 2.8.1 中的广义梯度公式. (我们注意到, 与前面的公式一致, 在计算 $\partial G(x)$ 时可以避免任意 0 测度集, 而不会影响下面的结果.) 我们把 $\partial G(x)$ 定义为由 $n \times m$ 的矩阵构成的凸集, 如果 $\partial G(x)$ 中的每个矩阵都是满秩的, 我们就称 $\partial G(x)$ 是满秩的. 当 $n = m$ 时, 称 $\partial G(x)$ 是非奇异的.

练习 4.3.10

(a) 设 $G : \mathbb{R}^m \to \mathbb{R}^n$ 在 x 处是 Lipschitz 的. 证明 $\partial G(x)$ 是非空紧凸集, 其中 $n \times m$ 的矩阵空间记作 $\mathbb{R}^{nm}$. 证明 ∂G 是上半连续的: 对任意的 $\varepsilon > 0$, 存在 $r > 0$ 使得

$$x' \in x + rB \Longrightarrow \partial G(x') \subseteq \partial G(x) + \varepsilon B_{n\times m},$$

其中 $B_{n\times m}$ 是 $\mathbb{R}^{nm}$ 中的开单位球.

(b) 证明对任意的 $\zeta \in \mathbb{R}^n$, 有 $\partial\langle\zeta, G(\cdot)\rangle(x) = \zeta^*\partial G(x)$.

(c) 当 $n = m = 2$, $G(x, y) = \big(|x| + y, 2x + |y|\big)$ 时, 计算 $\partial G(0)$ 并证明它是非奇异的.

(d) 如果 G 有分量函数 g_1, $g_2, \cdots, g_n$, 证明

$$\partial G(x) \subseteq \partial g_1(x) \times \partial g_2(x) \times \cdots \times \partial g_n(x),$$

并且举一个严格包含的例子.

命题 4.3.11 设 $G : \mathbb{R}^n \to \mathbb{R}^n$ 在 x_0 处是 Lipschitz 的, $\partial G(x_0)$ 是非奇异的. 如下约束规格成立:

$$0 \in \partial_L\langle\zeta, G(\cdot)\rangle(x_0) \Longrightarrow \zeta = 0.$$

并且存在 $\eta>0$ 和 x_0 的邻域 Ω 使得

$$\|G(x)-G(y)\|\geqslant\eta\|x-y\|,\quad \forall x,y\in\Omega.$$

证明 设 $0\in\partial_L\big\langle\zeta,G(\cdot)\big\rangle(x_0)$, 则通过练习 4.3.10 有

$$0\in\partial\big\langle\zeta,G(\cdot)\big\rangle(x_0)=\zeta^*\partial G(x_0).$$

由于 $\partial G(x_0)$ 是非奇异的, 可得 $\zeta=0$, 约束规格成立. 证明的下一步需要以下引理:

引理 存在正数 r 和 η, 对任意给定的单位向量 $v\in\mathbb{R}^n$, 存在 $\mathbb{R}^n$ 中的单位向量 w, 使得当 $x\in x_0+rB$、矩阵 $M\in\partial G(x)$ 时有

$$\langle w,Mv\rangle\geqslant\eta.$$

证明 设 S 为 $\mathbb{R}^n$ 中的单位球面, 注意到 $\mathbb{R}^n$ 的子集 $\partial G(x_0)S$ 是紧的并且不包含 0. 因此,

$$0<\eta:=d\big(0;\partial G(x_0)S\big)/2.$$

对于足够小的 $\varepsilon>0$, 我们有

$$d\big(0;\big(\partial G(x_0)+\varepsilon B_{n\times n}\big)S\big)>\eta.$$

根据练习 4.3.10(a) 得, 存在正数 r 使得对任意的 $x\in x_0+rB$ 有 $\partial G(x)\subseteq\partial G(x_0)+\varepsilon B_{n\times n}$. 由已知条件知, 对足够小的正数 r, G 在 $x_0+r\bar{B}$ 上是 Lipschitz 的. 对给定单位向量 $v\in\mathbb{R}^n$, 由上述不等式我们有凸集 $\big(\partial G(x_0)+\varepsilon B_{n\times n}\big)v$ 到 0 的距离至少为 η. 通过分离定理, 存在一个单位向量 w, 使得对任意的 $\zeta\in\big(\partial G(x_0)+\varepsilon B_{n\times n}\big)v$ 有 $\langle\zeta,w\rangle\geqslant\eta$, 对形如 Mv 的任何 ζ 更是如此, 其中 $M\in\partial G(x)$, $x\in x_0+rB$. 引理证毕.

对 $x,y\in\Omega:=x_0+rB$, 我们将证明 $\|G(x)-G(y)\|\geqslant\eta\|x-y\|$. 假设 $x\neq y$, 设

$$v=\frac{y-x}{\|y-x\|},\quad \lambda=\|y-x\|,$$

因此 $y=x+\lambda v$. 设 π 为垂直于 v 并通过 x 的平面. P 为 Ω 中使得 $G'(x')$ 不存在的点 x' 构成的集合, 其是一个零测集. 因此根据 Fubini 定理, 对于 π 中的几乎所有 x', 射线 $x'+tv$, $t\geqslant0$ 与 P 相交构成的集合是一维的零测集. 选择具有上述性质并且足够接近 x 的 x', 从而使对任意的 $t\in[0,\lambda]$ 有 $x'+tv\in\Omega$. 则函数

$$t\mapsto G(x'+tv)$$

在区间 $[0, \lambda]$ 上是 Lipschitz 的并且几乎处处存在导数 $G'(x'+tv)v$. 因此

$$G(x'+\lambda v)-G(x')=\int_0^\lambda G'(x'+tv)vdt.$$

对 v, 取 w 为上述引理中的 w, 可得

$$w\cdot[G(x'+\lambda v)-G(x')]=\int_0^\lambda w\cdot[G'(x'+tv)v]\ dt\geqslant\int_0^\lambda \eta\ dt=\lambda\eta.$$

回顾 λ 的定义, 我们得出

$$\|G(x'+\lambda v)-G(x')\|\geqslant\eta\|x-y\|.$$

这一结论几乎适用于 x 邻域内的所有 x'. 再由 G 的连续性, 本命题证毕. □

我们现在有了证明 Lipschitz 反函数定理的所有必要条件.

定理 4.3.12 若 $G:\mathbb{R}^n\to\mathbb{R}^n$ 在 x_0 处是 Lipschitz 的, $\partial G(x_0)$ 是非奇异的. 则存在 $G(x_0)$ 的邻域 W、x_0 的邻域 Λ 和 W 上的 Lipschitz 连续函数 $\hat{x}$, 使得

$$G\big(\hat{x}(\alpha)\big)=\alpha,\ \forall\alpha\in W,\quad \hat{x}\big(G(x)\big)=x,\ \forall x\in\Lambda.$$

练习 4.3.13

(a) 证明定理 4.3.12.

(b) 验证如果 $\partial G(x_0)$ 是非奇异的假设被 $G'(x)$ 存在时是非奇异的条件所取代 (即使 $n=1$), 定理不成立.

(c) 以练习 4.3.10(c) 为例, 验证定理 4.3.12 的结论.

4.4 导数计算和 Rademacher 定理

非光滑分析的第一个结构是 Dini 在 19 世纪提出的. 他的著名导数是在单变量实值函数上定义的, 在这个基础上, 该思想可以推广到一些相关概念, 如次微分、切锥和法锥. 现在简要地了解一下这个理论, 并将它与前两章的结果联系起来. 设函数 $f\in\mathcal{F}(\mathbb{R}^n)$; 对 $x\in\operatorname{dom}f$, 定义 f 在 x 处沿方向 v 的次导数 $Df(x;v)$ 如下:

$$Df(x;v):=\liminf_{\substack{w\to v\\ t\downarrow 0}}\frac{f(x+tw)-f(x)}{t}.$$

练习 4.4.1

(a) 若 f 在 x 处是 Lipschitz 的且 Lipschitz 常数为 K, 则 $Df(x;v)$ 等于

$$\liminf_{t\downarrow 0}\frac{f(x+tv)-f(x)}{t},$$

且 $Df(x;0)=0$. 函数 $v \mapsto Df(x;v)$ 在 $\mathbb{R}^n$ 上也是 Lipschitz 的且 Lipschitz 常数为 K, 并且 $Df(x;v) \leqslant f^\circ(x;v)$. 等式对所有方向 v 成立当且仅当 f 在 x 处正则.

(b) 一般情况下, $Df(x;0)$ 要么等于 0, 要么等于 $-\infty$, 且对于任意的 $\lambda > 0$, 有 $Df(x;\lambda v) = \lambda Df(x;v)$. 举例说明连续函数 $f:\mathbb{R} \to \mathbb{R}$ 满足 $Df(0;0) = -\infty$.

(c) 若 $g \in \mathcal{F}(\mathbb{R}^n)$ 且 $x \in \operatorname{dom} g$, 则

$$D(f+g)(x;v) \geqslant Df(x;v) + Dg(x;v)$$

(这里 $\infty - \infty = -\infty$).

(d) 若 $\zeta \in \partial_P f(x)$, 则 $Df(x;v) \geqslant \langle \zeta, v\rangle$, $\forall v$.

(e) 函数 $v \mapsto Df(x;v)$ 是下半连续的.

下面的定理是把微分学和邻近分析联系起来的关键.

定理 4.4.2 (Subbotin) 设 $f \in \mathcal{F}(\mathbb{R}^n), x \in \operatorname{dom} f$, 设 E 是 $\mathbb{R}^n$ 的非空紧凸子集. 假设对于某个标量 ρ 有

$$Df(x;e) > \rho, \quad \forall e \in E.$$

那么, 对任意的 $\varepsilon > 0$, 存在 $z \in x + \varepsilon B$ 和 $\zeta \in \partial_P f(z)$ 使得

$$|f(z) - f(x)| < \varepsilon, \quad \langle \zeta, e\rangle > \rho, \quad \forall e \in E.$$

证明 我们断言, 对于足够小的 $t > 0$, 有

$$f(x + te + t^2 u) - f(x) > \rho t + t^2, \quad \forall e \in E, \quad \forall u \in \bar{B}. \tag{4.31}$$

否则, 存在序列 $t_i \downarrow 0, e_i \in E$ 和 $u_i \in \bar{B}$ 使得

$$\frac{f(x + t_i e_i + t_i^2 u_i) - f(x)}{t_i} \leqslant \rho + t_i.$$

由于 E 的紧性, 不妨设 e_i 收敛到 $e_0 \in E$. 因此 $e_i + t_i u_i$ 也收敛到 e_0. 那么 $Df(x;e_0) \leqslant \rho$, 这与假设矛盾, 于是 (4.31) 成立.

对任意 $\varepsilon > 0$, 选取足够小的 $t > 0$ 使得 (4.31), $tE + t^2 B \subseteq \varepsilon B$, $t < \varepsilon/(2\rho)$, 并且对所有的 $x' \in x + tE + t^2 \bar{B}$ 有 $f(x') > f(x) - \varepsilon$ (因为 f 是下半连续的) 分别成立. 进一步应用定理 4.2.6 的中值不等式, 令 $Y := x + tE$. 根据 (4.31), 对定理 4.2.6 中的 $\hat{r}$ 取 $\hat{r} \geqslant \rho t + t^2$, $\bar{r} = \rho t$. 取正数 $\varepsilon' < \min[\varepsilon/2, t^2]$, 由定理 4.2.6 知, 存在 $z \in [x, Y] + \varepsilon' B$, 以及 $\zeta \in \partial_P f(z)$ 使得

$$\bar{r} < \langle \zeta, y - x\rangle, \ \forall y \in Y \quad 且 \quad f(z) < \inf_{y \in [x,Y]} f(y) + |\bar{x}| + \varepsilon'.$$

则容易得到

$$z \in x + tE + t^2B \subseteq x + \varepsilon B, \quad f(z) > f(x) - \varepsilon$$

且

$$f(z) < f(x) + \bar{r} + \varepsilon' < f(x) + \rho t + \frac{\varepsilon}{2} < f(x) + \varepsilon.$$

因此 $|f(z) - f(x)| < \varepsilon$. 最后, 对于 $\zeta \in \partial_P f(z)$, 有 $\langle \zeta, te \rangle > \bar{r} := \rho t$, $\forall e \in E$. □

练习 4.4.3 如果把假设中 E 的凸性去掉, 定理不成立, 可通过 $X = \mathbb{R}^2, f(x) := \|x\|$, $x = 0, E$ 为单位圆周来说明.

D-次微分

经典公式 $f'(x; v) = \langle \nabla f(x), v \rangle$ 反映了方向导数和微分之间的对偶性. 受此性质, 以及第 3 章中 $f^\circ(x; \cdot)$ 和 $\partial f(x)$ 的对偶性的启发, 我们定义一个由次导数 $Df(x; \cdot)$ 构成的次微分. 如果

$$Df(x; v) \geqslant \langle \zeta, v \rangle, \quad \forall v \in \mathbb{R}^n,$$

则称 ζ 是 f 在 $x \in \operatorname{dom} f$ 处的一个**方向次梯度**或 ***D*-次梯度**. 我们用 $\partial_D f(x)$ 表示所有此类 ζ 的集合, 并将其称为 *D*-次微分. 根据练习 4.4.1(d) 有 $\partial_P f(x) \subseteq \partial_D f(x)$, 因此由邻近稠密定理 (定理 2.3.1) 得, $\partial_D f(x)$ 在 $\operatorname{dom} f$ 的稠密子集上是非空的.

练习 4.4.4

(a) 证明 $\partial_D f(x)$ 是闭凸集. 如果 f 在 x 处是 (Fréchet) 可微的, 则 $\partial_D f(x)$ 为单点集 $\{f'(x)\}$.

(b) 若 f 在 x 处是 Lipschitz 的, 则 $\partial_D f(x)$ 有界.

(c) 证明 $\partial_D(f_1 + f_2)(x) \supseteq \partial_D f_1(x) + \partial_D f_2(x)$. 若其中一个函数在 x 处是可微的, 则等式成立.

(d) $f(x) = -\|x\|$, 证明 $\partial_D f(0) = \varnothing$.

(e) 对函数 $f(x) = -|x|^{3/2}$, 证明 $\partial_P f(x) = \varnothing$ 且 $\partial_D f(0) = \{0\}$.

(f) $Df(x; \cdot)$ 和 $\partial_D f(x)$ 不存在真正的对偶性: $Df(x; v) = \sup\{\langle \zeta, v \rangle : \zeta \in \partial_D f(x)\}$ 不成立.

邻近次梯度的逼近

尽管 $\partial_D f(x)$ 有时严格包含 $\partial_P f(x)$, 但在局部意义上 (相对于点) 我们将证明两者之间的本质区别是轻微的.

命题 4.4.5　设 $\zeta \in \partial_D f(x)$. 则对任意的 $\varepsilon > 0$, 存在 $z \in x + \varepsilon B$ 和 $\xi \in \partial_P f(z)$ 使得

$$|f(x) - f(z)| < \varepsilon \quad 且 \quad \|\zeta - \xi\| < \varepsilon.$$

证明　令 $\varphi(y) := f(y) - \langle \zeta, y \rangle$, 由 $\partial_D f(x)$ 定义可知

$$D\varphi(x; v) = Df(x; v) - \langle \zeta, v \rangle \geqslant 0, \quad \forall v \in \mathbb{R}^n.$$

所以对任意 $\delta > 0$, 有

$$D\varphi(x; v) > -\delta, \quad \forall v \in \bar{B}.$$

根据定理 4.4.2 (Subbotin 定理) 可得, 存在 z 和 $\xi' \in \partial_P \varphi(z)$ 使得

$$z \in x + \delta B, \quad |\varphi(z) - \varphi(x)| < \delta$$

且

$$\langle \xi', v \rangle > -\delta, \quad \forall v \in \bar{B}. \tag{4.32}$$

因此, 选择合适的 δ 使得 $\delta < \dfrac{\varepsilon}{1 + \|\zeta\|}$, 所以有 $z \in x + \delta B \subseteq x + \varepsilon B$ 且有

$$|f(z) - f(x)| \leqslant |\varphi(z) - \varphi(x)| + \|\zeta\| \|x - z\| < (1 + \|\zeta\|)\delta < \varepsilon.$$

另一方面, 由 (4.32) 可得 $\|\xi'\| < \delta$. 根据命题 2.2.11 得 $\xi' \in \partial_P \varphi(z) = \partial_P f(z) - \zeta$. 所以存在 $\xi \in \partial_P f(z)$ 使得 $\xi' = \xi - \zeta$. 于是有

$$\|\xi - \zeta\| = \|\xi'\| < \delta < \varepsilon.$$

故对任意的 $\varepsilon > 0$, 存在 $z \in x + \varepsilon B$ 和 $\xi \in \partial_P f(z)$ 使得 $|f(x) - f(z)| < \varepsilon$ 且 $\|\zeta - \xi\| < \varepsilon$. □

练习 4.4.6　设 $f'(x)$ 存在. 则对任意的 $\varepsilon > 0$, 存在 $z \in x + \varepsilon B$ 和 $\zeta \in \partial_P f(z)$ 使得 $|f(x) - f(z)| < \varepsilon$ 且 $\|f'(x) - \zeta\| < \varepsilon$.

方向微分

我们在前面的命题中已经看到, 多值函数 $\partial_P f$ 的图在 $\partial_D f$ 的图中稠密. 这一事实可以通过 $\partial_P f$ 的已知结果来推导 $\partial_D f$ 的基本计算. 这里有几个例子, 第一个可以回到第 1 章 Dini 的一个结果, 可以看作非光滑分析的第一个定理.

练习 4.4.7

(a) 设 $f \in \mathcal{F}(\mathbb{R})$. 则下列等价:

(i) f 递减;

(ii) $Df(x;1) \leqslant 0$, $\forall x$;

(iii) $\zeta \leqslant 0$, $\forall \zeta \in \partial_D f(x)$, $\forall x$ (与定理 1.1.1 比较).

(b) 设 $f_1, f_2 \in \mathcal{F}(\mathbb{R}^n)$, $\zeta \in \partial_D(f_1+f_2)(x)$. 那么对任意的 $\varepsilon > 0$, 存在 $x_1, x_2 \in x + \varepsilon B$ 且 $|f_i(x) - f_i(x_i)| < \varepsilon$ $(i=1,2)$ 使得

$$\zeta \in \partial_D f_1(x_1) + \partial_D f_2(x_2) + \varepsilon B.$$

(c) 函数 $f \in \mathcal{F}(\mathbb{R}^n)$ 在 $x \in \operatorname{dom} f$ 处是 Lipschitz 的且 Lipschitz 常数为 K 当且仅当存在 x 的邻域 U 使得

$$Df(x';v) \leqslant K\|v\|, \quad \forall v \in \mathbb{R}^n, \quad \forall x' \in U.$$

正如我们现在看到的, D-次梯度可以用邻近次梯度来近似, 这意味着 D-次梯度产生的极限与邻近次梯度产生的极限都是极限次微分 $\partial_L f(x)$, 该极限次微分在 2.10 节中已经学习, 并且 D-次梯度对广义梯度 ∂f (或者 $\partial_C f$) 和正则性也有影响 (3.4 节).

命题 4.4.8 设 $f \in \mathcal{F}(\mathbb{R}^n)$, $x \in \operatorname{dom} f$.

(a) $\partial_L f(x) = \left\{\lim_{i\to\infty} \zeta_i : \zeta_i \in \partial_D f(x_i), x_i \xrightarrow{f} x\right\}$.

(b) 若 f 在 x 处是 Lipschitz 的, 则

$$\partial_D f(x) \subseteq \partial_L f(x) \subseteq \partial_C f(x)$$

等式成立当且仅当 f 在 x 处正则. (特别地, 当 f 是凸函数时, 上面等式成立.)

证明 由命题 4.4.5 可得 (a) 和 (b) 的第一个包含关系成立. 第二个包含关系可以通过定理 3.6.1 得 $\partial f_C(x) = \overline{\text{co}}\, \partial_L f(x)$. 假设 f 在 x 处正则, 令 $\zeta \in \partial_C f(x)$. 则对任意的 $v \in \mathbb{R}^n$,

$$\begin{aligned}\langle \zeta, v\rangle &\leqslant f^\circ(x;v) \quad (\partial_C f(x) \text{ 的定义})\\ &= f'(x;v) \quad (\text{正则性})\\ &= Df(x;v) \quad (\text{练习 } 4.4.1(\text{a}))\,,\end{aligned}$$

因此 $\zeta \in \partial_D f(x)$, 从而有 $\partial_D f(x) = \partial_L f(x) = \partial_C f(x)$.

反过来, 注意这三个集合的相等性意味着对所有的 v 有 $Df(x;v) = f^\circ(x;v)$, 因为

$$Df(x;v) \geqslant \max\{\langle \zeta, v\rangle : \zeta \in \partial_D f(x)\}$$

$$= \max\{\langle\zeta, v\rangle : \zeta \in \partial_C f(x)\} = f^\circ(x; v).$$

因为不等式的另一方向总是成立的, 由练习 4.4.1(a) 可得 f 在 x 处正则. □

切锥和法锥

s 在点 $x \in S$ 处的相切方向 v 定义的一个合理方式为: $Dd_S(x; v) = 0$ (等价地, $Dd_S(x; v) \leqslant 0$), 其中 d_S 是与集合 S 相关的距离函数. 这样的 v 构成的集合为 D-切锥, 记作 $T_S^D(x)$. 用 D-切锥的极锥来定义 D-法锥: $N_S^D(x) := T_S^D(x)^\circ$. 下面的练习包含了命题 4.4.8 的几何对应.

练习 4.4.9 假设 S 是 $\mathbb{R}^n$ 中的一个非空闭子集.

(a) $T_S^D(x)$ 与 3.7 节中的 Bouligand 切锥 $T_S^B(x)$ 相等.

(b) 一般来说, $T_S^D(x)$ 不是 $N_S^D(x)$ 的极锥 (即没有完全对偶性).

(c) $\zeta \in N_S^D(x)$ 当且仅当 $\limsup_{x' \xrightarrow{S} x} \dfrac{\langle\zeta, x' - x\rangle}{\|x' - x\|} \leqslant 0$.

(d) $N_S^D(x) \cap S \subseteq \partial_D d_S(x)$.

(e) $N_S^D(x)$ 是 $\partial_D d_S(x)$ 的生成锥, 即 $N_S^D(x) = \{t\zeta : t \geqslant 0, \zeta \in \partial_D d_S(x)\}$ (可与定理 2.6.4、命题 3.5.4、习题 2.11.27 相比较).

(f) $N_S^D(x) \subseteq N_S^L(x) \subseteq N_S^C(x)$, 等式成立当且仅当 S 在 x 处是正则的 (为了证明第一个包含, 可以利用 (e), $\partial_p d_S$ 逼近 $\partial_D d_S$ 以及定理 3.6.1 和定理 2.6.4).

$\partial_D f$ 的其他刻画

对 $\partial_D f$ 的另一种避开方向导数 Df 的描述如下所示:

命题 4.4.10 $\zeta \in \partial_D f(x)$ 当且仅当

$$\liminf_{\substack{u \to 0 \\ u \neq 0}} \frac{f(x+u) - f(x) - \langle\zeta, u\rangle}{\|u\|} \geqslant 0. \tag{4.33}$$

证明 假设 (4.33) 成立和 $\{v_i\}$ 是收敛到 v 的序列并且 $\{t_i\}$ 是递减到 0 的序列. 那么容易得

$$\liminf_{i \to \infty} \frac{f(x + t_i v_i) - f(x)}{t_i} \geqslant \langle\zeta, v\rangle.$$

所以有 $Df(x; v) \geqslant \langle\zeta, v\rangle, \forall v$. 根据 $\partial_D f(x)$ 的定义有: $\zeta \in \partial_D f(x)$.

假设 $\zeta \in \partial_D f(x)$, 并且假设 (4.33) 不成立, 则存在序列 $\{u_i\}$ 和 $\varepsilon > 0$ 使得 $u_i \to 0$ 并且

$$f(x + u_i) - f(x) \leqslant \langle\zeta, u_i\rangle - \varepsilon\|u_i\|.$$

注意 $u_i \neq 0$. 不妨设序列 $v_i := u_i / \|u_i\|$ 收敛到 v. 令 $t_i := \|u_i\|$, 上述不等式变为

$$\frac{f(x+t_i v_i) - f(x)}{t_i} \leqslant \langle \zeta, v_i \rangle - \varepsilon,$$

意味着

$$Df(x;v) \leqslant \langle \zeta, v \rangle - \varepsilon,$$

与 $\zeta \in \partial_D f(x)$ 矛盾. □

我们注意到, 通过 (4.33) 定义的次梯度组成的集合有时被称为 Fréchet 次微分 $\partial_F f(x)$, 它在无穷维中可能与 $\partial_D f(x)$ 不同.

练习 4.4.11

(a) 证明 (4.33) 成立, 当且仅当存在一个非负函数 $o(r)$ 使得当 $r \downarrow 0$ 时, 有 $o(r)/r \to 0$, 并且

$$f(x+u) - f(x) + o(\|u\|) \geqslant \langle \zeta, u \rangle,$$

对 0 附近的所有 u. 证明 $o(\cdot)$ 总是可以被取为递增的. 通过考虑

$$\bar{o}(t) := t \max\{o(r)/r : 0 < r \leqslant t\},$$

证明 $\bar{o}$ 也可以被假设为 $\bar{o}(t)/t$ 是递增的.

(b) $\zeta \in \partial_D f(x)$ 当且仅当对任意的 $\varepsilon > 0$, 存在 x 的邻域 N_ε 使得 x 为函数

$$g_\varepsilon(y) := f(y) - f(x) - \langle \zeta, y - x \rangle + \varepsilon \|y - x\|$$

在 N_ε 上的最优解.

(c) 证明 (a) 中的函数 o 也可以被取为连续的. (提示: 证明下面的函数具有所需要的性质

$$\hat{o}(t) := 2t \int_t^{2t} \frac{o(r)}{r^2} dr \Bigg).$$

下面是对 $\partial_D f$ 的另一个很有趣的描述. 它是微分方程粘性解的文献中经常出现的次微分的定义, $\partial_D f$ 有时也被称为粘性次微分.

命题 4.4.12 假设 $f \in \mathcal{F}$. 则有 $\zeta \in \partial_D f$ 当且仅当存在一个连续函数 $g : \mathbb{R}^n \to \mathbb{R}$ 在 x 处可微, $g'(x) = \zeta$, 并且使得 $f - g$ 在 x 处达到局部最小值.

证明 首先假设存在具有上述性质的 g. 那么 $0 \in \partial_P(f-g)(x) \subseteq \partial_D(f-g)(x)$. 因为 g 在 x 处可微, 由练习 4.4.4(c) 知: $g'(x) \in \partial_D f(x)$.

假设 $\zeta \in \partial_D f(x)$. 考虑练习 4.4.11(a) 中的函数 $\bar{o}(\cdot)$. 因为 $\bar{o}(\cdot)$ 是递增的, 则其除了在可数个点以外是连续的. 因为随着 $r \downarrow 0$, $o(r)/r \downarrow 0$, 所以这个函数在任何有界区间上都是可积的, 因此我们可以定义函数 $\varphi : [0, \infty) \to (-\infty, 0]$, 如下所示:

$$\varphi(r) := -\int_r^{2r} \frac{o(s)}{s} ds.$$

容易注意到 $-o(r) \geqslant \varphi(r) \geqslant -o(2r)/2, \forall r > 0$. 因此随着 $r \downarrow 0$, $\varphi(r) \to 0$. 因为 $\zeta \in \partial_D f(x)$, 根据命题 4.4.10 和练习 4.4.11(a), 我们还可以得到对充分接近 x 的 y 有

$$f(y) \geqslant g(y) := f(x) + \langle \zeta, y - x \rangle + \varphi(\|y - x\|),$$

因为 $\varphi(0) = 0$, 所以 $f - g$ 在 x 处有局部最小值. 因为 g 是连续的, 所以只需要验证 $g'(x)$ 存在, 并且 $g'(x) = \zeta$; 即函数 $w(y) := \varphi(\|y - x\|)$ 有 $w'(x) = 0$. 对 $\mathbb{R}^n$ 中的任何非零向量 v 有

$$0 \geqslant \frac{w(x + tv) - w(x)}{t} = \frac{\varphi(\|tv\|)}{t} = \|v\| \frac{\varphi(\|tv\|)}{\|tv\|} \geqslant \frac{-o(2t\|v\|)}{2t\|v\|}(\|v\|).$$

故有 $\lim_{t \downarrow 0} \dfrac{w(x + tv) - w(x)}{t} = 0$ 对任意非零向量 v 都成立. 因此 w 在 x 处的 Fréchet 导数存在并满足 $w'(x) = 0$. □

练习 4.4.13 证明如果在命题 4.4.12 中 "连续" 被 "Lipschitz" 或 "连续可微" 替换, 命题仍然成立. 如果它被 "C^2" 代替命题是否成立?

本节关于 Df 和 $\partial_D f$ 的所有结果对上半连续函数 f 的上导数和超梯度方面都有相应结论. 当 f 连续时, 我们可以简单地定义 D-超微分 $\partial^D f(x)$ 为 $-\partial_D(-f)(x)$.

练习 4.4.14 假设 f 在 x 附近连续, $\partial_D f(x)$ 和 $\partial^D f(x)$ 是非空集. 证明 $f'(x)$ 存在且有

$$\partial_D f(x) = \partial^D f(x) = \{f'(x)\}.$$

偏次微分

设 $f(x, y)$ 是两个实变量的函数, 假设偏导数 $\partial f/\partial x$ 和 $\partial f/\partial y$ 都在 $(0, 0)$ 处存在. 从经典理论中我们知道, 这并不意味着 f 在 $(0, 0)$ 处是可微的, 需要一些其他的假设才能得到这一结论. (经典结论要求其中一个偏导数在 $(0, 0)$ 附近关于 (x, y) 连续.)

类似的考虑也适用于非光滑情况: ζ 是 f 关于 x 的邻近次梯度, 且 ξ 是 f 关于 y 的邻近次梯度, 这并不蕴含 (ζ, ξ) 是具有两个变量 (x, y) 的函数 f 的邻近次梯度 (虽然反之可以含). 在 D-次微分的情形下, 下面的练习说明了相同的观点.

练习 4.4.15 设 $f(x, y)$ 是 $\mathbb{R}^2$ 上的 Lipschitz 函数.

(a) 若 $\partial f/\partial x(0,0)$ 存在, 证明

$$\partial_D(f(\cdot,0))(0)=\{\partial f/\partial x(0,0)\},$$

其中 $\partial_D(f(\cdot,0))(0)$ 表示函数 $g(x):=f(x,0)$ 在点 $x=0$ 的 D-次微分. 若 $(\zeta,\xi)\in\partial_D f(0,0)$, 证明 $\zeta\in\partial_D(f(\cdot,0))(0)$. 推断如果梯度 $\nabla f(0,0)$ 存在 (其分量是 f 在 $(0,0)$ 处的两个偏导数), 则

$$\partial_D f(0,0)\subseteq\{\nabla f(0,0)\}.$$

(b) 考虑 $f(x,y)=-\min\{|x|,|y|\}$, 证明: 即使 $\nabla f(0,0)$ 存在, $\partial_D f(0,0)$ 也有可能为空集.

尽管这个例子的性质相当不好, 但在有限维空间, 以及 Lipschitz 的条件下, 偏次微分和全次微分之间确实存在一种 "经常" 成立的关系. 下面的证明将假设单个变量的局部 Lipschitz 函数在直线上的 Lebesgue 测度意义下几乎处处可微.

定理 4.4.16 设 $f:\mathbb{R}^n\times\mathbb{R}\to\mathbb{R}$ 是一个 Lipschitz 函数. 则对任意的 $x\in\mathbb{R}^n$, 对几乎处处的 $y\in\mathbb{R}$, 有下列式子成立:

$$\partial_D f(x,y)=\partial_D f(\cdot,y)(x)\times\partial_D f(x,\cdot)(y)=\partial_D f(\cdot,y)(x)\times\left\{\frac{\partial f}{\partial y}(x,y)\right\}.\tag{4.34}$$

证明 对任意给定的 $x\in\mathbb{R}^n$, 我们将注意力放到使得 $(\partial f/\partial y)(x,y)$ 存在的 y 组成的集合 Y 上. 集合 Y 与 $\mathbb{R}$ 相差一个零测集, 因此它是可测的. 根据练习 4.4.15(a), 对任意的 $y\in Y$, (4.34) 的左侧总是包含于右侧, 因此需要证明对几乎所有的 $y\in Y$, 相反方向的包含关系成立. 该证明需要下列事实: 对几乎所有的 $y\in Y$, 有

$$Df(x,y;v,w)\geqslant Df(x,y;v,0)+w\frac{\partial f}{\partial y}(x,y),\quad\forall v\in\mathbb{R}^n,\quad\forall w\in\mathbb{R}.\tag{4.35}$$

这是我们即将要证明的.

目标是证明下列 $\mathbb{R}$ 中的子集 S 有 0 测度 (或包含于一个 0 测度的集合, 因为 Lebesgue 测度是完备的):

$$S:=\left\{y\in Y:\exists(v,w)\ \text{s.t.}\ Df(x,y;v,0)>Df(x,y;v,w)-w\frac{\partial f}{\partial y}(x,y)\right\}.$$

需要注意的是, 与 S 中的 y 相对应的一个方向 (v,w), 一定有 $w\neq 0$. 如果 $y\in S$ 且 (v,w) 是它的其中一个相关方向, 则存在 $r\in\mathbb{R}$ 和 $\varepsilon>0$ 使得

$$\frac{f(x+tv,y)-f(x,y)}{t}>r>Df(x,y;v,w)-w\frac{\partial f}{\partial y}(x,y),\quad\forall 0<t<\varepsilon.\tag{4.36}$$

我们记 $C(v,w,r,\varepsilon)$ 是使得 (4.36) 式成立的 $y\in Y$ 的集合.

设 $\{v_i\},\{w_i\},\{r_i\}$ 和 $\{\varepsilon_i\}$ 分别是 $\mathbb{R}^n,\mathbb{R},\mathbb{R}$ 和 $(0,\infty)$ 中的可数稠密集. 注意 (4.36) 中出现的 (v,w) 的所有函数都是连续的 (详见练习 4.4.1(a)), 且有

$$\left|\frac{f(x+tv,y)}{t}-\frac{f(x+tv_i,y)}{t}\right|\leqslant K\|v-v_i\|,$$

与 $t>0$ 无关, 其中 K 是 f 的 Lipschitz 常数. 如果 (4.36) 式对给定的 y 成立, 则对于相同的 y, 用 $(v_i,w_i,r_i,\varepsilon_i)$ 代替 (v,w,r,ε) 也是成立的 (其中 $\varepsilon_i<\varepsilon$). 换言之, S 包含在集合 $\bigcup_i C(v_i,w_i,r_i,\varepsilon_i)$ 的可数并中, 因此只需要证明每个这样的集合有 0 测度. 我们在后面的证明中将放弃下标, 并且假设 $w\neq 0$ (否则 $C(v,w,r,\varepsilon)$ 为空集.)

我们需要一些可测性的结论.

引理　函数 $y\mapsto Df(x,y;v,w)$ 是可测的.

证明　对于每个正整数 j, 设 $\{t_i^j\}_{i=1}^\infty$ 是 $(0,1/j)$ 中的一个可数稠密集. 则对任意的 $\alpha\in\mathbb{R}$, 有

$$\begin{aligned}&\{y\in\mathbb{R}:Df(x,y;v,w)>\alpha\}\\&=\bigcup_j\bigcap_i\left\{y\in\mathbb{R}:\frac{f(x+t_i^jv,y+t_i^jw)-f(x,y)}{t_i^j}>\alpha+\frac{1}{j}\right\}.\end{aligned}$$

右边是可测集的可数交和并, 因此其本身也是可测的. 引理得证.

现在我们请读者来证明下面的结论:

练习 4.4.17

(a) 定义在 Y 上的函数 $y\to\partial f/\partial y(x,y)$ 是可测的.

(b) (4.36) 式定义的 Y 中的子集 $C(v,w,r,\varepsilon)$ 是可测的.

现在设 $y_0\in C(v,w,r,\varepsilon)$, 即 (4.36) 式成立. 选取足够小的 $\delta>0$ 使得 $\delta<4K|w|$ 和下列的不等式成立:

$$r>Df(x,y_0;v,w)-w\frac{\partial f}{\partial y}(x,y_0)+\delta,\tag{4.37}$$

并且设 $\{t_i\}$ 是一个可以使得 $Df(x,y_0;v,w)$ 达到的序列, 即

$$\lim_{i\to\infty}\frac{f(x+t_iv,y_0+t_iw)-f(x,y_0)}{t_i}=Df(x,y_0;v,w).$$

当然, 我们也有

$$\lim_{i\to\infty}\frac{f(x,y_0+t_iw)-f(x,y_0)}{t_i}=w\frac{\partial f}{\partial y}(x,y_0).$$

这些结论结合 (4.37) 可得: 存在 i_0, 对所有的 $i \geqslant i_0$, 下列式子成立

$$\begin{aligned} r > & \frac{f\left(x+t_i v, y_0+t_i w\right)-f\left(x, y_0\right)}{t_i}-\frac{f\left(x, y_0+t_i w\right)-f\left(x, y_0\right)}{t_i}+\frac{\delta}{2} \\ = & \frac{f\left(x+t_i v, y_0+t_i w\right)-f\left(x, y_0+t_i w\right)}{t_i}+\frac{\delta}{2}. \end{aligned} \tag{4.38}$$

现在考察满足 (4.36) 式的任一点 $y \in C(v, w, r, \varepsilon)$. 在 (4.36) 中取 $t=t_i$, 对充分大的 i, 有

$$\frac{f\left(x+t_i v, y\right)-f(x, y)}{t_i}>r.$$

该式结合 (4.38) 式及 f 是 Lipschitz 的且 Lipschitz 常数为 K 可知, 对 $i \geqslant i_0$ 有

$$2K \frac{\left|y-y_0-t_i w\right|}{t_i}>\frac{\delta}{2}.$$

这说明对所有充分大的 i, 有

$$\left\{\left(y_0+t_i w\right)+\frac{\delta}{4K} t_i B\right\} \cap S=\varnothing.$$

因此设 I_i 是以 y_0 和 $y_0+t_i w$ 为端点的区间, 并且令 $C:=C(v, w, r, \varepsilon)$, 可推出 (其中 $\mathcal{L}$ 是定义在 $\mathbb{R}$ 上的 Lebesgue 测度)

$$\mathcal{L}\left\{I_i \cap C\right\} \leqslant\left(1-\frac{\delta}{4K|w|}\right) t_i|w|, \quad i \geqslant i_0.$$

所以有

$$\limsup_{i \rightarrow \infty} \frac{\mathcal{L}\left(I_i \cap C\right)}{\mathcal{L}\left(I_i\right)} \leqslant 1-\frac{\delta}{4K|w|}<1. \tag{4.39}$$

设 $g: \mathbb{R} \rightarrow \mathbb{R}$ 定义如下:

$$g(t):=\int_0^t \chi_C(s) ds=\mathcal{L}\{[0, t] \cap C\},$$

其中 χ_C 是 C 的特征函数. 则从线性积分理论可知, 对几乎所有的 t, $g'(t)$ 都存在并且与 $\chi_C(t)$ 相等. 但是结论 (4.39) 用 g 的形式来写, 即

$$\limsup_{i \rightarrow \infty} \frac{g\left(y_0+t_i w\right)-g\left(y_0\right)}{t_i w}<1.$$

所以对任意的 $y_0 \in C$, $g'\left(y_0\right)$ 不存在或者 $g'\left(y_0\right) \neq 1$. 因此 C 有 0 测度. 定理证明完成. □

Rademacher 定理

定理 4.4.16 不涉及任何关于 $\partial_D f(x,y)$ 非空性的内容; 我们现在来解决这个问题. 注意, 当 f 在 $\mathbb{R}^n$ 上是一个 Lipschitz 函数时, 对几乎所有的 x 都存在梯度 $\nabla f(x)$. 这是因为对于给定的 $(x_1, x_2, \cdots, x_{i-1}, x_i, x_{i+1}, \cdots, x_n)$, 函数

$$t \mapsto f\left(x_1, x_2, \cdots, x_{i-1}, t, x_{i+1}, \cdots, x_n\right)$$

在 $\mathbb{R}$ 上是 Lipschitz 的, 从而对几乎所有的 t, $\partial f/\partial x_i$ 都存在. 因此在 $\mathbb{R}^n$ 中, 偏导数 $\partial f/\partial x_i$ 不存在的点 x 组成的集合 Ω_i, 具有如下性质: Ω_i 与任何平行于第 i 个坐标轴的直线相交的线性测度为零. 根据 Fubini 的迭代积分定理, 得出 Ω_i 在 $\mathbb{R}^n$ 中有 0 测度. 因此, $\Omega = \bigcup_{i=1}^n \Omega_i$ 有 0 测度, 并且对所有的 $x \in \mathbb{R}^n \backslash \Omega$, $\nabla f(x)$ 都存在.

仅仅存在 $\nabla f(x)$, 并不意味着它属于 $\partial_D f(x)$, 或者甚至后者是非空的, 如练习 4.4.15 所示. 但是我们有下列结论:

推论 4.4.18 定理 4.4.16 中的 f 对几乎所有的 $x \in \mathbb{R}^n, y \in \mathbb{R}$, 有 $\nabla f(x,y) \in \partial_D f(x,y)$.

证明 这个断言在 $n=1$ 的情况下是已知的 (详见练习 4.4.15). 假设它对维数 $n \geqslant 1$ 成立, 下面将导出它对 $n+1$ 也成立. 对每个 $x \in \mathbb{R}^n$, 性质 (4.35) 对几乎处处的 y 都成立. 由此 (再从 Fubini 定理) 得出, 性质 (4.35) 几乎对所有的 $(x,y) \in \mathbb{R}^n \times \mathbb{R}$ 成立. 类似地, 通过归纳假设, 对每个 $y \in \mathbb{R}$, 对几乎所有的 x, 有

$$\nabla_x f(x,y) \in \partial_D(f(\cdot,y))(x). \tag{4.40}$$

由此得出 (4.40) 对几乎所有的 $(x,y) \in \mathbb{R}^n \times \mathbb{R}$ 都有效. 现在在 (4.35) 和 (4.40) 都成立的那组完全测度集合中取 (x,y). 则对任意的 $(v,w) \in \mathbb{R}^n \times \mathbb{R}$, 有

$$\begin{aligned}
Df(x,y;v,w) &\geqslant Df(x,y;v,0) + w\frac{\partial f}{\partial y}(x,y) \\
&\geqslant \langle \nabla_x f(x,y), v\rangle + w\frac{\partial f}{\partial y}(x,y) \\
&= \langle \nabla f(x,y), (v,w)\rangle.
\end{aligned}$$

因此 $\nabla f(x,y) \in \partial_D f(x,y)$. □

下列推论就是我们熟悉的 Rademacher 定理.

推论 4.4.19 $\mathbb{R}^n$ 上的 Lipschitz 函数几乎处处 Fréchet 可微.

证明 对 f 和 $-f$ 应用推论 4.4.18, 得到对几乎所有的 x, $\partial_D f(x)$ 和 $\partial^D f(x)$ 都是非空的. 则由练习 4.4.14 得 $f'(x)$ 都是存在的. □

我们注意到 Rademacher 定理和蕴含它的定理本质上是局部的: 它们的结论适用于在任意开集上的 Lipschitz 函数. 这一点很清楚, 因为任何有界集上的 Lipschitz 函数都可以扩展到整个空间, 从而成为全局 Lipschitz 函数 (详见问题 2.11.6).

4.5 L^2 中的集合和积分泛函

非线性分析中许多非常重要的无限维中的应用都涉及 Lebesgue 测度和积分. 在本节中, 我们将研究如下两个典型的集合和函数:

$$S := \{x \in L_n^2[a,b] : x(t) \in E(t) \text{ a.e.}\} \tag{4.41}$$

和

$$f(x) := \int_a^b \varphi(x(t))dt, \tag{4.42}$$

其中 E 是给定的多值函数, φ 是给定的实值函数, $L_n^2[a,b] =: X$ 是 $\mathbb{R}^n$ 中线段 $[a,b]$ 上平方 Lebesgue 可积函数全体构成的集合, 并且是一个 Hilbert 空间. 在此过程中, 我们将发展多值函数的可测选择理论, 并将推导经典变分法中的 Euler 方程的非光滑情形.

考虑由 (4.41) 定义的集合 S, 称之为 $L_n^2[a,b]$ 中的**单侧约束集** (unilateral constraint set).

练习 4.5.1 设 $E(t) = E$, $\forall t$, 其中 E 是 $\mathbb{R}^n$ 中的一个闭子集. 证明 S 是闭的, 以及 S 是凸的当且仅当 E 是凸的.

我们想用多值函数 $E(\cdot)$ 来刻画 S 在点 $x \in S$ 处的邻近法向量 $\zeta(\cdot) \in L_n^2[a,b]$. 因此, 设 $\zeta \in N_S^P(x)$, 那么对某个 $\sigma \geqslant 0$, 我们有

$$\langle \zeta, x' - x \rangle \leqslant \sigma \|x' - x\|^2, \quad \forall x' \in S.$$

当 L^2 内积和范数以积分形式表示时, 则有

$$\int_a^b \{\langle -\zeta(t), x'(t) - x(t) \rangle + \sigma \|x'(t) - x(t)\|^2\} dt \geqslant 0, \quad \forall x'(\cdot) \in S. \tag{4.43}$$

这个不等式对任何在 $E(\cdot)$ 中取值的可测和平方函数 $x'(\cdot)$ 都成立. 容易得出这样的结论: 积分 (几乎处处) 在 $E(t)$ 上是非负的

$$\langle -\zeta(t), x' - x(t) \rangle + \sigma \|x'(t) - x(t)\|^2 \geqslant 0, \quad \forall x' \in E(t), \text{ a.e..} \tag{4.44}$$

我们将看到, 在合适条件下, 确实容易达到上述不等式. 从 (4.43) 到 (4.44) 可以通过**可测选择** (measurable selection) 理论变得严谨起来, 我们现在暂停发展这一理论. 我们稍后将刻画 $\zeta \in N_S^P(x)$, 继续 (4.43) 的论证.

可测多值函数

如果集合

$$\Gamma^{-1}(V) := \{u \in \mathbb{R}^m : \Gamma(u) \cap V \neq \varnothing\}$$

对 $\mathbb{R}^n$ 的每个开子集 V 都是 Lebesgue 可测的, 那么将 $\mathbb{R}^m$ 映射到 $\mathbb{R}^n$ 子集的多值函数 Γ 称为可测的. 为了熟悉这一有用的概念, 建议进行以下练习.

练习 4.5.2

(a) 证明如果 Γ 是可测的, 那么其定义域 $\operatorname{dom}\Gamma := \left\{u\colon \Gamma(u) \neq \varnothing\right\}$ 是一个可测集, 而多值函数 $\widetilde{\Gamma}(u) := \operatorname{cl}\Gamma(u)$ 也是可测的.

(b) Γ 是可测的当且仅当 $\Gamma^{-1}(V)$ 对每个闭集 V (或紧集 V, 或 (开或闭) 球 V) 都是可测的.

(c) 设 $g\colon \mathbb{R}^m \times \mathbb{R}^n \to \mathbb{R}^k$ 对于每一个 $u \in \mathbb{R}^m$, $x \mapsto g(u,x)$ 是连续的, 并且对每一个 $x \in \mathbb{R}^n$, $u \mapsto g(u,x)$ 是可测的. 设 $\Gamma(u) := \{x \in \mathbb{R}^n : g(u,x) = 0\}$. 证明 Γ 是可测的. $\Bigg($提示: 设 V 是紧集, 设 $\{v_i\}$ 是 V 中的一个可数稠密集, 证明有

$$\Gamma^{-1}(V) = \bigcap_{i=1}^{\infty}\bigcup_{j=1}^{\infty}\left\{u\colon |g(u,v_j)| < \frac{1}{i}\right\}.\Bigg)$$

(d) 如果 $\Gamma(u)$ 对每个 $u \in \mathbb{R}^m$ 都是闭集, 则称 Γ 是**闭值的** (closed-valued). 证明若 Γ 是闭值的, 则 Γ 是可测的, 当且仅当对每个 $x \in \mathbb{R}^n$, $\mathbb{R}^m$ 到 $[0,\infty)$ 的映射 $u \mapsto d(x,\Gamma(u))$ 是可测的.

(e) Γ 的图 $\operatorname{gr}\Gamma := \{(u,x) \in \mathbb{R}^m \times \mathbb{R}^n\colon x \in \Gamma(u)\}$. 如果 $\operatorname{gr}\Gamma$ 是闭的, 证明 Γ 可测.

(f) 函数 $\gamma : \mathbb{R}^m \to \mathbb{R}^n$ 是可测的当且仅当多值函数 $\Gamma(u) := \{\gamma(u)\}$ 是可测的, 当 $n = 1$ 时, 当且仅当 $\Gamma(u) := [\gamma(t),\infty)$ 是可测的.

(g) 设 Γ 有闭图, 且 $\theta : \mathbb{R}^l \to \mathbb{R}^m$ 是可测的. 证明多值函数 $w \mapsto \Gamma(\theta(w))$ 是可测的. (提示: $\{w : \Gamma(\theta(w)) \cap V \neq \varnothing\} = \theta^{-1}\left(\Gamma^{-1}(V)\right)$.) 如果 $\gamma : \mathbb{R}^m \to \mathbb{R}$ 是下半连续的, 则利用 (f) 推导 $\gamma(\theta(\cdot))$ 是可测的.

(h) 如果 Γ_1 和 Γ_2 是两个闭值的可测多值函数, 那么 $\Gamma(u) := \Gamma_1(u) \cap \Gamma_2(u)$ 定义了另一个闭值可测多值函数. $\Bigg($提示: 设 V, $\{v_i\}$ 如 (c) 所示, 并观察

$$\{u\colon \Gamma(u)\cap V\neq\varnothing\}=\bigcap_{i=1}^{\infty}\bigcup_{j=1}^{\infty}\left\{u\colon d\big(v_j,\Gamma_1(u)\big)+d\big(v_j,\Gamma_2(u)\big)<\frac{1}{i}\right\}.\Big)$$

(i) 设 g 如 (c) 所示, $k=1$. 证明对于任意标量 c 和 d, 下面的多值函数是可测的:

$$\Gamma(u):=\{x\in\mathbb{R}^n: c\leqslant g(u,x)\leqslant d\}.$$

定理 4.5.3 (可测选择) 设 Γ 是闭值的且可测的. 那么存在一个可测函数 γ, 使得

$$\gamma(u)\in\Gamma(u),\quad \forall u\in\operatorname{dom}\Gamma.$$

证明 设 $\Delta:=\operatorname{dom}\Gamma$. 我们首先注意到, 因为

$$\big\{s\in\Delta: d_{\Gamma(s)}(\zeta)\leqslant\alpha\big\}=\big\{s\in\Delta{:}\Gamma(s)\cap[\zeta+\alpha\bar{B}]\neq\varnothing\big\},$$

对任意 $\zeta\in\mathbb{R}^n$, 函数 $s\mapsto d_{\Gamma(s)}(\zeta)$ 在 Δ 上是可测的 (其中 $d_{\Gamma(s)}$ 像通常一样是欧氏距离函数). 现在设 $\{\zeta_i\}$ 是 $\mathbb{R}^n$ 的一个可数稠密子集, 并定义函数 $\gamma_0:\Delta\to\mathbb{R}^n$ 如下:

$$\gamma_0(s)=\text{第一个}\ \zeta_i,\ \text{使得}\ d_{\Gamma(s)}(\zeta_i)\leqslant 1.$$

引理 函数 $s\mapsto\gamma_0(s)$ 和 $s\mapsto d_{\Gamma(s)}\big(\gamma_0(s)\big)$ 是可测的.

证明 观察到 γ_0 的取值是可数的, 并且对每个 i 有

$$\{s\colon \gamma_0(s)=\zeta_i\}=\bigcap_j\{s\colon d_{\Gamma(s)}(\zeta_j)>1\}\cap\{s\colon d_{\Gamma(s)}(\zeta_i)\leqslant 1\},$$

其中交集是关于 $j=1,\cdots,i-1$. 这意味着 γ_0 是可测的. 为了完成对这一引理的证明, 我们只需注意

$$\big\{s\colon d_{\Gamma(s)}\big(\gamma_0(s)\big)>\alpha\big\}=\bigcup_j\big[\{s\colon \gamma_0(s)=\zeta_j\}\cap\big\{s\colon d_{\Gamma(s)}(\zeta_j)>\alpha\big\}\big],$$

其中并集是关于正整数 j 的.

我们继续上述过程, 为每个整数 i 定义一个函数 γ_{i+1}, 使得 $\gamma_{i+1}(s)$ 是下面两个条件都成立的第一个 ζ_j:

$$\|\zeta_j-\gamma_i(s)\|\leqslant\frac{2}{3}d_{\Gamma(s)}\big(\gamma_i(s)\big),\quad d_{\Gamma(s)}(\zeta_j)\leqslant\frac{2}{3}d_{\Gamma(s)}\big(\gamma_i(s)\big).$$

由此可见, 每个 γ_i 都是可测的. 此外, 可以得到以下不等式:

$$d_{\Gamma(s)}\big(\gamma_{i+1}(s)\big)\leqslant\left(\frac{2}{3}\right)^i d_{\Gamma(s)}\big(\gamma_0(s)\big)\leqslant\left(\frac{2}{3}\right)^i$$

和 $\|\gamma_{i+1}(s)-\gamma_i(s)\| \leqslant \left(\dfrac{2}{3}\right)^{i+1}$. 由此可见, 对每个 s, $\{\gamma_i(s)\}$ 都是收敛到某个 $\{\gamma(s)\}$ 的 Cauchy 序列, 并且 γ 是 Γ 的可测选择. □

练习 4.5.4

(a) 设 $\varphi:\mathbb{R}^n\to\mathbb{R}$ 是一个 Lipschitz 函数, $x(t)$ 是一个从 $\mathbb{R}$ 到 $\mathbb{R}^n$ 的可测映射. 证明多值函数 $t\mapsto\partial_L\varphi(x(t))$ 和 $t\mapsto\partial_C\varphi(x(t))$ 是可测的.

(b) 设从 $\mathbb{R}$ 到 $\mathbb{R}^n$ 的多值函数 Γ 是紧值的且可测的, 设 $v:\mathbb{R}\to\mathbb{R}^n$ 是可测的. 证明 Γ 存在一个可测的选择 γ, 使得对所有 $t\in\operatorname{dom}\Gamma$ 有

$$\langle\gamma(t),v(t)\rangle=\max\{\langle\gamma',v(t)\rangle:\gamma'\in\Gamma(t)\}.$$

下列结论中, 多值函数 $E(\cdot)$ 和 $L_n^2[a,b]$ 的子集 S 的关系如 (4.41) 所示.

推论 4.5.5 设 $g:[a,b]\times\mathbb{R}^n\to\mathbb{R}$ 使得对每个 x, $t\mapsto g(t,x)$ 都是可测的, 且对几乎每个 t, $x\mapsto g(t,x)$ 是连续的. 设多值函数 $E(\cdot)$ 是可测的且有闭值. 假设只要 $x(\cdot)$ 属于 S 且积分已定义, 我们就有

$$\int_a^b g\left(t,x(t)\right)dt\geqslant 0.$$

并且假设对某个 $x(\cdot)\in S$, 我们有 $g\big(t,x_0(t)\big)=0$ a.e.. 则有

$$g(t,x)\geqslant 0,\quad \forall x\in E(t),\ t \text{ a.e.}.$$

证明 只需证明, 对任意 $k>0$, 下面的集合的测度为 0:

$$\big\{t\text{: 对某个 } x\in E(t)\cap\overline{B}(0;k), \text{我们有 } -k\leqslant g(t,x)\leqslant -1/k\big\}.$$

如果情况不是这样, 那么下面的多值函数 Γ 的定义域测度为正:

$$\Gamma(t):=\big\{x\in E(t)\cap\bar{B}(0,k)\text{: } -k\leqslant g(t,x)\leqslant -1/k\big\}.$$

此外, 根据练习 4.5.2(h,i), Γ 是可测的. 我们引用定理 4.5.3, 即可测选择定理, 推导出 $\operatorname{dom}\Gamma$ 上存在一个 Γ 的选择 $x(\cdot)$. 我们通过定义 $x(t)=x_0(t)$, 将 $x(\cdot)$ 扩展到 $[a,b]$ 上. 那么 $x(\cdot)$ 属于 S, 函数 $x\mapsto g(t,x(t))$ 是可积的, 并且它在 $[a,b]$ 上的积分小于 0. 矛盾. □

现在回到不等式 (4.43), 并假定 $E(\cdot)$ 是可测的且有闭值, 我们准备继续分析 $N_S^P(x)$.

练习 4.5.6 证明如果 (4.43) 成立, 那么 (4.44) 也成立, 因此

$$\zeta(t)\in N_{E(t)}^P\left(x(t)\right) \text{ a.e.}.$$

我们得到的条件 (4.44) 不同于点式包含 $\zeta(t) \in N^P_{E(t)}\big(x(t)\big)$ 的一个重要方面为: 后者意味着对几乎所有 t, 都存在 $\sigma(t) \geqslant 0$, 使得

$$\langle -\zeta(t), x' - x(t)\rangle + \sigma(t)\|x' - x(t)\|^2 \geqslant 0, \quad \forall x' \in E(t).$$

但在 (4.44) 中, 出现了与 t 无关的 σ. 考虑到这一点, 让我们用 $N^{P,\sigma}_E(x)$ 表示那些满足如下不等式的 ζ,

$$\langle \zeta, x' - x\rangle \leqslant \sigma\|x' - x\|^2, \quad \forall x' \in E.$$

命题 4.5.7 $\zeta \in N^P_S(x)$ 当且仅当对某个 $\sigma \geqslant 0$, 有

$$\zeta(t) \in N^{P,\sigma}_{E(t)}\left(x(t)\right) \text{ a.e..}$$

练习 4.5.8 证明命题 4.5.7.

积分泛函

现在我们来看看定义在 $X := L^2_n[a,b]$ 上的积分函数

$$f(x) := \int_a^b \varphi\big(x(t)\big)dt,$$

为简单起见, 我们假设 φ 是 $\mathbb{R}^n$ 上的全局 Lipschitz 函数, 具有 Lipschitz 常数 K.

练习 4.5.9 证明 f 在 X 上是良定的且有限, 并是全局 Lipschitz 的且 Lipschitz 常数为 $K(b-a)^{1/2}$.

我们的第一个兴趣点是研究 $\partial_P f$. 因此, 设 $\zeta \in \partial_P f(x)$, 并写出相应的邻近次梯度不等式: 对于某个 $\sigma \geqslant 0$ 和 $\eta > 0$, 我们有

$$\int_a^b \Big\{\varphi\big(y(t)\big) - \varphi\big(x(t)\big) + \sigma\big\|y(t) - x(t)\big\|^2 - \big\langle \zeta(t), y(t) - x(t)\big\rangle\Big\} dt \geqslant 0, \tag{4.45}$$

其中 $\|y - x\| < \eta$. 从中可以得出什么结论呢?

定理 4.5.10 如果 $\zeta \in \partial_P f(x)$, 则 $\zeta(t) \in \partial_P \varphi\big(x(t)\big)$ a.e..

我们注意到, 该定理意味着, 对任何 $v(\cdot) \in X$, 我们都有

$$\langle \zeta, v\rangle = \int_a^b \langle \zeta(t), v(t)\rangle\, dt,$$

其中 $\zeta(t) \in \partial_P \varphi\big(x(t)\big)$ a.e. 用简略的符号表示, 可以写成 $\partial_P \displaystyle\int \varphi = \int \partial_P \varphi$, 这揭示了该命题类似 "积分微分可交换顺序".

证明 任取 $M>0$. 我们将证明, 对几乎所有的 t, 有

$$\varphi(y)-\varphi\big(x(t)\big)+\sigma\big\|y-x(t)\big\|^2-\big\langle\zeta(t),y-x(t)\big\rangle\geqslant 0,\quad \forall y\in M\bar{B}. \tag{4.46}$$

由于 M 是任意的, 因此可以得出我们想要的结论. 在 (a,b) 中选取 c,d 且 $c<d$, 使得

$$M(d-c)^{1/2}+\left\{\int_c^d \|x(t)\|^2\,dt\right\}^{1/2}<\eta,$$

其中 η 的定义在不等式 (4.45) 中. 我们定义

$$\hat{\varphi}(t,y):=\begin{cases}0, & 若\, t\notin[c,d],\\ \varphi(y)-\varphi\big(x(t)\big)+\sigma\big\|y-x(t)\big\|^2-\big\langle\zeta(t),y-x(t)\big\rangle, & 若\, t\in[c,d].\end{cases}$$

设 $E:=M\bar{B}$, $y(\cdot)$ 是 $L_n^2[a,b]$ 中的任意元素且满足 $y(t)\in E$ a.e.. 那么, 如果定义 $\hat{y}\in X$,

$$\hat{y}(t):=\begin{cases}x(t), & 若\, t\notin[c,d],\\ y(t), & 若\, t\in[c,d],\end{cases}$$

我们有

$$\begin{aligned}\|\hat{y}-x\|&=\left\{\int_c^d \|y(t)-x(t)\|^2dt\right\}^{1/2}\\ &\leqslant\left\{\int_c^d \|y(t)\|^2dt\right\}^{1/2}+\left\{\int_c^d \|x(t)\|^2dt\right\}^{1/2}\\ &\leqslant M(d-c)^{1/2}+\left\{\int_c^d \|x(t)\|^2dt\right\}^{1/2}<\eta.\end{aligned}$$

因此, 根据 (4.45) 得出

$$\begin{aligned}&\int_a^b \hat{\varphi}\big(t,y(t)\big)dt=\int_c^d \hat{\varphi}\big(t,y(t)\big)dt\\ =&\int_c^d \Big\{\varphi\big(y(t)\big)-\varphi\big(x(t)\big)+\sigma\big\|y(t)-x(t)\big\|^2-\big\langle\zeta(t),y(t)-x(t)\big\rangle\Big\}\,dt\\ =&\int_a^b \Big\{\varphi\big(\hat{y}(t)\big)-\varphi\big(x(t)\big)+\sigma\big\|\hat{y}(t)-x(t)\big\|^2-\big\langle\zeta(t),\hat{y}(t)-x(t)\big\rangle\Big\}\,dt\\ \geqslant& 0.\end{aligned}$$

注意到 $\hat{\varphi}\big(t,x(t)\big)=0$ a.e.. 由于 $\hat{\varphi}$ 关于 t 是可测的且关于 y 是连续的, 所以从推论 4.5.5 可得, 对几乎处处的 t, 我们有

$$\hat{\varphi}(t,y)\geqslant 0,\quad \forall y\in E=M\bar{B}.$$

因此, (4.46) 在 $t\in[c,d]$ a.e. 成立. 由于 $[c,d]$ 是 $[a,b]$ 的任意一个子区间, 所以 (4.46) 在 $[a,b]$ 上几乎处处成立. □

练习 4.5.11

(a) 设 $\partial_P^\sigma\varphi(x)$ 表示 "系数为 σ 的全局邻近次梯度", 即满足

$$\varphi(y)-\varphi(x)+\sigma\|y-x\|^2\geqslant\langle\zeta,y-x\rangle,\quad \forall y\in\mathbb{R}^n.$$

证明在定理 4.5.10 中, 该结论可以被加强为 $\zeta(t)\in\partial_P^\sigma\varphi(x(t))$ a.e.. 相反地, 最后一个性质 (对于给定的 $\sigma\geqslant 0$) 意味着 ζ 属于 $\partial_P f(x)$.

(b) 如果 $\zeta\in\partial_P\varphi(x)$, 则证明对某个 $\sigma>0$, 我们实际上有 $\zeta\in\partial_P^\sigma\varphi(x)$. (这将用到 φ 的全局 Lipschitz 假设.)

该练习表明, 对条件 $\zeta(t)\in\partial_P\varphi(x(t))$ 的全局和一致性刻画需要蕴含 $\zeta\in\partial_P f(x)$. 尽管如此, 对定理 4.5.10 的逆命题的近似如下.

命题 4.5.12 设 $\zeta\in L_n^2[a,b]$ 使得 $\zeta(t)\in\partial_P\varphi(x(t))$ a.e.. 那么对任意 $\varepsilon>0$, 存在 $x'\in X$ 和 $\zeta'\in\partial_P f(x')$ 且 $\|\zeta'-\zeta\|<\varepsilon$, $\|x'-x\|<\varepsilon$.

证明 根据练习 4.5.11(b), 对几乎每个 t 都存在一个数 $\sigma(t)$, 使得

$$\zeta(t)\in\partial_P^{\sigma(t)}\varphi\big(x(t)\big)\text{ a.e..}$$

事实上, 让我们取 $\sigma(t)$ 等于第一个正整数 k, 使得 $\zeta(t)\in\partial_P^k\varphi\big(x(t)\big)$. 则对于任意正整数 k, 我们有

$$\{t\in[a,b]:\sigma(t)=k\}=\Big\{t\colon \varphi(y)-\varphi\big(x(t)\big)+k\big\|y-x(t)\big\|^2\geqslant\big\langle\zeta(t),y-x(t)\big\rangle,\ \forall y\in\mathbb{R}^n\Big\},$$

$$\bigcap_{j=1}^{k-1}\Big\{t\colon \varphi(y)-\varphi\big(x(t)\big)+j\big\|y-x(t)\big\|^2<\big\langle\zeta(t),y-x(t)\big\rangle\text{ 对某个 }y\in\mathbb{R}^n\Big\}.$$

这意味着函数 $\sigma(\cdot)$ 是可测的. 现在设 $(\bar{x},\bar{\zeta},\bar{\sigma})$ 是任意满足 $\bar{\zeta}\in\partial_P^{\bar{\sigma}}\varphi(\bar{x})$ 的三元组 (为什么会有这样的三元组?). 对每一个 $M>\bar{\sigma}$, 设 $\Omega_M:=\{t:\sigma(t)<M\}$, 并定义

$$x'(t)=\begin{cases}x(t), & \text{若 }t\in\Omega_M,\\ \bar{x}, & \text{否则},\end{cases}\qquad \zeta'(t)=\begin{cases}\zeta(t), & \text{若 }t\in\Omega_M,\\ \bar{\zeta}, & \text{否则}.\end{cases}$$

则对几乎处处的 t, $\zeta'(t) \in \partial_P^M \varphi\big(x'(t)\big)$. 因此根据练习 4.5.11(a) 有 $\zeta' \in \partial_P f\big(x'\big)$. 因为当 $M \to \infty$ 时, Ω_M 的测度趋于 $(b-a)$, 所以当 $M \to \infty$ 时, $x' \to x$ 且 $\zeta' \to \zeta \in X$. 证明的最后一步, 请读者自行验证. □

凸性性质

如上所述, 积分函数 f 的邻近次梯度与生成的被积函数 φ 的邻近次梯度非常接近. 现在我们来考虑极限次微分 $\partial_L f(x)$. 在下面的定理 4.5.18 中可发现从 $\partial_P f$ 生成 $\partial_L f$ 的弱闭包操作中的一个有趣的凸性性质. 为了理解这一性质, 考虑一个自然的猜想: 如果 $\zeta \in \partial_L f(x)$, 那么 $\zeta(t) \in \partial_L \varphi(x(t))$ a.e.. (我们称其为“自然”, 是因为当 ∂_L 被 ∂_P 取代时, 我们已经确定了这一事实). 事实证明, 这个猜想是错误的, 下面的例子将会解释其中的原因.

练习 4.5.13 设 $\varphi(x) = -|x|$, $n = 1$. 构造 X 中收敛到 0 的序列 x_i, 且满足 $\zeta_i \in \partial_P f(x_i)$, 使得 $\{\zeta_i\}$ 弱收敛到 0. 由此可见, $0 \in \partial_L f(0)$, 但 0 并不属于 $\partial_L \varphi(0) = \{-1, 1\}$. 在 $[0,1]$ 上定义一个函数 $x_i(t)$, 在子区间 $\left(\dfrac{k}{i}, \dfrac{k+1}{i}\right)$ 内令 $x_i(t) = \dfrac{1}{i}$, 其中 k 是 $[0, i-1]$ 中的偶整数; 而在其他地方 $x_i(t) = \dfrac{-1}{i}$. 那么有 $x_i \to 0$. 设 $\zeta_i(t) = \dfrac{-x_i(t)}{|x_i(t)|}$.

(a) 证明 ζ_i 在 X 中弱收敛到 0.

(b) 证明 $\zeta_i \in \partial_P f(x_i)$ (利用练习 4.5.11).

在前面的例子中, 虽然 $0 \notin \partial_L \varphi(0) = \{-1, 1\}$, 但确实有 $0 \in \operatorname{co} \partial_L \varphi(0) = \partial_C \varphi(0)$. 下面将根据这些思路得出一个一般性结论.

分析的关键在于积分相对于测度的一种凸化性质. 这一现象最早由 A. M. Lyapunov 发现, 但在 Aumann 的一个定理中得到了特别清晰的体现.

对多值函数 $F: [a,b] \rightrightarrows \mathbb{R}^n$, 如果存在一个函数 $k \in L_1^2[a,b]$ 使得

$$\|v\| \leqslant k(t) \ \forall v \in F(t) \text{ a.e.},$$

则称 F 为 L^2-有界的.

用 $\operatorname{co} F$ 表示在 t 点处的值为 $\operatorname{co} F(t)$ 的多值函数. $\int F$ 表示形式为 $\int_a^b f(t)dt$ 的值组成的一个集合, 其中 $f(\cdot)$ 是 F 的可积选择.

练习 4.5.14 设 (4.41) 中的多值函数 $E(\cdot)$ 是 L^2-有界的, 并具有凸闭值. 证明其可测选择的集合 S 是弱紧的, 并且 $\int E$ 是 $\mathbb{R}^n$ 中的一个紧凸子集.

定理 4.5.15 (Aumann)　设多值函数 $F:[a,b]\rightrightarrows\mathbb{R}^n$ 是可测的且是 L^2-有界的, 其有闭值且非空, 则有

$$\int F=\int \mathrm{co}\, F.$$

证明　步骤 1. 证明 $\int \mathrm{co}\, F$ 中的任何一点 ξ 属于 $\int F$. 不失一般性, 取 $\xi=0$. 练习 4.5.14 表明 $\int \mathrm{co}\, F$ 是凸紧的. 其维度 K 定义为包含它的最小子空间 $L\subseteq\mathbb{R}^n$ 的维度. 如果 $K=0$, 则 $\int \mathrm{co}\, F$ 是一个点且一定与 $\int F$ 重合. 因为根据可测选择定理 (定理 4.5.3), 后者是非空的. 因此, 我们可以假设 $K\geqslant 1$, 并且对于 $\dim\int \mathrm{co}\, G\leqslant K-1$ 的多值函数 G, 本定理是成立的. 下面证明将采用归纳法.

步骤 2. 假设 0 不在 $\int \mathrm{co}\, F$ 的相对内部 (即相对于 L 的内部). 那么在 L 中有一个非零向量 d 是 $\int \mathrm{co}\, F$ 在 0 处的法线, 即

$$\langle d,w\rangle\leqslant 0,\quad \forall w\in\int \mathrm{co}\, F.$$

设 S 是 $\mathrm{co}\, F$ 在 $[a,b]$ 上的可测 (必然是平方可积的) 选择集合, 设 $s_0\in S$ 且满足 $\int_a^b s_0(t)dt=0$. 那么

$$\int_a^b\langle d,s(t)\rangle dt\leqslant 0=\int_a^b\langle d,s_0(t)\rangle dt,\quad \forall s\in S.$$

设 $H(\cdot;F(t))$ 表示 $F(t)$ 或 $\mathrm{co}\, F(t)$ 的上支撑函数:

$$H\left(x;F(t)\right):=\max\left\{\langle x,f\rangle:f\in F(t)\right\}.$$

根据练习 4.5.4(b), 我们可得

$$\max_{s\in S}\int_a^b\langle d,s(t)\rangle dt=\int_a^b H\left(d;F(t)\right)dt.$$

由此推断

$$\int_a^b\langle d,s_0(t)\rangle dt\leqslant\int_a^b H\left(d;F(t)\right)dt\leqslant 0=\int_a^b\langle d,s_0(t)\rangle dt.$$

因此

$$H(d;F(t)) = \langle d, s_0(t)\rangle \text{ a.e..}$$

让我们定义一个新的多值函数 $\widetilde{F}$:

$$\widetilde{F}(t) := \{f \in F(t) : \langle f, d\rangle = H(d;F(t))\}. \qquad \square$$

练习 4.5.16 证明 $\widetilde{F}$ 是非空闭值的, 在 $[a,b]$ 上可测, 且 $s_0(t) \in \operatorname{co}\widetilde{F}(t)$ a.e..

由此可见, $\widetilde{F}$ 满足定理的所有假设且 $0 \in \int \operatorname{co}\widetilde{F}$. 进一步 $\left\langle d, \int \operatorname{co}\widetilde{F}\right\rangle = \int_a^b H(d;F(t))dt = 0$, 因此 $\dim \int \operatorname{co}\widetilde{F} \leqslant K-1$. 根据归纳假设, $0 \in \int \widetilde{F} \subseteq \int F$, 这就是所需的结论.

步骤 3. 我们在步骤 2 中看到, 如果 0 不在 $\int \operatorname{co} F$ 的相对内部, 那么我们就可以通过某种构造来降低维数, 并援引归纳假设得出结论. 剩下的情况是对某个 $\delta > 0$, 0 的 δ 邻域 (在 L 中) 包含于 $\int \operatorname{co} F$ 中.

选择任意一个非零向量 d_1, 并在 $\mathbb{R}^n \times X$ 上定义 Φ_1 如下:

$$\Phi_1(x,s) := \int_a^b \langle d_1 t + x, s(t)\rangle dt.$$

给定 $\mathbb{R}^n$ 中的任意 x, 将 x 表示为 $y+c$, 其中 $y \in L$, $c \in L^\perp$, 那么对某个与 x 无关的 k 有

$$\begin{aligned}\max_{s\in S}\Phi_1(x,s) &= \max_{s\in S}\Phi_1(y,s) \quad \left(\text{因为} \int \operatorname{co} F \subseteq L \text{和} \, c \in L^\perp\right)\\ &= \max_{s\in S}\int_a^b \langle d_1 t + y, s(t)\rangle dt\\ &\leqslant \delta\|y\| + k.\end{aligned}$$

由此可得函数

$$x \mapsto \max_{s\in S}\Phi_1(x,s)$$

在 $\mathbb{R}^n$ 上有一个最小值, 设最优解为 x_1.

S 是弱紧 (练习 4.5.14) 这一事实允许我们引用极小极大定理 (参见 [A2]) 知: 存在 $s_0 \in S$, 使得

$$\max_{x\in\mathbb{R}^n}\Phi_1(x,s_0)=\max_{s\in S}\min_{x\in\mathbb{R}^n}\Phi_1(x,s)=\min_{x\in\mathbb{R}^n}\max_{s\in S}\Phi_1(x,s)$$
$$=\max_{s\in S}\Phi_1(x_1,s).$$

由此可见, (x_1,s_0) 是 Φ_1 相对于 $\mathbb{R}^n\times S$ 的鞍点, 因此函数 $\Phi_1(\cdot,s_0)$ 在 x_1 处取得最小值. 根据最优性条件得 $\int_a^b s_0(t)dt=0$. 另一个鞍点不等式推断 $\Phi_1(x_1,\cdot)$ 在 s_0 处关于 S 取得最大值. 由于

$$\max_{s\in S}\Phi_1(x_1,\cdot)=\int_a^b H(d_1t+x_1;F(t))dt=\Phi_1(x_1,s_0)$$

(由练习 4.5.4(b)), 所以

$$H\left(d_1t+x_1;F(t)\right)=\langle d_1t+x_1,s_0(t)\rangle \text{ a.e..}$$

现在定义

$$F_1(t):=\left\{f\in F(t)\colon H\big(d_1t+x_1;F(t)\big)=\langle d_1t+x_1,f\rangle\right\}.$$

我们可以确认 F_1 满足与 F 相同的假设, 并且 $s_0(t)\in \mathrm{co}F_1(t)$ a.e., 由此得 $0\in\int \mathrm{co}\,F_1$.

现在重新开始步骤 2 或步骤 3, 用 F_1 代替 F. 如果步骤 2 适用, 因为 $\int F_1\subseteq\int F$, 定理证明完成; 如果不适用, 我们再次执行步骤 3, 这次使用与 d_1 线性无关的向量 d_2. 这将产生一个新函数 Φ_2, 它的一个鞍点为 (x_2,s_1), 以及产生一个相应的多值函数 $F_2\subseteq F_1$, 它的所有的点 f 满足

$$\langle d_2t+x_2,f\rangle=H\big(d_2t+x_2;F_1(t)\big) \text{ a.e.,}$$

并且有 $0\in\int \mathrm{co}\,F_2$.

该过程将继续, 直到执行步骤 2 或执行步骤 3 经过 n 次为止. 在后一种情况下, 我们将定义一个多值函数 $F_n\subseteq F$ 且使得 $0\in\int \mathrm{co}\,F_2$ 并且对几乎所有的 t, $F_n(t)$ 中的每个 f 满足 (用 F_0 代表 F):

$$\langle d_it+x_i,f\rangle=H\big(d_it+x_i;F_{i-1}(t)\big)\quad(i=1,2,\cdots,n).$$

用矩阵表示, 可以写成以下形式

$$(Dt+M)f=\Sigma(t),$$

其中 $n\times n$ 的矩阵 D 是可逆的 (因为它的行之间是线性无关的). 由于 $Dt+M$ 在除了那些 (有限多的)$-D^{-1}M$ 的特征值 t 以外是可逆的, 所以 $F_n(t)$ 几乎处处是一个单点. 因此我们有 $0\in\int \operatorname{co}F_n=\int F_n\subseteq\int F$.

练习 4.5.17 在定理 4.5.16 的假设下, 我们将证明以下推论: 设 $\gamma(\cdot)$ 是 $\operatorname{co}F$ 在 $[a,b]$ 上的可测选择, 则存在一个 F 的可测选择序列 $\{f_i\}$, 该序列弱收敛到 γ.

(a) 对于每个正整数 N, 设 $a=:t_0<t_1<\cdots<t_N:=b$ 是 $[a,b]$ 的一个均匀划分; 引用定理 4.5.16 证明 F 在 $[a,b]$ 上存在一个选择 f_N, 使得

$$\int_{t_i}^{t_{i+1}} f_N(t)dt=\int_{t_i}^{t_{i+1}}\gamma(t)dt \quad (i=0,1,\cdots,N-1).$$

(b) 证明序列 $\{f_N\}$ 存在一个弱收敛到某个极限 ζ 的子序列 $\{f_{N_i}\}$ (见练习 4.5.14). 然后证明 ζ 一定是 γ. (提示: 用分部积分法研究当 g 是光滑函数时 $\langle f_{N_i},g\rangle$ 的收敛性.)

现在我们回到对 $\partial_L f$ 的分析, 其中

$$f(x)=\int_a^b\varphi(x(t))\,dt.$$

仍然采用定理 4.5.10 中的假设.

定理 4.5.18 f 的极限次微分与 f 的广义梯度重合, 且有

$$\partial_L f(x)=\partial_C f(x)=\big\{\zeta\in L_n^2[a,b]\colon \zeta(t)\in\partial_C\varphi\big(x(t)\big)\text{ a.e.}\big\}.$$

证明 我们设

$$\Lambda:=\left\{\zeta=\operatorname*{w-lim}_{i\to\infty}\zeta_i\colon \zeta_i(t)\in\partial_L\varphi\big(x(t)\big)\text{ a.e.}\right\}.$$

将依次建立以下三种关系:

$$\partial_C f(x)\subseteq\{\zeta\colon\zeta(t)\in\partial_C\varphi(x(t))\text{ a.e.}\}\subseteq\Lambda\subseteq\partial_L f(x).$$

因为 $\partial_L f(x)\subseteq\partial_C f(x)$, 这显然意味着定理成立. 集合

$$\Big\{\zeta\colon\zeta(t)\in\partial_C\varphi(x(t))\text{ a.e.}\Big\}$$

在 X 中是凸且弱紧的 (见练习 4.5.14), $\partial_C f(x)$ 也是如此. 因此, 第一个关系可以通过支撑函数证明; 它相当于证明对于任意 $v\in X$, 我们有

$$f^\circ(x;v)\leqslant\max\{\langle v,\zeta\rangle\colon\zeta(t)\in\partial_C\varphi\big(x(t)\big)\text{ a.e.}\}.$$

设 $\{x_i\}$ 是 X 中收敛到 x 的序列, $\{\lambda_i\}$ 是收敛到 0 的正序列, 使得

$$f^\circ(x;v) = \lim_{i\to\infty} \frac{f(x_i+\lambda_i v) - f(x_i)}{\lambda_i}.$$

极限可以写成

$$\begin{aligned}\lim_{i\to\infty}\int_a^b \frac{\varphi(x_i(t)+\lambda_i v(t))-\varphi(x_i(t))}{\lambda_i}dt &\leqslant \int_a^b \limsup_{i\to\infty}\frac{\varphi(x_i(t)+\lambda_i v(t))-\varphi(x_i(t))}{\lambda_i}dt \\ &\leqslant \int_a^b \varphi^\circ\left(x(t);v(t)\right)dt\end{aligned}$$

(因为 $x_i(t)\to x(t)$ a.e.). 通过练习 4.5.4(b), 存在 $\partial_C\varphi(x(\cdot))$ 的可测量选择 $\zeta(\cdot)$, 使得 $\langle\zeta(t),v(t)\rangle = \varphi^\circ\left(x(t);v(t)\right)$ a.e., 那么

$$\int_a^b \varphi^\circ\left(x(t);v(t)\right)dt = \langle\zeta,v\rangle,$$

这证明了上述三个关系中的第一个.

因为 $\partial_C\varphi\big(x(t)\big) = \operatorname{co}\partial_L\varphi\big(x(t)\big)$, 第二个关系由练习 4.5.17 得到.

对于第三个关系. 设 $\zeta = \text{w-}\lim_{i\to\infty}\zeta_i$, 其中 $\zeta_i(t)\in\partial_L\varphi(x(t))$ a.e.. 我们想证明 $\zeta\in\partial_L f(x)$. 正如在习题 1.11.28 中观察到的, 在 $\mathbb{R}^n\times\mathbb{R}^n$ (不依赖于 t) 中有一个可数集 C, 它包含点 (ξ,y), 其中 $\xi\in\partial_P\varphi(y)$, 使得对每一个 t, 我们有

$$\partial_L\varphi\big(x(t)\big) = \Big\{\lim_{k\to\infty}\xi_k\colon (\xi_k,y_k)\in C,\ \lim_{k\to\infty}y_k = x(t)\Big\}.$$

对于 C 中的给定序列 $\{(\xi_j,y_j)\}$, 设 $j_i(t)$ 是满足下列不等式中的第一个 j,

$$\|\xi_j-\zeta_i(t)\| < i^{-1} \quad 和 \quad \|y_j - x(t)\| < i^{-1}.$$

设 $\tilde{x}_i(t) := y_{j_i(t)}$, $\tilde{\zeta}_i(t) := \xi_{j_i(t)}$. 那么 $\tilde{x}_i(\cdot)$ 和 $\tilde{\zeta}_i(\cdot)$ 都是可测的, 并且 $\tilde{\zeta}_i(t)\in\partial_P\varphi\big(\tilde{x}_i(t)\big)$ a.e.. 根据命题 4.5.12, X 中存在 x_i' 和 ζ_i', 使得

$$\|x_i'-\tilde{x}_i\| < i^{-1}, \quad \|\zeta_i'-\tilde{\zeta}_i\| < i^{-1}, \quad \zeta_i'\in\partial_P f(x_i').$$

因此 $\{\zeta_i'\}$ 弱收敛到 ζ, $\{x_i'\}$ 强收敛到 x. 因为 f 是 Lipschitz 的, 所以 $f(x_i')\to f(x)$. 于是根据定义得 $\zeta\in\partial f(x)$. □

练习 4.5.19 对于 $X := L_n^2[a,b]$ 上的每个 Lipschitz 泛函 f 来说, $\partial_L f(x)$ 并不都是凸的. 在函数 $n=1$ 时, 验证 $f(x) := -\left|\int_0^1 x(t)dt\right|$ 的 $\partial_L f(x)$ 不是凸的.

变分法中的一个问题

回顾一下绝对连续的定义. 如果存在某个可积函数 v 使得

$$x(t) = x_0 + \int_a^t v(s)ds,$$

则称函数 $x:[a,b] \to \mathbb{R}^n$ **是绝对连续的**. 那么有 $\dot{x}(t) := \dfrac{dx(t)}{dt} = v(t)$ a.e.. 我们现在考虑下列最小化泛函的变分问题

$$\ell\big(x(b)\big) + \int_a^b \varphi\big(x(t), \dot{x}(t)\big)dt,$$

其中, 绝对连续函数 $x:[a,b] \to \mathbb{R}^n$ 是满足 $x(0) = x_0$ 的自变量, 点 x_0、区间 $[a,b]$、函数 $\ell:\mathbb{R}^n \to \mathbb{R}$ (局部 Lipschitz) 和函数 $\varphi:\mathbb{R}^n \times \mathbb{R}^n \to \mathbb{R}$ (全局 Lipschitz) 都是事先给定的.

我们的目标是推导最优性必要条件. 让我们重新表述这个问题, 以便使结果的相关性更加明显. 我们定义 $L^2_{2n}[a,b]$ 的子集 A:

$$A := \left\{(u,v) \in L^2_n[a,b] \times L^2_n[a,b] : u(t) = x_0 + \int_a^t v(s)ds, t \in [a,b]\right\}.$$

我们注意到 A 是一个闭凸集. 现在在 $L^2_{2n}[a,b]$ 上定义 f_1, f_2 如下:

$$f_1(u,v) := \ell\left(x_0 + \int_a^b v(t)dt\right), \quad f_2(u,v) := \int_a^b \varphi\left(u(t), v(t)\right)dt.$$

因此, 问题转变为

$$\text{minimize}\{f_1(u,v) + f_2(u,v) : (u,v) \in A\}.$$

我们在定理 4.5.18 中刻画了 $\partial_L f_2$; 至于 $\partial_L f_1$, 我们有:

练习 4.5.20 泛函 f_1 在 $L^2_{2n}[a,b]$ 上是局部 Lipschitz 的. 如果 $(\theta,\zeta) \in \partial_L f_1(u,v)$, 那么 $\theta = 0$, 并且对某个 $\zeta_0 \in \partial_L \ell\left(x_0 + \int_a^b v(t)dt\right)$, 我们有 $\zeta(t) = \zeta_0$ a.e..

我们需要的最后一个结论是 19 世纪的一个著名结果.

命题 4.5.21 (Dubois-Reymond 引理) 设 $(\zeta,\xi) \in N^P_A(u,v)$. 那么

$$\xi(t) = -\int_t^b \zeta(s)ds, \quad a \leqslant t \leqslant b,$$

所以 ξ 是绝对连续的, 并且满足 $\xi(b)=0$.

证明 我们注意到, 由于 A 是凸的, 正规锥 N_A^P, N_A^L 和 N_A^C 重合. 法向量 (ζ,ξ) 满足

$$\langle(\zeta,\xi),(u',v')\rangle \leqslant \langle(\zeta,\xi),(u,v)\rangle, \quad \forall (u',v')\in A,$$

可以写成

$$\int_a^b \{\zeta(t)\cdot(u'(t)-u(t))+\xi(t)\cdot(v'(t)-v(t))\}\,dt \leqslant 0.$$

注意 $u'(t)-u(t)=\displaystyle\int_a^t (v'(s)-v(s))ds$, 我们用分部积分从最后一个不等式中推导出如下式子:

$$\int_a^b \left[\xi(t)+\int_t^b \zeta(s)ds\right]\cdot[v'(t)-v(t)]\,dt \leqslant 0, \quad \forall v'\in L_n^2[a,b].$$

由于 $v'-v$ 是一个任意的可积函数, 因此可得结论成立. □

综上所述, 我们得到了变分法中著名的 Euler 方程的非光滑版本:

定理 4.5.22 (Euler 包含) 如果 x 是变分问题的解, 则存在一个绝对连续的函数 p 满足

$$(\dot p(t),p(t))\in\partial_C\varphi\,(x(t),\dot x(t))\text{ a.e.},$$
$$-p(b)\in\partial_L\ell\big(x(b)\big).$$

证明 因为 $(x,\dot x)$ 是函数

$$f_1(u,v)+f_2(u,v)+I_A(u,v)$$

在 $L_n^2[a,b]\times L_n^2[a,b]$ 上的最优解, 所以由命题 2.10.1 得

$$\begin{aligned}(0,0)&\in\partial_L\{f_1+f_2+I_A\}(x,\dot x)\\ &\subseteq\partial_L f_1(x,\dot x)+\partial_L f_2(x,\dot x)+N_A^C(x,\dot x).\end{aligned}$$

结合练习 4.5.20、定理 4.5.18 和命题 4.5.21 可得, 存在点 $\zeta_0\in\partial_L\ell(x(b))$ 和 $\zeta\in L_n^2[a,b]$ 使得

$$\left(-\zeta(t),-\zeta_0+\int_t^b\zeta(s)ds\right)\in\partial_C\varphi\big(x(t),\dot x(t)\big)\text{ a.e..}$$

设 $p(t):=-\zeta_0+\displaystyle\int_t^b\zeta(s)ds$, 则定理证毕. □

练习 4.5.23 当 φ 为 C^1 时, 变分问题的解 x 满足经典的 Euler 方程

$$\frac{d}{dt}\{\varphi_v(x(t),\dot{x}(t))\}=\varphi_u(x(t),\dot{x}(t)) \text{ a.e.},$$

且函数 $t\mapsto\varphi_v(x(t),\dot{x}(t))$ 是连续的.

我们注意到, 这个练习的最后一个结论在经典变分法中被称为第一 Erdmann 条件. 关系式 $-p(b)=\nabla\ell(x(b))$ 是**横截条件** (transversality condition).

弱序列紧性定理

我们将以一个技术性的结论来结束本节, 该结论对下一章有重要作用. 该结论考虑多值函数 E, 该函数将 $\mathbb{R}\times\mathbb{R}^n$ 映射到 E_0 的闭凸子集中, 其中, E_0 是 $\mathbb{R}^n$ 中给定的一个紧集. 我们假设 E 是图像闭的.

定理 4.5.24 设 v_i 是 $L^2_n[a,b]$ 中的一个序列, 满足

$$v_i(t)\in E(\tau_i(t),u_i(t))+r_i(t)\bar{B} \text{ a.e.},\quad t\in[a,b],$$

其中, 可测函数列 $\{\tau_i(\cdot),u_i(\cdot)\}$ a.e. 收敛到 $(t,u_0(t))$, 并且非负可测函数 r_i 在 $L^2_1[a,b]$ 中收敛到 0. 那么存在 $\{v_i\}$ 的一个子序列 $\{v_{i_j}\}$, 它在 $L^2_n[a,b]$ 中弱收敛到某个极限 $v_0(\cdot)$, 并满足

$$v_0(t)\in E(t,u_0(t)) \text{ a.e.},\quad t\in[a,b].$$

证明 由假设可知序列 $\{v_i\}$ 在 $L^2_n[a,b]$ 中有界. 根据弱紧性, 我们知道存在子序列 $\{v_{i_j}\}$ 弱收敛到某个极限 v_0; 现在只需要证明 $v_0(t)\in E(t,u_0(t))$ a.e., $t\in[a,b]$.

我们定义 $h:\mathbb{R}\times\mathbb{R}^n\times\mathbb{R}^n\to(-\infty,\infty]$ 如下:

$$h(t,u,p):=\min\{\langle p,v\rangle: v\in E(t,u)\}.$$

由于 E 有凸值, 则点 $v\in E(t,u)$ 当且仅当 $\langle p,v\rangle\geqslant h(t,u,p),\forall p\in\mathbb{R}^n$ (根据分离定理). 鉴于 $\{v_i\}$ 所满足的包含关系, 对任意固定的 $p\in\mathbb{R}^n$, 下列不等式成立:

$$\langle p,v_i(t)\rangle+r_i(t)\|p\|\geqslant h(\tau_i(t),u_i(t),p) \text{ a.e.}.$$

由于多值函数 E 有闭图, 很容易得出函数 $(t,u)\mapsto h(t,u,p)$ 是下半连续的, 因此函数

$$t\mapsto h(\tau_i(t),u_i(t),p)$$

是可测的 (练习 4.5.2(g)).

现在设 A 是 $[a,b]$ 中的任意一个可测子集. 因为下列被积函数几乎处处是非负的, 所以有

$$\int_A \left\{\langle p, v_{i_j}(t)\rangle + \|p\| r_{i_j}(t) - h\big(\tau_{i_j}(t), u_{i_j}(t), p\big)\right\} dt \geqslant 0.$$

当 $j \to \infty$ 时, 由弱收敛性和 $\int_A r_{i_j}(t)dt \to 0$ 得

$$\int_A \langle p, v_{i_j}(t)\rangle\, dt \to \int_A \langle p, v_0(t)\rangle\, dt.$$

鉴于此, 并使用 Fatou 引理 (考虑为什么适用?), 我们推断

$$\int_A \langle p, v_0(t)\rangle\, dt - \int_A \liminf_{j\to\infty} h\big(\tau_{i_j}(t), u_{i_j}(t), p\big) dt \geqslant 0.$$

因为 $h(t,u,p)$ 在 (t,u) 处是下半连续的, 这意味着

$$\int_A \left\{\langle p, v_0(t)\rangle - h\big(t, u_0(t), p\big)\right\} dt \geqslant 0.$$

因为 A 是任意的, 我们有

$$\langle p, v_0(t)\rangle \geqslant h\big(t, u_0(t), p\big) \text{ a.e.}, \quad t \in [a,b]. \tag{4.47}$$

现在设 p_i 是 $\mathbb{R}^n$ 中的一个可数稠密子集. 则式 (4.47) 对每个 $p = p_i$ 除去 $t \in \Omega_i$ 以外均成立, 其中 Ω_i 为 $[a,b]$ 中测度为 0 的集合. 设 $\Omega := \bigcup_i \Omega_i$. 则对任意的 $t \notin \Omega$, (4.47) 对每个 $p \in \{p_i\}$ 成立. 注意对给定的 t, (4.47) 的两边都定义了关于 p 的连续函数. (若想证明 h 关于 p 是连续的, 只需要证它作为 p 的函数是凹的且有限的.) 因此, 对任意 $t \notin \Omega$, (4.47) 实际上对所有 $p \in \mathbb{R}^n$ 都成立, 即

$$v_0(t) \in E\big(t, u_0(t)\big), \quad \forall t \notin \Omega.$$

因为 Ω 的测度为 0, 所以证明完成. □

需要注意的是, E 的凸值在定理中起着至关重要的作用; 习题 4.7.19 将说明这一点.

4.6 切锥和内部

在本节, 我们研究与切锥和内部相关的集合性质. 讨论将仅限于 $\mathbb{R}^n$ 中的子集, 其中一个主要问题是: 如果集合 S 在点 $x \in S$ 处进入一个“大”切锥集合, 是

否可以得出 S 在 x 附近是"实质性的"? 例如, 我们能否断言 S 的内部是非空的和 $x \in \mathrm{cl}\,(\mathrm{int}\, S)$?

在回答这些问题时, 切锥 $T_S^C(x)$ 被认为比 $T_S^B(x)$ 更有用. 此外, $\mathrm{int}\, T_S^C(x) \neq \varnothing$ 这一性质将用来判别集合有某些重要性质, 这些性质将在一些方面起重要作用, 例如, 在均衡理论和构建反馈控制方面.

设 S 为 $\mathbb{R}^n$ 中的一个非空闭子集, 并设 $x \in S$. 若 $\mathrm{int}\, T_S^C(x) \neq \varnothing$, 则称 S 在 x 处是**楔形的** (wedged). 由于对任意的 $x \in \mathrm{int}\, S$, 有 $T_S^C(x) = \mathbb{R}^n$, 故该性质只对 $\mathrm{bdry}\, S$ 上的点 x 有意义.

练习 4.6.1 练习 3.5.6 中描述的哪个集合在 0 处是楔形的?

我们从习题 3.9.10 中可以观察到以下事实:

命题 4.6.2 设 $S = \{x' : f(x') \leqslant 0\}$, 其中 $f : \mathbb{R}^n \to \mathbb{R}$ 在 x 处是 Lipschitz 的, 且 $0 \notin \partial f(x)$, 则 S 在 x 处是楔形的.

练习 4.6.3

(a) 对命题 4.6.2 中给定的 S, 有 $\mathrm{int}\, S \neq \varnothing$ 且 $x \in \mathrm{cl}(\mathrm{int}\, S)$. (提示: 考虑习题 3.9.6.)

(b) 取 $n = 2$ 和 $f(x, y) = |x| - |y|$, 则当 ∂f 被替换为 $\partial_L f$ 时, 命题 4.6.2 不成立.

定理 4.6.4 向量 $v \in \mathrm{int}\, T_S^C(x)$ 当且仅当存在 $\varepsilon > 0$ 使得

$$y \in x + \varepsilon B,\ w \in v + \varepsilon B,\ t \in [0, \varepsilon) \Longrightarrow d_S(y + tw) \leqslant d_S(y). \tag{4.48}$$

证明 设 $v \in \mathrm{int}\, T_S^C(x)$. 若 $v = 0$, 则 $T_S^C(x) = \mathbb{R}^n$ 成立, 再根据命题 3.5.4 可得 $N_S^C(x) = \{0\}$. 然而, 当 $x \in \mathrm{bdry}\, S$ (习题 3.8.5) 时, $N_S^C(x) \subseteq N_S^L(x)$ 是非平凡的, 因此 $x \in \mathrm{int}\, S$ 是必要的. 在这种情况下, 性质 (4.48) 显然对适当小的 $\varepsilon > 0$ 成立. 假设 $0 \neq v \in \mathrm{int}\, T_S^C(x)$, 那么根据极锥的性质, 存在 $\delta > 0$ 使得

$$\langle v, \zeta \rangle \leqslant -\delta \|\zeta\|, \quad \forall \zeta \in N_S^C(x).$$

如果对任意的 $\varepsilon > 0$, (4.48) 不成立, 则存在分别收敛到 x 和 v 的序列 $\{y_i\}$, $\{w_i\}$, 且存在一个递减到 0 的正序列 $\{t_i\}$, 使得

$$d_S(y_i + t_i w_i) - d_S(y_i) > 0.$$

由邻近中值定理可知, 存在收敛到 x 的 $\{z_i\}$ 和 $\zeta_i \in \partial_P d_S(z_i)$, 使得 $\langle \zeta_i, w_i \rangle > 0$. 不妨设序列 $\zeta_i / \|\zeta_i\|$ 收敛到某个极限 $\zeta \in \partial_L d_S(x) \subseteq N_S^C(x)$, 所以有

$$-\delta = -\delta \|\zeta\| \geqslant \langle v, \zeta \rangle = \lim_{i \to \infty} \langle w_i, \zeta_i \rangle / \|\zeta_i\| \geqslant 0,$$

矛盾, 所以必要性成立.

(4.48) 蕴含 $d_S^\circ(x;w) \leqslant 0,\ \forall w \in v+\varepsilon B$, 因此有 $B(v;\varepsilon) \subseteq T_S^C(x)$, 则有 $v \in \operatorname{int} T_S^C(x)$. □

我们统称下面的集合 $W(v;\varepsilon)$ 为一个**楔形** (wedge) (轴为 v, 半径为 ε):

$$W(v;\varepsilon) := \{tw : t \in [0,\varepsilon), w \in v+\varepsilon B\}.$$

下面给出这个定理的几个直接推论, 其中第一个说明了对条件 $0 \in \operatorname{int} T_S^C(x)$ 使用“楔形”一词的原因, 并揭示了这个条件具有局部和一致的性质.

练习 4.6.5

(a) S 在 x 处是楔形的当且仅当存在一个楔形 $W(v;\varepsilon)$ 使得

$$y + W(v;\varepsilon) \subseteq S, \quad \forall y \in S \cap B(x;\varepsilon).$$

(b) 若 S 楔入 x 处, 则 $\operatorname{int} S \neq \varnothing$ 且 $x \in \operatorname{cl}(\operatorname{int} S)$. 此外, 如果 S 在它的每个点上都是楔形的, 那么 $S = \operatorname{cl}(\operatorname{int} S)$.

(c) 若 $v \in \operatorname{int} T_S^C(x)$, 则对充分接近 x 的 x' 有 $v \in T_S^C(x')$ 成立.

(d) 若 $T_S^C(x) = \mathbb{R}^n$, 则 $x \in \operatorname{int} S$.

(e) 设 $n=2$, 并设集合

$$S := \{(x,y) : \|(x,y)-(1,0)\| \leqslant 1\} \cup \{(x,y) : \|(x,y)-(-1,0)\| \leqslant 1\}.$$

证明 $T_S^B(0,0) = \mathbb{R}^2$, 但是 $(0,0) \notin \operatorname{int} S$. 并求 $T_S^C(0,0)$.

$T_S^C(\cdot)$ 的下半连续性

对于多值函数 $\Gamma : X \rightrightarrows X$, 如果对任意给定的 $v \in \Gamma(x)$ 和 $\varepsilon > 0$, 存在 $\delta > 0$ 使得

$$x' \in \operatorname{dom}\Gamma,\ x' \in x + \delta B \Longrightarrow v \in \Gamma(x') + \varepsilon B,$$

则称函数 Γ 在 x 处是**下半连续的**.

练习 4.6.6

(a) 设 $\Delta := \operatorname{dom}\Gamma$. Γ 在 $x \in \Delta$ 处是下半连续的当且仅当对任意的 $v \in \Gamma(x)$ 有

$$\limsup_{x' \xrightarrow{\Delta} x} d(v, \Gamma(x')) = 0.$$

(b) 在练习 3.5.6 中, 确定在哪些情况下 $T_S^C(\cdot)$ 或 $T_S^B(\cdot)$ 在原点处是下半连续的.

切锥的下半连续性在某些情况下是一个非常有用的性质, 值得注意的是, 楔形集具有该性质.

命题 4.6.7 如果 S 在 x 处是楔形的, 则 $T_S^C(\cdot)$ 在 x 处是下半连续的.

证明 给定 $v \in T_S^C(x)$, 我们只需验证 (见练习 4.6.6)

$$\limsup_{x' \xrightarrow{S} x} d\left(v, T_S^C\left(x'\right)\right) = 0.$$

由于 $T_S^C(x)$ 是内部非空的闭凸集, 所以它内部的闭包等于其本身. 因此, 只需验证 $v \in \operatorname{int} T_S^C(x)$ 对上式成立即可. 由习题 4.6.5(c) 可直接得到. □

下面的情形反映了闭凸锥值多值函数关于极锥的一般事实.

命题 4.6.8 $T_S^C(\cdot)$ 在 x 处是下半连续的当且仅当 $N_S^C(\cdot)$ 在 x 处是图像闭的.

证明 设 $T_S^C(\cdot)$ 在 x 处是下半连续的, 设 $\zeta_i \in N_S^C\left(x_i\right)$, 其中, $x_i \to x, \zeta_i \to \zeta$. 我们希望推导出 $\zeta \in N_S^C(x)$. 不失一般性, 可以假设 $\|\zeta\| = 1$. 如果 $\zeta \notin N_S^C(x)$, 那么存在一个向量 v 将 ζ 与 $N_S^C(x)$ 分开: 对某个 $\delta > 0$, 我们有

$$\langle v, \xi\rangle \leqslant 0 < \delta = \langle v, \zeta\rangle, \quad \forall \xi \in N_S^C(x).$$

因此, $v \in N_S^C(x)^{\circ} = T_S^C(x)$, 并且 (通过下半连续性) 对所有足够大的 i 有 $v \in T_S^C\left(x_i\right) + (\delta/2)B$. 则对某个向量 $u_i \in B$, 对所有足够大的 i 有 $v + (\delta/2)u_i \in T_S^C\left(x_i\right)$, 因此

$$\left\langle \zeta_i, v + \left(\frac{\delta}{2}\right) u_i \right\rangle \leqslant 0.$$

由此可得 $\langle \zeta_i, v\rangle \leqslant (\delta/2)\left\|\zeta_i\right\|$, 取极限得 $\langle \zeta, v\rangle \leqslant \delta/2$, 与 $\langle v, \zeta\rangle = \delta$ 产生矛盾.

充分性的证明不难于必要性, 它将作为本章的一个习题呈现. □

若 $\mathbb{R}^n$ 中的一个锥 K 不包含两个和为零的非零元素, 则称 K 为**尖的** (pointed).

练习 4.6.9 凸锥 $K \subseteq \mathbb{R}^n$ 有非空内部当且仅当它的极锥 K° 是尖的.

我们可以根据法锥的尖性来总结一些前面的结果, 如下:

推论 4.6.10 如果 $N_S^C(x)$ 是尖的, 则 $N_S^C(\cdot)$ 在 x 处是图像闭的, $T_S^C(\cdot)$ 在 x 处是下半连续的, S 在 x 处是楔形的.

练习 4.6.11

(a) 当 $n = 1$ 时, $N_S^C(\cdot)$ 在 S 的每个点处总是图像闭的.

(b) 我们在 $\mathbb{R}^2$ 中构造一个集合 S 的例子, 使得 $N_S^C(\cdot)$ 在原点处不是图像闭的; 且 S 是某个连续函数 $f : [0,1] \to \mathbb{R}$ 的图像. 我们设在形为 $2^{-n}(n = 0, 1, 2, \cdots)$ 的每一点 x 处有 $f(x) = 0$, 并设 $f(0) = 0$. 在 2^{-n-1} 和 2^{-n} 的任意两点之间, f 的图描述了一个等腰三角形, 其顶点是 $\left(\left(2^{-n-1} + 2^{-n}\right)/2, 2^{-2n}\right)$. 利用定理 3.6.1 的邻近法向量公式, 证明了 $N_S^C(0,0)$ 是一个半空间. 此外, 证明了在点 $(2^{-n}, 0)$ 且 $n > 1$ 处有 $N_S^C(\cdot) = \mathbb{R}^2$. 因此, N_S^C 在 $(0,0)$ 处不是图像闭的.

T_S^C 和 T_S^B 之间的一般关系

现在我们建立一个结果来明确两个切锥概念之间的关系.

定理 4.6.12 $v \in T_S^C(x)$ 当且仅当

$$\limsup_{x' \xrightarrow{s} x} d\left(v, T_S^B\left(x'\right)\right) = 0.$$

证明 首先设 v 满足给定的极限条件, 证明 $v \in T_S^C(x)$. 因为 $N_S^L(x)^\circ = N_S^C(x)^\circ = T_S^C(x)$, 故只需证对任意的 $\zeta \in N_S^L(x)$, $\langle v, \zeta \rangle \leqslant 0$ 成立. 这样的向量 ζ 的形式为

$$\lim_{i \to \infty} \zeta_i, \quad \zeta_i \in N_S^P\left(x_i\right), \quad x_i \xrightarrow{S} x.$$

根据假设, 存在 $v_i \in T_S^B\left(x_i\right)$ 使得 $v_i \to v$. 由于 $T_S^B\left(x_i\right) \subseteq N_S^P\left(x_i\right)^\circ$ (练习 3.7.1), 因此我们有 $\langle v_i, \zeta_i \rangle \leqslant 0$, 取极限可得 $\langle \zeta, v \rangle \leqslant 0$.

假设 $v \in T_S^C(x)$, 但定理的极限条件不成立. 那么存在 $\varepsilon > 0$ 和序列 $x_i \to x, x_i \in S$, 使得 $d\left(v, T_S^B\left(x_i\right)\right) > \varepsilon$. 由于向量 $u \in T_S^B(y)$ 当且仅当 $Dd_S(y; u) \leqslant 0$ (练习 3.7.1), 因此对任意的 $w \in \varepsilon\bar{B}$ 都有 $Dd_S\left(x_i; v + w\right) > 0$. 利用 Subbotin 定理 (定理 4.4.2), 存在 $z_i \in x_i + (1/i)B$ 和 $\zeta_i \in \partial_P d_S\left(z_i\right)$ 使得

$$\langle \zeta_i, v + w \rangle > 0, \quad \forall w \in \varepsilon\bar{B}.$$

则可推导出 $\langle \zeta_i / \|\zeta_i\|, v \rangle \geqslant \varepsilon$. 不妨设序列 $\zeta_i / \|\zeta_i\|$ 收敛到一个极限 ζ, 我们有 $\zeta \in N_S^L(x)$ (因为 $\zeta_i \in \partial_P d_S\left(z_i\right) \subseteq N_S^P\left(z_i\right)$) 和 $\langle \zeta, v \rangle \geqslant \varepsilon$. 这与 $v \in N_S^L(x)^\circ = T_S^C(x)$ 相矛盾, 故结论成立. □

若 $T_S^B(x) = T_S^C(x)$, 则称 S 在 x 处是**正则**的.

推论 4.6.13 S 在 x 处是正则的当且仅当 $T_S^B(\cdot)$ 在 x 处是下半连续的.

练习 4.6.14

(a) 证明推论 4.6.12.

(b) 证明习题 4.6.11(b) 中集合 S 在 (0,0) 处是正则的, 但 $T_S^C(\cdot)$ 在 (0,0) 处不是下半连续的.

(c) 一个连续函数 f 满足对任意 x 都有 $f(x) \in T_S^B(x)$ 当且仅当如果它满足对任意 x 都有 $f(x) \in T_S^C(x)$.

4.7 第 4 章习题

4.7.1 设 f 和 g 是满足 $f \geqslant g$ 的 $\mathbb{R}^n$ 上的局部 Lipschitz 函数. 假设在一个点 x_0 处有 $f(x_0) = g(x_0)$. 证明

$$\partial_C f(x_0) \cap \partial_C g(x_0) \neq \varnothing.$$

并证明如果将 ∂_C 替换为 ∂_L 或 ∂_D, 则相应的结果不成立.

4.7.2 我们采用定理 4.1.7 的符号和假设.

(a) 证明如下对 $\partial_C V(0)$ 的 “内估计”: 对任意 $x \in \Sigma(0)$ 我们有 $\partial_C V(0) \cap M(x) \neq \varnothing$. (提示: 借鉴练习 4.1.5 中用到的技巧.)

(b) 我们有

$$DV(0;u) \geqslant \inf_{x\in\Sigma(0)} \inf_{\zeta\in M(x)} \langle \zeta, u \rangle,$$

$$D(-V)(0;u) \geqslant \sup_{x\in\Sigma(0)} \inf_{\zeta\in M(x)} \langle -\zeta, u \rangle.$$

(c) 如果对每个 $x \in \Sigma(0)$, $M(x)$ 是单点集 $\{\zeta(x)\}$, 那么 $V'(0;u)$ 对每个 u 都存在, 并且等于 $\inf_{x\in\Sigma(0)} \langle \zeta(x), u \rangle$.

(d) 如果 $\Sigma(0)$ 是单点集 $\{x\}$, 并且 $M(x)$ 是单点集 $\{\zeta\}$, 那么 $V'(0)$ 是存在的, 并且有 $\nabla V(0) = \zeta$.

4.7.3 函数 $f \in \mathcal{F}(\mathbb{R}^n)$ 在 $x \in \operatorname{dom} f$ 是平静的, 即满足

$$\liminf_{x'\to x} \frac{f(x') - f(x)}{\|x' - x\|} > -\infty.$$

证明如果 f 在 x 处是平静的, 那么对某个 $K > 0$ 和任意的 $\varepsilon > 0$, 存在 $z \in x + \varepsilon B$ 和 $\zeta \in \partial_P f(z)$ 使得 $|f(z) - f(x)| < \varepsilon$ 和 $\|\zeta\| \leqslant K$ (即 f 在 x 附近有一个先验有界的邻近次梯度).

4.7.4 证明如果在练习 4.1.8 中增加条件: $V(\cdot)$ 在 0 处是平静的, 那么我们可以取 $\lambda_0 = 1$.

4.7.5 我们采用定理 4.1.14 的符号和假设, 另外假设函数 $f, g_i\,(i = 1, 2, \cdots, p)$ 是凸的, 函数 $h_j\,(j = 1, 2, \cdots, m)$ 是仿射的.

(a) 证明 V 是凸的.

(b) 证明如果每个 $x \in \Sigma(0,0)$ 都是正规的, 则

$$\partial_L V(0,0) = \partial_C V(0,0) = \bigcup_{x\in\Sigma(0,0)} M(x).$$

(c) 证明如果问题 $P(0,0)$ 的可行解 x 满足 $M(x) \neq \varnothing$, 则 x 是 $P(0,0)$ 的一个解 (这是优化中的一般原则: 在凸模型下, 必要条件也变成了充分条件).

4.7.6 考虑光滑和有限维下的中值不等式 (定理 4.2.3), 当 $n = 2, x = (0,0)$ 时,

$$Y = \{(1,t) : 0 \leqslant t \leqslant 1\}, \quad f(u,v) = u + (1-u)v^2.$$

找出满足该定理结论的点 z. 注意没有一个点在 $\operatorname{int}[0,Y]$ 中.

4.7.7 考虑中值不等式的一般情况, 即定理 4.2.6, 令 $X=\mathbb{R}, x=0, Y=\{1\}$ 和

$$f(u)=\begin{cases}-\sqrt{|u|}, & 若\ u\leqslant 0,\\ 1, & 若\ u>0.\end{cases}$$

证明当 $\bar{r}$ 和 ε 分别足够接近 $\hat{r}$ 和 0 时, 由该定理存在的点 z 必然在 $[x,Y]$ 之外.

4.7.8 设 S 和 E 是 Hilbert 空间 X 中的两个有界非空闭子集, 且 $0\notin E$ 及 E 是一个凸集. 证明: 存在 $s\in S$ 和 $\zeta\in N_S^P(s)$, 对所有 $e\in E$, 有 $\langle\zeta,e\rangle>0$.

4.7.9 证明递减原理 (定理 4.2.8) 在以下弱化假设下仍然成立: 存在 $\Delta>0$, $\rho>0$ 和 $\delta>0$, 我们有

$$z\in x_0+\rho B,\ \zeta\in\partial_P f(z),\ f(z)<f(x_0)+\Delta\Longrightarrow\|\zeta\|>\delta.$$

4.7.10 设 $f:\mathbb{R}^2\to\mathbb{R}$ 是可微的且对所有 $\nu\in[-1,1]$ 有 $f(-1,\nu)<0$ 和 $f(1,\nu)>0$. 证明: 存在点 (x,y) 满足 $|y|\leqslant|x|\leqslant 1$ 且 $f_x(x,y)>|f_y(x,y)|$.

4.7.11 证明: 存在 $\delta>0$, 对所有充分接近 $(0,0)$ 的 $(\mu,\nu)\in\mathbb{R}^2$, 存在系统 $|x-y|+2z=\mu$, $x-|z|=\nu$ 的解 $(x,y,z)\in\mathbb{R}^3$ 且满足 $\|(x,y,z)\|\leqslant\dfrac{1}{\delta}\|(\mu,\nu)\|$.

4.7.12 证明: 存在 $\delta>0$, 对所有充分接近 $(0,0,0)$ 的 $(x,y,z)\in\mathbb{R}^3$, 存在 (x',y',z') 满足

$$|x'-y'|+2z'=0,\quad x'-|z'|=0,$$

$$\|(x',y',z')-(x,y,z)\|\leqslant\frac{1}{\delta}\|(|x-y|+2z,x-|z|)\|.$$

4.7.13 (a) 设 $G:\mathbb{R}^m\to\mathbb{R}^n$ 在 x 处是 Lipschitz 的, 且 $\partial_C G(x)$ 是满秩的, 则有

$$0\in\partial_L\langle\zeta,G(\cdot)\rangle(x)\Longrightarrow\zeta=0.$$

(b) 验证当 $m=3$, $n=2$ 且 $G(x,y,z):=(|x-y|+2z,x-|z|)$ 时, $\partial_C G(0)$ 是满秩的. (这与前面两个问题有什么关联?)

4.7.14 令 $x_0\in S_1\cap S_2$, 其中 S_1 和 S_2 是 $\mathbb{R}^n$ 中的闭子集, 且满足 $N_{S_1}^L(x_0)\cap(-N_{S_2}^L(x_0))=\{0\}$. 证明存在 $\zeta>0$, 对所有足够接近 x_0 的 x, 我们有

$$d_{S_1\cap S_2}(x)\leqslant\frac{1}{\zeta}\max\{d_{S_1}(x),d_{S_2}(x)\}.$$

4.7.15 设函数 g,h 如定理 4.3.8 中所示, 特别地, 假设 x_0 处的约束规格成立. 设 S 为集合

$$\{x\in X:g(x)\leqslant 0,h(x)=0\}.$$

我们假设 $g(x_0)=0$ 且 h 在 x_0 附近是 C^1 的. 设 $I:=\{1,2,\cdots,p\}$, $J:=\{1,2,\cdots,m\}$. 证明如下结论:

(a) $T_S^C(x_0)$ 包含所有满足

$$g_i^\circ(x_0;v)\leqslant 0\ (i\in I),\quad \left\langle h_j'(x_0),\ v\right\rangle=0\ (j\in J)$$

的向量 $v\in X$.

(b) 如果每个函数 g_i 在 x_0 处有方向导数, 则对任意向量 $v\in T_S^B(x_0)$ 满足

$$g_i'(x_0;v)\leqslant 0\ (i\in I),\quad h_j'(x_0;v)=0\ (j\in J).$$

(c) 如果每个函数 g_i 在 x_0 处都是正则的, 那么 S 在 x_0 处也是正则的, 且有

$$T_S^C(x_0)=T_S^B(x_0)=\left\{v:g_i'(x_0;v)\leqslant 0\,(i\in I),\left\langle h_j'(x_0),v\right\rangle=0\ (j\in J)\right\},$$

$$N_S^C(x_0)=\operatorname{cone}\{\zeta\in\partial_C\{\langle\gamma,g(\cdot)\rangle+\langle\lambda,h(\cdot)\rangle\}(x_0):\gamma\in\mathbb{R}^p,\lambda\in\mathbb{R}^m,\gamma\geqslant 0\}.$$

(提示: (a) 可以由命题 3.5.2 和定理 4.3.8 来证明.)

4.7.16 (a) 设 $f:\mathbb{R}^2\to\mathbb{R}$ 定义如下:

$$f(x,y)=\begin{cases}-|x|^{3/2}, & \text{若 } x\leqslant 0,\\ 0, & \text{若 } x\geqslant 0,\ y\leqslant 0,\\ \min\{x,y\}, & \text{若 } x\geqslant 0,\ y\geqslant 0.\end{cases}$$

证明 f 在 $(0,0)$ 附近是满足 Lipschitz 条件的. 计算集合 $\partial_P f(0,0)$, $\partial_D f(0,0)$, $\partial_L f(0,0)$ 和 $\partial_C f(0,0)$, 并说明它们都是不同的.

(b) 计算 $\partial_D f(0)$, 其中 f 为习题 3.9.16 中的函数.

4.7.17 令 $x\in S$, 其中 S 是 $\mathbb{R}^n$ 的一个闭子集.

(a) 证明: $\partial_D d_S(x)\subseteq N_S^D(x)\cap\bar{B}$.

(b) 证明 (a) 中的式子是相等的. (提示: 运用练习 4.4.9(c) 和命题 4.4.10.)

(c) 从 (b) 中推导如下等式:

$$\partial_L d_S(x)=N_S^L(x)\cap\bar{B}.$$

(d) 证明 $\partial_C d_S(x)$ 和 $N_S^C(x)\cap\bar{B}$ 在一般情况下是不同的.

4.7.18 令 $x\in S$, 其中 S 是 $\mathbb{R}^n$ 的一个闭子集. 我们将证明 S 在 x 处是正则的当且仅当 d_S 在 x 处是正则的.

(a) 令 S 在 x 处是正则的, 用前面的练习来验证以下步骤:

$$d_S^\circ(x;u)=\max\{\langle\zeta,v\rangle:\zeta\in\partial_L d_S(x)\}$$

$$
\begin{aligned}
&= \max\left\{\langle\zeta, v\rangle : \zeta \in N_S^L(x) \cap \bar{B}\right\} \\
&= \max\left\{\langle\zeta, v\rangle : \zeta \in N_S^D(x) \cap \bar{B}\right\} \\
&= \max\left\{\langle\zeta, v\rangle : \zeta \in \partial_D d_S(x)\right\} \\
&\leqslant D d_S(x; v).
\end{aligned}
$$

从而推导出 d_S 在 x 处是正则的.

(b) 如果 $d_S(\cdot)$ 在 x 处是正则的, 证明: S 在 x 处是正则的.

4.7.19 设 E 是 $\mathbb{R}^n$ 中的一个紧子集, S 是由函数 $x(\cdot) \in L_n^2[a,b]$ 且几乎处处满足 $\dot{x}(t) \in E$ 构成的集合. 证明 S 是弱紧的当且仅当 E 是凸的. 如果 E 不是凸的, 那么 S 的弱闭包又具有什么性质呢?

4.7.20 (Filippov 引理) 设映射 $\varphi : \mathbb{R}^n \times \mathbb{R}^m \to \mathbb{R}^k$, 对任意的 $x \in \mathbb{R}^n$ 函数 $u \mapsto \varphi(x,u)$ 是连续的, 对任意的 $u \in \mathbb{R}^m$ 函数 $x \mapsto \varphi(x,u)$ 是可测的. 假设 $\Gamma : \mathbb{R}^n \rightrightarrows \mathbb{R}^m$ 是一个闭的、可测的多值函数且有

$$
\{u \in \Gamma(x) : \varphi(x,u) = 0\} \neq \varnothing, \quad \forall x \in \mathbb{R}^n.
$$

证明存在 Γ 的一个可测选择 γ 满足

$$
\varphi(x, \gamma(x)) = 0, \quad \forall x \in \mathbb{R}^n.
$$

4.7.21 设 $\Gamma : \mathbb{R}^m \rightrightarrows \mathbb{R}^n$ 是一个多值函数, 并且其像是紧凸集. 证明 Γ 是可测的当且仅当函数 $H(x,p) := \sup\{\langle p, v\rangle : v \in \Gamma(x)\}$ 对每个 p 关于 x 是可测的.

4.7.22 考虑函数 $f : L_1^2[0,1] \to \mathbb{R}$ 定义如下:

$$
f(x) := \int_0^1 \varphi(x(t))dt, \quad 其中 \varphi(x) := -|x|.
$$

(a) 证明 $\partial_P f(x) \neq \varnothing$ 当且仅当存在 $\delta > 0$ 使得测度 $\operatorname{meas}\{t \in [0,1] : -\delta \leqslant x(t) \leqslant \delta\}$ 为 0.

(b) 证明存在 ζ 和 $x \in L_1^2[0,1]$ 使得几乎处处有 $\zeta(t) \in \partial_P \varphi(x(t))$, 但 $\zeta \notin \partial_P f(x)$.

4.7.23 证明当 φ 和 ℓ 为凸函数时, 满足定理 4.5.22 中的 Euler 包含和横截条件的绝对连续函数 x 是变分问题的解.

4.7.24 在定理 4.5.22 中, 设 $\varphi(u,v) := \left(1 + \|v\|^2\right)^{\frac{1}{2}} + g(u)$, 其中 g 是 Lipschitz 的. 证明变分问题的任何解 x 都是连续可微的.

4.7.25 证明命题 4.6.8 的充分性部分: 如果 $N_S^C(\cdot)$ 在 x 处是图像闭的, 那么 $T_S^C(\cdot)$ 在 x 处是下半连续的.

4.7.26 设 S 是 $\mathbb{R}^n$ 的一个闭凸子集, $x \in S$. 则 S 在 x 处是楔形的当且仅当 $\mathrm{int}S \neq \varnothing$.

4.7.27 设 S 是 $\mathbb{R}^n$ 的一个闭子集, 它在 x 处是楔形的, 其中 $x \in \mathrm{bdry}S$. 那么

$$N_S^C(x) = -N_{\hat{S}}^C(x),$$

其中 $\hat{S} := \mathrm{cl}(\mathrm{comp}S)$. 当 S 在 x 处不是楔形时, 找到这个公式的一个反例.

4.7.28 设 $f : \mathbb{R}^n \to \mathbb{R}$ 为局部 Lipschitz 的. 证明 $\mathrm{epi}\, f$ 在每个点上都是楔形的. (相反地, 适当选择坐标轴, 楔形集合可以在局部被视为一个 Lipschitz 函数的上图.)

4.7.29 $\mathbb{R}^n$ 中两个子集 C 和 S 之间的 Hausdorff 距离 $\rho(C, S)$ 定义为

$$\rho(C, S) = \max\left\{\sup_{c \in C} d_S(c), \sup_{s \in S} d_C(s)\right\}.$$

如果

$$\rho(\Gamma(x'), \Gamma(x)) \to 0 \text{ 当 } x' \to x,$$

则称多值映射 $\Gamma : \mathbb{R}^m \rightrightarrows \mathbb{R}^n$ 在 x 处是 Hausdorff 连续的. 证明当 Γ 有闭值时, Γ 在 x 处的连续性蕴含 Γ 在 x 处是上半连续和下半连续的.

4.7.30 假设集合 $S \subseteq \mathbb{R}$ 具有以下性质: 对每一个 $a, b \in \mathbb{R}$ 且 $a < b$, 集合 $S \cap [a, b]$ 的 Lebesgue 测度 $\mathcal{L}$ 满足

$$\frac{b-a}{3} < \mathcal{L}(S \cap [a, b]) < \frac{2(b-a)}{3}.$$

考察如下函数:

$$f(x) = \int_0^x \mathcal{X}_S(t)dt,$$

其中 $\mathcal{X}_S$ 为 S 的特征函数, 证明:

(a) f 是 Lipschitz 的, 且对所有的 $x \in \mathbb{R}$ 有 $\partial_C f(x) = [0, 1]$.

(b) 函数 $f(x)$ 和 $g(x) := x - f(x)$ 在每一点上都有相同的广义梯度.

我们注意到 $\partial_P f$ 和 $\partial_L f$ 是未知的, 也不知道在 (b) 中发生的现象对这些次微分是否成立.

第 5 章　控制论初步

迷人的武器指引我勇往直前.

——Leonard Cohen 《首先征服曼哈顿》

在数学以及多个应用领域中, 希望控制给定动态系统轨迹行为的情况比比皆是. 目标可以是几何性的 (将系统状态保持在给定的集合中, 或使其趋向于该集合), 也可以是泛函的 (找到相对于给定标准最优的轨迹). 随后会出现更具体的问题, 例如为实现我们的目标构建反馈控制机制. 在本章中, 我们将找出与确定性环境下常微分方程控制有关的一系列基本问题和相关问题. 5.1 节为全章作了铺垫并奠定了技术基础.

5.1　微分包含的轨迹

我们给定一个 $\mathbb{R}\times\mathbb{R}^n$ 到 $\mathbb{R}^n$ 子集的多值函数 F 和一个时间区间 $[a,b]$. 本章的中心研究对象是**微分包含** (differential inclusion)

$$\dot{x}(t)\in F(t,x(t)) \text{ a.e.},\quad t\in[a,b]. \tag{5.1}$$

(5.1) 的解 $x(\cdot)$ 指绝对连续函数 $x:[a,b]\to\mathbb{R}^n$, 其关于 t 的导数 $\dot{x}$ 满足 (5.1). 为简洁起见, 我们将任意从 $[a,b]$ 到 $\mathbb{R}^n$ 的绝对连续 x 称为 $[a,b]$ 上的弧. 并将满足 (5.1) 的弧 x 称为 F 的**轨迹**.

微分包含的概念包含了标准控制系统的概念

$$\dot{x}(t)=f(t,x(t),u(t)), \tag{5.2}$$

其中 $f:\mathbb{R}\times\mathbb{R}^n\times\mathbb{R}^m\to\mathbb{R}^n$, 控制函数 u 在 $\mathbb{R}^m$ 的给定子集 U 中取值; 只需考虑 $F(t,x):=f(t,x,U)$ 即可. Filippov 引理 (习题 4.7.20) 蕴含: f 在合适假设下, 弧 x 满足 (5.1) 当且仅当存在一个函数值在 U 中的可测函数 $u(\cdot)$ 使得 (5.2) 成立.

(5.1) 的一个更特殊的情况是 $F(t,x)$ 对所有 (t,x) 都是单值, 即 $F(t,x)=\{f(t,x)\}$. 在常微分方程

$$\dot{x}(t)=f(t,x(t)) \tag{5.3}$$

的经典研究中, 函数 f 的性质起着重要作用. 让我们回顾一下这方面的一些基本事实.

定理 5.1.1　假设 f 是连续的, 给定 $(t_0, x_0) \in \mathbb{R} \times \mathbb{R}^n$. 那么以下结论成立:

(a) 存在 $\delta > 0$, 在开区间 $(t_0 - \delta, t_0 + \delta)$ 上存在 (5.3) 的一个解, 满足 $x(t_0) = x_0$.

(b) 此外, 如果我们假设 f 线性增长, 即存在非负常数 γ 和 c, 使得

$$\|f(t,x)\| \leqslant \gamma \|x\| + c, \quad \forall (t,x),$$

则在 $(-\infty, \infty)$ 上存在 (5.3) 的一个解, 满足 $x(t_0) = x_0$.

(c) 如果 f 另外还满足局部 Lipschitz 条件, 则在 $(-\infty, \infty)$ 上存在 (5.3) 的唯一解, 使得 $x(t_0) = x_0$.

许多读者都知道, 前面定理中关于 f 的假设是可以减弱的——例如, f 关于 (t, x) 连续可以用 f 关于 t 可测和关于 x 连续来代替. 然而, 上面给出的形式足够达到我们的目的.

在发展微分包含的基本理论时, F 的两个性质被证明是特别重要的: 上半连续性和 Lipschitz 条件. 我们要到下一节才会看到后者的介入, 而前者是关于 F 的**基本假设** (standing hypotheses) 的一部分, 在本章无论是否明确提及, 都将一直有效.

基本假设 5.1.2

(a) 对所有的 $(t, x), F(t, x)$ 是一个非空紧凸集.

(b) F 是上半连续的.

(c) 对于某些正常数 γ 和 c, 以及所有 (t, x),

$$v \in F(t,x) \Longrightarrow \|v\| \leqslant \gamma \|x\| + c.$$

基本假设中的 (b) 和 (c) 分别类似于经典情况下所熟悉的连续性和线性增长条件. 如果对任意的 $\varepsilon > 0$, 存在 $\delta > 0$ 使得 $\|x' - x\| < \delta \Longrightarrow F(x') \subseteq F(x) + \varepsilon B$, 则称 F 在 x 处是上半连续的.

练习 5.1.3

(a) 当 $F(t, x) = \{f(t, x)\}$ 时, 证明基本假设 5.1.2(b, c) 成立当且仅当 f 是连续的且满足 $f(t, x) \leqslant \gamma \|x\| + c$.

(b) 证明当基本假设 5.1.2(a, c) 成立时, 基本假设 5.1.2(b) 等价于 F 的图像是闭的.

(c) 设 Ω 是 $\mathbb{R} \times \mathbb{R}^n$ 的有界子集, 证明 F 在 Ω 上一致有界: 存在 $M > 0$ 使得

$$(t,x) \in \Omega, v \in F(t,x) \Longrightarrow \|v\| \leqslant M.$$

(d) 设 Ω 是 $\mathbb{R} \times \mathbb{R}^n$ 的有界子集, $r > 0$ 满足 $\|(t, x)\| \leqslant r$, $\forall (t, x) \in \Omega$. 设 $\widetilde{r} > r$, 定义 $\widetilde{F}$ 如下:

$$\widetilde{F}(t,x)=\begin{cases}F(t,x), & \text{若 } \|(t,x)\|\leqslant\widetilde{r},\\ F\left(\dfrac{(t,x)}{\|(t,x)\|}\widetilde{r}\right), & \text{若 } \|(t,x)\|\geqslant\widetilde{r}.\end{cases}$$

证明 $\widetilde{F}$ 满足基本假设, 在 Ω 的某个邻域上与 F 相等, 并且是全局有界的.

线性增长条件在微分方程经典理论中的作用是以它所产生的解的先验界为前提的. 我们将以相同的方式从中受益. 下面是著名的 **Gronwall 引理**.

命题 5.1.4 设 x 是 $[a,b]$ 上的弧, 满足

$$\|\dot{x}(t)\|\leqslant\gamma\|x(t)\|+c(t)\ \text{ a.e.},\quad t\in[a,b],$$

其中 γ 是非负常数和 $c(\cdot)\in L_1^1[a,b]$. 则对所有的 $t\in[a,b]$, 我们有

$$\|x(t)-x(a)\|\leqslant(e^{\gamma(t-a)}-1)\|x(a)\|+\int_a^t e^{\gamma(t-s)}c(s)ds.$$

如果函数 c 是常值和 $\gamma>0$, 则上式变为

$$\|x(t)-x(a)\|\leqslant(e^{\gamma(t-a)}-1)(\|x(a)\|+c/\gamma).$$

证明 设 $r(t):=\|x(t)-x(a)\|$, 这是一个在 $[a,b]$ 上绝对连续的函数, 是一个 Lipschitz 函数和一个绝对连续函数的复合. 设 t 在 $\dot{x}(t)$ 和 $\dot{r}(t)$ 都存在的全测集中. 如果 $x(t)\neq x(a)$, 我们有

$$\dot{r}(t)=\frac{\langle\dot{x}(t),x(t)-x(a)\rangle}{\|x(t)-x(a)\|},$$

否则 $\dot{r}(t)=0$ (r 在 t 处达到最小值). 因此, 对于 a.e. $t\in[a,b]$, 我们有

$$\begin{aligned}\dot{r}(t)\leqslant\|\dot{x}(t)\|&\leqslant\gamma\|x(t)\|+c(t)\\&\leqslant\gamma\|x(t)-x(a)\|+\gamma\|x(a)\|+c(t)\\&=\gamma r(t)+\gamma\|x(a)\|+c(t).\end{aligned}$$

则有

$$(\dot{r}(t)-\gamma r(t))e^{-\gamma t}\leqslant\gamma e^{-\gamma t}\|x(a)\|+e^{-\gamma t}c(t).$$

注意左边是函数 $t\mapsto r(t)e^{-\gamma t}$ 的导数. 将两边积分化简即可得出结论. □

练习 5.1.5 设 C 是 $\mathbb{R}^n$ 的有界子集, 给定区间 $[a,b]$. 证明存在 $K>0$ 和 $M>0$, F 在 $[a,b]$ 上的任意轨迹 x 在 $[a,b]$ 上是 Lipschitz 的且具有常数 K, 以及 $x(a)\in C$, 并且对每个 $t\in[a,b]$ 有 $\|x(t)\|\leqslant M$.

Euler 解

许多人都知晓计算常微分方程解的方法, 我们将如何具体研究微分包含 (5.1) 的轨迹的计算呢？计算轨迹的最直接方法是找到 F 的**选择** (selection) f, 即对所有 (t,x) 有 $f(t,x) \in F(t,x)$. 然后, 我们考虑微分方程 $\dot{x} = f(t,x)$, 其任意解都可能满足 (5.1).

这种方法的问题在于如何找到具有微分方程理论所要求的正则性 (例如连续性) 的选择 f. 这个选择问题很有趣, 研究也很深入, 我们不打算也没有必要在此赘述. 相反地, 我们将考虑 $\dot{x} = f(t,x)$ 解的广义概念, 它不需要 f 的特定正则性.

现在让我们来考虑所谓的 Cauchy 或**初值问题** (initial-value problem)

$$\dot{x}(t) = f(t, x(t)), \quad x(a) = x_0, \tag{5.4}$$

其中 f 是从 $[a,b] \times \mathbb{R}^n$ 到 $\mathbb{R}^n$ 的任意函数. (我们将会回到微分包含.) 我们如何开始用数值计算 (5.4) 的解? 回顾常微分方程中的经典 Euler 迭代格式, 我们认为通过时间离散化可以得到合理的答案. 所以设

$$\pi = \{t_0, t_1, \cdots, t_{N-1}, t_N\}$$

是 $[a,b]$ 的划分, 其中 $t_0 = a$ 和 $t_N = b$. (我们不需要均匀的划分.) 在区间 $[t_0, t_1]$ 上, 我们考虑右端为常数的微分方程

$$\dot{x}(t) = f(t_0, x_0), \quad x(t_0) = x_0.$$

显然, 在 $[t_0, t_1]$ 上有唯一的解 $x(t)$. 定义 $x_1 := x(t_1)$, 接下来, 我们通过考虑 $[t_1, t_2]$ 的初值问题进行迭代

$$\dot{x}(t) = f(t_1, x_1), \quad x(t_1) = x_1.$$

该格式的下一个**节点** (node) 是 $x_2 := x(t_2)$. 我们以这种方式进行, 直到在所有 $[a,b]$ 上定义了弧 x_π (实际上是分段仿射的). 我们使用符号 x_π 来强调特定划分 π 在确定 x_π 中所起的作用, x_π 被称为对应于划分 π 的 **Euler 多边形弧** (Euler polygonal arc).

划分 π 的直径 μ_π 由下式给出

$$\mu_\pi := \max\{t_i - t_{i-1} : 1 \leqslant i \leqslant N\}.$$

初值问题 (5.4) 的 Euler 解是 Euler 多边形弧 x_{π_j} 在 $\pi_j \to 0$ 的一致极限. $\pi_j \to 0$ 蕴含直径 $\mu_{\pi_j} \to 0$ (显然, π_j 中划分的相应数量点 N_j 必然趋于无穷大). 当 x 是

$[a,b]$ 上带初始条件 (即 $x_0 = x(a)$) 的初值问题 (5.4) 的一个 Euler 解时, 我们也称 x 为关于 f 的 Euler 弧.

当 f 不连续时, 这些 Euler 解存在潜在的病态, 其中之一是等式 $\dot{x}(t) = f(t,x(t))$ 可能会不成立. 下面的练习说明了这一点, 以及其他可能违反直觉和不愿看到的特征.

练习 5.1.6

(a) 定义 $f:[0,1]\times\mathbb{R}\to\mathbb{R}$ 如下:

$$f(t,x)=\begin{cases}e^t, & 若\ x=e^t,\\ 1, & 若\ x<e^t,\\ e, & 若\ x>e^t.\end{cases}$$

设 $x_0 = 1$, $a = 0$, $b = 1$. 证明问题 (5.4) 有唯一 Euler 解, 但弧 $\hat{x}(t) = e^t$ 不是 Euler 解, 即使它在每一点上都满足 $\dot{x}(t) = f(t,x(t))$.

(b) 设 f 是函数

$$f(x)=\begin{cases}1, & 若\ x\leqslant 0,\\ -1, & 若\ x>0.\end{cases}$$

设 $x_0 = 0$, $a = 0$, $b = 1$. 证明 $x(t)\equiv 0$ 是 (5.4) 的唯一 Euler 解, 尽管它在所有的 t 处都不满足 $\dot{x}(t) = f(t,x(t))$.

(c) 设 f 是函数

$$f(x)=\begin{cases}1, & 若\ x=0,\\ -1, & 否则.\end{cases}$$

设 $x_0 = 0$, $a = 0$, $b = 1$. 证明 $x(t)\equiv 0$ 和 $x(t) = -t$ 都是初值问题 (5.4) 的 Euler 解. (提示: 第一个 Euler 解是通过考虑均匀划分得出的.)

(d) 利用 (c) 来说明事实: 如果我们仅限于对紧区间 $[a,b]$ 进行完全均匀的分割, 那么由此得到的 Euler 解集可以是一般 Euler 解集的真子集 (即使 f 仅依赖于 x).

(e) 针对函数 $f:\mathbb{R}\to\mathbb{R}$ 举例说明在 $[0,1]$ 上存在 (5.4) 的两个不同的 Euler 解, 每个解对应一个均匀划分序列.

另一方面, Euler 解也有一些重要的积极意义.

定理 5.1.7 假设存在正数 γ 和 c 对所有 $(t,x)\in[a,b]\times\mathbb{R}^n$, 我们有线性增长条件

$$\|f(t,x)\|\leqslant\gamma\|x\|+c,$$

则有:

(a) 初值问题 (5.4) 在 $[a,b]$ 上至少存在一个 Euler 解 x, 且任意 Euler 解都是 Lipschitz 的.

(b) f 在 $[a,b]$ 上的任意 Euler 弧 x 满足

$$\|x(t)-x(a)\| \leqslant (t-a)e^{\gamma(t-a)}(c+\gamma\|x(a)\|), \quad a \leqslant t \leqslant b.$$

(c) 如果 f 是连续的, 则 f 在 $[a,b]$ 上的任意 Euler 弧 x 在 (a,b) 上是连续可微的, 并且满足 $\dot{x}(t)=f(t,x(t))$, $\forall t \in (a,b)$.

证明 设 $\pi=\{t_0,t_1,\cdots,t_{N-1},t_N\}$ 是 $[a,b]$ 的一个划分, 设 x_π 是相应的 Euler 多边形弧, x_π 的节点表示为 $x_0,x_1,\cdots,x_N$. 在区间 (t_i,t_{i+1}) 上, 我们有

$$\|\dot{x}_\pi(t)\|=\|f(t_i,x_i)\| \leqslant \gamma\|x_i\|+c.$$

因此有

$$\begin{aligned}\|x_{i+1}-x_0\| &\leqslant \|x_{i+1}-x_i\|+\|x_i-x_0\| \\ &\leqslant (t_{i+1}-t_i)(\gamma\|x_i\|+c)+\|x_i-x_0\| \\ &\leqslant [(t_{i+1}-t_i)\gamma+1]\|x_i-x_0\|+(t_{i+1}-t_i)(\gamma\|x_0\|+c).\end{aligned}$$

在归纳法中, 我们现在需要以下练习:

练习 5.1.8 设 $r_0,r_1,\cdots,r_N$ 是非负数且满足

$$r_{i+1} \leqslant (1+\delta_i)r_i+\Delta_i, \quad i=0,1,\cdots,N-1,$$

其中 $\delta_i \geqslant 0$, $\Delta_i \geqslant 0$, $r_0=0$, 则有

$$r_N \leqslant \left(\exp\left(\sum_{i=0}^{N-1}\delta_i\right)\right)\sum_{i=0}^{N-1}\Delta_i.$$

接上述证明, 对 $i=1,2,\cdots,N$ 应用以上结论得

$$\|x_i-x_0\| \leqslant M,$$

其中 $M:=(b-a)e^{\gamma(b-a)}(\gamma\|x_0\|+c)$. 因此所有节点 x_i 都属于球 $\bar{B}(x_0;M)$. 对任意 $a \leqslant t \leqslant b$, 根据凸性, $x_\pi(t)$ 也属于该球. 由于 x_π 沿任意线性部分的导数都由节点处的 f 值决定, 我们还可以得到关于 $[a,b]$ 的一致有界:

$$\|\dot{x}_\pi\|_\infty \leqslant k:=\gamma M+c.$$

因此, x_π 在 $[a,b]$ 上是 Lipschitz 的且具有常数 k. 现在设 π_j 是一个划分序列, 使得 $\pi_j \to 0$, 即 $\mu_{\pi_j} \to 0$, 并且 (必然)$N_j \to \infty$. 则 $[a,b]$ 上对应的多边形弧 x_{π_j} 都满足

$$x_{\pi_j}(a) = x_0, \quad \left\|x_{\pi_j} - x_0\right\|_\infty \leqslant M, \quad \left\|\dot{x}_{\pi_j}\right\|_\infty \leqslant k.$$

结果表明, $\left\{x_{\pi_j}\right\}$ 是等度连续的且一致有界的. 然后根据著名的 Arzela 和 Ascoli 定理, 存在子序列一致收敛到某个连续函数 x. 极限函数 x 在 $[a,b]$ 上继承了 Lipschitz 性, 因此是绝对连续的. 根据定义, x 是 $[a,b]$ 上初值问题 (5.4) 的 Euler 解, (a) 证明完成.

(b) 中的不等式由 x 从生成它的多边形弧序列中继承. 只剩下 (c) 需要证明. 为此, 设 $\{x_{\pi_j}\}$ 表示一致收敛到问题 (5.4) 的 Euler 解 x 的一个多边形弧序列. 如上所示, 弧 x_{π_i} 都位于一个特定球 $\bar{B}(x_0;M)$ 中, 并且它们都有相同的 Lipschitz 常数 k. 由于 $\mathbb{R}^n$ 上的连续函数在紧集上是一致连续的, 对任意 $\varepsilon > 0$, 存在 $\delta > 0$ 使得

$$t, \tilde{t} \in [a,b], \quad x, \tilde{x} \in \bar{B}(x_0, M), \quad \left|t - \tilde{t}\right| < \delta,$$

$$\|x - \tilde{x}\| < \delta \Longrightarrow \left\|f(t,x) - f(\tilde{t},\tilde{x})\right\| < \varepsilon.$$

现在让 j 足够大, 使得划分直径 μ_{π_j} 满足 $\mu_{\pi_j} < \delta$ 且 $k\mu_{\pi_j} < \delta$. 对以 $x_{\pi_j}(t)$ 为节点的有限多个点之外的任意点 t, 我们有 $\dot{x}_{\pi_j}(t) = f(\tilde{t}, x_{\pi_j}(\tilde{t}))$ 对某个 $\tilde{t} \in \{t|\mu_{\pi_j} < \delta\}$. 因此, 由于

$$\left\|x_{\pi_j}(t) - x_{\pi_j}(\tilde{t})\right\| \leqslant k\mu_{\pi_j} < \delta,$$

我们推断出

$$\left\|\dot{x}_{\pi_j}(t) - f(t, x_{\pi_j}(t))\right\| = \left\|f(t, x_{\pi_j}(t)) - f(t, x_{\pi_j}(\tilde{t}))\right\| < \varepsilon.$$

这意味着对 $[a,b]$ 中的任意 t, 都有

$$\left\|x_{\pi_j}(t) - x_{\pi_j}(a) - \int_a^t f(t, x_{\pi_j}(\tau))d\tau\right\| = \left\|\int_a^t \left\{\dot{x}_{\pi_j}(\tau) - f(\tau, x_{\pi_j}(\tau))\right\} d\tau\right\|$$
$$< \varepsilon(t-a) \leqslant \varepsilon(b-a).$$

令 $j \to \infty$, 我们有

$$\left\|x(t) - x_0 - \int_a^t f(\tau, x(\tau))d\tau\right\| \leqslant \varepsilon(b-a).$$

由于 ε 是任意的, 因此

$$x(t) = x_0 + \int_a^t f(\tau, x(\tau))d\tau,$$

这蕴含 (由于被积函数是连续的) x 是 C^1 的并且对所有 $t \in (a,b)$, $\dot{x}(t) = f(t, x(t))$.

□

Euler 弧具有一致的 Lipschitz 性质, 类似于练习 5.1.5 中为轨迹建立的性质.

练习 5.1.9　设 C 是 $\mathbb{R}^n$ 的有界子集, 给定区间 $[a,b]$. 假设 f 满足定理 5.1.7 中条件. 证明存在 $K > 0$ 使得 $[a,b]$ 上 f 的任意 Euler 弧 x 在 $[a,b]$ 上都是 Lipschitz 的且具有常数 K, 以及满足 $x(a) \in C$.

定理 5.1.7(c) 让我们确信, 当 f 连续 (这是微分方程经典研究的最弱假设) 时, Euler 弧满足通常的逐点解定义. 下面练习 (a) 将提供该结论的逆命题, 而在 (b) 中我们将注意到另一个反直觉的特征.

练习 5.1.10

(a) 设 f 为局部 Lipschitz 的, $[a,b]$ 上的弧 x 满足 $\dot{x}(t) = f(t, x(t))$, $\forall t \in (a,b)$. 证明 x 是 f 在 $[a,b]$ 上的 Euler 弧.

(b) 设 $f(t,x) := (3/2)x^{1/3}$, $x_0 = 0$, $a = 0$, $b = 1$. 证明初值问题 (5.4) 有三个形式为 $x(t) = \alpha t^{\beta}$ 的不同经典解, 但只有一个 Euler 解.

近似轨迹的紧性

我们现在回到考虑满足基本假设的多值函数 F 的轨迹, 特别是微分包含的存在性问题. 设 f 是 F 的任意选择, 即

$$f(t,x) \in F(t,x), \quad \forall (t,x).$$

则 f 显然继承了 F 的线性增长条件. 通过定理 5.1.7, 存在初值问题 (5.4) 的 Euler 解 x. 我们很容易得出结论, $\dot{x}(t) = f(t, x(t))$ a.e., 一定落在 $F(t, x(t))$ a.e. 中; 即 x 是 F 的轨迹. 然而, 这种推理是错误的, 因为 (5.4) 的 Euler 解可能不满足逐点条件 $\dot{x}(t) = f(t,x), \forall t$, 见练习 5.1.6 (b). 正确推理的关键是近似轨迹的序列紧性, 我们将经常援引这一点, 并确定在某些一般情况下使用.

定理 5.1.11　设 $\{x_i\}$ 是 $[a,b]$ 上的弧序列, 使得集合 $\{x_i(a)\}$ 是有界的, 并且满足

$$\dot{x}_i(t) \in F(\tau_i(t), x_i(t) + y_i(t)) + r_i(t)B \text{ a.e.},$$

其中 $\{y_i\}, \{r_i\}, \{\tau_i\}$ 是 $[a,b]$ 上的可测函数序列且使得 y_i 在 L^2 中收敛到 0, $r_i \geqslant 0$ 在 L^2 中收敛到 0, τ_i 几乎处处收敛到 t. 则存在 $\{x_i\}$ 的子序列一致收敛到 F 的某个轨迹弧 x, 并且其导数弱收敛到 $\dot{x}$.

证明 由微分包含和线性增长条件有

$$\|\dot{x}_i(t)\| \leqslant \gamma \|x_i(t) + y_i(t)\| + |r_i(t)|.$$

利用 Gronwall 引理 (命题 5.1.4), 得到 $\|x_i\|_\infty$ 和 $\|\dot{x}_i\|_2$ 一致有界. 利用 $L_n^2[a,b]$ 中的弱紧性, 存在子序列 $\dot{x}_{i_j}$ 弱收敛到某个极限 v_0, 我们也可以 (由 Arzela 和 Ascoli) 假设 x_{i_j} 一致收敛到某个连续函数 x. 对下式取极限

$$x_{i_j}(t) = x_{i_j}(a) + \int_a^t \dot{x}_{i_j}(s)ds$$

得 $x(t) = x(a) + \displaystyle\int_a^t v_0(s)ds$, 从而 x 是一个弧且几乎处处满足 $\dot{x} = v_0$. 由定理 4.5.24 得 x 是 F 的一个轨迹. □

该定理的以下重要推论表明了我们通过选择来计算 F 轨迹的尝试是正确的, 并证明了在给定任意 x_0 和 $[a,b]$ 的情况下, 轨迹确实存在.

推论 5.1.12 设 f 是 F 的任意选择, x 是 $\dot{x} = f(t,x), x(a) = x_0$ 在 $[a,b]$ 上的 Euler 解. 则 x 是 F 在 $[a,b]$ 上的轨迹.

证明 类似定理 5.1.7 的证明, 设 x_{π_j} 是一致收敛到 x 的多边形弧. 设 $t \in (a,b)$ 是非划分点, 并且设 $\tau_j(t)$ 表示紧接 t 之前的分割点 t_i. 则

$$\dot{x}_{\pi_j}(t) = f(t_i, x_i) \in F(t_i, x_i) = F(\tau_j(t), x_{\pi_j}(t) + y_j(t)),$$

其中 $y_j(t) := x_i - x_{\pi_j}(t) = x_{\pi_j}(\tau_j(t)) - x_{\pi_j}(t)$. 由于函数 x_{π_j} 有共同的 Lipschitz 常数 k, 则有

$$\|y_j(t)\|_\infty \leqslant k \sup_{t\in[a,b]} |\tau_j(t) - t| \leqslant k\mu_{\pi_j}.$$

由此可见, τ_j 和 y_j 分别是一致收敛于 t 和 0 的可测函数. 由上述定理可知, x_{π_j} 的一致极限 x 是 F 的轨迹. □

练习 5.1.13

(a) **轨迹延续** 设 z 是 F 在 $[a,b]$ 上的轨迹. 证明在 $[a,\infty)$ 上存在一个轨迹, 其在 $[a,b]$ 上与 z 重合. 此外, 证明 F 在 $(-\infty,\infty)$ 上存在一条轨迹, 其与 z 在 $[a,b]$ 上重合.

(b) **可变间隔** 设 x_i 是 F 在 $[a_i,b_i]$ 上的轨迹序列, 其中 $a_i \to a, b_i \to b, a < b$, 序列 $x_i(a_i)$ 是有界的. 设轨迹 x_i 扩展到 $(-\infty,\infty)$, 如 (a) 所示. 证明存在 $\{x_i\}$ 的子序列 $\{x_{i_j}\}$ 具有这样的性质: 对 F 在 $[a,b]$ 上的某个轨迹 $\bar{x}$, x_{i_j} 在 $[a,b]$ 一致收敛到 $\bar{x}$.

(c) **有界区间上的一致收敛** 设 x_i 是 F 在 $[a,\infty]$ 上的轨迹序列, 使得序列 $x_i(a)$ 是有界的. 证明在 $[a,\infty)$ 上存在 F 的轨迹 $\bar{x}$, 存在子列 x_{i_j} 使得对任意 $b>a$, x_{i_j} 在 $[a,b]$ 上一致收敛到 $\bar{x}$.

(d) 设 $f:\mathbb{R}^k\to\mathbb{R}^l$ 仅满足线性增长条件. 是否存在从 $\mathbb{R}^k$ 到 $\mathbb{R}^l$ 的满足基本假设的最弱多值函数 F, 且对所有 x, $f(x)\in F(x)$?

(e) 设 $f:\mathbb{R}^n\times\mathbb{R}^m\to\mathbb{R}^n$ 和 $g:\mathbb{R}^n\times\mathbb{R}^m\to\mathbb{R}^m$ 满足线性增长条件, 并且设 (x,y) 为 (f,g) 在 $[a,b]$ 的 Euler 弧. 假设 f 连续. 证明 x 是 (a,b) 上的 C^1 函数, 并且在 (a,b) 上满足 $\dot{x}(t)=f(x(t),y(t))$.

我们可以将 f 的 Euler 弧概念从有限区间扩展到形式为 $[a,\infty)$ 的半无限区间, 如下所示: 定义在 $[a,\infty)$ 上的弧 $x(\cdot)$ 是 Euler 弧, 如果对任意 $b\in(a,\infty)$, 限制在 $[a,b]$ 上的弧 x 是 f 在 $[a,b]$ 上的 Euler 弧 (或者, 等价地, 是初值问题 $\dot{y}=f(t,y)$, $y(a)=x(a)$ 在 $[a,b]$ 上的 Euler 解).

一般来说, f 的两条 Euler 弧的连接并不是 Euler 弧. 也就是说, 如果 $[a,b]$ 上的 x 和 $[b,c]$ 上的 y 都是 Euler 弧, 那么由 x 和 y 组成的弧可能不是 $[a,c]$ 上的一条 Euler 弧. 尽管如此, 有如下结论.

练习 5.1.14

(a) 设 $f:[a,\infty)\times\mathbb{R}^n\to\mathbb{R}^n$ 满足线性增长. 对任意 x_0, 证明 f 在 $[a,\infty)$ 上存在 Euler 弧 x, 使得 $x(a)=x_0$. (提示: 构造一个定义在 $[a,\infty)$ 上的适当的多边形弧族, 然后构造一个在 $[a,a+1]$ 上收敛的子序列, 再构造一个在 $[a,a+2]$ 上收敛的子序列, 以此类推.)

(b) 当用 $[a,\infty)$ 代替 $[a,b]$ 时, 证明推论 5.1.12.

与 F 对应的下 Hamilton 函数 h 和上 Hamilton 函数 H 将在后面发挥重要作用. 这些从 $\mathbb{R}\times\mathbb{R}^n\times\mathbb{R}^n$ 到 $\mathbb{R}$ 的函数定义如下:

$$h(t,x,p):=\min_{v\in F(t,x)}\langle p,v\rangle,\quad H(t,x,p):=\max_{v\in F(t,x)}\langle p,v\rangle.$$

在 F 满足基本假设下, 下面给出 h 和 H 的一些基本性质. (关于支撑函数的命题 3.1.3 与此相关.)

练习 5.1.15

(a) h 关于 (x,p) 下半连续, 关于 p 是凹的且连续的.

(b) h 关于 p 是超可加的: $h(t,x,p+q)\geqslant h(t,x,p)+h(t,x,q)$, 并且 $h(t,x,0)=0$.

(c) 向量 $v\in F(t,x)$ 当且仅当 $h(t,x,p)\leqslant\langle p,v\rangle$, $\forall p\in\mathbb{R}^n$. $v\in F(t,x)+r\bar{B}$ (其中 $r\geqslant 0$) 当且仅当 $h(t,x,p)\leqslant r\|p\|+\langle p,v\rangle$, $\forall p\in\mathbb{R}^n$.

(d) 就 H 而言, 类似 (a)–(c) 的描述是什么?

5.2 弱 不 变

动力系统经典理论中的一个古老概念是**不变性** (invariance). 当基本模型由一个右端具有局部 Lipschitz 的自主常微分方程 $\dot{x}(t) = f(x(t))$ 和一个集合 $S \subseteq \mathbb{R}^n$ 组成时, 那么 (S, f) 的流动不变性是这样一个性质: 对 S 中的每个初始点 x_0, 从 $x(0) = x_0$ 出发的（唯一）轨迹定义在 $[0, \infty)$ 上, 并且满足 $x(t) \in S$, $\forall t \geqslant 0$. 在本节中, 我们将研究这一概念在微分方程被微分包含 (可能是非自主的) 所替代的情况下的一般化. 这里进行的主要是几何分析, 将在本章后面的内容中产生重要影响. 我们将再次发现首先考虑 Euler 弧的益处.

邻近目标

假设我们正在研究常微分方程

$$\dot{x}(t) = f(t, x(t)), \quad x(0) = x_0$$

的流, 以及确定所得到的轨迹 $x(t)$ 是否接近 $\mathbb{R}^n$ 中的给定闭集 S. 测试是否存在这种情况的一种自然方法是: 对给定的 t, 选择一个点 $s \in \operatorname{proj}_S(x(t))$, 并验证 $\langle f(t, x(t)), x - s \rangle$ 的符号. 如果它是负的, $\dot{x}(t)$ 将 "指向 s", 因此一定指向 S. 如果每个点 $(t, x(t))$ 都是如此, 那么状态 $x(t)$ 确实应该 "向 S 移动". 下面的结论是简单而重要的, 在 Euler 弧的一般框架中证实了这种启发式猜测.

命题 5.2.1 设 f 满足线性增长条件

$$\|f(t, x)\| \leqslant \gamma \|x\| + c, \quad \forall (t, x),$$

并且设 $x(\cdot)$ 是 f 在 $[a, b]$ 上的 Euler 弧. 设 Ω 是包含 $x(t)$, $\forall t \in [a, b]$ 的开集, 并且假设每个 $(t, z) \in [a, b] \times \Omega$ 满足以下 "邻近目标" 条件: 存在 $s \in \operatorname{proj}_S(z)$ 使得 $\langle f(t, z), z - s \rangle \leqslant 0$. 则有

$$d_S(x(t)) \leqslant d_S(x(a)), \quad \forall t \in [a, b].$$

证明 根据 Euler 解的定义, 假设 x_π 是一致收敛到 x 的序列中的一条多边形弧. 按照惯例, 我们用 x_i 表示它在 t_i 处的节点 $(i = 0, 1, \cdots, N)$, 因此 $x_0 = x(a)$. 我们可以假设, 对所有 $t \in [a, b]$, $x_\pi(t) \in \Omega$. 因此, 对每个 i 都存在一个点 $s_i \in \operatorname{proj}_S(x_i)$, 使得 $\langle f(t_i, x_i), x_i - s_i \rangle \leqslant 0$. 假设 k 是 $\|\dot{x}_\pi\|_\infty$ 的先验界 (如定理 5.1.7 的证明), 可以计算出

$$\begin{aligned} d_S^2(x_1) &\leqslant \|x_1 - s_0\|^2 \quad (\text{因为 } s_0 \in S) \\ &= \|x_1 - x_0\|^2 + \|x_0 - s_0\|^2 + 2 \langle x_1 - x_0, x_0 - s_0 \rangle \end{aligned}$$

$$\begin{aligned}
&\leqslant k^2(t_1-t_0)^2+d_S^2(x_0)+2\int_{t_0}^{t_1}\langle \dot{x}_\pi(t), x_0-s_0\rangle\,dt \\
&= k^2(t_1-t_0)^2+d_S^2(x_0)+2\int_{t_0}^{t_1}\langle f(t_0,x_0), x_0-s_0\rangle\,dt \\
&\leqslant k^2(t_1-t_0)^2+d_S^2(x_0).
\end{aligned}$$

由任意节点有相同估计得

$$d_S^2(x_i)\leqslant d_S^2(x_{i-1})+k^2(t_i-t_{i-1})^2,$$

从而得出

$$\begin{aligned}
d_S^2(x_i)&\leqslant d_S^2(x_0)+k^2\sum_{l=1}^{i}(t_l-t_{l-1})^2 \\
&\leqslant d_S^2(x_0)+k^2\mu_\pi\sum_{l=1}^{i}(t_l-t_{l-1}) \\
&\leqslant d_S^2(x_0)+k^2\mu_\pi(b-a).
\end{aligned}$$

现在考虑收敛到 x 的多边形弧的序列 x_{π_j}. 由于最后一个估计在每个节点都成立, 并且 $\mu_{\pi_j}\to 0$ (同样的 k 适用于每个 x_{π_j}), 我们可以推导出 $d_S(x(t))\leqslant d_S(x(a))$, $\forall t\in[a,b]$ 的极限. □

练习 5.2.2 假设在命题 5.2.1 中, 对连续函数 θ, 邻近目标条件改为 $\langle f(t,z), z-s\rangle\leqslant\theta(t,z)d_S(z)$, 其他条件不变.

(a) 证明对所有 $a\leqslant\tau<t\leqslant b$ 有

$$d_S^2(x(t))-d_S^2(x(\tau))\leqslant 2\int_\tau^t\theta(r,x(r))ds(x(r))dr.$$

(b) 证明在 $d_S(x(t))>0$ 的任意区间上, 或在 $\theta(t,x(t))\geqslant 0$ 的任意区间上, 有

$$\frac{d}{dt}d_S(x(t))\leqslant\theta(t,x(t))\ \text{a.e.}.$$

弱不变性 (自主情况)

我们的真正目标不是处理给定的 $f(t,x)$, 因为它不允许考虑控制问题, 而是处理微分包含 $\dot{x}(t)\in F(x(t))$ 的可能轨迹. 请注意, 我们暂时认为 F 与 t 无关 (即自主情况); 稍后我们将回到非自主情况. 我们的注意力仍然集中在接近一个给定

的闭集 S 上. 更确切地说, 如果初始状态 x_0 实际上已经在 S 中, 那么是否存在一条以 x_0 为起点的轨迹, 这条轨迹仍然在 S 中?

这一概念非常重要, 需要下列一些术语:

定义 5.2.3 如果对所有 $x_0 \in S$, 在 $[0,\infty)$ 上存在一个轨迹 x, 使得

$$x(0) = x_0, \quad x(t) \in S, \quad \forall t \geqslant 0,$$

则称系统 (S,F) 是**弱不变的** (weakly invariant). 注意到这一性质是指 (S,F) 的性质, 而不仅仅是 S 的性质. 下面是弱不变性的一个关键邻近充分条件, 以下 Hamilton 函数为例 (见练习 5.1.15):

定理 5.2.4 假设对每个 $x \in S$, 我们有

$$h(x, N_S^P(x)) \leqslant 0. \tag{5.5}$$

则 (S,F) 是弱不变的.

让我们消除对 (5.5) 含义的疑虑: 这个 Hamilton 函数不等式意味着对每一个 $\zeta \in N_S^P(x)$, 我们都有 $h(x,\zeta) \leqslant 0$. 注意到如果 $N_S^P(x)$ 退化为 $\{0\}$, 则 $h(x,0)=0$, (5.5) 自动成立.

证明 函数 f_P 如下: 对任意 $x \in \mathbb{R}^n$, 选择 $s = s(x) \in \operatorname{proj}_S(x)$, 设 v 是如下问题的最优解

$$\min_{v \in F(s)} \langle v, x - s \rangle.$$

设 $f_P(x) = v$. 注意 f_P 是自主的, 即与 t 无关. 由于 $x - s \in N_S^P(s)$, 通过 (5.5) 得 $\langle f_P(x), x - s \rangle \leqslant 0$, 这是命题 5.2.1 的主要假设. 对任意 $s_0 \in S$ 有

$$\begin{aligned}
\|f_P(x)\| = \|v\| &\leqslant \gamma \|s\| + c \quad (F \text{ 有线性增长性}) \\
&\leqslant \gamma \|s - x\| + \gamma \|x\| + c \\
&= \gamma d_S(x) + \gamma \|x\| + c \quad (s \in \operatorname{proj}_S(x)) \\
&\leqslant \gamma \|x - s_0\| + \gamma \|x\| + c \\
&\leqslant 2\gamma \|x\| + \|\gamma s_0\| + c,
\end{aligned}$$

因此 f_P 满足线性增长条件. 现在设 $[a,b] = [0,1]$, 并将命题 5.2.1 应用到任意点 $x_0 \in S$. 我们得出结论: $\dot{x} = f_P(x), x(0) = x_0$ 在 $[0,1]$ 上的 Euler 解必然在 S 中. 我们可以通过考虑区间 $[1,2]$ 等, 将 x 扩展到 $[0,\infty)$.

如果我们能证明 x 是 F 的一个轨迹, 那么证明就完成了. (注意, f_P 不是 F 的选择, 因此推论 5.1.12 不可用.) 让我们定义另一个多值函数 F_S 如下:

$$F_S(x) := \operatorname{co}\{F(s) : s \in \operatorname{proj}_S(x)\}.$$

我们请读者证明有关 F_S 的一些事实.

练习 5.2.5 如果 F_S 满足基本假设, 则对 $x \in S$ 有 $F_S(x) = F(x)$.

回到证明, 观察到通过构造, f_P 是多值函数 F_S 的选择. 因此, 根据推论 5.1.12, 上面定义的弧 x 是 F_S 的轨迹, 即在 $[0,1]$ 上 $\dot{x}(t) \in F_S(x(t))$ a.e.. 但由于在 $[0,1]$ 上 $x(t) \in S$, 在 S 上 $F = F_S$, 因此 x 是 F 的轨迹. □

请注意, 这个证明是以后其他更复杂证明的范例, 是具有建设性的, 实际产生的结论比上述定理要多, 下面这个推论就是例证.

推论 5.2.6 存在一个具有线性增长的自主函数 f_P, 使得对于 f_P 的任意 Euler 弧 x, 我们有

$$d_S(x(t)) \leqslant d_S(x(a)), \quad \forall t \geqslant a.$$

特别地, S 在 f_P 的作用下是不变的, 即从 S 开始的 f_P 的任意 Euler 弧, 都一定保持在 S 中.

反馈 (feedback) 一词用于为生成 Euler 解而设计或构造的任意函数 $f(x)$. 尽管 “邻近目标” 反馈 f_P 可能很有吸引力, 但它确实有一些缺点. 当然, 它通常是不连续的, 因为度量投影多值函数通常没有连续选择. 此外, 观察到当 $x \in S$ 时, $f_P(x) \in F(x)$, 但 f_P 不一定是 F 的选择. 找到导致不变性的反馈选择的问题将在后面进行探讨. 首先, 我们来看下面构造的一个示例.

练习 5.2.7 对于 $n = 2$, 设 $S = \{(x,y) : \max\{x,y\} \geqslant 0\}$ 和

$$F(x,y) = \{(|y| - u - 1/2, u) : -1 \leqslant u \leqslant 1\}.$$

(a) 通过定理 5.2.4 证明 (S,F) 是弱不变的.

(b) 设上述定理中构造的函数 f_P 表示为 $f_P(x,y) = (|y| - u(x,y) - 1/2, u(x,y))$. 证明当 $x < y < 0$ 时 $u(x,y) = 1$, 当 $y < x < 0$ 时 $u(x,y) = -1$, 因此 f_P 是不连续的. 当 $x = y < 0$ 或 $(x,y) \in S$ 时, f_P 的可能值是多少?

(c) 证明不存在具有推论 5.2.6 中的 f_P 全局不变性的连续函数 f.

弱不变性的切向条件和其他条件

事实证明, 弱不变性可以通过多种不同的方式来刻画, 其中之一涉及控制理论中发挥重要作用的多值函数.

定义 5.2.8 当 $t \geqslant 0$ 时, **可达集** (attainable set) $\mathcal{A}(x_0;t)$ 是形如 $x(t)$ 的点组成的集合, 其中 $x(\cdot)$ 是 $[0,t]$ 上满足 $x(0) = x_0$ 的任意轨迹.

练习 5.2.9 证明

(a) $\mathcal{A}(x_0;t)$ 是紧的和非空的.

(b) (S,F) 是弱不变的 $\Longrightarrow \forall x_0 \in S,\ \forall t > 0,\ \mathcal{A}(x_0;t) \cap S \neq \varnothing$.

(c) **半群属性** 对 $\Delta > 0$, $\mathcal{A}(x_0;t+\Delta) = \mathcal{A}(\mathcal{A}(x_0;t);\Delta)$.

(d) 对给定的 $t > 0$, 多值函数 $x \mapsto \mathcal{A}(x;t)$ 满足基本假设, 但不满足 $\mathcal{A}(x;t)$ 是凸集.

定理 5.2.10 以下结论等价:

(a) $F(x) \cap T_S^B(x) \neq \varnothing,\ \forall x \in S$.

(b) $F(x) \cap \operatorname{co} T_S^B(x) \neq \varnothing,\ \forall x \in S$.

(c) $h(x, N_S^P(x)) \leqslant 0,\ \forall x \in S$.

(d) (S,F) 是弱不变的.

(e) $\forall x_0 \in S, \forall \varepsilon > 0, \exists \delta \in (0,\varepsilon)$ 使得 $\mathcal{A}(x_0;\delta) \cap S \neq \varnothing$.

证明 (a) 显然蕴含 (b). 回顾 (练习 3.7.1) $\operatorname{co} T_S^B(x) \subseteq \left[N_S^P(x)\right]^\circ$, 由此得出 (b) 蕴含 (c). (c) 蕴含 (d) 是根据定理 5.2.4 得出的, 并且 (d)$\Longrightarrow$(e) 由练习 5.2.9 得出. 因此, 只需证明 (e)$\Longrightarrow$(a).

当 (e) 成立时, 对序列 $\delta_i \downarrow 0$, 在 $[0,\delta_i]$ 上存在轨迹 x_i, 其中 $x_i(0) = x_0$, $x_i(\delta_i) \in S$. 由于这些轨迹具有共同的 Lipschitz 常数, 因此存在 $K > 0$, 使得对足够大的 i 有 $|x_i(\delta_i) - x_0| \leqslant K\delta_i$. 不失一般性, 存在 v 使得

$$\frac{x_i(\delta_i) - x_0}{\delta_i} \to v.$$

根据 Bouligand 切锥的定义有 $v \in T_S^B(x_0)$. 因此, 我们只需要证明 v 位于 $F(x_0)$ 中, 就可以推导出 (a). 我们有

$$x_i(\delta_i) - x_0 = \int_0^{\delta_i} \dot{x}_i(t)dt, \tag{5.6}$$

其中 $\dot{x}_i(t) \in F(x_i(t))$, $0 \leqslant t \leqslant \delta_i$. 现在, 对任意给定的 $\Delta > 0$, 对足够大的 i, 集合 $\{x_i(t) : 0 \leqslant t \leqslant \delta\}$ 包含于 $x_0 + \Delta B$ 中. 此外, 给定任意 $\varepsilon > 0$, 取足够小的 Δ 使得当 $x \in x_0 + \Delta B$ 时有 $F(x) \subseteq F(x_0) + \varepsilon B$. 根据 (5.6), 对足够大的 i, 我们有

$$\frac{x_i(\delta_i) - x_0}{\delta_i} \in F(x_0) + \varepsilon B.$$

因此 $v \in F(x_0) + \varepsilon \bar{B}$. 由于 ε 是任意的, 因此 $v \in F(x_0)$ 符合要求. □

练习 5.2.11

(a) (S,F) 是弱不变的当且仅当对任意 $x_0 \in S$, 存在 $\delta > 0$ (取决于 x_0) 和 $[0,\delta]$ 上的轨迹 x, 使得 $x(0) = x_0, x(t) \in S (0 \leqslant t \leqslant \delta)$. (因此, 弱不变性也可以用轨迹的局部存在性来描述.)

(b) 设 x 是定义在 $[a,\infty)$ 上的 F 的轨迹. 则集合 $S_x := \{x(t) : t \geqslant a\}$ 使得 (S_x, F) 满足弱不变性. 在 $\mathbb{R}^2$ 中提供一个 S_x 非闭的例子.

(c) 如果给定任意 $x_0 \in S$, 存在定义在 $(-\infty, 0]$ 上的 F 的轨迹 x, 使得 $x(0) = x_0$, 那么称系统 (S,F) 为**弱预不变的** (weakly preinvariant). 证明练习 5.2.7 中的系统 (S,F) 是弱不变的, 但不是弱预不变的.

(d) 证明如果 (S,F) 是弱不变的当且仅当 $(S,-F)$ 是弱不变的, 而这又等价于 $H(x, N_S^P(x)) \geqslant 0,\ \forall x \in S$.

(e) 设 x 是定义在 $[a,\infty)$ 上的 F 的轨迹和 $G := \{(t, x(t)) : t \geqslant a\}$. 证明 G 是闭的, $(G, \{1\} \times F)$ 是弱不变的, 其中 $\{1\} \times F$ 表示多值函数, 其在 (t,x) 处的值是 $\mathbb{R} \times \mathbb{R}^n$ 中的集合 $\{1\} \times F(x)$.

(f) 证明 S 是弱不变的当且仅当它是 F 在 $[0,\infty)$ 上所有轨迹的并集.

(g) 如果从基本假设中去掉线性增长条件, 但假设 S 是紧的, 证明定理 5.2.10 成立. (提示: 在 S 的邻域外重新定义 F, 使新的多值函数具有一致有界的像, 如练习 5.1.3(d) 中所示.)

由于 $T_S^B(x)$ 总是包含 $T_S^C(x)$, 因此对所有 $x \in S$, $F(x) \cap T_X^C(x) \neq \varnothing$, 是 (S,F) 的弱不变性的充分条件. 然而, 下面练习说明了切锥 $T_S^C(x)$ 不能取代定理 5.2.10 中的 Bouligand 切锥, 因为必然性不成立 (可能只在单个点 x).

练习 5.2.12 设 $n=3$, $S := \mathrm{cl}\,(\sqrt{2}B \setminus K)$, 其中 K(见图 5.1) 是锥

$$\left\{(x_1,x_2,x_3) \in \mathbb{R}^3 : \|(x_1,x_2)\| \leqslant x_3\right\}.$$

定义 F 如下: 设

$$W := \left\{(x_1,x_2,1) \in \mathbb{R}^3 : \|(x_1,x_2)\| = 1\right\},$$

$$Q := \left\{(x_1,x_2,1) \in \mathbb{R}^3 : \|(x_1,x_2)\| \leqslant 1\right\},$$

且设

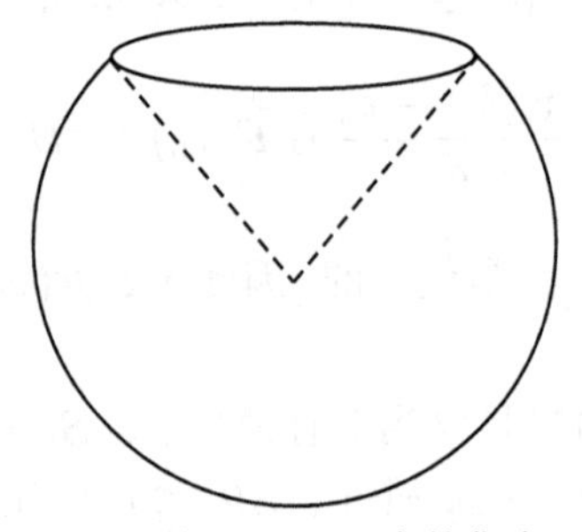

图 5.1 练习 5.2.12 中的集合 S

$$F(x_1,x_2,x_3)=F(x)=\begin{cases}Q, & \text{若 } x\in S\setminus W,\\ \text{co}\left\{Q,(-x_2,x_1,0)\right\}, & \text{否则}.\end{cases}$$

证明 F 满足基本假设且有 $F(x)\cap T_S^B(x)\neq\varnothing$, $\forall x\in S$. 但是

$$F(0)\cap T_S^C(0)=\varnothing.$$

5.3 Lipschitz 依赖性和强不变性

现在我们希望把重点放在设计反馈 f 上, 使得它为 F 的选择. 例如, 了解 F 的给定轨迹是否由与某些选择相对应的 Euler 解所产生是非常有用的. 下面的例子可以说明, 仅仅根据迄今为止提出的假设, 一般情况下这个猜测是不成立的.

练习 5.3.1 我们对 $\mathbb{R}^2$ 上的多值函数 F 定义如下:

$$F(x,y):=\begin{cases}\{(1,e)\}, & \text{若 } y>e^x,\\ \{(1,r)\colon 1\leqslant r\leqslant e\}, & \text{若 } y=e^x,\\ \{(1,1)\}, & \text{若 } y<e^x.\end{cases}$$

(a) 验证 F 满足基本假设, 且 $(\bar{x},\bar{y})(t)=(t,e^t)$ 是 $[0,1]$ 上的轨迹. 证明没有任何 F 的选择 f (自主或非自主) 允许 $(\bar{x},\bar{y})$ 作为 $(\dot{x},\dot{y})=f(t,x,y),(x(0),y(0))=(0,1)$ 的 Euler 解.

(b) 在练习 5.2.11(b) 中, 集合 $\{(t,e^t):t\geqslant 0\}$ 对于 F 是弱不变的, 由此推断出存在一个弱不变的系统, 它不允许存在一个反馈选择 f, 其 Euler 弧保持 S 不变.

排除 F 上述病态的一个更好的性质是假设多值版本的局部 Lipschitz 性质:

定义 5.3.2 如果对任意的点 x 都存在该点的一个邻域 $U=U(x)$ 和正常数 $K=K(x)$ 使得

$$x_1,x_2\in U\Longrightarrow F(x_2)\subseteq F(x_1)+K\left\|x_1-x_2\right\|\bar{B},\tag{5.7}$$

则称 F 是局部 Lipschitz 的. 如果上式只是在某个点 x 的邻域 U 上成立, 则称 F 在 x 处是 Lipschtiz 的且 Lipschitz 常数为 K.

练习 5.3.3 设 F 是局部 Lipschitz 的.

(a) 设 C 是 $\mathbb{R}^n$ 的任意有界子集. 证明存在 K 使得 (5.7) 在 C 上成立. 因此 F 是 "有界集上 Lipschitz 的".

(b) 固定 $v_0\in\mathbb{R}^n$, 并设 $f(x)=v$ 是 $F(x)$ 中最接近 v_0 的点. 证明 f 是 F 的连续选择 (通常 f 不需要是局部 Lipschitz 的).

(c) 证明 F 是局部 Lipschitz 的, 当且仅当对任意的 p, $x \mapsto h(x,p)$ 是局部 Lipschitz 的.

我们现在确认, 当 F 是局部 Lipschitz 时, 一个弱不变系统 (S,F) 允许一个反馈选择, 它的 Euler 弧都保持 S 不变.

定理 5.3.4 设 (S,F) 是弱不变的, 其中 F 是局部 Lipschitz 的. 则若 S 是不变的, 则 F 存在一个反馈选择 g_P, 即对定义在 $[a,b]$ 上 g_P 的任意 Euler 弧 x 且满足 $x(a) \in S$, 则有 $x(t) \in S$, $\forall t \in [a,b]$.

证明 设 f_P 是定理 5.2.4 的证明中定义的. 那么 $f_P(x)$ 不一定在 $F(x)$ 中而在 $F(s)$ 中, 其中 $s = s(x) \in \operatorname{proj}_S(x)$. 我们定义 $g_P(x)$ 为 $F(x)$ 中最接近 $f_P(x)$ 的点. 所以 g_P 是 F 的一个选择.

现在设 $x_0 \in S$ 和 $b > a$ 是给定的. 我们只需证明从 x_0 出发由 g_P 生成的 $[a,b]$ 上的任意 Euler 解 $\bar{x}$ 满足 $\bar{x}(t) \in S$, $\forall t \in [a,b]$. (从推论 5.1.12 知 $\bar{x}$ 是一条轨迹.)

从练习 5.1.9 中可以得出, 在 $[a,b]$ 上 $\bar{x}(t)$ 有一个先验界, 即 $\|\bar{x}(t) - x_0\| < M$. 设 K 是 F 在集合 $x_0 + 2MB$ 上的 Lipschitz 常数. 注意到如果 $\|x - x_0\| < M$, 那么

$$\begin{aligned}\|s - x_0\| &\leqslant \|s - x\| + \|x - x_0\| = d_S(x) + \|x - x_0\| \\ &\leqslant 2\|x - x_0\| < 2M.\end{aligned}$$

这使我们可以进行如下估计:

$$\begin{aligned}\langle g_P(x), x - s\rangle &= \langle f_P(x), x - s\rangle + \langle g_P(x) - f_P(x), x - s\rangle \\ &\leqslant \|g_P(x) - f_P(x)\|\,\|x - s\| \\ &\leqslant K\|x - s\|^2 = K d_S^2(x).\end{aligned}$$

这表明, 练习 5.2.2 所提供的命题 5.2.1 的扩展是适用的, 其中 $\theta(t,x) := K d_S(x)$. 设 $\bar{x}$ 是一个对应于 g_P 的 Euler 解, 我们得出在 $[a,b]$ 上

$$\frac{\mathrm{d}}{\mathrm{d}t} d_S(\bar{x}(t)) \leqslant K d_S(\bar{x}(t)) \text{ a.e..}$$

由于 $\bar{x}(a) = x_0 \in S$, 那么由 Gronwall 不等式得

$$d_S(\bar{x}(t)) \leqslant d_S(\bar{x}(a)) e^{K(t-a)} = 0,$$

因此 $\bar{x}(t) \in S$, $a \leqslant t \leqslant b$. □

上述证明可以推出如下对解的估计, 并且解不一定从 S 开始:

推论 5.3.5 设 K 是 F 在集合 x_0+2MB 上的 Lipschitz 常数, 且 $b>a$ 满足

$$(b-a)e^{\gamma(b-a)}(c+\gamma\|x_0\|)\leqslant M.$$

那么 $\dot{x}=g_p(x), x(a)=x_0$ 在 $[a,b]$ 上的任意 Euler 解都是一个满足下式的轨迹:

$$d_S(x(t))\leqslant d_S(x_0)e^{K(t-a)},\quad a\leqslant t\leqslant b.$$

证明 对给定的 K, 证明中的不等式在 $\|x-x_0\|<M$ 时成立. 另一方面, 根据定理 5.1.7, 当 $b-a$ 足够小 (如上所述) 时, 解 $x(t)$ 对于 $t\in[a,b]$ 继续满足 $\|x(t)-x_0\|<M$. 因此, 至少在 $[a,b]$ 上, $d_S(x(t))$ 的上界随之出现. □

练习 5.3.6 练习 5.2.7 中的函数 F 是局部 Lipschitz 的, 此时定理 5.3.4 的反馈选择 g_P 是什么?

下面的结果证实, 若 F 是 Lipschitz 的, 任意轨迹都可以通过反馈选择产生, 这就解决了之前的问题.

推论 5.3.7 若 F 是局部 Lipschitz 的, 一个在 $[a,b]$ 给定的弧 $\bar{x}$ 是 F 的轨迹当且仅当存在一个 (不一定是自主的) F 的反馈选择 f, 使得 $\bar{x}$ 是初值问题 $\dot{x}=f(t,x), x(a)=\bar{x}(a)$ 在 $[a,b]$ 上的 Euler 解. 事实上, 给定轨迹 $\bar{x}$, 对 F 有一个反馈选择, 其中 $\bar{x}$ 是相关初值问题的唯一 Euler 解.

证明 推论 5.1.12 指出, 选择会产生轨迹, 因此, 对给定的轨迹 $\bar{x}$, 还需要展示产生该轨迹的反馈选择. 练习 5.2.11(e) 中的集合 G 在 $\{1\}\times F$ 的轨迹下是弱不变的, 因此我们可以引用定理 5.3.4. 这提供了 $\{1\}\times F$ 的一个形如 $(1,f(t,x))$ 的选择, 其中 f 是 F 的选择且具有这样的性质: 初值问题 $\dot{x}=f(t,x)$, $x(a)=\bar{x}(a)$ 的任意 Euler 解 x 在 $[a,b]$ 上满足 $(t,x(t))\in G$. 而对 $t\in[a,b]$, $x(t)=\bar{x}(t)$, 证明了 $\bar{x}$ 是 (唯一的) Euler 解. □

强不变性

如果以 $x(0)\in S$ 为出发点的每条轨迹 x 在 $[0,\infty)$ 上都满足 $x(t)\in S$, $\forall t\geqslant 0$, 则称系统 (S,F) 是**强不变的** (strongly invariant).

在 F 是自主的情况下, 让我们用类似于定理 5.2.10 的术语来描述强不变性, 但假设多值函数 F 是 Lipschitz 的. 注意, 3.5 节的切锥 T_S^C 也加入了强不变性标准的行列. 在这方面, 回忆练习 5.2.12, 它表明 T_S^C 不能包含在弱不变性的描述中. 注意下面 (d) 中的上 Hamilton 函数 H 的计算, (d) 是定理 5.2.10 中的弱邻近正则条件的强对应条件.

定理 5.3.8 设 F 是局部 Lipschitz 的. 那么以下是等价的:

(a) $F(x)\subseteq T_S^C(x)$, $\forall x\in S$.

(b) $F(x) \subseteq T_S^B(x),\ \forall x \in S$.

(c) $F(x) \subseteq \operatorname{co} T_S^B(x),\ \forall x \in S$.

(d) $H(x, N_S^P(x)) \leqslant 0,\ \forall x \in S$.

(e) (S, F) 是强不变的.

(f) $\forall x_0 \in S$, $\exists \varepsilon > 0$ 使得 $\mathcal{A}(x_0; t) \subseteq S,\ \forall t \in [0, \varepsilon]$.

证明 因为 $T_S^C(x) \subseteq T_S^B(x)$, 所以 (a)$\Longrightarrow$ (b) $\Longrightarrow$(c) 成立. 由于 $\operatorname{co} T_S^B(x)$ 的每个元素都属于 $N_S^P(x)^{\circ}$, 所以我们有 (c)$\Longrightarrow$(d). 现在证明 (d)$\Longrightarrow$(e).

设 $\bar{x}$ 是 F 在 $[a, b]$ 上的任意轨迹, 且有 $\bar{x}(a) \in S$. 根据推论 5.3.7, 存在一个反馈选择 f, 使得 $\bar{x}$ 是初值问题 $\dot{x} = f(t, x), x(a) = \bar{x}(a) =: x_0$ 的 Euler 解. 设 $M > 0$ 使上述初值问题的所有 Euler 解 x 满足 $\|x(t) - x_0\| < M, a \leqslant t \leqslant b$. 如果 $x \in x_0 + MB$ 和 $s \in \operatorname{proj}_S(x)$, 那么

$$\|s - x_0\| \leqslant \|s - x\| + \|x - x_0\| \leqslant 2\,\|x - x_0\|,$$

因此 $s \in x_0 + 2MB$.

现在设 K 是 F 在 x_0+2MB 上的 Lipschitz 常数, 并考虑任意的 $x \in x_0+MB$ 和 $s \in \operatorname{proj}_S(x)$, 那么 $x - s \in N_S^P(s)$. 因为 $f(t, x) \in F(x)$, 则存在 $v \in F(x)$ 使得 $\|v - f(t, x)\| \leqslant K\,\|s - x\| = K d_S(x)$. 进一步根据条件 (d), 我们有 $\langle v, x - s\rangle \leqslant 0$. 我们推断出

$$\langle f(t, x), x - s\rangle \leqslant K d_S^2(x).$$

因此, 对于 $\theta(t, x) := K d_S(x)$, 练习 5.2.2 的一个特殊情况就成立了, 故有

$$\frac{\mathrm{d}}{\mathrm{d}t} d_S(\bar{x}(t)) \leqslant K d_S(\bar{x}(t)), \quad a \leqslant t \leqslant b, \quad d_S(\bar{x}(a)) = 0,$$

这结合 Gronwall 不等式得, 在 $[a, b]$ 中有 $d_S(\bar{x}(t)) = 0$. 因此 $\bar{x}(t) \in S,\ \forall t \in [a, b]$, 从而 (e) 成立.

容易验证 (e) 和 (f) 是等价的. 现在让我们来证明 (e)$\Longrightarrow$(d). 考虑任意的 $\tilde{x} \in S$, 对任意的 $\tilde{v} \in F(\tilde{x})$, 以及集合 $\tilde{F}(x) = \left\{\tilde{f}(x)\right\}$, 其中 $\tilde{f}(x)$ 是 $F(x)$ 中离 $\tilde{v}$ 最近的点. 注意 $\tilde{f}(\tilde{x}) = \tilde{v}$ 和 $\tilde{f}$ 是 F 的连续选择 (练习 5.3.3(c)). 因此, $\tilde{F}$ 满足基本假设, 显然 $(S, \tilde{F})$ 是强不变的, 因此也是弱不变的. 根据定理 5.2.10, 我们有

$$\tilde{h}(\tilde{x}, N_S^P(\tilde{x})) \leqslant 0,$$

这里 $\tilde{h}$ 当然表示与 $\tilde{F}$ 相关的下 Hamilton 函数. 这等同于断言: 对任意 $\zeta \in N_S^P(\tilde{x})$, $\langle\tilde{v}, \zeta\rangle \leqslant 0$. 由于 $\tilde{v}$ 在 $F(\tilde{x})$ 中是任意的, 所以 (d) 成立. 为了完成该定理的证明, 需要证明 (d)$\Longrightarrow$(a). 设 $\tilde{v}$ 是 $F(\tilde{x})$ 中的任意元素. 我们需要证明 $\tilde{v}$ 属于

$N_S^L(\tilde{x})^\circ = T_S^C(\tilde{x})$. $N_S^L(\tilde{x})$ 的任意元素 ζ 的形式都是 $\zeta = \lim_i \zeta_i$, 其中 $\zeta_i \in N_S^P(x_i)$ 和 $x_i \longrightarrow \tilde{x}$. 对每个 i, 存在 $v_i \in F(x_i)$ 使得 $\|v_i - \tilde{v}\| \leqslant K\|x_i - \tilde{x}\|$, 并且通过 (d) 我们有 $\langle \zeta_i, v_i \rangle \leqslant 0$. 即有 $\langle \zeta, \tilde{v} \rangle \leqslant 0$. □

练习 5.3.9

(a) 通过取 $F(t,x) = \{f(x)\}$ 和 $S = \{0\}$, 其中 f 是练习 5.1.10(b) 中的函数, 证明关于 F 的局部 Lipschitz 假设在上述定理中不能被忽略.

(b) 证明练习 5.2.7 中的系统是弱不变的, 但不是强不变的.

非自主情形

前面章节中得到的不变性结果都可以扩展到 F 既依赖于 t 又依赖于 x 的情况 (非自主), 而且从自主结果中得到非自主结果的途径也很简单. 这种技术称为**状态增广** (state augmentation). 在这里, 它将 t 仅仅看作状态的一个组成部分, 一个导数总为 1 的分量.

更准确地说, 我们将把 t 看作 x 的第零坐标, 用 $\bar{x}$ 表示在 $\mathbb{R} \times \mathbb{R}^n$ 中的向量 (x^0, x). 我们继续定义一个增广多值函数 $\bar{F}$:

$$\bar{F}(\bar{x}) = \bar{F}(x^0, x) = \{1\} \times F(x^0, x).$$

如果 F 满足基本假设, 则 $\bar{F}$ 也满足基本假设. 如果 $\bar{x}(\cdot) = (x^0(\cdot), x(\cdot))$ 是 $\bar{F}$ 的轨迹且 $\bar{x}(a) = \bar{x}_0 = (x_0^0, x_0)$, 那么 x 满足 $x(a) = x_0$ 且是 F 的一个轨迹, 并且 $x^0(t) = x_0^0 + t - a$. 反之, 如果 x 是 F 的轨迹, 我们通过设置 $x^0(t) = x_0^0 + t - a(x_0^0$ 任意选择) 来将其扩展为 $\bar{F}$ 的轨迹 $\bar{x}$.

和前面一样, 设 S 是 $\mathbb{R}^n$ 的闭子集, 现在设 $F(t,x)$ 可能依赖 t. 我们将定义 5.2.3 扩展如下: 如果对 $x_0 \in S$ 的所有 (t_0, x_0), 在 $[t_0, \infty)$ 上存在 F 的轨迹 x, 满足 $x(t_0) = x_0, x(t) \in S$, $\forall t \geqslant t_0$, 则称系统 (S, F) 为弱不变的.

练习 5.3.10 对于上述非自主情况, 证明 (S, F) 是弱不变的当且仅当

$$h(t, x, N_S^P(x)) \leqslant 0, \quad \forall t \in \mathbb{R}, \quad \forall x \in S.$$

当 F 是局部 Lipschitz 的, 证明相应的强不变性的刻画. (提示: 考虑 $\bar{S} := \mathbb{R} \times S$.)

对初始条件的依赖性

$F(t,x)$ 是非自主的一般情况, 仍然是我们感兴趣的, 可达集当然也取决于 t 的初值. 因此, 对 $T \geqslant t_0$, $\mathcal{A}(t_0, x_0; T)$ 被定义为形如 $x(T)$ 的所有点的集合, 其中 x 是 F 在 $[t_0, T]$ 上满足 $x(t_0) = x_0$ 的轨迹.

微分方程的解规律性地依赖初始条件的定理是一个著名而有用的结果. 下面是微分包含的对应定理:

定理 5.3.11 设 $F(t,x)$ 关于 (t,x) 是局部 Lipschitz 的. 则对任意固定的 $T\in\mathbb{R}$, 多值函数 $(t_0,x_0)\mapsto\mathcal{A}(t_0,x_0;T)$ 在 $(-\infty,T]\times\mathbb{R}^n$ 上是局部 Lipschitz 的.

证明 设 $a<T$ 和 $y\in\mathbb{R}^n$. 我们将证明存在一个常数 ρ, 对任意 $(t_0,x_0)\in[a,T)\times B(y;1)$, 在 $[t_0,T]$ 上满足 $z(t_0)=x_0$ 的任意轨迹 z, 以及任意 $(\tau,\alpha)\in[a,T)\times B(y;1)$, 使得在 $[\tau,T]$ 上存在一个轨迹 x, 满足 $x(\tau)=\alpha$ 和

$$\|x(T)-z(T)\|\leqslant\rho\|(\tau-t_0,\alpha-x_0)\|.$$

这将建立映射 $(t,x)\mapsto\mathcal{A}(t,x;T)$ 在 $(-\infty,T]\times\mathbb{R}^n$ 上是局部 Lipschitz 的. 对 $(-\infty,T]$ 的扩展将在随后进行处理.

如上所述, 我们对状态进行增广, 设

$$\bar{z}(t)=(t,z(t)),\quad \bar{z}_0=(t_0,x_0),\quad G=\{(t,z(t)):a\leqslant t<\infty\},$$

其中我们将 z 扩展到区间 $[a,\infty)$. 那么 $\bar{z}$ 是多值函数 $\bar{F}:=\{1\}\times F$ 在 $[a,T]$ 上的轨迹且使得 $(G,\bar{F})$ 是弱不变的. 这允许我们调用推论 5.3.5 来推导出 $[\tau,T]$ 上存在一个弧 $\bar{x}(t)=(t,x(t))$, 使得 $x(\tau)=\alpha$, x 是 F 的轨迹且

$$d_G(t,x(t))\leqslant e^{K(T-\tau)}d_G(\tau,\alpha),$$

其中 K 是 F 在一个适当大的球上的 Lipschitz 常数. 那么 x 是 F 在 $[\tau,T]$ 上的一个轨迹. 因为 $(t_0,x_0)\in G$, 有

$$d_G(T,x(T))\leqslant e^{K(T-a)}d_G\|(\tau-t_0,\alpha-x_0)\|,$$

因此, 对某个点 $(t',z(t'))\in G$, 我们有 $\|(T-t',x(T)-z(t'))\|\leqslant e^{K(T-a)}\|(\tau-t_0,\alpha-x_0)\|$.

设 $k\geqslant 1$ 为 F 在 $[a,T]$ 上的所有轨迹公共的 Lipschitz 常数, 且轨迹初值都在 $B(y;1)$ 中. 然后有

$$\begin{aligned}\|z(T)-x(T)\|&\leqslant\|z(T)-z(t')\|+\|z(t')-x(T)\|\\&\leqslant k|T-t'|+k\|z(t')-x(T)\|\leqslant 2k\|(T-t',x(T)-z(t'))\|.\\&\leqslant 2ke^{K(T-a)}\|(\tau-t_0,\alpha-x_0)\|,\end{aligned}$$

这就揭示了所需的常数 $\rho:=2ke^{K(T-a)}$.

要完成证明, 观察 $\mathcal{A}(T,x_0;T)=\{x_0\}$, 所以只需证明 $\mathcal{A}(\tau,\alpha;T)\subseteq(x_0)+\rho\|(T-\tau,x_0-\alpha)\|\bar{B}$. 而如果 x 是在 $[\tau,T]$ 上的任意轨迹且 $x(\tau)=\alpha$, 那么

$$
\begin{aligned}
\|x(T)-x_0\| &\leqslant \|x(T)-\alpha\|+\|\alpha-x_0\| \\
&= \|x(T)-x(\tau)\|+\|\alpha-x_0\| \leqslant k\,|T-\tau|+k\,\|\alpha-x_0\| \\
&\leqslant 2k\,\|(T-\tau,x_0-\alpha)\| \leqslant \rho\,\|(T-\tau,x_0-\alpha)\|,
\end{aligned}
$$

这就完成了证明. □

下面的练习提供了关于稍后要研究的最优控制问题的有用事实.

练习 5.3.12 设 $\ell:\mathbb{R}^n\to\mathbb{R}$ 是连续的. 对 $\tau\leqslant T$ 和任意的 $\alpha\in\mathbb{R}^n$, 设

$$
V(\tau,\alpha):=\inf\left\{\ell(x(T)):x\text{ 是 }F\text{ 在 }[\tau,T]\text{ 满足 }x(\tau)=\alpha\text{ 的轨迹}\right\}.
$$

(a) 证明 $V(\tau,\alpha)$ 的下确界可达.

(b) 现在设 F 是局部 Lipschitz 的. 证明 V 在 $(-\infty,T]\times\mathbb{R}^n$ 上是连续的, 且如果 ℓ 是局部 Lipschitz 的, 则 V 是局部 Lipschitz 的.

5.4 平　衡

对由自主微分包含 $\dot{x}\in F(x)$ 的轨迹 $x(t)$ 构成的系统, 考虑将该系统稳定在给定点 x^* 的问题. 如果系统已经在 x^* 处, 那么当且仅当 $0\in F(x^*)$ 时, 系统才有可能停留在该处, 这个条件说明 x^* 是多重函数 F 的零点 (平衡点或静止点). 注意, 这等价于系统 $(\{x^*\},F)$ 的弱不变性, 因此在形式上, 平衡点的研究等同于对不变单点集的研究. 这也是我们将在本节中提出动态方法的动机.

经典情形和 Brouwer 定理

著名的 Brouwer 不动点定理是许多关于均衡存在性定理的核心, 该定理可表述如下: 如果 g 是一个 $\bar{B}$ 到自身的连续函数, 其中 $\bar{B}$ 是 $\mathbb{R}^n$ 中的单位闭球, 那么存在 $u\in\bar{B}$, 使得 $g(u)=u$.

让我们注意一下这个定理对微分方程

$$
\dot{x}=f(x(t)) \tag{5.8}
$$

的影响, 其中 f 是从 $\mathbb{R}^n$ 到 $\mathbb{R}^n$ 的 Lipschitz 映射. 假设对任意初始条件 $x(0)=x_0\in\bar{B}$, (5.8) 的解 $x(t)$ 满足 $x(t)\in\bar{B}$, $\forall t\geqslant 0$. 即是说, 假设系统 $(\bar{B},f)$ 是不变的, 在这种情况下 "弱" 和 "强" 会统一. 根据 Brouwer 不动点定理, f 在 $\bar{B}$ 中有零点. 这个和更多问题将在下面练习中讨论:

练习 5.4.1

(a) 证明在上面的情况下 $\bar{B}$ 中有一个点 x^*, 使得 $f(x^*)=0$. (提示: 对于给定的 $\tau>0$, 考虑 $f_\tau(\alpha):=x(\tau;\alpha)$, 其中 x 是满足 $x(0)=\alpha$ 的初值问题的

(唯一的) 解. 利用 Brouwer 不动点定理来推导对每个 $\tau > 0$ 存在 $x_\tau \in \bar{B}$ 使得 $x(\tau; x_\tau) = x_\tau$. 然后令 $\tau \downarrow 0$.)

(b) 相反地, 给定第 (a) 部分的 "零点定理", 由此推导出 Brouwer 不动点定理. (提示: 给定 g, 考虑 $f(x) := g(x) - x$.)

我们现在想考虑球以外的集合 S, 甚至是非凸集. 然而, 必须给出一些拓扑假设. 例如, 考虑通过以极坐标 (r, θ) 描述的 $\mathbb{R}^2$ 中的环 $S := \{(r, \theta) : 1 \leqslant r \leqslant 2\}$, 并设 $g(r, \theta) := (r, \theta + \theta_0)$, $0 < \theta_0 < \pi$. 那么 g 是 S 到自身的光滑函数, 然而 g 没有不动点.

通过将 S 与闭单位球同胚, 得到 Brouwer 不动点定理的一个直接推广. 同胚意味着 $S = h(\bar{B})$, 其中 B 是 $\mathbb{R}^k$ 中的单位闭球, $h : \bar{B} \to S$ 是连续的, 其逆 $h^{-1} : S \to \bar{B}$ 存在且连续.

练习 5.4.2

(a) 设 $g : S \to S$ 是连续的, S 同胚于一个单位闭球. 证明 g 在 S 中有一个不动点.

(b) 如果单位球被一个与该球同胚的集合所取代, 证明练习 5.4.1(a) 成立.

多值情况下的一个猜想

下一步是用多值函数替换单值函数. 根据上述情况, 一个自然的猜想是:

猜想 设 $\mathbb{R}^n$ 中的 S 与一个闭单位球同胚, 设 F 是一个从 $\mathbb{R}^n$ 到 $\mathbb{R}^n$ 的局部 Lipschitz 多值函数且使得 (S, F) 是弱不变的. 那么 F 在 S 上有一个零点.

该猜想是自然的, 但不成立! 让我们构造一个反例. S 是 $\mathbb{R}^3$ 中的子集 (一个 "凹槽漏斗", 见图 5.2):

$$S := \{(x, y, z) : x^2 + y^2 = z^4, 0 \leqslant z \leqslant 1\}.$$

定义 $f : \mathbb{R}^3 \to \mathbb{R}^3$ 如下: $f(0, 0, z) := [0, 0, 1 - z]$, 当 $x^2 + y^2 \neq 0$ 时

$$f(x, y, z) := \left[-yz + \frac{2x(1 - z)}{(x^2 + y^2)^{1/4}}, xz + \frac{2y(1 - z)}{(x^2 + y^2)^{1/4}}, 1 - z \right].$$

练习 5.4.3

(a) S 与 $\mathbb{R}^2$ 中的单位闭球同胚, 且 S 是正则的.

(b) f 处处连续, 在原点处不是 Lipschitz 的, f 在 S 中没有零点.

(c) 对于所有的 $(x, y, z) \in S$ 我们有 $f(x, y, z) \in T_S^B(x, y, z)$. 推导出系统 (S, f) 是弱不变的, 但证明它不是强不变的. (图 5.2 显示了 f 的一些轨迹, 包括两个从 0 开始的轨迹, 一个保留在集合 S 中, 而另一个离开了它.)

前面的练习表明, 当多值函数 F 是一个连续 (单值) 函数时, 我们的猜想是错误的. 然而, 这个练习并没有直接解决 Lipschitz 多值函数系统的情况. 我们将通过一个有用的结果来弥补这一差距, 这个结果断言, 上半连续多值函数可以 "从上面" 用 Lipschitz 函数逼近.

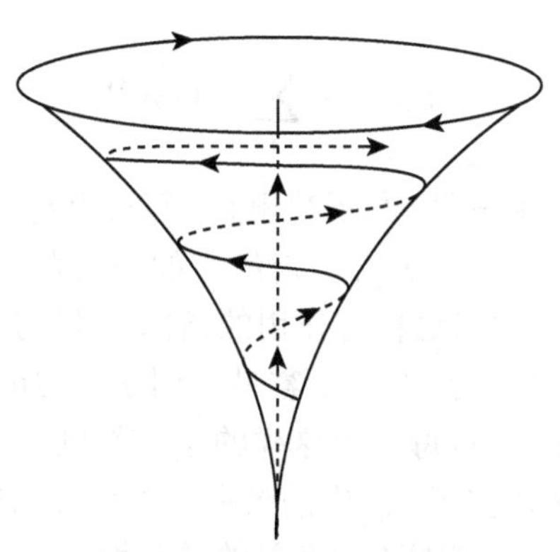

图 5.2　练习 5.4.3 的集合 S

命题 5.4.4　设 F 满足基本假设. 则存在一个局部 Lipschitz 多值函数序列 $\{F_k\}$, 也满足基本假设且有

(i) 对任意的 $k \in \mathbb{N}$, 对每个 $x \in \mathbb{R}^n$,

$$F(x) \subseteq F_{k+1}(x) \subseteq F_k(x) \subseteq \overline{\text{co}}\, F(B(x; 3^{-k+1})).$$

(ii) $\bigcap_{k \geqslant 1} F_k(x) = F(x)$, $\forall x \in \mathbb{R}^n$.

证明　给定一个整数 $k \geqslant 1$, 并考虑 $\mathbb{R}^n$ 中所有点 (或网格) 的集合, 它们的坐标形如 $\pm m/4^k, m \in \{0, 1, 2, \cdots\}$. 设 $\{x_i\}$ 是这个可数集 $i = 1, 2, \cdots$ 的一个枚举, 观察围绕 $x_i (i = 1, 2, \cdots)$ 的半径为 3^{-k} 的开球 $B(x_i; 3^{-k})$ 的并集是 $\mathbb{R}^n$ 的覆盖. 该覆盖具有任意有界集与覆盖中的有限个开球相交的性质. 这蕴含存在一个局部 Lipschitz 单位分割的覆盖. 即, 存在局部 Lipschitz 的函数列 $\{p_i(x)\}$, 取值范围为 $[0, 1]$, 且具有以下性质:

$$x \notin B(x_i; 3^{-k}) \Longrightarrow p_i(x) = 0,$$

$$\sum_i p_i(x) = 1, \quad \forall x.$$

注意, 在上述和中只有有限项是非零的.

练习 5.4.5　证明可通过如下定义给出局部 Lipschitz 单位分割:

$$p_i(x) := \frac{d(x, \text{comp}\, B_i^k)}{\sum\limits_j d(x, \text{comp}\, B_j^k)},$$

这里 $B_i^k := B(x_i; 3^{-k})$.

回到证明中, 定义如下紧凸集

$$C_i^k := \overline{\mathrm{co}}\, F(B(x_i; 2 \cdot 3^{-k}))$$

和多值函数 F_k,

$$F_k(x) := \sum_i p_i^k(x) C_i^k,$$

其中 p_i 对 k 的依赖性已由符号 p_i^k 反映出来. 那么容易看出 F_k 是局部 Lipschitz 的. 此外, 我们将证明 $F_k(x) \supseteq F(x)$. 对给定的 x, 则对所有在集合 $\{i : p_i^k > 0\}$ 中的指标 i 必有 $x \in B_i^k$. 但对这样起作用的指标 i, 我们有 $F(x) \subseteq C_i^k$. 从而根据定义有 $F_k(x) \supseteq F(x)$. 当 $x \in B_i^k$ 时, 容易得到 $x_i \in B(x; 3^{-k})$, 从而有 $B(x_i; 2 \cdot 3^{-k}) \subseteq B(x; 3^{-k+1})$. 因此, 对每一个这样的 i, C_i^k 包含在 $\overline{\mathrm{co}}\, F(B(x; 3^{-k+1}))$ 中, $F_k(x)$ 也包含在其中. 这证实了 (i) 中的最后一个估计, (i) 结合 F 的上半连续性容易得到 (ii). 现在只想要证明序列 $\{F_k\}$ 的递减性.

设 $F_{k+1}(x) = \sum\limits_i p_i^{k+1}(x) C_i^{k+1}$, 分别考虑对 $F_{k+1}(x)$ 和 $F_k(x)$ 有效的任意两个指标 i 和 j. 那么 $p_i^{k+1}(x) > 0, p_j^k(x) > 0$, 从而有 $x \in B(x_i, 3^{-k-1}) \cap B(x_j, 3^{-k})$, 这意味着 $\|x_i - x_j\| < 3^{-k-1} + 3^{-k}$, 从而有 $C_i^{k+1} \subseteq C_j^k$. 这表明 $F_{k+1}(x) \subseteq F_k(x)$. □

现在让我们回到这个猜想. 将命题 5.4.4 应用到多值函数 $F(x) := \{f(x)\}$ 中, 其中 f 是练习 5.4.3 中的函数, 产生了一个局部 Lipschitz 多值函数序列 $\{F_k\}$, 使得 (S, F_k) 对每个 k 都是弱不变的; 然而, 对充分大的 k, F_k 在 S 中不包含零, 否则 f 也会包含零.

综上所述, 虽然下述条件描述了弱不变性

$$F(x) \cap T_S^B(x) \neq \varnothing \quad (x \in S),$$

但并不足以 (即使 F 是 Lipschitz 的) 导致 F 有零点, 即使当 S 与单位闭球同胚 (但是当 S 是一个单位闭球时, 我们将有正面回答).

多值情况下均衡的存在性

我们已经了解到上述猜想不一定成立, 下面使用 T_S^C 而不是 T_S^B 推导出该猜想的一个肯定结果.

定理 5.4.6 设 S 与 $\mathbb{R}^n$ 中的一个单位闭球同胚, 设 F 满足基本假设. 假设

(i) $\mathrm{int}\, T_S^C(x) \neq \varnothing$, $\forall x \in S$ (即 S 是楔形的).

(ii) $F(x) \cap T_S^C(x) \neq \varnothing$, $\forall x \in S$.

那么 F 在 S 中有零点. 即使 F 是 Lipschitz 的, 没有条件 (i) (即使 S 是正则的), 或者当 $T_S^B(x)$ 取代 (ii) 中的 $T_S^C(x)$ 时, 结论都不一定成立.

证明　我们暂时假设 F 是局部 Lipschitz 的且满足

$$F(x) \cap \operatorname{int} T_S^C(x) \neq \varnothing, \quad \forall x \in S.$$

设 $x \in S$ 和 $\varepsilon > 0$. 因为 F 在 x 处是 Lipschitz 的, T_S^C 在 x 处是下半连续的 (命题 4.6.7), 那么对任意的 $y \in F(x) \cap \operatorname{int} T_S^C(x)$, 存在一个标量 $\delta(x,y) > 0$ 使得

$$x' \in x + \delta(x,y)B \Longrightarrow y \in \{F(x') + \varepsilon B\} \cap \operatorname{int} T_S^C(x').$$

开球族 $x + \delta(x,y)B$ 形成了紧集 S 的一个开覆盖. 设集合族 $\{x_i + \delta(x_i + y_i)B\}$ $(i = 1, 2, \cdots, m)$ 是一个有限的子覆盖. 现在给这个子覆盖关联一个从属于它的 Lipschitz 单位划分 $\{p_i(x)\}$, 并定义一个局部 Lipschitz 函数 f_ε 如下:

$$f_\varepsilon(x) := \sum_{i=1}^{m} p_i(x) y_i.$$

当 $p_i(x) \neq 0$ 时, 根据 $\delta(x_i, y_i)$ 的定义, 我们有 $x \in x_i + \delta(x_i, y_i)B$, 因此

$$y_i \in \{F(x) + \varepsilon B\} \cap \operatorname{int} T_S^C(x).$$

因为 $F(x) + \varepsilon B$ 和 $\operatorname{int} T_S^C(x)$ 都是凸集, 所以我们有

$$f_\varepsilon(x) \in \{F(x) + \varepsilon B\} \cap \operatorname{int} T_S^C(x).$$

因此 $f_\varepsilon(x) \in T_S^B(x)$. 通过定理 5.2.10 知系统 (S, f_ε) 是弱不变的. 再通过练习 5.4.2, 存在一个点 $x_\varepsilon \in S$ 使得 $f_\varepsilon(x_\varepsilon) = 0$, 这意味着

$$0 \in F(x_\varepsilon) + \varepsilon B.$$

现在让 $\varepsilon \downarrow 0$. 不妨设对应的序列 $\{x_{\varepsilon_i}\}$ 收敛到一个极限 $x^* \in S$. 由 F 的上半连续性得 $0 \in F(x^*)$. 因此, 在临时假设下, 证明了该定理.

为了避免上述临时假设. 让我们先观察一下, 多值函数

$$\tilde{F}_k(x) := F_k(x) + \gamma \bar{B},$$

其中 F_k 是命题 5.4.4 中提供的 F 的 Lipschitz 逼近且 $\gamma > 0$ 是固定的.

根据上面的证明, 存在 $x_k \in S$, 使 $0 \in \tilde{F}_k(x_k)$. 不妨设 $x_k \to x^* \in S$. 根据 F_k 的单调性, 我们可以得出

$$0 \in F_k(x_j) + \gamma \bar{B}, \quad \forall j \geqslant k.$$

因为 F_k 是 Lipschitz 的且上半连续, 令 $j \to \infty$, 则有 $0 \in F_k(x^*) + \gamma \bar{B}$. 我们引用命题 5.4.4(ii) 得 $0 \in F(x^*) + \gamma \bar{B}$. 由于 γ 是任意正数, 再加上 F 的上半连续性容易得 F 在 S 中有一个零点.

定理陈述中的两个否定论断还需要证明. 其中第一个断言在之前猜想的例子中得到了证实, 而第二个断言则来自练习 5.2.12 中的例子 (见下面的练习 5.4.8). □

在合适的假设下, 具有弱不变的非凸集合必然包含均衡, 这就是下面这个推论.

推论 5.4.7 设 S 与 $\mathbb{R}^n$ 中的闭单位球同胚. 进一步假设 S 是楔形的和正则的, 并且系统 (S, F) 是弱不变的, 其中 F 满足基本假设. 那么 F 在 S 中有零点.

练习 5.4.8

(a) 证明练习 5.2.12 中出现的多值函数 F 的局部 Lipschitz 逼近 F_k 和该练习中的集合 S 满足定理 5.4.6 的所有假设, 但用 T_S^B 取代 T_S^C, 则 F_k 在 S 中没有零点. (提示: S 是星形的.)

(b) 证明推论 5.4.7.

5.5 Lyapunov 理论和稳定性

考虑微分方程

$$\dot{x}(t) = f(x(t)),$$

其中 f 是一个从 $\mathbb{R}^n$ 到自身的光滑函数, 假设点 x^* 是平衡点: $f(x^*) = 0$. 那么常值函数 $x(t) \equiv x^*$ 是微分方程的解. 如果对任意 $\alpha \in \mathbb{R}^n$, 存在满足 $x(0) = \alpha$ 的微分方程解 $x : [0, \infty) \to \mathbb{R}^n$, 并且当 $t \to \infty$ 时有 $x(t) \to x^*$, 则称该均衡是**全局渐近稳定的** (globally asymptotically stable). 我们知道, 如果 $\alpha \neq x^*$, 那么 x^* 无法在有限时间内到达: $x(t) \neq x^*$, $\forall t > 0$.

可以用 Lyapunov 函数给出一个简单但意义深远的标准, 以确保这种渐近稳定性. 假设存在光滑函数 Q 和 W 使得

(i) $Q(x) \geqslant 0$, $W(x) \geqslant 0$, $\forall x \in \mathbb{R}^n$, $W(x) = 0$ 当且仅当 $x = x^*$.

(ii) 对任意的 $q \in \mathbb{R}$, 集合 $\{x : Q(x) \leqslant q\}$ 是紧集.

(iii) $\langle \nabla Q(x), f(x) \rangle \leqslant -W(x)$, $\forall x$.

(这些性质分别被称为正定性、增长性和无穷小下降性). 由此可见 x^* 一定是全局渐近稳定的. 假设 $x(\cdot)$ 是微分方程的任意局部解. 通过条件 (iii) 我们有

$$\frac{d}{dt} Q(x(t)) = \langle \nabla Q(x(t)), f(x(t)) \rangle \leqslant -W(x(t)).$$

这意味着非负函数

$$t \mapsto Q(x(t)) + \int_0^t W(x(\tau))d\tau$$

是递减的, 因此在 $[0,\infty)$ 上是有界的. 由于 $W \geqslant 0$, 这意味着函数 $t \to Q(x(t))$ 是有界的, 从而 $x(t)$ 仍然是有界的. 但微分方程的解 $x(t)$ 在 $[0,\infty)$ 上存在, 而 $W(x(t))$ 在 $[0,\infty)$ 上是全局 Lipschitz 函数.

练习 5.5.1 设 $r(t)$ 是 $[0,\infty)$ 上一个非负的全局 Lipschitz 函数, 并假设 $\int_0^t r(\tau)d\tau$ 在 $t \geqslant 0$ 时是有界的. 那么当 $t \to \infty$ 时有 $r(t) \to 0$.

已知 $W(x(t)) \to 0$, 容易得出当 $t \to \infty$ 时 $x(t) \to x^* = W^{-1}(0)$. 请注意单调性在这一经典论证中的突出地位, 它也将在本节中发挥重要作用.

这里讨论的方法是由 A. M. Lyapunov 在微分方程理论中提出的. 将其推广到控制系统我们通常考虑的情形是: 从给定的初始条件出发, 某个而非全部轨迹达到平衡. 也就是说, 这涉及"可控性"因素. 鉴于此, 微分包含 $\dot{x} \in F(x)$ 在 x^* 处有均衡点 (即满足 $0 \in F(x^*)$) 的情况下, 我们可以采用一种自然的方法. 我们定义 (光滑) Lyapunov 对 (Q, W) 满足上述性质 (i) 和 (ii), 替换 (iii) 如下:

(iii)′ $\min_{v\in F(x)}\langle \nabla Q(x), v\rangle \leqslant -W(x), \forall x$.

这就是我们要求读者检查的诀窍.

练习 5.5.2 如果 Q 和 W 都是 C^1 的, 并且满足 (i), (ii) 和 (iii)′, 那么对任意 $\alpha \in \mathbb{R}^n$, 在 $[0,\infty)$ 上有一个满足 $x(0) = \alpha$ 的轨迹 x, 使得当 $t \to \infty$ 时 $x(t) \to x^*$. (提示: 考虑如下多值函数的轨迹

$$\tilde{F}(x) := \{v \in F(x) : \langle \nabla Q(x), v\rangle \leqslant -W(x)\}.)$$

我们注意到, (Q, W) 的存在本身就意味着 x^* 是一个均衡点, 而且与微分方程的经典情况不同, $x(\cdot)$ 可以在有限的时间内达到 x^*.

关于这种方法的一个有趣问题是, 它是否是渐近稳定性的必要条件和充分条件. 在这方面, 以及出于其他原因, 发展一种包含非光滑 Lyapunov 函数的理论是至关重要的. 根据前面几章的内容, 我们建议如下: 取 Q 和 W 属于 $\mathcal{F}(\mathbb{R}^n)$, 保留性质 (i) 和 (ii), 并添加以下内容

$$\text{对每个 } x, \text{ 对任意的 } \zeta \in \partial_P Q(x), \exists v \in F(x) \text{ 使得 } \langle \zeta, v\rangle \leqslant -W(x).$$

我们总结了无穷小下降性质的近似形式, 并用下 Hamilton 函数 h 来表示. 如果 $\mathcal{F}(\mathbb{R}^n)$ 中的两个函数 Q 和 W 满足以下性质, 则称它们是 x^* 的 Lyapunov 对:

- 正定性: $Q, W \geqslant 0$; $W(x) = 0$ 当且仅当 $x = x^*$.

- 增长性: 对任意 $q \in \mathbb{R}$, 水平集 $\{x \in \mathbb{R}^n : Q(x) \leqslant q\}$ 是紧集.

- 无穷小下降性: $h(x,\partial_P Q(x)) \leqslant -W(x)$, $\forall x \in \mathbb{R}^n$.

请注意, 当 x^* 是一个均衡点时, 最后一个性质在 $x = x^*$ 处自动成立, 因为此时 $0 \in F(x^*)$. 此外, 无穷小下降性也可以用 4.4 节中的次导数给出一个等价形式:

命题 5.5.3　对任意 $x \in \mathbb{R}^n$, $h(x,\partial_P Q(x)) \leqslant -W(x)$ 成立, 当且仅当

$$\inf_{v \in F(x)} DQ(x;v) \leqslant -W(x), \quad \forall x \in \operatorname{dom} Q.$$

证明　假设导数条件成立. 设 $\zeta \in \partial_P Q(x)$, 并选取 $v \in F(x)$ 使得 $DQ(x;v) \leqslant -W(x)$(由练习 4.4.1 可知, $DQ(x;\cdot)$ 是下半连续的, 因此可达到下确界). 由于 $DQ(x;v) \geqslant \langle \zeta, v\rangle$, 我们有 $\langle \zeta, v\rangle \leqslant -W(x)$, 因此 $h(x,\partial_P Q(x)) \leqslant -W(x)$, 即 Hamilton 函数不等式成立.

必要性是一个更深层次的结果. 假设导数条件不成立, 则存在 $\delta > 0$, 我们有

$$DQ(x;v) \geqslant -W(x) + \delta, \quad \forall v \in F(x).$$

由于 $DQ(x;\cdot)$ 是下半连续的, 而 $F(x)$ 是紧的, 这意味着对某个 $\eta > 0$, 有

$$DQ(x;v) > -W(x) + \frac{\delta}{2}, \quad \forall v \in F(x) + \eta \bar{B}.$$

应用 Subbotin 定理 (定理 4.4.2), 我们可以推导出存在充分接近 x 的 z, 以及某个 $\zeta \in \partial_P Q(z)$, 有

$$\langle \zeta, v\rangle > -W(x) + \frac{\delta}{2}, \quad \forall v \in F(x) + \eta \bar{B}.$$

因为 F 是上半连续的, 所以对足够接近 x 的 z, 我们有 $F(z) \subseteq F(x) + \eta B$. 并且由于 W 是下半连续的, 则有 $W(z) \geqslant W(x) - \dfrac{\delta}{4}$. 对这样的 z 可得

$$\langle \zeta, v\rangle > -W(z) + \frac{\delta}{4}, \quad \forall v \in F(z).$$

这意味着 $h(z,\zeta) \geqslant -W(z) + \dfrac{\delta}{4}$, 这表明 Hamilton 函数条件在 z 处不成立, 从而完成证明. □

事实证明, 在不失一般性的前提下, 我们总是可以假设 W 具有额外的性质, 尤其是有限值. 然而, Q 可以被扩展这一事实是有用的, 例如, 在包含局部稳定性时有用处, 而且这一事实应予以保留.

练习 5.5.4

(a) 如果 $Q, W \in \mathcal{F}(\mathbb{R}^n)$ 关于 x^* 形成 Lyapunov 对, 证明存在函数 $\widetilde{W}$ 使得 $(Q, \widetilde{W})$ 关于 x^* 仍然是 Lyapunov 对, 其中 $\widetilde{W}$ 是局部 Lipschitz 的且满足线性增长条件. (提示:

$$\widetilde{W}(x) := \min\{W(y) + \|x - y\| : y \in \mathbb{R}^n\}.)$$

(b) 证明对任意不等于 x^* 的 x, $Q(x) > 0$. (提示: 否则 $0 \in \partial_P Q(x)$.)

(c) 给定 $x \neq x^*$, 存在充分靠近 x^* 的点 y, 有 $Q(y) < Q(x)$.

(d) Q 在 x^* 处达到全局最小值 (如果有必要, 我们可以通过重新定义 Q 将其取为 0).

定理 5.5.5 设 $0 \in F(x^*)$, 且存在 $Q, W \in \mathcal{F}(\mathbb{R}^n)$ 使得 (Q, W) 构成 x^* 的 Lyapunov 对. 那么对于任意 $\alpha \in \operatorname{dom} Q$, 存在 $[0, \infty)$ 上关于 F 的轨迹 x 满足 $x(0) = \alpha$ 且当 $t \to \infty$ 时, $x(t) \to x^*$.

此重要结果的证明需要用到某系统单调性的邻近特征, 我们将在得到该邻近特征后再证明.

弱递减系统

设 $\varphi \in \mathcal{F}(\mathbb{R}^n)$. 如果对任意 $\alpha \in \mathbb{R}^n$, 在 $[0, \infty)$ 上存在 F 的轨迹 x 满足 $x(0) = \alpha$ 和

$$\varphi(x(t)) \leqslant \varphi(x(0)) = \varphi(\alpha), \quad \forall t \geqslant 0,$$

则称 (φ, F) 是**弱递减的** (weakly decreasing).

我们将看到, 这一系统性质是集合弱不变性的对应.

练习 5.5.6

(a) 设 φ 是闭集 S 的指示函数. 证明 (φ, F) 是弱递减的当且仅当 (S, F) 是弱不变的.

(b) 证明 (φ, F) 是弱递减的当且仅当 $(\operatorname{epi} \varphi, F \times \{0\})$ 是弱不变的.

定理 5.5.7 (φ, F) 是弱递减的当且仅当

$$h(x, \partial_P \varphi(x)) \leqslant 0, \quad \forall x \in \mathbb{R}^n.$$

证明 注意这个 Hamilton 函数不等式的含义: 对任意 $x \in \mathbb{R}^n$ 和 $\zeta \in \partial_P \varphi(x)$, 我们有 $h(x, \zeta) \leqslant 0$. 首先假设 (φ, F) 是弱递减的, 那么根据练习 5.5.6, $(\operatorname{epi} \varphi, F \times \{0\})$ 是弱不变的. 根据定理 5.2.4, 对任意向量 $(\zeta, \lambda) \in N^P_{\operatorname{epi} \varphi}(x, r)$, 其中 $(x, r) \in \operatorname{epi} \varphi$, 我们有

$$\min\{\langle(\zeta, \lambda), (v, 0)\rangle : v \in F(x)\} \leqslant 0.$$

如果 $\zeta \in \partial_P \varphi(x)$, 则有 $(\zeta, -1) \in N^P_{\text{epi}\,\varphi}(x, \varphi(x))$, 因此有

$$h(x, \zeta) = \min\{\langle \zeta, v\rangle : v \in F(x)\} \leqslant 0,$$

这证明了 Hamilton 函数不等式.

反过来, 假设 Hamilton 函数条件成立. 为了推导出 (φ, F) 是弱递减的, 或者 $(\text{epi}\,\varphi, F \times \{0\})$ 是弱不变的, 只需证明对任意的 $(\zeta, \lambda) \in N^P_{\text{epi}\,\varphi}(x, r)$, 存在 $v \in F(x)$ 使得 $\langle \zeta, v\rangle \leqslant 0$. 根据练习 2.2.1(d), 我们知道 $\lambda \leqslant 0$ 和 $(\zeta, \lambda) \in N^P_{\text{epi}\,\varphi}(x, \varphi(x))$. 如果 $\lambda < 0$, 我们有

$$(\zeta/(-\lambda), -1) \in N^P_{\text{epi}\,\varphi}(x, r),$$

这意味着 $-\zeta/\lambda \in \partial_P \varphi(x)$. 那么 Hamilton 函数条件就意味着存在 $v \in F(x)$ 使得 $\langle(-\zeta/\lambda), v\rangle \leqslant 0$, 从而有 $\langle \zeta, v\rangle \leqslant 0$. 如果 $\lambda = 0$, 那么我们有

$$(\zeta, 0) \in N^P_{\text{epi}\,\varphi}(x, \varphi(x)),$$

并且我们引用习题 2.11.23 得: 存在序列 $(\zeta_i, -\varepsilon_i)$, $\varepsilon_i > 0$ 和 $(x_i, \varphi(x_i))$ 使得

$$(\zeta_i, -\varepsilon_i) \to (\zeta, 0), \quad (\zeta_i, -\varepsilon_i) \in N^P_{\text{epi}\,\varphi}(x_i, \varphi(x_i)), \quad (x_i, \varphi(x_i)) \to (x, \varphi(x)).$$

那么, 与上述 $\lambda < 0$ 的情况一样, 存在 $v_i \in F(x_i)$ 使得 $\langle \zeta_i, v_i\rangle \leqslant 0$. 由于 F 是局部有界的, 所以序列 $\{v_i\}$ 是有界的. 不妨设 v_i 收敛到一个极限 v. 那么根据 F 的上半连续性有 $v \in F(x)$, 则有 $\langle \zeta, v\rangle \leqslant 0$. □

定理 5.5.5 的证明

设 (Q, W) 是 x^* 的 Lyapunov 对, 其中 W 满足练习 5.5.4 的性质, 并设 $\alpha \in \text{dom}\, Q$. 我们将证明定理中引用轨迹 x 的存在性.

我们通过 $\widetilde{Q}(x, y) := Q(x) + y$ 定义 $\widetilde{Q} : \mathbb{R}^n \times \mathbb{R} \to (-\infty, \infty]$, 并定义多值函数 $\widetilde{F}$ 如下:

$$\tilde{F}(x, y) := F(x) \times \{W(x)\}.$$

注意到 $\widetilde{F}$ 满足基本假设. 我们断言系统 $(\widetilde{Q}, \widetilde{F})$ 是弱递减的. 事实上, 为了应用定理 5.5.7, 设 $(\zeta, r) \in \partial_P \widetilde{Q}(x, y)$. 那么 $\zeta \in \partial_P Q(x)$ 且 $r = 1$. (Q, W) 的无穷小递减性质提供了 $v \in F(x)$ 的存在性且使得 $\langle(v, W(x)), (\zeta, 1)\rangle \leqslant 0$, 这验证了定理 5.5.7 的 Hamilton 函数不等式.

我们推导出 $\widetilde{F}$ 存在从 $(\alpha, 0)$ 开始的轨迹 (x, y), 且在 $t \geqslant 0$ 时满足 $\widetilde{Q}(x(t), y(t)) \leqslant \widetilde{Q}(\alpha, 0) = Q(\alpha)$. 这相当于

$$Q(x(t)) + \int_0^t W(x(\tau))d\tau \leqslant Q(\alpha),$$

其中 x 是 F 的一个轨迹. 这意味着 $Q(x(t))$ $(x(t))$ 是有界的, 以及 $\int_0^t W(x(\tau))d\tau$ 有界. 由于 F 在有界集合上是有界的, 我们观察到 $\dot{x}(t)$ 也是有界的, 因此 x 在 $[0,\infty)$ 上满足全局 Lipschitz 条件, 我们设其 Lipschitz 常数为 k. 最后证明练习 5.5.1.

假设当 $t\to\infty$ 时 $x(t)$ 无法收敛到 x^*. 那么对某个 $\varepsilon>0$, 存在趋于 $+\infty$ 的点 t_i, 使得 $\|x(t_i)-x^*\|\geqslant\varepsilon\,(i=1,2,\cdots)$. 我们可以假设 $t_{i+1}-t_i>\varepsilon/(2k)$. 设 $\eta>0$ 使得

$$\|x-x^*\|_\infty\geqslant\|u-x^*\|\geqslant\frac{\varepsilon}{2}\Longrightarrow W(u)\geqslant\eta$$

(之所以存在这样的 η, 是因为 W 在 (非空) 环面上是连续且正的). 然后有

$$|t-t_i|<\frac{\varepsilon}{2k}\Longrightarrow\|x(t)-x(t_i)\|<\frac{\varepsilon}{2}\Longrightarrow\|x(t)-x^*\|\geqslant\frac{\varepsilon}{2},$$

从而有

$$\int_{t_{i-1}}^{t_{i+1}}W(x(\tau))d\tau\geqslant\frac{\eta\varepsilon}{k}.$$

这意味着 $\int_0^t W(x(\tau))d\tau$ 会发散, 存在矛盾. □

构建稳定反馈系统

刚才给出的定理 5.5.5 的证明没有明确说明如何构造收敛到 x^* 的轨迹, 但事实上, 这隐含在我们证明定理 5.2.4 的构造性质中, 而定理 5.2.4 是定理 5.5.7 的核心, 因此也是定理 5.5.5 的核心. 现在让我们在这些结果的基础上阐述邻近目标法.

定义函数 $f:\mathbb{R}^n\times\mathbb{R}\times\mathbb{R}\to\mathbb{R}^n$ 如下: 给定 $(x,y,r)\in\mathbb{R}^n\times\mathbb{R}\times\mathbb{R}$, 选择 $\mathrm{proj}_S(x,y,r)$ 中的点 (x',y',r'), 其中

$$S:=\{(x',y',r'):Q(x')+y'\leqslant r'\}.$$

(当 $\varphi=Q(x)+y$ 时, 这就是定理 5.5.7 证明中使用的集合, 与定理 5.5.5 的一样.) 现在选择 $v\in F(x')$ 是问题 $\min_{v\in F(x')}\langle v,x-x'\rangle$ 的一个解, 并设 $f(x,y,r)=v$. 重述当前情形下的推论 5.2.6 如下, 其中 (x,y,r) 的初始条件取为 $(\alpha,0,Q(\alpha))\in S$, 另见练习 5.1.14.

命题 5.5.8 设 (Q,W) 是 x^* 的 Lyapunov 对, 其中 W 具有练习 5.5.4 的性质. 那么, 对任意 $\alpha\in\mathrm{dom}\,Q$, 初值问题

$$\dot{x}(t)=f(x(t),y(t),Q(\alpha)),\quad\dot{y}(t)=W(x(t)),\quad x(0)=\alpha,\quad y(0)=0$$

至少存在一个 Euler 解 (x,y), 且这样的解定义了 F 在 $[0,\infty)$ 上的一个轨迹 $x(\cdot)$, 并满足当 $t\to\infty$ 时, $x(t)\to x^*$.

上述函数 f 一般不满足 $f(x,y,r)\in F(x)$, 它不是 F 的反馈选择. 然而, 当 F 是局部 Lipschitz 函数时, 我们在定理 5.3.4 中展示了如何定义一个可以扮演 f 角色的选择 g. 在目前的假设中, 我们对 $g(x,y,r)$ 的定义如下: 给定 $f(x,y,r)=v\in F(x')$ 如上, 设 w 是 $F(x)$ 中最靠近 v 的点, 设 $g(x,y,r)=w\in F(x)$. 则有如下命题.

命题 5.5.9 在命题 5.5.8 的前提下, 当 F 是局部 Lipschitz 函数时, 初值问题

$$\dot{x}(t)=g(x(t),y(t),Q(\alpha)),\quad \dot{y}(t)=W(x(t)),\quad x(0)=\alpha,\quad y(0)=0$$

至少存在一个 Euler 解 (x,y), 且这样的解定义了 F 在 $[0,\infty)$ 上的一个轨迹 x, 并满足当 $t\to\infty$ 时, $x(t)\to x^*$.

命题 5.5.9 中 "稳定反馈" 的构造非常清晰. 但要注意的是, 这需要计算另一个涉及 x 的变量 $y(t)=\displaystyle\int_0^t W(x(\tau))d\tau$, 这是动态反馈的一个实例. 能够定义一个仅取决于 x 的静态反馈选择 $g(x)\in F(x)$ 并产生收敛到均衡点的轨迹 (无论初始条件如何) 是非常有意义的. 当 Lyapunov 对 (Q,W) 存在且 Q 为局部 Lipschitz 时, 可以通过邻近目标技术实现这一点, 但这样做将超出本章的讨论范围.

5.6 单调性和可达性

我们在 5.5 节中看到了沿轨迹弱递减与渐近可控性的相关性. 这个问题和其他单调性问题会在其他情况下再次出现, 我们需要一些相应的局部邻近特性. 我们将首先在自主环境中推导出这些特征.

设 Ω 是 $\mathbb{R}^n$ 中的一个开子集和 $\varphi\in\mathcal{F}(\Omega)$. 扩展之前的定义 (该定义涉及 $\Omega=\mathbb{R}^n$ 的情况), 如果对任意 $\alpha\in\operatorname{dom}\varphi\subseteq\Omega$, 在 $[0,\infty)$ 上存在 F 的轨迹 x 满足 $x(0)=\alpha$, 并且对满足 $x([0,T])\subseteq\Omega$ 的任意区间 $[0,T]$, 我们有

$$\varphi(x(t))\leqslant\varphi(\alpha),\quad \forall t\in[0,T],$$

则称 (φ,F) 在 Ω 上是弱递减的. 回想一下, $[0,T]$ 上的轨迹 x 总是可以扩展到 $[0,\infty)$, 但上面我们只要求 $\varphi(x(t))\leqslant\varphi(\alpha)$ 保持到**退出时间** (exit time)

$$\tau(x,\Omega):=\inf\{t\geqslant 0: x(t)\in\operatorname{comp}\Omega\}.$$

当然, 正是当 $x(t)\in\Omega$, $\forall t\geqslant 0$ 时, τ 可能等于 $+\infty$.

定理 5.6.1 设 $\varphi\in\mathcal{F}(\Omega)$. 系统 (φ,F) 在 Ω 上是弱递减的当且仅当

$$h(x,\partial_P\varphi(x))\leqslant 0,\quad \forall x\in\Omega.$$

证明 设 (φ, F) 在 Ω 上是弱递减的, $\alpha \in \Omega$ 和 $\zeta \in \partial_P\varphi(\alpha)$. 设 $\delta > 0$ 使得 $\overline{B}(\alpha;\delta) \subseteq \Omega$, 定义

$$S := \{(x,r) \in \mathbb{R}^n \times \mathbb{R} : x \in \overline{B}(\alpha;\delta), \varphi(x) \leqslant r\}.$$

则有 $(\zeta, -1) \in N_S^P(\alpha, \varphi(\alpha))$. 定义

$$\widetilde{F}(x,r) := F(x) \times \{0\}, \quad \text{如果 } x \in B(\alpha;\delta),$$

否则

$$\widetilde{F}(x,r) := \mathrm{co}\left\{\bigcup_{\|y-\alpha\|=\delta} F(y) \cup \{0\}\right\} \times \{0\}.$$

那么 $\widetilde{F}$ 满足基本假设 5.1.2 且 $(S, \widetilde{F})$ 是弱不变的 (为什么?)

根据定理 5.2.10, 对某个 $(v, 0) \in \widetilde{F}(\alpha, \varphi(\alpha))$, 我们有 $\langle (v,0), (\zeta, -1)\rangle \leqslant 0$. 这意味着 $h(\alpha, \zeta) \leqslant 0$, 因此 Hamilton 函数不等式在 Ω 中处处成立.

反过来, 设 Hamilton 函数不等式成立, 并设 $\alpha \in \mathrm{dom}\varphi \subseteq \Omega$. 设 $\Omega_k := \Omega \cap B(\alpha; k)$, 并定义

$$S_k := \{(x,r) \in \mathbb{R}^n \times \mathbb{R} : x \in \Omega_k, \varphi(x) \leqslant r\} \cup (\mathrm{comp}\,\Omega_k \times \mathbb{R}),$$

$$\widetilde{F}_k(x,r) := F(x) \times \{0\}, \quad \text{如果 } x \in \Omega_k,$$

否则

$$\widetilde{F}_k(x,r) := \mathrm{co}\left\{\bigcup_{y \in \mathrm{bdry}\,\Omega_k} F(y) \cup \{0\}\right\} \times \{0\}.$$

我们断言 $(S_k, \widetilde{F}_k)$ 是弱不变的. 让我们利用定理 5.2.4 来验证这一点. 如果 $x \notin \Omega_k$, 由于 $0 \in \widetilde{F}_k(x,r)$, 显然成立. 如果 $x \in \Omega_k$, 那么对 S_k 在 (x,r) 处的邻近法线 $(\zeta, \lambda) \in N^P_{\mathrm{epi}\,\varphi}(x,r)$, 借鉴定理 5.5.7 中“反向”部分的论证得 $\tilde{h}(x,r,\zeta,\lambda) \leqslant 0$. 这证明了我们的断言.

由于 $(S_1, \widetilde{F}_1)$ 是弱不变的, 我们推导出 F 在 $[0,T]$ 上存在一个轨迹 x 满足 $x(0) = \alpha$ 且使得在 $t \in [0, \tau_1)$ 时有 $\varphi(x(t)) \leqslant \varphi(\alpha)$, 其中 τ_1 是 x 离开 Ω_1 的时间. 如果 $\tau_1 = \infty$, 或者 $x(\tau_1) \in \mathrm{bdry}\,\Omega$, 那么轨迹 x 满足定义要求, 即 (φ, F) 在 Ω 上弱递减. 否则, $x(\tau_1) \in \Omega$ 和 $\|x(\tau_1) - \alpha\| = 1$. 在这种情况下, 我们利用 $(S_2, \widetilde{F}_2)$ 的弱不变性来构造一个从 $x(\tau_1)$ 开始的轨迹, 该轨迹将 x 延伸到区间 $[0, \tau_1 + \tau_2)$ 上, 其中 τ_2 是新轨迹离开 Ω_2 的时间, 对 $t \in [\tau_1, \tau_1 + \tau_2)$, 我们有 $\varphi(x(t)) \leqslant \varphi(x(\tau_1)) \leqslant \varphi(\alpha)$. 同样, 如果 $\tau_2 = \infty$, 或者 $x(\tau_1 + \tau_2) \in \mathrm{bdry}\,\Omega$, 我们

就得到了所需的轨迹: 否则 $x(\tau_1+\tau_2)\in\Omega$ 且 $\|x(\tau_1+\tau_2)-\alpha\|=2$, 重复上述步骤. 如果这个过程在有限步后没有结束, 那么得到的轨迹 x 定义在 $[0,\infty)$ 上, 这是因为

$$\left\|x\left(\sum_{i=1}^{k}\tau_i\right)-\alpha\right\|=k\text{ 意味着当 }k\to\infty\text{ 时 }\sum_{i=1}^{k}\tau_i\to\infty.$$

(即 F 的轨迹不会在有限时间内爆破). 那么, $[0,\infty)$ 上的 x 本身就是所需的轨迹, 证明完成. □

Ω 上的强递减系统

设 $\varphi\in\mathcal{F}(\Omega)$, 其中 Ω 是 $\mathbb{R}^n$ 的一个开子集. 如果对任意 $\alpha\in\operatorname{dom}\varphi\subseteq\Omega$, F 在区间 $[a,b]$ 上的任意轨迹 x 位于 Ω 中并满足 $x(a)=\alpha$, 且有

$$\varphi(x(t))\leqslant\varphi(\alpha),\quad\forall t\in[a,b],$$

则称系统 (φ,F) 在 Ω 上是**强递减的** (strongly decreasing).

练习 5.6.2 证明 (φ,F) 在 Ω 上是强递减的当且仅当 F 在区间 $[a,b]$ 上位于 Ω 中的每条轨迹 x 都使得函数 $t\mapsto\varphi(x(t))$ 在 $[a,b]$ 上是递减的.

定理 5.6.3 设 F 是局部 Lipschitz 的, 则 (φ,F) 在 Ω 上是强递减的当且仅当

$$H(x,\partial_P\varphi(x))\leqslant 0,\quad\forall x\in\Omega.$$

证明 设 (φ,F) 在 Ω 上是强递减的, $\zeta\in\partial_P\varphi(\alpha)$, 其中 $\alpha\in\Omega$. 固定 $v_0\in F(\alpha)$. 我们希望证明 $\langle v_0,\zeta\rangle\leqslant 0$, 从而推导出定理中的 Hamilton 函数不等式. 选取 $\delta>0$ 使得 $\overline{B}(\alpha;\delta)\subseteq\Omega$, 并设

$$S:=\{(x,r)\in\mathbb{R}^n\times\mathbb{R}:x\in\overline{B}(\alpha;\delta),\varphi(x)\leqslant r\}.$$

设 $f(x):=v\in\operatorname{proj}_{F(x)}(v_0)$. 那么 f 是连续的 (练习 5.3.3(c)) 且 $f(\alpha)=v_0$. 我们定义多值函数

$$\widetilde{F}(x,r):=\begin{cases}\{(f(x),0)\}, & \text{如果 }x\in B(\alpha;\delta),\\ \operatorname{co}\{0,f(y):\|y-\alpha\|=\delta\}\times\{0\}, & \text{其他情况.}\end{cases}$$

那么 S 是闭的, $\widetilde{F}$ 满足基本假设 5.1.2, 并且 $(S,\widetilde{F})$ 是弱不变的. 由于 $\zeta\in\partial_P\varphi(\alpha)$, 我们有 $(\zeta,-1)\in N_S^P(\alpha,\varphi(\alpha))$, 所以根据定理 5.2.10 有

$$\langle (f(\alpha),0),(\zeta,-1)\rangle = \langle v_0,\zeta\rangle \leqslant 0,$$

这证明了必要性.

反过来, 设 Hamilton 函数不等式成立, $\hat{x}$ 是 $[0,T]\subseteq\Omega$ 上的 Euler 弧. 为了证明 $\varphi(\hat{x}(t))$ 是递减的, 只需证明对任意 $a\in[0,T)$, 对充分接近 a 的 $b\in(a,T]$, 我们有 $\varphi(\hat{x}(b))\leqslant\varphi(\hat{x}(a))$(我们可以假设 $\varphi(\hat{x}(a))$ 有限). 为此, 设

$$S := \mathrm{cl}\{(x,r): x\in\Omega, y\geqslant\varphi(x)\},$$

选取 $M>0$ 使得 $\hat{x}(a)+4M\overline{B}\subseteq\Omega$, 然后选取充分接近 a 的 $b>a$, 使得

$$\|\hat{x}(t)-\hat{x}(a)\|<M, \quad \forall t\in[a,b].$$

这蕴含对任意的 $(x,r)\in(\hat{x}(a)+M\overline{B})\times(\varphi(\hat{x}(a))+M\overline{B})$ 和 $(x',r')\in\mathrm{proj}_S(x,r)$, 我们有

$$\|(x',r')-(\hat{x}(a),\varphi(\hat{x}(a)))\|<4M.$$

现在设 f 是 F 的一个选择, 其从 $(a,\hat{x}(a))$ 开始的唯一的 Euler 弧是 $\hat{x}$(推论 5.3.7). 如果 $(x,r)\in(\hat{x}(a)+M\overline{B})\times(\varphi(\hat{x}(a))+M\overline{B})$, 则

$$(\zeta,\lambda):=(x-x',r-r')\in N_S^P(x',r'),$$

其中 $x'\in\hat{x}(a)+4M\overline{B}\subseteq\Omega$. 这蕴含 $(\zeta,\lambda)\in N^P_{\mathrm{epi}\,\varphi}(x',r')$. 如果 $\lambda<0$, 则有 $-\zeta/\lambda\in\partial_P\varphi(x')$. 因此通过假设, 我们有 $\langle f(x'),-\zeta/\lambda\rangle\leqslant0$, 从而有 $\langle f(x'),x-x'\rangle\leqslant0$. 如果 $\lambda=0$, 则

$$(\zeta,0)\in N^P_{\mathrm{epi}\,\varphi}(\hat{x}(a),\varphi(\hat{x}(a))).$$

该结果结合习题 1.11.23 蕴含存在 $x_i\xrightarrow{\varphi}x'$, $\varepsilon_i\to0\,(\varepsilon_i>0)$, $\zeta_i\to\zeta$ 使得

$$(\zeta_i,-\varepsilon_i)\in\partial_P\varphi(x_i).$$

由于 F 是 Lipschitz 的, 存在 $v_i\in F(x_i)$ 满足 $\|v_i-f(x')\|\leqslant K\|x_i-x'\|$. 由此我们有 $\langle\zeta_i,v_i\rangle\leqslant0$, 从而有 $\langle\zeta,f(x')\rangle\leqslant0$.

以上证实了命题 5.2.1 适用于 S 和映射 $(x,r)\mapsto(f(x),0)$. 由于该映射以 $(\hat{x}(a),\varphi(\hat{x}(a)))$ 为起点的唯一 Euler 弧是 $(\hat{x}(\cdot),\varphi(\hat{x}(a)))$, 我们推导出

$$d_S(\hat{x}(t),\varphi(\hat{x}(a)))\leqslant d_S(\hat{x}(a),\varphi(\hat{x}(a)))=0, \quad \forall t\in[a,b].$$

这蕴含 $\varphi(\hat{x}(b))\leqslant\varphi(\hat{x}(a))$, 得证. □

非自主扩展

现在假设 φ 和 F 既依赖于 x 也依赖于 t. 我们可以很容易地将上面得到的单调性特征扩展到这种非自主情况, 并使它们关联于给定的关于 t 的区间 (t_0,t_1), 这里我们允许 $t_0=-\infty$ 和/或 $t_1=\infty$. 如果对任意 $\tau\in(t_0,t_1)$ 和 $\alpha\in\Omega$, 在 $[\tau,t_1)$ 上存在一条轨迹 x 且 $x(\tau)=\alpha$, 使得

$$\varphi(t,x(t))\leqslant\varphi(\tau,\alpha),\quad \forall t\in[\tau,b],$$

其中 $[\tau,b]$ 是 $[\tau,t_1)$ 的任意子区间且使得 $x(t)$ 保留在 Ω 中, 则称 (φ,F) 在 $(t_0,t_1)\times\Omega$ 上是弱递减的. 如果这对所有轨迹 x 都成立, 那么称 (φ,F) 在 $(t_0,t_1)\times\Omega$ 上是强递减的. 由 5.3 节中介绍的状态增广, 与定理 5.6.1 和定理 5.6.3 一起, 很容易得出:

练习 5.6.4 设 $\varphi\in\mathcal{F}((t_0,t_1)\times\Omega)$.

(a) (φ,F) 在 $(t_0,t_1)\times\Omega$ 上是弱递减的当且仅当

$$\theta+h(t,x,\zeta)\leqslant 0,\quad \forall(\theta,\zeta)\in\partial_P\varphi(t,x),\quad \forall(t,x)\in(t_0,t_1)\times\Omega.$$

(b) 若 F 是局部 Lipschitz 的, 则 (φ,F) 在 $(t_0,t_1)\times\Omega$ 上是强递减的当且仅当

$$\theta+H(t,x,\zeta)\leqslant 0,\quad \forall(\theta,\zeta)\in\partial_P\varphi(t,x),\quad \forall(t,x)\in(t_0,t_1)\times\Omega.$$

系统的其他单调性还没有讨论. 我们将以强递增作为结束语, 在章末问题中详尽研究这一主题的所有变形. 在非自主情况下, 如果对 (t_0,t_1) 包含的任意区间 $[a,b]$, 对 F 在 $[a,b]$ 上的任意轨迹 x, 且 $x(t)\in\Omega$, $\forall t\in[a,b]$, 我们有

$$\varphi(t,x(t))\leqslant\varphi(b,x(b)),\quad \forall t\in[a,b],$$

则称 (φ,F) 在 $(t_0,t_1)\times\Omega$ 上**是强递增的** (strongly increasing).

当然, 当 $(b,x(b))\notin\operatorname{dom}\varphi$ 时, 上述不等式会自动满足. 与自主情况一样, 只要 x 是某个区间 $[a,b]\subseteq(t_0,t_1)$ 上的轨迹, 且 $x(t)$ 保持在 Ω 中, 那么强递增性质就等价于函数 $t\mapsto\varphi(t,x(t))$ 在 $[a,b]$ 上递增.

命题 5.6.5 设 F 是局部 Lipschitz 的, 则 (φ,F) 在 $(t_0,t_1)\times\Omega$ 上是强递增的当且仅当

$$\theta+h(t,x,\zeta)\geqslant 0,\quad \forall(\theta,\zeta)\in\partial_P\varphi(t,x),\quad \forall(t,x)\in(t_0,t_1)\times\Omega.$$

证明 设 x 是 F 在 (t_0,t_1) 上的轨迹, 并定义 $y(t):=x(t^*-t)$, 其中 t^* 是 (t_0,t_1) 中的一点. 那么函数 y 定义在区间 (t^*-t_1,t^*-t_0) 上, 且有

$$\dot{y}(t)=-\dot{x}(t^*-t)\in-F(t^*-t,x(t^*-t))=-F(t^*-t,y(t))\ \text{a.e.}.$$

这表明 y 是 F^* 在 (t^*-t_1,t^*-t_0) 上的轨迹, 其中 $F^*(t,y):=-F(t^*-t,y)$. 显然, x 和 y 之间是一一对应的. 因此, 对所有这样的 x (当 $x(t)\in\Omega$), $\varphi(t,x)$ 是递增的当且仅当 $\varphi(t^*-t,y(t))$ 对所有这样的 y(每种情况下都在相关区间上) 都是递减的. 设 $\varphi^*(t,y):=\varphi(t^*-t,y)$, 我们已经证明, (φ,F) 在 $(t_0,t_1)\times\Omega$ 上的强递增性与 (φ^*,F^*) 在 $(t^*-t_1,t^*-t_0)\times\Omega$ 上的强递减性相同. 应用练习 5.6.4(b), 并用 H^* 表示 F^* 的上 Hamilton 函数, 后者等价于

$$\theta+H^*(t,y,\zeta)\leqslant 0,\quad \forall(\theta,\zeta)\in\partial_P\varphi^*(t,y),\quad \forall(t,y)\in(t^*-t_1,t^*-t_0)\times\Omega.$$

但不难看出

$$H^*(t,y,\zeta)=-h(t^*-t,y,\zeta),$$
$$(\theta,\zeta)\in\partial_P\varphi^*(t,y)\Longleftrightarrow(-\theta,\zeta)\in\partial_P\varphi(t^*-t,y).\qquad\square$$

局部可达性

我们已经讨论了保持在给定集合中的问题, 以及渐近趋于均衡的问题. 现在, 我们将研究在什么条件下, 可以在有限的时间内将给定集合之外的初始值引导至该集合.

如果存在 $r>0$ 和 $T>0$ 使得对所有满足 $d_S(\alpha)<r$ 的 α, 在 $[0,\infty)$ 上存在 F 的轨迹 x, 使得

$$x(0)=\alpha\quad 和\quad x(t)\in S,\quad \forall t\geqslant T,$$

则称系统 (S,F) 是**局部可达的** (locally attainable).

定理 5.6.6 设 S 是紧集, F 是局部 Lipschitz 的. 假设对某个 $\delta>0$ 有

$$h(x,\zeta)\leqslant-\delta\|\zeta\|,\quad \forall\zeta\in N_S^P(x),\quad \forall x\in S. \tag{5.9}$$

则系统 (S,F) 是局部可达的.

证明 设 F 在 $S+\eta B$ 上是局部 Lipschitz 的且具有 Lipschitz 常数 K, 其中 $\eta>0$, 且设 $r>0$ 满足 $r<\min\{\delta/K,\eta\}$. 令 $\lambda:=\delta-Kr$. 我们断言对于 $y\in\mathbb{R}$, 系统 $(d_S(x)+\lambda y,F(x)\times\{1\})$ 在

$$\Omega:=\{(S+rB)\setminus S\}\times\mathbb{R}$$

上是弱递减的. 我们将通过定理 5.6.1 的标准来验证这一点.

$d_S(x)+\lambda y$ 在 Ω 中的任意邻近次梯度 (ζ,θ) 的形式为 (ζ,λ), 其中 $\zeta\in\partial_P d_S(x)$. 根据定理 2.6.1, $\zeta=1$ 且 $\zeta\in N_S^P(s)$, 其中 $s\in\operatorname{proj}_S(x)$. 根据假设 (5.9), 我们有 $h(s,\zeta)+\delta\leqslant 0$. F 的 Lipschitz 条件给出了

$$\begin{aligned}h(x,\zeta)+\lambda&\leqslant h(s,\zeta)+K\|x-s\|+\delta-Kr\\&\leqslant-\delta+Kd_S(x)+\delta-Kr<0.\end{aligned}$$

这验证了断言.

由此可知, 对任意 $\alpha \in (S+rB)\backslash S$, 在 $[0,\infty)$ 上存在 F 的轨迹 x, 使得 $x(0)=\alpha$, 并且使得对所有 $t>0$ 有

$$d_S(x(t))+\lambda t \leqslant d_S(\alpha)$$

直到第一个 $T>0$ 使得 $d_S(x(T))=0$; 即, 使得 $x(T)\in S$. 注意, 由于 $\lambda>0$, 这样的 T 一定存在 (对于 α 一致地存在).

因为 (5.9) 蕴含 (S,F) 是弱不变的, 一旦 $x(T)\in S$, 那么就有一条以 $x(T)$ 为起点的轨迹, 这条轨迹扩展了 x, 并且此后一直在 S 中. □

练习 5.6.7

(a) 证明在定理 5.6.6 中, 参数 T 可以取为 $r/(\delta-Kr)$.

(b) 将 $\alpha \in S+\bar{r}B$ 引导到 S 所需的时间不大于 $d_S(\alpha)/(\delta-Kd_S(\alpha))$, 并且可以保证以速率 $\gamma:=\delta-d_S(\alpha)>0$ 接近 S, 即在到达 S 之前我们都有

$$d_S(x(t))-d_S(\alpha)\leqslant -\gamma t.$$

与定理 5.4.6 中证明均衡点存在性时所使用的方法类似, 也可以用切线法给出局部可达性的充分条件.

命题 5.6.8 设 S 是紧集, F 是局部 Lipschitz 的. 假设

$$F(x)\cap \operatorname{int} T_S^C(x)\neq \varnothing, \quad \forall x\in S.$$

则系统 (S,F) 是局部可达的.

证明 设 $x\in S$, 则存在 $v_x\in F(x)$ 和 $\delta_x>0$ 使得 $v_x+\delta_x\overline{B}\subseteq T_S^C(x)$. 任意给定 $\zeta\in N_S^L(x)$, 由于 $T_S^C(x)=(N_S^L(x))^0$, 我们有

$$\langle v_x+\delta_x u,\zeta\rangle \leqslant 0, \quad \forall u\in \overline{B},$$

这蕴含 $\langle v_x,\zeta\rangle\leqslant -\delta_x\|\zeta\|$, 因此 $h(x,\zeta)\leqslant -\delta_x\|\zeta\|$. 这表明系统 (S,F) 满足条件 (5.9), 其中用 N_S^L 取代了 N_S^P.

如果系统不能一致地满足 (5.9), 则存在序列 $\{x_i\}$, $\{\zeta_i\}$, 其中 $x_i\in S$, $\|\zeta_i\|=1$, $\zeta_i\in N_S^P(x_i)$ 使得

$$h(x_i,\zeta_i)\geqslant -\frac{1}{i}\|\zeta_i\|=-\frac{1}{i}.$$

通过子序列, 我们可以假设 $x_i\to x\in S$, $\zeta_i\to\zeta$, 其中 $\zeta\in N_S^L(x)$ 且 $\|\zeta\|=1$. 由于 $h(x,p)$ 关于 x 是局部 Lipschitz 的 (练习 5.3.3(d)) 且关于 p 连续 (作为凹实值函数), 我们得到 $h(x,\zeta)\geqslant 0$. 与上述证明矛盾. 因此, 对某个正数 δ, 系统 (S,F) 满足 (5.9), 根据定理 5.6.6 知系统是局部可达的. □

5.7 Hamilton-Jacobi 方程和粘性解

现在, 我们首次考虑寻找相对给定标准而言最佳的轨迹问题. 我们考虑最优控制问题 (P)

$$\text{minimize } \ell(x(T)) \text{ s.t. } \dot{x}(t) \in F(x(t)) \text{ a.e.}, \quad t \in [0,T], \quad x(0) = x_0.$$

这里给出了 $T > 0$, $x_0 \in \mathbb{R}^n$, 以及一个连续函数 $\ell : \mathbb{R}^n \to \mathbb{R}$. 因此, 我们要在 $[0,T]$ 上以 x_0 为起点的 F 的所有轨迹 x 中, 寻找最小化的终端成本 $\ell(x(T))$. 根据基本假设, 问题 (P) 有解 (练习 5.3.12). 在本节中, 我们假设 F 是局部 Lipschitz 且自主的.

验证函数

现在, 我们来介绍一下变分法中一个源于 Legendre 的古老思想是如何引出控制问题最优性充分条件的. 假设我们有一条可行弧 $\bar{x}$, 怀疑它是问题的最优解. 如何确认 $\bar{x}$ 是一个解呢? 方法之一是: 生成一个光滑 (C^1) 函数 $\varphi(t,x)$, 使得

$$\varphi_t(t,x) + \langle \varphi_x(t,x), v\rangle \geqslant 0, \quad \forall x,\ \forall t \in (0,T), \quad \forall v \in F(x), \tag{5.10}$$

$$\varphi(T,\cdot) = \ell(\cdot),$$

$$\varphi(0,x_0) = \ell(\bar{x}(T)).$$

让我们看看 φ 的存在是如何验证 $\bar{x}$ 是最优的. 设 x 是 (P) 的可行弧. 那么在 $[0,T]$ 上, 我们几乎处处有

$$\frac{d}{dt}\varphi(t,x(t)) = \varphi_t(t,x(t)) + \langle \varphi_x(t,x(t)), \dot{x}(t)\rangle \geqslant 0 \quad (\text{由 } (5.10)).$$

在 $[0,T]$ 上积分, 得到

$$\varphi(T,x(T)) = \ell(x(T)) \geqslant \varphi(0,x_0) = \ell(\bar{x}(T)).$$

所以 $\bar{x}$ 对应的函数值是最小值. 由此可知, $\varphi(0,x_0)$ 是 (P) 的最优值, 即成本最小.

在这个简单的论证中, Hamilton-Jacobi 不等式 (5.10) 实际上是用来推断当 x 是轨迹时, 映射 $t \to (t,x(t))$ 是递增的. 用上一节的术语来说, 我们希望 (φ,F) 在 $(0,T)\times\mathbb{R}^n$ 上是强递增的. 即使当 φ 是不可微的情况下, 我们前面的结果也能描述这一系统特性. 这是验证论证的相应扩展, 它的证明是经典论证的改编. 在这一结果及后续结果中, 使用由以下公式定义的增广 Hamilton 函数 $\bar{h}$ 在符号上是方便的

$$\bar{h}(x,\theta,\zeta) := \theta + h(x,\zeta).$$

命题 5.7.1 设 $\bar{x}$ 是 (P) 的可行解, 并假设在 $[0,T]\times\mathbb{R}^n$ 上存在一个连续函数 φ 满足以下条件

$$\bar{h}(x,\partial_P\varphi(t,x))\geqslant 0,\quad \forall(t,x)\in(0,T)\times\mathbb{R}^n, \tag{5.11}$$

$$\varphi(T,\cdot)=\ell(\cdot), \tag{5.12}$$

$$\varphi(0,x_0)=\ell(\bar{x}(T)). \tag{5.13}$$

则 $\bar{x}$ 是 (P) 的最优解, 而 (P) 的最优值为 $\varphi(0,x_0)$.

练习 5.7.2 证明命题 5.7.1.

这是 Legendre 方法在非光滑最优性充分条件的扩展, 在变分法中也被称为 "Carathéodory 捷径". 满足命题 5.7.1 的假设 (5.11), (5.12) 和 (5.13) 的连续函数 φ 被称为验证函数 (关于 $\bar{x}$).

此时, 我们要问的一个显而易见的问题是, 这种方法到底如何应用? 当 $\bar{x}$ 为最优解时, 我们能否确定 $\bar{x}$ 的验证函数 φ 存在? 我们又该如何找到它呢?

应用不变嵌入技术可以深入了解这个问题. 假设我们考虑的不是上述问题 (P), 而是以初始数据 $(\tau,\alpha)\in[0,T]\times\mathbb{R}^n$ 为参数的问题族 $P(\tau,\alpha)$; 即初始条件为

$$x(\tau)=\alpha$$

而不是 $x(0)=x_0$. 用 $V(\tau,\alpha)$ 表示 $P(\tau,\alpha)$ 的值; 然后我们观察到, 经典的验证性论证实际上不仅给出了前面提到的 $V(0,x_0)=\varphi(0,x_0)$, 而且还给出了

$$V(\tau,\alpha)\geqslant\varphi(\tau,\alpha),\quad \forall(\tau,\alpha)\in[0,T)\times\mathbb{R}^n.$$

我们很自然地想到是否可以把 V 本身当作命题 5.7.1 中的函数 φ. 我们知道 V 在 $(-\infty,T]\times\mathbb{R}^n$ 上是连续的 (见练习 5.3.12).

我们不难看出, V 的确满足 (5.11). 原因在于, 当 x 是一条轨迹时, $V(t,x(t))$ 总是递增的; $\ell(x(T))$ 的最小值只有从中间点 $(t',x(t'))$ 开始, 才能大于或等于从较早的 "不那么确定" 的点 $(\tau,x(\tau))$ 开始的值. (这就是所谓最优原则的逻辑实例.) 根据命题 5.6.5, 系统 (V,F) 的这种强增长性, 蕴含在所有 $(-\infty,T)\times\mathbb{R}^n$ 上存在 Hamilton-Jacobi 不等式 (5.11).

最后, 显然 V 满足 (5.12) 和 (5.14) 当且仅当 $\bar{x}$ 是最优的. 因此, 我们可以得到以下令人满意的验证理由的方法:

命题 5.7.3 可行弧 $\bar{x}$ 是最优的当且仅当关于 $\bar{x}$ 存在连续的验证函数; 值函数 V 是任意最优弧的验证函数之一.

练习 5.7.4 设 $n=1, F(x)=[-|x|,|x|], \ell(x)=x, T=1$.

(a) 计算当 $\tau \leqslant 1$ 时的 $V(\tau,\alpha)$, 并验证它是否满足验证函数的性质. 注意 V 是不可微的.

(b) 找到不同的验证函数, 确认解 $P(0,0)$ 的弧的最优性.

对给定的最优解 $\bar{x}$, 一般有许多可能的验证函数. 然而, 我们在本节中已经看到, 值函数 V 是如何自然地与验证方法以及相关的 Hamilton-Jacobi 不等式联系在一起的. 是否有可能建立一种更密切的关系, 甚至用 Hamilton-Jacobi 术语来描述 V 呢?

邻近 Hamilton-Jacobi 方程

下面的定理表明, 值函数是经典 Hamilton-Jacobi 方程适当推广的唯一连续解, 其一般形式为

$$\varphi_t + H(x,\varphi_x) = 0,$$

且带有边界条件. 回想一下, $\bar{h}(x,\theta,\zeta)$ 被定义为 $\theta + h(x,\zeta)$. 我们把满足 (5.15) 的函数 φ 称为 Hamilton-Jacobi 方程 (对于 h) 的邻近解.

定理 5.7.5 存在唯一的连续函数 $\varphi : (-\infty,T] \times \mathbb{R}^n \to \mathbb{R}$, 满足

$$\bar{h}(x,\partial_P\varphi(t,x)) = 0, \quad \forall (t,x) \in (-\infty,T) \times \mathbb{R}^n, \tag{5.14}$$

$$\ell(x) = \varphi(T,x), \quad \forall x \in \mathbb{R}^n. \tag{5.15}$$

这个函数就是问题 $P(\tau,\alpha)$ 的最优值函数 V.

证明 前面已经指出 V 满足 (5.15), 以及 (5.14) 的 “一半”; 剩下的就是要证明

$$\bar{h}(x,\partial_P V(t,x)) \leqslant 0, \quad \forall (t,x) \in (-\infty,T) \times \mathbb{R}^n, \tag{5.16}$$

但只要 $V(\tau,\alpha)$ 是有限的, 问题 $P(\tau,\alpha)$ 就有一条最优弧 $\bar{x}$, 并且沿着 $\bar{x}$, V 是常数 (即 $t \mapsto V(t,\bar{x}(t))$ 在 $[\tau,T]$ 上是常数). 因此, 系统 (V,F) 相对 $t \in (-\infty,T)$ 是弱递减的, 所以根据练习 5.6.4, (5.16) 成立. 我们已经证明了 V 满足 (5.14) 和 (5.15).

现在设 φ 是定理中描述的任一函数. 让我们首先证明 $V \leqslant \varphi$. 为此, 设 (τ,α) 为任意一点, 且 $\tau < T$. 那么系统 (φ,F) 相对 $t < T$ 是弱递减的. 因此在 $[\tau,T]$ 上存在一个以 $x(\tau)=\alpha$ 为起点的轨迹 x, 使得

$$\varphi(t,x(t)) \leqslant \varphi(\tau,\alpha), \quad \forall t \in [\tau,T).$$

让 $t \uparrow T$, 可得 $\ell(x(T)) = \varphi(T,x(T)) \leqslant \varphi(\tau,\alpha)$, 这蕴含 $V(\tau,\alpha) \leqslant \varphi(\tau,\alpha)$.

现在我们继续证明 $V \geqslant \varphi$. 设 (τ,α) 是 $\tau < T$ 的任意一点. 那么问题 $P(\tau,\alpha)$ 存在一条最优轨迹 $\bar{x}$. 由于 (φ, F) 是强递增的, 我们得出

$$\varphi(T,\bar{x}(T)) \geqslant \varphi(\tau,\alpha).$$

而 $\varphi(T,\bar{x}(T)) = \ell(\bar{x}(T)) = V(\tau,\alpha)$, 这就完成了证明. □

这个证明实际上建立了两个比较定理, 我们接下来加以正式说明:

推论 5.7.6 设 $\varphi : (-\infty, T] \times \mathbb{R}^n \to \mathbb{R}$ 连续且满足

(a) $\bar{h}(x, \partial_P\varphi(t,x)) \leqslant 0,\ \forall (t,x) \in (-\infty, T) \times \mathbb{R}^n$; 并且

(b) $\ell(x) \leqslant \varphi(T,x),\ \forall x \in \mathbb{R}^n$,

那么 $\varphi \geqslant V$.

推论 5.7.7 设 $\varphi : (-\infty, T] \times \mathbb{R}^n \to \mathbb{R}$ 连续且满足

(a) $\bar{h}(x, \partial_P\varphi(t,x)) \geqslant 0,\ \forall (t,x) \in (-\infty, T) \times \mathbb{R}^n$; 并且

(b) $\ell(x) \geqslant \varphi(T,x),\ \forall x \in \mathbb{R}^n$,

那么 $\varphi \leqslant V$.

我们要指出的是, 推论 5.7.6 在没有 F 的 Lipschitz 假设下是有效的.

极小极大解

除了邻近次梯度之外, 还可以用非光滑分析的其他工具来表达扩展的 Hamilton-Jacobi 方程, 例如通过次导数. Subbotin 把下面的解称为极小极大解.

命题 5.7.8 V 是唯一的连续函数 $\varphi : (-\infty, T] \times \mathbb{R}^n \to \mathbb{R}$, 满足

(a) $\inf_{v \in F(x)} D\varphi(t,x;1,v) \leqslant 0,\ \forall (t,x) \in (-\infty, T) \times \mathbb{R}^n$;

(b) $\sup_{v \in F(x)} D\varphi(t,x;-1,-v) \leqslant 0,\ \forall (t,x) \in (-\infty, T) \times \mathbb{R}^n$; 并且

(c) $\varphi(T,\cdot) = \ell(\cdot)$.

证明 只需证明推论 5.7.6 的条件 (a) 和命题 5.7.8 的条件 (a) 是等价的, 以及推论 5.7.7 的条件 (a) 和命题 5.7.8 的条件 (b) 是等价的就足够了.

首先, 假设命题 5.7.8 的 (a) 成立, 并假设 (θ,ζ) 属于 $\partial_P\varphi(t,x)$. 设 $\varepsilon > 0$, 且 $F(x)$ 中的 v 满足 $D\varphi(t,x;1,v) < \varepsilon$. 那么

$$\varepsilon > D\varphi(t,x;1,v) \geqslant \langle (\theta,\zeta),(1,v)\rangle \geqslant \bar{h}(x,\theta,\zeta).$$

由于 ε 是任意的, 因此我们可以推导出推论 5.7.6 的 (a).

现在设推论 5.7.6 的 (a) 成立, 并假设对某个 $\varepsilon > 0$, 我们有

$$D\varphi(t,x;1,v) > \varepsilon, \quad \forall v \in F(x).$$

由于 $D\varphi$ 关于 v 是下半连续的 (练习 4.4.1(e)), 则存在某个 $\delta > 0$ 使得

$$D\varphi(t,x;1,v) > \frac{\varepsilon}{2}, \quad \forall v \in F(x) + \delta B.$$

根据 Subbotin 定理 (定理 4.4.2), 这蕴含对任意 $r > 0$, 存在 $(\theta, \zeta) \in \partial_P \varphi(t', x')$, 其中 (t', x') 到 (t, x) 的距离小于 r, 使得

$$\langle (\theta, \zeta), (1, v) \rangle > \frac{\varepsilon}{3}, \quad \forall v \in F(x) + \delta B.$$

因此, 只要 $F(x') \in F(x) + \delta B$, 我们就可以推导出

$$\bar{h}(x, \theta, \zeta) \geqslant \frac{\varepsilon}{3}, \quad 对某个 (\theta, \zeta) \in \partial_P \varphi(t', x'),$$

与推论 5.7.6 的 (a) 矛盾. 证明的其余部分与上文类似, 留作练习. □

练习 5.7.9 证明命题 5.7.8 的条件 (b) 与推论 5.7.7 的条件 (a) 是等价的.

粘性解

我们现在要建立的是, 最优值函数也是 Hamilton-Jacobi 边界问题的唯一粘性解. 这个著名的解的概念是由 M. Crandall 和 P. L. Lions 提出的, 它与极小极大解一样都是双边解, 同时使用了次微分和超微分. 当然, 考虑到解的唯一性、近似解、极小极大解和粘性解的概念, 显然在我们目前的情形下是一样的.

让我们回顾一下 4.4 节中的 D-次微分 $\partial_D f$, 以及命题 4.4.12 所提供的等价刻画: $\zeta \in \partial_D f(x)$ 当且仅当存在一个在 x 处可微的函数 g, 且 $g'(x) = \zeta$, 使得 $f - g$ 在 x 处有一个局部最小值. D-超微分 $\partial^D f(x)$ 的定义与此类似, $f - g$ 在 x 处有一个局部最大值.

命题 5.7.10 V 是唯一的连续函数 $\varphi : (-\infty, T] \times \mathbb{R}^n \to \mathbb{R}$ 满足

(a) $\bar{h}(x, \partial_D \varphi(t, x)) \leqslant 0$, $\forall (t, x) \in (-\infty, T) \times \mathbb{R}^n$;

(b) $\bar{h}(x, \partial^D \varphi(t, x)) \geqslant 0$, $\forall (t, x) \in (-\infty, T) \times \mathbb{R}^n$; 并且

(c) $\varphi(T, \cdot) = \ell(\cdot)$.

证明 命题 4.4.5 的直接结果是, 本命题的 (a) 与推论 5.7.6 的 (a) 是等价的. 因此, 只需证明本命题的 (b) 与推论 5.7.7 的 (a) 等价即可. 我们知道, 后一个条件等价于系统 (φ, F) 在 $(-\infty, T)$ 上的强增长. 这又等价于系统 $(-\varphi, F)$ 在 $(-\infty, T)$ 上的强下降, 由练习 5.6.4, 这又等价于

$$\theta + H(x, \theta, \zeta) \leqslant 0, \quad \forall (\theta, \zeta) \in \partial_P(-\varphi)(t, x), \quad \forall (t, x) \in (-\infty, T) \times \mathbb{R}^n.$$

再次利用命题 4.4.5, 这等价于

$$\theta + H(x, \theta, \zeta) \leqslant 0, \quad \forall (\theta, \zeta) \in \partial_D(-\varphi)(t, x), \quad \forall (t, x) \in (-\infty, T) \times \mathbb{R}^n.$$

由于 $\partial^D \varphi$ 恰好是 $-\partial_D(-\varphi)$, 所以最后一个不等式与命题 5.7.10 的 (b) 一致. □

我们注意到, 根据粘性解文献中的通常约定, 命题 5.7.10 断言 V 是方程 $-\bar{h}(x, \nabla\varphi) = 0$ 的粘性解, 而不是 $\bar{h}(x, \nabla\varphi) = 0$ 的粘性解. 这里的负号是有区别的, 在任意双边定义模式下都是如此. 在邻近单边情形中, 区别在于 (5.14) 中计算的是 $\partial_P\varphi$, 而不是 $\partial^P\varphi$.

练习 5.7.11

(a) 设 φ 是满足 (5.15) 的连续函数. 证明在 φ 上的任意可微点 (t, x) 上, 我们有

$$\varphi_t(t, x) + h(x, \varphi_x(t, x)) = 0.$$

由此推导出, 如果 φ 是局部 Lipschitz 的, 那么在 $(-\infty, T) \times \mathbb{R}^n$ 中上式几乎处处成立. 这定义了 Hamilton-Jacobi 方程广义解的早期概念, 它可以被称为几乎处处解. 我们进一步证明, 几乎处处解不一定是唯一的, 因此这与邻近解不同.

(b) 设 $n = 1, F(x) = [-1, 1], \ell(x) = |x|, T = 1$. 证明最优值函数 V 为

$$V(t, x) = \max\{|x| + t - 1, 0\}.$$

(c) 验证 V 是带边界条件为 $V(1, x) = |x|$ 的 Hamilton-Jacobi 方程的几乎处处解, 且是 Lipschitz 的. 证明另一个解是 $\varphi(t, x) := |x| + t - 1$, 但与 V 相比, φ 不满足 (5.15).

(d) 证明如果用 ∂^P 代替 ∂_P, φ 和 V 都满足 (5.15).

(e) 如果 φ 在每一点都是可微的, 并且在 $(-\infty, T) \times \mathbb{R}^n$ 上满足 (5.15) 以及边界条件, 证明在 $(-\infty, T] \times \mathbb{R}^n$ 上 $\varphi = V$.

5.8 半解反馈合成

Hamilton-Jacobi 不等式

$$\bar{h}(x, \partial_P\varphi(t, x)) \leqslant 0,$$

以及边界条件

$$\varphi(T, \cdot) \geqslant \ell(\cdot)$$

定义了所谓的半解. 这样的函数对最优控制问题中的最优值函数 V 产生上界是有利的, 正如我们所见, 这些条件蕴含 $V \leqslant \varphi$ (推论 5.7.6). 因此, 对每个 $(\tau, \alpha) \in (-\infty, T] \times \mathbb{R}^n$ 都有一个轨迹 $\bar{x}$, 其中 $x(\tau) = \alpha$ 且 $\ell(\bar{x}(T)) \leqslant \varphi(\tau, \alpha)$. 现在我们来讨论实际构建这样一条轨迹的问题. 在特殊情况 $\varphi = V$ 下, 这个问题就变为寻找最优轨迹.

我们不妨回顾一下解决这一问题的经典方法. 假定 φ 是光滑的, 这将直接为每个 (t,x) 在 $F(x)$ 中选择一个点 $\bar{v}(t,x)$, 使得在该点上达到 $\bar{h}(x,\nabla\varphi(t,x))$ 的最小值; 即, 使得

$$\varphi_t(t,x)+\langle\varphi_x(t,x),\bar{v}\rangle=\bar{h}(x,\nabla\varphi(t,x)).$$

然后, 我们通过以下方法定义轨迹 $\bar{x}$,

$$\dot{\bar{x}}(t)=\bar{v}(t,\bar{x}(t)),\quad \bar{x}(\tau)=\alpha.$$

如果这一切都是可能的, 则有

$$\ell(\bar{x}(T))\leqslant\varphi(\tau,\alpha),$$

因为

$$\begin{aligned}\ell(\bar{x}(T))-\varphi(\tau,\alpha)&\leqslant\varphi(T,\bar{x}(T))-\varphi(\tau,\alpha)\\&=\int_0^T\frac{d}{dt}\varphi(t,\bar{x}(t))dt\\&=\int_0^T\{\varphi_t(t,\bar{x}(t))+\langle\varphi_x(t,\bar{x}(t)),\dot{\bar{x}}(t)\rangle\}dt\\&=\int_0^T\bar{h}(\bar{x}(t),\nabla\varphi(t,\bar{x}(t)))dt\leqslant 0.\end{aligned}$$

这种 “动态规划” 方法的困难是内在的 (φ 的光滑性, $\bar{v}$ 的正则性, $\bar{x}$ 的存在性), 但值得注意的是, 它试图构建一个反馈来产生所需的轨迹.

邻近目标法使我们能够从本质上挽救这种方法, 而且可适用于仅为下半连续的半解. 上述积分步骤仍然无法实现, 但邻近方法却能产生所需的系统单调性. 下述结果不仅是一个抽象的存在定理, 而且非常明确地构造了一个反馈 $\bar{v}$.

定理 5.8.1 假设 F 是局部 Lipschitz 的, 并假设 $\varphi\in\mathcal{F}((-\infty,T)\times\mathbb{R}^n)$ 满足

$$\bar{h}(x,\partial_P\varphi(t,x))\leqslant 0,\quad\forall(t,x)\in(-\infty,T)\times\mathbb{R}^n,$$

并且

$$\ell(x)\leqslant\liminf_{\substack{t'\uparrow T\\x'\to x}}\varphi(t',x'),\quad\forall x\in\mathbb{R}^n.$$

那么, 对给定的 $(\tau,\alpha)\in(-\infty,T)\times\mathbb{R}^n$, 在 F 中存在一个反馈选择 $\bar{v}$ 且具有如下性质: 初值问题

$$\dot{x}=\bar{v}(t,x),\quad x(\tau)=\alpha$$

的每个 Euler 解 $\bar{x}$ 都满足 $\ell(\bar{x}(T)) \leqslant \varphi(\tau, \alpha)$.

证明 让我们考虑集合

$$S := \{(t, x) \in (-\infty, T) \times \mathbb{R}^n : \varphi(t, x) \leqslant \varphi(\tau, \alpha)\} \cup \{(t, x) : t \geqslant T, x \in \mathbb{R}^n\},$$

并注意到 S 是闭的 (因为 φ 是下半连续的), 而且系统 $(S, \overline{F})$ 是弱不变的, 其中 $\overline{F}(x) := \{1\} \times F(x)$. 这实质上是重述了 (φ, F) 在 $t < T$ 上弱递减性这一事实 (练习 5.6.4).

我们现在取定理 5.3.4 中定义的 $\overline{F}$ 的反馈选择 g_P; 它的形式是 $(1, \bar{v}(t, x))$, 其中 $\bar{v}$ 是 F 的反馈选择. 由此可见, $\dot{x} = \bar{v}(t, x), x(\tau) = \alpha$ 的任意 Euler 解都满足 $(t, x(t)) \in S$, $\forall t \geqslant \tau$. 因此

$$\varphi(\tau, \alpha) \geqslant \liminf_{\varepsilon \downarrow 0} \varphi(T - \varepsilon, x(T - \varepsilon)) \geqslant \ell(x(T)). \qquad \square$$

我们回顾一下 (如定理 5.3.4 的证明所示) 反馈 $\bar{v}(t, x)$ 的构造: 对给定的 (t, x), 我们首先找到任一点 $(t', x') \in \operatorname{proj}_S(t, x)$; 接下来, 我们找到 $v \in F(x')$, 使 $F(x')$ 上的函数 $v \mapsto \langle v, x - x' \rangle$ 最小. 最后, 我们取 $F(x)$ 中与 v 最接近的 $\bar{v}(t, x)$. 同样 $\bar{v}$ 将提供满足 $\ell(x(T)) \leqslant \varphi(\tau, \alpha)$ 的轨迹 x, 这些轨迹来自任意初始数据 (τ', α'), 其中 $\varphi(\tau', \alpha') \leqslant \varphi(\tau, \alpha)$. 一般来说 $\bar{v}$ 是不连续的, 并且当 $x' = x$ 时, $\bar{v}(t, x)$ 是 $F(t, x)$ 的一个元素. 我们注意到, 对任一紧子集 C 和 $\varepsilon > 0$, 我们都可以对这上述结构进行改进, 以便定义一个反馈选择, 并产生满足 $\ell(x(T)) \leqslant \varphi(\tau, \alpha) + \varepsilon$, $\forall (\tau, \alpha) \in C$ 的轨迹 x, 不过我们将省略这一主题.

练习 5.8.2 对练习 5.7.11 (b) 中的 $\varphi = V$, 以及 $(\tau, \alpha) = (0, 0)$, 描述集合 S 和最优反馈 $\bar{v}$. 在 (t, x) 平面上勾画出 $\bar{v}$ 的典型方向. 请注意, $\bar{v}$ 的定义不能使其在 $(-\infty, 1] \times \mathbb{R}$ 上连续. 证明连续反馈不可能是最优的.

练习 5.8.3 当 $n = 1$ 时, 设 $h(x, p) := -|xp|$ 和

$$\varphi(t, x) = \begin{cases} xe^{t-1}, & \text{若 } x \geqslant 0, \\ xe^{1-t}, & \text{若 } x \leqslant 0. \end{cases}$$

证明 φ 是如下 Hamilton-Jacobi 边界问题在 $(-\infty, 1]$ 上的唯一邻近/极小极大/粘性解

$$\varphi_t + h(x, \varphi_x) = 0, \quad \varphi(1, y) = y, \quad \forall y.$$

(要做到这一点, 三个解概念中哪一个最容易使用?) 为什么这立即蕴含 $\varphi = V$? 其中 V 是练习 5.7.4 中的最优值函数.

5.9 最优控制的必要条件

我们在 5.7 节中研究了一种验证方法, 这种方法可以验证候选方案的最优性; 我们在 5.8 节中展示了如何在已知最优值函数的情况下通过反馈来计算最优弧 (或者在半解的情况下计算次优弧). 但我们仍然缺乏用于识别潜在最优解的必要条件. 这就是本节的主题, 将讨论以下最优控制问题 (P):

$$\text{minimize}\{\ell(x(b)) : \dot{x} \in F(x) \text{ a.e.}, x(a) = x_0\}.$$

我们希望像以前一样, 在初始值为 x_0 的 $[a,b]$ 上的轨迹 x 上最小化 $\ell(x(b))$. 假设 ℓ 是局部 Lipschitz 函数且自主多值函数 F 是局部 Lipschitz 函数, 如果存在某个 $\varepsilon_0 > 0$, 我们有

$$\ell(x(b)) \leqslant \ell(y(b)),$$

其中 y 是任一 $[a,b]$ 上满足 $y(a) = x_0$ 以及 $\|y - x\|_\infty \leqslant \varepsilon_0$ 的轨迹, 则称 x 是 (P) 的一个局部解. 回顾一下, 与 F 相对应的上 Hamilton 函数 H 是由以下公式给出的函数

$$H(x,p) := \max\left\{\langle p, v\rangle : v \in F(x)\right\}.$$

下面局部最优解的必要条件中, 第一个结论被称为 Hamilton 函数包含; 第二个被称为横截条件.

定理 5.9.1 设 x 是最优控制问题 (P) 的局部解. 那么在 $[a,b]$ 上存在一条弧 p, 它与 x 一起满足

$$(-\dot{p}(t), \dot{x}(t)) \in \partial_C H(x(t), p(t)) \text{ a.e.}, \quad a \leqslant t \leqslant b,$$
$$-p(b) \in \partial_L \ell(x(b)).$$

证明 这是一个冗长且相当复杂的证明, 其中非光滑微分发挥了主要作用. 我们需要以下有关 $\partial_C H$ 的结论; 广义梯度法则 (定理 3.8.1) 有助于证明这些结论:

练习 5.9.2 H 是局部 Lipschitz 的, 如果 $(q,v) \in \partial_C H(x,p)$, 则

(a) $v \in F(x)$ 且 $\langle p, v\rangle = H(x,p)$.

(b) $\|q\| \leqslant K\|p\|$, 其中 K 为 F 的局部 Lipschitz 常数.

(c) 对任意的 $\lambda \geqslant 0$, $(\lambda q, v) \in \partial_C H(x, \lambda p)$.

(d) 对任意的 $w \in F(x)$, 我们有 $(0,w) \in \partial_C H(x,0)$.

不失一般性, 我们假设 F 是全局 Lipschitz 和有界的. 因为对 $[a,b]$ 上的任意轨迹 x, 当 $x(a) = x_0$ 时, 都有 $\|x\|_\infty$ 的一个先验界 M(见练习 5.1.5); 让我们 (仅) 对 $\|x\| > 2M$ 的 $F(x)$ 重新定义如下:

$$\widetilde{F}(x) = F\left(\frac{2Mx}{\|x\|}\right).$$

那么 $\widetilde{F}$ 满足基本假设, 并且可以证明它是全局 Lipschitz 和有界的. 此外, 因为从 x_0 出发的轨迹是相同的, 所以解初值问题的弧仍然是 $\widetilde{F}$ 取代 F 的问题的解. 最后, 观察 H 和 $\widetilde{H}$ 在最优弧的某个邻域内相等, 所以 $\partial_C H$ 和 $\partial_C \widetilde{H}$ 也相等. 所以, 定理的结论与采用 F 还是 $\widetilde{F}$ 不会变化. 综上所述, 我们假设对某个 $K > 0$, $F(x) \subseteq KB$, $\forall x$, 且 F 是全局 Lipschitz 的且 Lipschitz 常数为 K.

我们将简化符号, 取 $[a,b] = [0,1]$ 和 $x_0 = 0$, 我们用 $\bar{x}$ 表示最优轨迹, 用 $\bar{v}$ 表示它的导数.

现在, 让我们继续定义 $X := L_n^2[a,b]$ 的两个子集:

$$S := \left\{ v \in X : v(t) \in F\left(\int_0^t v(s)ds \right) \text{ a.e.} \right\},$$

$$\Sigma := \left\{ v \in X : \left\| \bar{x} - \int_0^t v(s)ds \right\|_\infty \leqslant \varepsilon_0 \right\}.$$

我们用 $\tilde{\ell}$ 表示 X 上的如下函数:

$$\tilde{\ell}(v) := \ell\left(\int_0^1 v(s)ds \right).$$

我们要求读者验证 $\bar{v}$ 在 $v \in S \cap \Sigma$ 上使 $\tilde{\ell}(v)$ 最小, 并提供以下事实:

练习 5.9.3

(a) S 是 X 的一个闭子集.

(b) $\bar{v} \in \operatorname{int} \Sigma$.

(c) $\tilde{\ell}$ 是局部 Lipschitz 的.

由此可知, 我们有

$$0 \in \partial_P \{ \tilde{\ell} + I_S \}(\bar{v}),$$

以及根据命题 2.8.2, 对任意 $\varepsilon > 0$, 存在 $v_1, v_2 \in B(\bar{v}; \varepsilon)$ 使得

$$0 \in \partial_P \tilde{\ell}(v_1) + N_S^P(v_2) + \varepsilon B. \tag{5.17}$$

我们的主要工作是计算 N_S^P. 为此引入 $X \times X$ 的子集 C:

$$C := \{ (u,v) \in X \times X : (u(t), v(t)) \in \operatorname{graph}(F) \text{ a.e.} \}.$$

在继续研究 N_S^P 之前, 我们需要

引理 5.9.4 设 $(\zeta, \xi) \in N_C^P(u,v)$. 那么

$$(-\zeta(t), v(t)) \in \partial_C H(u(t), \xi(t)) \text{ a.e.}, \quad 0 \leqslant t \leqslant 1.$$

证明 首先, 根据命题 4.5.7, 存在 $\sigma > 0$, 使得对几乎所有的 $t \in [0,t]$, 我们有

$$\langle\zeta(t),u'-u(t)\rangle+\langle\xi(t),v'-v(t)\rangle$$
$$\leqslant\sigma||(u'-u(t),v'-v(t))||^2,\quad \forall(u',v')\in \mathrm{graph}\,(F). \tag{5.18}$$

让我们固定某个 t 使得 (5.18) 成立. 通过令 (5.18) 中的 $u'=u(t)$, 我们得出对任意 $v'\in F(u(t))$,

$$\langle\xi(t),v'\rangle\leqslant\langle\xi(t),v(t)\rangle+\sigma||v'-v(t)||^2.$$

也就是说, $\xi(t)\in N^P_{F(u(t))}(v(t))$. 因为 $F(u(t))$ 是一个凸集, 所以它等价于

$$\langle\xi(t),v'\rangle\leqslant\langle\xi(t),v(t)\rangle,\quad \forall v'\in F(u(t)).$$

因此, 我们有

$$H(u(t),\xi(t))=\langle\xi(t),v(t)\rangle\,. \tag{5.19}$$

我们接着定义一个如下有用的函数 $g:\mathbb{R}^n\times\mathbb{R}^n\to\mathbb{R}$:

$$g(x,p):=\langle\xi(t)-p,v(t)\rangle+\frac{||\xi(t)-p||^2}{4\sigma}$$
$$+\langle\zeta(t),x-u(t)\rangle-\sigma||x-u(t)||^2+H(x,p).$$

注意, 对每一个 x, g 关于 p 是严格凸的. 由于 $|H(x,p)|\leqslant K||p||$, 其中 K 是 $F(x)$ 的一致界, 很容易看出对 $u(t)$ 的某个邻域内的所有 x, 函数 $p\mapsto g(x,p)$ 在某点 $p=p(x)$ 处达到唯一的最小值, 并且对某个常数 c, 我们 (对于 $u(t)$ 附近的所有 x) 有 $||p(x)||\leqslant c$.

我们进一步断言, 当 $x=u(t)$ 时, 上述最优解 $p=\xi(t)$. 因为

$$g(u(t),\xi(t))=H(u(t),\xi(t))=\langle\xi(t),v(t)\rangle\,,$$

根据 (5.19), 可以得出以下计算结果:

$$\begin{aligned}
&\min_p\{g(u(t),p)-\langle\xi(t),v(t)\rangle\}\\
&=\min_p\left\{H(u(t),p)-\langle p,v(t)\rangle+\frac{||\xi(t)-p||^2}{4\sigma}\right\}\\
&=\min_p\max_{v'\in F(u(t))}\left\{\langle p,v'-v(t)\rangle+\frac{||\xi(t)-p||^2}{4\sigma}\right\}\\
&=\max_{v'\in F(u(t))}\min_p\left\{\langle p,v'-v(t)\rangle+\frac{||\xi(t)-p||^2}{4\sigma}\right\}\\
&=\max_{v'\in F(u(t))}\left\{\langle\xi(t),v'-v(t)\rangle-\sigma||v'-v(t)||^2\right\}=0.\quad (由\ (5.18)\ 可得)
\end{aligned}$$

前面关于 g 的事实将使我们能够完成引理 5.9.4 的证明; 在此, 我们用通用术语记录下所涉及的极小极大原则, 因为它是自主的.

引理 5.9.5 设 $g(x,p)$ 是一个局部 Lipschitz 函数, 对 $\bar{x}$ 某个邻域内的每个 x, 函数 $p \mapsto g(x,p)$ 在 $p = p(x)$ 处有一个唯一的最小值, 其中对 $\bar{x}$ 附近的所有 x, 存在 $c > 0$ 使得 $||p(x)|| \leqslant c$. 设 $p(\bar{x}) = \bar{p}$, 并假设函数 $x \mapsto \min_p g(x,p)$ 在 $x = \bar{x}$ 处有一个局部最大值. 那么 $(0,0) \in \partial_C g(\bar{x},\bar{p})$.

证明 取任意 (y,q) 和一个递减到 0 的正序列 λ_i. 设 $g(\bar{x} - \lambda_i y, \cdot)$ 的最优解为 $p_i = p(\bar{x} - \lambda_i y)$. 由已知得, 对所有足够大的 i 有 $||p_i|| \leqslant c$, 不妨设 $p_i \to p_0$. 因为 p_i 是最优解, 所以有

$$g(\bar{x} - \lambda_i y, p) \geqslant g(\bar{x} - \lambda_i y, p_i), \quad \forall p,$$

两边取极限得 $g(\bar{x},p) \geqslant g(\bar{x},p_0)$. 根据最小值的唯一性, 我们可以推导出 $p_0 = p(\bar{x}) = \bar{p}$. 现在考虑

$$\begin{aligned} g(\bar{x} - \lambda_i y, p_i) &= \min_p g(\bar{x} - \lambda_i y, p) \\ &\leqslant \min_p g(\bar{x}, \cdot) \quad (\bar{x} \text{ 的最大化性质}) \\ &\leqslant g(\bar{x}, p_i + \lambda_i q). \end{aligned}$$

因此

$$g(\bar{x}, p_i + \lambda_i q) - g(\bar{x} - \lambda_i y, p_i) \geqslant 0.$$

将其除以 λ_i 并取上极限得

$$g^\circ(\bar{x},\bar{p};y,p) \geqslant \limsup_{i\to\infty} \frac{g(\bar{x}, p_i + \lambda_i q) - g(\bar{x} - \lambda_i y, p_i)}{\lambda_i} \geqslant 0.$$

由于 (y,q) 是任意的, 我们得到 $(0,0) \in \partial_C g(\bar{x},\bar{p})$. □

我们希望将引理 5.9.5 应用到特定函数 g 的点 $\bar{x} = u(t), \bar{p} = \xi(t)$ 处. 为此, 只需检验函数 $x \mapsto \min_p g(x,p)$ 在 $x = u(t)$ 处有最大值即可. 我们计算

$$\begin{aligned} \min_p g(x,p) &\leqslant \langle \zeta(t), x - u(t) \rangle - \sigma ||x - u(t)||^2 + H(x, \xi(t)) \\ &= \langle \zeta(t), x - u(t) \rangle - \sigma ||x - u(t)||^2 + \langle \xi(t), v' \rangle \quad (\text{对某个 } v' \in F(x)) \\ &\leqslant \langle \xi(t), v(t) \rangle = g(u(t), \xi(t)) = \min_p g(u(t), p), \end{aligned}$$

从而得出所需的结论.

应用引理 5.9.5 可以得到 $(0,0) \in \partial_C g(\bar{x},\bar{p})$, 这恰好与引理 5.9.4 的结论相吻合, 因此引理 5.9.4 被证明了.

现在我们刻画 N_S^P.

引理 5.9.6 设 $\zeta \in N_S^P(v_0)$. 那么在 $[0,1]$ 上有一个弧 q 满足 $q(1)=0$ 和

$$(-\dot{q}, v_0) \in \partial_C H(u_0, q+\zeta) \text{ a.e.},$$

其中 $u_0(t) := \int_0^t v_0(s)ds$.

证明 首先观察到, 对某个 $\sigma_0 > 0$, 以下关于 v 的函数 φ 当 $v = v_0$ 时在 S 上达到最小:

$$\varphi(v) := \langle -\zeta, v\rangle + \sigma_0\|v - v_0\|^2.$$

我们可以假设 (必要时增加 φ_0) v_0 是 S 上 φ 的唯一最优解. 我们引入最优值函数 $V : X \to (-\infty, \infty)$:

$$V(\alpha) := \inf\left\{\varphi(v) : (u,v) \in C, u(t) - \int_0^t v(s)ds = \alpha(t) \text{ a.e.}\right\}.$$

练习 5.9.7

(a) $V(0) = \varphi(v_0)$.

(b) 上述下确界可以达到.

(c) 如果在 X 中 $\alpha_i \to 0$, 且 $V(\alpha_i) \to V(0)$, 并且如果 (u_i, v_i) 是定义 $V(\alpha_i)$ 问题的解, 则有一个 $\{(u_i, v_i)\}$ 的子序列, 在 $X \times X$ 收敛到 (u_0, v_0), 其中

$$u_0(t) := \int_0^t v_0(s)ds.$$

现在我们取一个子序列 $\alpha_i \to 0$, 其中 $(u_i, v_i) \to (u_0, v_0)$ 如上面的练习一样, 且 $\partial_P V(\alpha_i)$ 包含一个元素 ζ_i (利用邻近稠密定理).

如 4.1 节所述, V 在 α_i 处的邻近次梯度不等式可立即转化为以下断言: 函数 $f_i(u,v)$ 在 C 上于 $(u,v) = (u_i, v_i)$ 处有局部最小值, 其中

$$f_i(u,v) := \langle -\zeta, v\rangle + \sigma_0\|v - v_0\|^2 - \left\langle \zeta_i, u - \int_0^t v\right\rangle$$

$$+ \sigma_i\left\|u - \int_0^t v - u_i + \int_0^t v_i\right\|^2.$$

练习 5.9.8 f_i 是 C^2 的, 且

$$f_i{}'(u_i, v_i) = \left(-\zeta_i, -\zeta + 2\sigma_0(v_i - v_0) + \int_t^1 \zeta_i\right).$$

根据这一练习, 必要条件

$$-f_i{}'(u_i, v_i) \in N_C^P(u_i, v_i)$$

变为

$$\left(\zeta_i, \zeta - 2\sigma_0(v_i - v_0) - \int_t^1 \zeta_i\right) \in N_C^P(u_i, v_i).$$

调用引理 5.9.4, 可以得到

$$(-\zeta_i, v_i) \in \partial_C H\left(u_i, \zeta - 2\sigma_0(v_i - v_0) - \int_t^1 \zeta_i\right) \text{ a.e..}$$

让我们重新标记如下:

$$q_i(t) = -\int_t^1 \zeta_i.$$

那么

$$(-\dot{q}_i, v_i) \in \partial_C H(u_i, \zeta + q_i - 2\sigma_0(v_i - v_0)) \text{ a.e..} \tag{5.20}$$

由于 F 是全局 Lipschitz 的且 Lipschitz 常数为 K, 这蕴含

$$||\dot{q}_i(t)|| \leqslant K||\zeta + q_i(t) - 2\sigma_0(v_i(t) - v_0(t))\| \text{ a.e.,}$$

并且利用 Gronwall 引理可以得到一个在 $||q_i||_\infty$ 上的一致约束, 从而得到一个在 $\|\dot{q}_i\|_2$ 上的一致约束. 不失一般性, 可以通过对 (5.20) 的两边取极限 (借助定理 4.5.24) 得到引理 5.9.6 的结论.

现在, 我们准备回到定理 5.9.1 的证明, 从公式 (5.17) 开始论证. 我们回顾练习 4.5.20, $\partial_P \tilde{\ell}(v_1)$ 的元素 ζ 满足

$$\zeta(t) = \zeta_0 \in \partial_L \ell\left(\int_0^1 v_1(s)ds\right).$$

结合引理 5.9.6, 我们从 (5.17) 推导出: 对某个这样的 ζ_0, X 中的某个元素 $w(||w|| \leqslant \varepsilon)$, 以及某个弧 q $(q(1) = 0)$, 我们有

$$(-\dot{q}, v_2) \in \partial_C H(u_2, -\zeta_0 + q + w) \text{ a.e.,}$$

其中 $u_2(t) := \displaystyle\int_0^t v_2(s)ds$. 现在, 让我们对序列 $\varepsilon_i \downarrow 0$ 观察这一结论, 相应的 $(u_2, v_2, q, \zeta_0, w)$ 变为 $(u_i, v_i, q_i, \zeta_i, w_i)$, 我们有

$$(-\dot{q}_i, v_i) \in \partial_C H(u_i, -\zeta_i + q_i + w_i) \text{ a.e.,}$$

其中 $w_i \to 0$, $v_i \to \bar{v}$, $u_i \to \bar{x}$, 并且

$$\zeta_i \in \partial_L \ell\left(\int_0^1 v_i(s)ds\right).$$

设 $p_i(t) := q_i(t) - \zeta_i$. 那么直接利用 Gronwall 引理和序列紧性定理 (定理 4.5.24) 可得: 存在 p_i 的子序列一致收敛到某个弧 p, 且该弧满足定理 5.9.1 结论. □

注 作为练习 5.9.2 的结果, Hamilton 函数包含包括等式或最大原则

$$H(x(t), p(t)) = \langle p(t), \dot{x}(t)\rangle \text{ a.e.}. \tag{5.21}$$

练习 5.9.9 设 $F(x) = \{Ax + Bu : u \in C\}$, 其中 C 是 $\mathbb{R}^m$ 上的紧凸子集, A, B 分别是 $n \times n$ 和 $n \times m$ 的矩阵.

(a) 证明 F 满足基本假设, 并且是全局 Lipschitz 的.

(b) 设 $\bar{x}$ 为 F 在 $[0,1]$ 上的一个轨迹, 设 $\bar{u}$ 为实现 $\bar{x}$ 的控制函数; 即, 使得 $\bar{u}(t) \in C$ 且 $\dot{\bar{x}}(t) = A\bar{x}(t) + B\bar{u}(t)$ a.e.. 证明定理 5.9.1 的 Hamilton 函数包含等价于

$$-\dot{p}(t) = A^* p(t), \quad \max_{u \in C} \langle p(t), Bu\rangle = \langle p(t), B\bar{u}(t)\rangle \text{ a.e.}.$$

(这是 Pontryagin 最大原理的线性例子.)

(c) 注意 H 是凸的, 因此有单边导数.

(d) 证明任意满足 Hamilton 函数包含的弧对 (x, p) 都使得 $t \mapsto H(x(t), p(t))$ 在考察区间上是常数.

下面是该定理的技术扩展, 对我们以后的工作很有用.

练习 5.9.10 再次考虑定理 5.9.1, 但扩展如下: 对某个 $r \geqslant 0$, 对某个 $z(\cdot) \in L_n^2[a, b]$, 以 x_0 为起点的轨迹 $\bar{x}$ 是下列问题的局部最优解:

$$\min\left\{\ell(x(b)) + r\int_a^b \|x(t) - z(t)\|^2 dt : \dot{x} \in F(x) \text{ a.e. } x(a) = x_0\right\}.$$

调整定理 5.9.1 的证明可以推导出相同的结论, 但有一个变化: Hamilton 函数包含变成了

$$\langle -\dot{p}(t), \dot{\bar{x}}(t)\rangle \in \partial_C H(\bar{x}(t), p(t)) - 2r(\bar{x}(t) - z(t), 0) \text{ a.e.}.$$

(提示: 下列泛函的导数容易得到

$$x \mapsto \int_a^b \|x(t) - z(t)\|^2 dt = \|x - z\|_2^2.\Big)$$

终端约束情形

我们现在考虑在 $x(b)$ 上存在显式约束的最优控制问题. 具体来说, 我们要研究的问题是: 在满足以下条件的 $[a,b]$ 上 F 的轨迹 x 上最小化 $\ell(x(b))$,

$$x(a)=x_0,\quad x(b)\in S.$$

这里, S 是 $\mathbb{R}^n$ 的一个给定闭子集, 其余数据的假设不变. 下面结果的证明利用最优值函数分析, 从之前自由端点情况下的必要条件推导出终端约束问题的必要条件.

定理 5.9.11　设 $\bar{x}$ 是上述最优控制问题的局部最优解. 那么在 $[a,b]$ 上存在一个弧 p 和一个标量 $\lambda_0=0$ 或 1, 使得 $\lambda_0+\|p(t)\|\neq 0$, $\forall t\in[a,b]$, 并且使得

$$(-\dot{p}(t),\dot{\bar{x}}(t))\in\partial_C H(\bar{x}(t),p(t))\text{ a.e.},\quad a\leqslant t\leqslant b,$$

$$-p(b)\in\lambda_0\partial_L\ell(\bar{x}(b))+N_S^L(\bar{x}(b)).$$

证明　我们取 $[a,b]=[0,1]$, $x_0=0$. 对于 $\alpha\in\mathbb{R}^n$, 考虑最小化问题 $P(\alpha)$:

$$\min\left\{\ell(x(1))+\int_0^1\|x(t)-\bar{x}(t)\|^2dt:\dot{x}\in F(x)\text{ a.e. }x(0)=0,\right.$$

$$\left.x(1)\in S+\alpha,\|x-\bar{x}\|_\infty\leqslant\varepsilon_0\right\}.$$

显然, $\bar{x}$ 是 $P(0)$ 的唯一解. 我们用 $V(\alpha)\in(-\infty,\infty]$ 表示问题 $P(\alpha)$ 的最优值. 轨迹的序列紧性提供了 V 的几个突出性质:

练习 5.9.12

(a) 当 $V(\alpha)<\infty$ 时, 问题 $P(\alpha)$ 有解.

(b) 如果 x_i 是 $P(\alpha_i)$ 的解, 其中 $\alpha_i\to 0$ 且 x_i 一致收敛到弧 x, 则 $x=\bar{x}$.

(c) V 是下半连续的.

设 V 在 $\alpha\in\operatorname{dom}V$ 处存在一个邻近次梯度 ζ_α, 那么对充分接近 α 的 α', 我们有

$$V(\alpha')-V(\alpha)+\sigma\|\alpha'-\alpha\|^2\geqslant\langle\zeta_\alpha,\alpha'-\alpha\rangle.$$

设 x_α 是 $P(\alpha)$ 的解, 且 $c_\alpha\in S$ 满足

$$x_\alpha(1)=c_\alpha+\alpha.$$

根据练习 5.9.12, 我们可以假设当 α 较小时, $\|x_\alpha-\bar{x}\|_\infty<\varepsilon_0$.

对任意起点为 0 的轨迹 x 和任意 $c \in S$, 我们有 $x(1) \in S + (x(1)-c)$. 因此, 如果 $||x-\bar{x}||_\infty < \varepsilon_0$, 则有

$$\ell(x(1)) + \int_0^1 \|x(t)-\bar{x}(t)\|^2 dt \geqslant V(x(1)-c).$$

如果 $||x-\bar{x}||_\infty$ 和 $||c-c_\alpha||$ 足够小, 我们就可以设 $\alpha' = x(1)-c$, 并结合上一个不等式推导出泛函

$$\ell(x(1)) + \int_0^1 \|x(t)-\bar{x}(t)\|^2 dt - \langle \zeta_\alpha, x(1)-c\rangle + \sigma\|x(1)-x_\alpha(1)-c+c_\alpha\|^2$$

的局部最优解为 $x = x_\alpha$, $c = c_\alpha$(相对于 F 起点为 0 的轨迹 x 和点 $c \in S$).

设 $c = c_\alpha$, 我们可以发现 x_α 是下列问题的局部最优解:

$$\min\left\{ \ell(x(1)) - \langle \zeta_\alpha, x(1)\rangle + \sigma\|x(1)-x_\alpha(1)\| \right.$$
$$\left. + \int_0^1 \|x(t)-\bar{x}(t)\|^2 dt : \dot{x} \in F(x) \text{ a.e., } x(0)=0 \right\}.$$

明显地, 该问题没有终端约束. 设 $x = x_\alpha$ 可以得出这样的结论: 对充分接近 c_α 的 $c \in S$, 我们有

$$\langle \zeta_\alpha, c\rangle + \sigma\|c-c_\alpha\|^2 \geqslant \langle \zeta_\alpha, c_\alpha\rangle,$$

这蕴含 $-\zeta_\alpha \in N_S^P(c_\alpha)$.

将练习 5.9.10 应用到上述问题, 我们可以推导出存在一条弧 p_α, 使得

$$\langle -\dot{p}_\alpha, \dot{x}_\alpha\rangle \in \partial_C H(x_\alpha, p_\alpha) - 2(x_\alpha(t)-\bar{x}(t), 0) \text{ a.e.,} \tag{5.22}$$

$$-p_\alpha(1) + \zeta_\alpha \in \partial_L \ell(x_\alpha(1)), \tag{5.23}$$

$$-\zeta_\alpha \in N_S^P(c_\alpha). \tag{5.24}$$

现在我们考虑一个序列 $\alpha_i \to 0$, 其中 $\zeta_i \in \partial_P V(\alpha_i)$; 根据邻近稠密定理 (定理 2.3.1), 这是可能的. 将上述 x_{α_i}, p_{α_i}, c_{α_i} 用更简单的符号表示为 x_i, p_i, c_i. 根据练习 5.9.12, 不妨设解 x_i 一致收敛到 $\bar{x}$. 注意 $c_i = x_i(1) - \alpha_i$ 收敛到 $\bar{x}(1)$.

证明的最后部分是取 (5.22), (5.23) 和 (5.24) 中的极限, 此时有两种情况, 取决于序列 $\{\zeta_i\}$ 是否有界.

首先考虑 $\{\zeta_i\}$ 有界的情况. 那么我们可以假设 $\zeta_i \to \zeta \in N_S^L(\bar{x}(1))$. 应用序列紧性定理 (定理 4.5.24) 可以得到满足以下条件的弧 p:

$$(-\dot{p}, \dot{x}) \in \partial_C H(\bar{x}, p), \quad -p(1) \in \partial_L \ell(\bar{x}(1)) + N_S^L(\bar{x}(1)).$$

现在假设 $\{\zeta_i\}$ 是无界的, 不妨设 $\zeta_i \to \infty$. 在 (5.22) 和 (5.23) 中除以 ζ_i, 并设 $q_i := p_i/\|\zeta_i\|$, 我们可以得到 (练习 5.9.2):

$$(-\dot{q}_i, \dot{x}_i) \in \partial_C H(x_i, q_i) - 2\|\zeta_i\|^{-1} (x_\alpha(t) - \bar{x}(t), 0),$$

$$-q_i(1) \in \|\zeta_i\|^{-1} \partial_L \ell (x_i(1)) - \zeta_i/\|\zeta_i\|,$$

其中 $\zeta_i/\|\zeta_i\| \in N_S^p(c_i)$. 我们利用 Gronwall 引理推导出 $\|q_i\|_\infty$ 是有界的, 之后再次应用定理 4.5.24 得到弧 $p = \lim q_i$, 使得

$$(-\dot{p}, \dot{x}) \in \partial_C H(\bar{x}, p), \quad 0 \neq -p(1) \in N_S^L(\bar{x}(1)).$$

剩下的只需检验 $p(t) \neq 0$, $\forall t \in [0,1]$. 注意我们有 $\|\dot{p}(t)\| \leqslant K\|p(t)\|$, 根据练习 5.9.2, 如果对某个 t 有 $p(t) = 0$, 那么 $p(t) = 0$ 总是成立 (根据 Gronwall 引理). 由于 $p(1) \neq 0$, 所以不会出现这种情况. □

注 如果定理 5.9.11 的解 x 使得 $x(b) \in \operatorname{int} S$, 则 $\lambda_0 = 1$ 是必然的, 必要条件变为定理 5.9.1 中自由端点问题. 定理 5.9.11 要求 $\lambda_0 + \|p(t)\|$ 与 0 不同, 以避免必要条件的琐碎性, 因为当 x 是轨迹时, 必要条件总是在 $\lambda_0 = 0$, $p \equiv 0$ 时成立. $\lambda_0 = 0$ 的情况称为异常情况, 可以证明当约束条件非常严格以至于成本函数无关紧要时, 这种情况就会出现.

练习 5.9.13

(a) 证明如果 $x(b) \in \operatorname{int} S$, 定理 5.9.11 中的 $\lambda_0 = 1$.

(b) 证明当 x 是任意轨迹时, $\lambda_0 = 0, p \equiv 0$ 满足 Hamilton 函数包容.

(c) 设 $n = 2$, $[a,b] = [0,1]$, $x_0 = (0,0)$, $F(x,y) \equiv \bar{B}$, $S = \{1\} \times \mathbb{R}$. 令 $\ell(x,y) = \ell(y)$ 是任意函数且使得 $0 \in \partial_L \ell(0)$. 在这种情况下, 定理 5.9.11 问题的唯一轨迹是什么? 证明 $\lambda_0 = 0$ 是必要的.

(d) 证明在定理 5.9.11 中, 当 $\lambda_0 = 0$ 时, 那么对某个 t, $p(t) = 0$ 当且仅当 p 恒为零.

Hamilton 函数常数

与习题 5.9.9 不同, 定理 5.9.11 从 Hamilton 函数包含中一般不能得出 $H(x(t), p(t))$ 是常数. 但是, 如下定理说明至少有一条弧 p 可以满足这个结论.

定理 5.9.14 在定理 5.9.11 的条件下, 我们可以在 $(\bar{x}, p)$ 满足的结论之外还可以得到: 函数 $t \mapsto H(\bar{x}(t), p(t))$ 在 $[a,b]$ 上是常数.

证明 证明将通过一种 Erdmann 变换的方法, 从定理 5.9.11 开始 "步步为营". 让我们考虑 $(n+1)$ 维的弧, 这些弧是多重函数 $\widetilde{F}$ 的轨迹, 其定义为

$$\widetilde{F}(x^0, x) := \{(u,v) \in \mathbb{R} \times \mathbb{R}^n : |u| \leqslant \alpha, \ v \in (1+u)F(x)\},$$

其中 α 是 $(0,1)$ 中的一个固定参数. 我们取 $[a,b]=[0,1]$, 并考虑如下问题 (E): 在 $[0,1]$ 上满足

$$(x^0,x)(0)=(1,x_0),\quad x^0(1)=1,\quad x(1)\in S$$

的 $\widetilde{F}$ 轨迹 (x^0,x) 上最小化 $\ell\,(x(1))$. 我们用 $\bar{x}$ 表示原问题 (P) 的解.

引理 5.9.15 对充分小的 α, 弧 $(1,\bar{x})$ 是 $\widetilde{F}$ 的一条轨迹, 且是问题 (E) 的一个局部最优解.

假设 (x^0,x) 是另一条这样的轨迹, 并且 $\ell\,(x(1))<\ell\,(\bar{x}(1))$; 我们将通过展示问题 (P) 的一条可行弧 y 来制造矛盾, 其中 $\ell\,(y(1))<\ell\,(\bar{x}(1))$.

对每个 $t\in[0,1]$, $\tau(t)$ 由方程

$$\tau+x^0(\tau)-1=t$$

定义, 因为函数 $\tau\mapsto\tau+x^0(\tau)-1$ 是严格单调递增的, 在 0 时值为 0, 在 1 时值为 1, 所以这样的 $\tau(t)$ 是唯一的. 根据反函数定理 (定理 4.3.12), 函数 $\tau(t)$ 是 Lipschitz 函数. 因此关系式 $y(t):=x\,(x(\tau(t)))$, 将 y 定义为 $[0,1]$ 上的弧, 其中 $y(0)=x_0$, $y(1)=x(1)\in S$. 我们计算得

$$\frac{d}{dt}y(t)=\frac{\dot{x}(\tau)}{1+\dot{x}^0(\tau)},$$

由此可见, y 是 F 的轨迹. 因此, y 对于问题 (P) 是可行的; 然而, $\ell\,(y(1))=\ell\,(x(1))<\ell\,(\bar{x}(1))$, 这与 $\bar{x}$ 是问题 (P) 的最优解矛盾. 因此, 问题 (E) 中没有函数值比 $\ell\,(\bar{x}(1))$ 小的解. 只是在上述证明中我们忽略了一个事实, 即 $\bar{x}$ 可能只是 (P) 相对于 $\|x-\bar{x}\|_\infty\leqslant\varepsilon_0$ 的局部解. 为了考虑到这一点, 只要观察到 (x^0,x) 可以一致充分接近 $(1,\bar{x})$ 且 α 充分小, 就保证了 y 满足 $\|y-\bar{x}\|_\infty<\varepsilon_0$.

证明的下一步是将定理 5.9.11 的必要条件应用到问题 (E) 的解 $(1,\bar{x})$ 上. 这将涉及 Hamilton 函数包含

$$\begin{aligned}\widetilde{H}(x^0,x,p^0,p):&=\max\left\{p^0u+\langle p,v\rangle:|u|\leqslant\alpha,v\in(1+u)F(x)\right\}\\&=\max\left\{p^0u+(1+u)H(x,p):|u|\leqslant\alpha\right\}\\&=H(x,p)+\alpha|p^0+H(x,p)|.\end{aligned}$$

由于这与 x^0 无关, 因此从 Hamilton 函数包含中可以得出 p^0 是常数, 因此我们有

$$(-\dot{p},\dot{\bar{x}})\in\partial_C H(\dot{\bar{x}},p)+\left(\alpha K\|p\|\bar{B}\right)\times\left(\alpha K\bar{B}\right),\tag{5.25}$$

其中 (与定理 5.9.1 的证明一样) 可以假定 F 是全局有界和 Lipschitz 的且 Lipschitz 常数为 K.

$\tilde{H}$ 的 Hamilton 函数包含也会导致 a.e.(见 (5.21)):

$$\begin{aligned}\widetilde{H}(1,\bar{x},p^0,p) &= \langle(0,\dot{\bar{x}}),(p^0,p)\rangle = \langle\dot{\bar{x}},p\rangle \\ &\leqslant H(\bar{x},p) \leqslant H(\bar{x},p)+\alpha|p^0+H(\bar{x},p)| = \widetilde{H}(1,\bar{x},p^0,p).\end{aligned}$$

由此可见

$$H(\bar{x}(t),p(t)) \equiv -p^0, \quad \forall t\in[0,1]. \tag{5.26}$$

另请注意, 适用于 (E) 的横截条件如下:

$$-\left(p^0(1),p(1)\right) \in \lambda_0\left(0,\partial_L\ell\left(\bar{x}(1)\right)\right)+N^L_{\{1\}\times S}\left(1,\bar{x}(1)\right),$$

其蕴含

$$-p(1)\in\lambda_0\partial_L\ell\left(\bar{x}(1)\right)+N^L_S\left(\bar{x}(1)\right). \tag{5.27}$$

最后, 我们有非平凡条件 $\lambda_0+\|(p^0,p)\|\neq 0$. 如果对某个 t, λ_0 和 $\|p(t)\|$ 都是 0, 那么 $p^0=0$(根据 (5.26)), 这是不可能的. 因此我们得出结论

$$\lambda_0+\|p(t)\|\neq 0, \quad \forall t\in[0.1]. \tag{5.28}$$

如果我们仔细研究一下 (5.25)—(5.28), 就会发现除了 (5.25) 中涉及 α 的多余项之外, 这正是我们试图得到的一系列结论. 下一步是显而易见的: 我们考虑对一个序列 $\alpha_i\downarrow 0$ 完成上述所有步骤, 并取极限. 相应的弧 p_i 满足

$$\|\dot{p}_i\|\leqslant K(1+\alpha_i)\|p_i\|,$$

这是 (5.25) 的结果, 因此 $\|p_i\|_\infty$ 是有界的当且仅当 $p_i(1)$ 是有界的 (根据 Gronwall 引理). 在无界的情况下, 不妨设 $\|p_i(1)\|\to\infty$, 然后通过 $p_i/\|p_i(1)\|$ 对 (5.25)—(5.27) 中的 p_i 进行归一化, 就像定理 5.9.11 证明的最后一步一样. 然后通过序列紧性 ($\lambda_0=0$) 在极限中得出所需的结论. 得出的弧 p 有 $\|p(1)\|=1$, 因此 p 从不为零 (练习 5.9.13(d)), 从而有非平凡性.

当 $p_i(1)$, 以及 $\|p_i\|_\infty$ 是有界的时候, 序列紧性可以直接应用到 (5.25)—(5.27) 上, 而无须归一化, 从而得到所需的 Hamilton 函数包含、常值函数和横截性, 但潜伏着一个危险: 平凡性; 也许序列 p_i 和 λ_{0_i} 都收敛到 0. 我们通过考虑两种子情况来解决这个问题. 在第一种情况下, $\lambda_{0_i}=1$ 的次数是无限的; 在这种情况下, 危险不会出现. 在极限情况下, 我们得到 $\lambda_0=1$. 在第二种情况下, 除了有限点外的所有 $\lambda_{0_i}=0$. 根据 (5.28), 我们必然有 $p_i(1)\neq 0$, 我们可以用 $\|p_i(1)\|$ 除以 (5.25)—(5.27) 重新归一化. 然后, 根据序列紧性, 我们可以得到所需的非平凡结论且 $\lambda_0=0$. □

自由时间问题

上述定理证明中引入的转换方法可用于处理自由时间问题, 其中考察区间 $[a,b]$ 本身就是一个变量. 我们现在用一个简单的例子来说明这一点.

练习 5.9.16 设 $\bar{x}$ 和 $\bar{T}>0$ 是下面问题的解: 在 $[0,T]$ 上以 x_0 为起点的轨迹上最小化 $\ell(T,x(T))$, 其中这些轨迹满足 $(t,x(t))\in\Omega$, $\forall t\in[0,T]$, Ω 是 $\mathbb{R}\times\mathbb{R}^n$ 中的给定开集. (因此涉及一种单纯的局部最优性; 我们强调 T 是这个问题中的一个选择变量.) 函数 ℓ 是局部 Lipschitz 函数.

(a) 参照定理 5.9.14 的证明, 证明弧 $(\bar{T},\bar{x})$ 是下面问题的局部解: 在 $[0,T]$ 上以 $(\bar{T},x_0)$ 为起点的 $\widetilde{F}$ 的轨迹 (x^0,x), 最小化函数 $\ell\left(x^0(\bar{T}),x(\bar{T})\right)$. 现在对 $\left(x^0(\bar{T}),x(\bar{T})\right)$ 的值没有明确的约束. 请注意, 定理 5.9.1 适用于这种情况. 给出此问题的必要条件.

(b) 证明 (a) 的必要条件可以直接转化为: 对 $[0,\bar{T}]$ 上的某个弧 p, 我们有

$$
\begin{aligned}
&(-\dot{p}(t),\dot{\bar{x}}(t))\in\partial_C H\left(\bar{x}(t),p(t)\right) \text{ a.e.,}\quad 0\leqslant t\leqslant\bar{T},\\
&H\left(\bar{x}(t),p(t)\right)=h(=\text{常数}),\quad 0\leqslant t\leqslant\bar{T},\\
&\left(h,-p(\bar{T})\right)\in\partial_L\ell\left(\bar{T},\bar{x}(\bar{T})\right).
\end{aligned}
$$

5.10 规范性和可控性

现在我们来讨论是否有可能在有限的时间内 (从点的邻域或全局出发) 到达给定的平衡点 x^*. 在不失一般性的前提下, 我们取 $x^*=0$, 因此我们研究的问题是 0 属于 $F(0)$. 在本节中, 我们始终假设 F 是局部 Lipschitz 的.

回想一下, 如果 $F(x)=f(x)$, 那么任意不同于 0 的点都无法在有限时间内达到平衡点 0. 当 $0\in\operatorname{int}F(0)$ 时, 会出现相反的极端.

练习 5.10.1 设 $0\in\operatorname{int}F(0)$. 证明 0 附近的每个 x_0 都能在有限时间内转向原点, 即在某个区间 $[0,T]$ 上有一条轨迹 x 满足 $x(0)=x_0$ 和 $x(T)=0$.

我们感兴趣的是介于上述两种极端情况之间的情况. 事实证明 Hamilton 函数包含提供了局部零可控性的标准. 如果存在某个 $T>0$ 使得 $[0,\ T]$ 上唯一满足下列条件

$$
\begin{aligned}
&(-\dot{p}(t),0)\in\partial_C H(0,p(t)) \text{ a.e.,}\quad 0\leqslant t\leqslant T,\\
&H(0,p(t))=0,\quad \forall t\in[0,T]
\end{aligned}
$$

的弧是 $p\equiv 0$ (从练习 5.9.2 中可以看出, $p\equiv 0$ 确实满足这些条件), 则称原点是正规的.

练习 5.10.2

(a) 若 $0 \in \operatorname{int} F(0)$, 则原点是正规的.

(b) 设 $n=2$, $F(x,y) := \{(y,u) : -1 \leqslant u \leqslant 1\}$. 则 $0 \notin \operatorname{int} F(0)$. 证明原点是正规的.

(c) 设 $F(x) = Ax + BC$, 如练习 5.9.9 所示, 此时 $0 \in \operatorname{int} C$. 证明原点是正规的当且仅当下列 $n \times nm$ 的矩阵是满秩矩阵: $[B\ AB\ A^2B \cdots A^{n-1}B]$.

定理 5.10.3　如果原点是正规的, 那么充分靠近原点的每个点 x_0 都能在有限的时间内转向原点.

证明　假设 $b > 0$, 使得 $[0,b]$ 上没有满足 $(-\dot{p}, 0) \in \partial_C H(0,p)$, $H(0,p(t)) = 0$ 的非平凡弧 p. 对 $\alpha \in \mathbb{R}^n$, 我们定义对于所有的 $T > 0$, $V(\alpha) \in [0,\infty]$ 是

$$V(\alpha) := \left\{ (T-b)^2 + \int_0^T \|x(t)\|\, dt : T > 0, \dot{x}(t) \in -F(x(t)), x(0) = 0, x(T) = \alpha \right\}.$$

(请注意, 这里使用的是 $-F$, 不是 F.)

练习 5.10.4

(a) $V(0) = 0$, 且对 $\alpha = 0$, $V(0)$ 问题的唯一解是 $[0,b]$ 上恒等于 0 的弧.

(b) 若 $V(\alpha) < \infty$, 则 $V(\alpha)$ 的下确界可以达到. (练习 5.1.13 有助于处理变量区间.)

(c) V 是下半连续的.

(d) 若 $\alpha_i \to 0$, 如果 (T_i, x_i) 是对应 α_i 的解, 则 $T_i \to b$ 且 $\max\{\|x_i(t)\| : 0 \leqslant t \leqslant T_i\} \to 0$.

我们将证明 V 在 0 的邻域内是 Lipschitz 的 (因此是有限的). 这蕴含对每个 0 附近的 x_0, 在区间 $[0,T]$ 上有 $-F$ 的一个轨迹 x 满足 $x(0) = 0$ 和 $x(T) = x_0$. 那么, 逆转时间, 我们可以在有限时间内将 x_0 导向 0.

为了证明 V 在 0 附近是 Lipschitz 的, 我们将证明它的邻近次梯度是局部有界的. 用反证法: 假设存在一个序列 $\alpha_i \to 0$ 和序列 $\zeta_i \in \partial_P V(\alpha_i)$ 使得 $\|\zeta_i\| \to \infty$. 将推导出与正规性假设矛盾.

根据定理 5.9.11 的证明, 我们设 (T_i, x_i) 是对应于 α_i 的解. 从 $\zeta_i \in \partial_P V(\alpha_i)$, 可得存在某个 $\sigma_i > 0$ 时, (T_i, x_i) 是最小化问题

$$\min \left\{ \langle -\zeta_i, x(T) \rangle + (T-b)^2 + \int_0^T \|x(t)\|\, dt + \sigma_i \|x(T) - x_i(T_i)\|^2 : x(0) = 0, \dot{x}(t) \in -F(x(t)) \right\}$$

的最优解. (最小值为局部值, 即 $x(T)$ 必须接近 $x_i(T_i)$.) 由于成本函数中含有积分项, 这不是我们之前的结果所适用的问题类型. 我们将通过重新定义动力学来解决这个问题, 以便 "吸收" 积分.

我们设

$$\widetilde{F}(x,y) := -F(x) \times \{\|x\|\}, \quad y_i(t) := \int_0^T \|x(\tau)\|\, dt.$$

那么, $[0,T_i]$ 上的 (x_i, y_i) 是自由时间成本泛函

$$\langle -\zeta_i, x_i(T)\rangle + (T-b)^2 + y(T) + \sigma_i \|x(T) - x_i(T_i)\|^2$$

关于从 $(0,0)$ 出发的 $\tilde{F}$ 的轨迹的局部最优解.

现在可以用练习 5.9.16 的必要条件. 在尘埃落定之后, 下面是根据原始变量得出的结果:

$$(-\dot{p}, \dot{x_i}) \in \partial_C \widetilde{h}(x_i, p_i) + \bar{B} \times \{0\} \text{ a.e.}, \quad 0 \leqslant t \leqslant T_i,$$

$$\widetilde{h}(x_i, p_i) - \|x_i(t)\| = 2(T_i - b), \quad \forall t \in [0, T_i],$$

$$p_i(T_i) = \zeta_i,$$

其中 $\widetilde{h}(x,p) := H(x,-p)$ 出现在这里是因为涉及 $-F$ 而不是 F. 现在, 我们用 $p_i/\|\zeta_i\|$ 代替这些条件中的 p_i, 并执行我们现在熟悉的取极限.

我们得到一个满足以下条件的非平凡弧 $\bar{p}$:

$$(-\dot{\bar{p}}, 0) \in \partial_C \widetilde{h}(0, \bar{p}) \text{ a.e.}, \quad 0 \leqslant t \leqslant b,$$

$$\widetilde{h}(0, \bar{p}(t)) = 0, \quad \forall t \in [0, b].$$

根据 H 的定义, $\bar{p}$ 满足

$$(-\dot{\bar{p}}, 0) \in \partial_C H(0, -\bar{p}) \text{ a.e.},$$

$$H(0, -\bar{p}(t)) = 0.$$

现在定义 $p(t) := -\bar{p}(b-t)$; 那么在 $[0,b]$ 上我们有

$$(-\dot{p}, 0) \in \partial_C H(0, p) \text{ a.e.},$$

$$H(0, p(t)) = 0, \quad p \neq 0.$$

这与原点的正规性相矛盾. □

得出全局零可控性结论的通常途径是将全局渐近可控性与局部零可控性相结合, 如以定理 5.5.5 为基础的以下结果.

推论 5.10.5 假设 0 是 F 的一个正规平衡点, 具有一个 Lyapunov 对 (Q,W). 那么 $\operatorname{dom} Q$ 中的任意一点都可以在有限时间内被引导到 0. 如果 $\operatorname{dom} Q=\mathbb{R}^n$, 那么所有点都能在有限时间内被引导到 0.

练习 5.10.6 证明推论 5.10.5.

如果一个系统是全局零可控的, 那么存在一个 Lyapunov 对 (Q,W). 这提供了推论 5.10.5 的部分逆命题:

练习 5.10.7 我们回顾知名的最小时间函数:

$$Q(\alpha):=\inf\{T\geqslant 0: \text{一些轨迹 } x \text{ 有} x(0)=\alpha,\ x(T)=0\}.$$

(按照惯例, 当没有轨迹在有限时间内将 α 连接到 0 时, 我们设 $Q(\alpha)=\infty$.)

(a) 如果 $Q(\alpha)<\infty$, 证明下确界可以达到.

(b) 证明系统 $(Q(x)+t,\{1\}\times F(x))$ 在集合 $\mathbb{R}^n\backslash\{0\}$ 上弱递减. 根据定理 5.6.1 推导出

$$h(x,\partial_P Q(x))\leqslant -1,\quad \forall\mathbb{R}^n\backslash\{0\}.$$

证明: 如果 $x\neq 0$ 时设 $W(x)=1$, $W(0)=0$, 那么原点的 Lyapunov 对 (Q,W) 存在. 注意 $\operatorname{dom} Q=\mathbb{R}^n$ 当且仅当如果控制系统是全局零可控的.

(c) 证明 Q 满足

$$h(x,\partial_P Q(x))=-1,\quad \forall x\in\mathbb{R}^n\backslash\{0\}.$$

(Q 的唯一性定理将出现在下一节的问题中.)

5.11 第 5 章习题

5.11.1 假设 $v:[a,b]\to\infty$ 是一个有界可测函数, 使得 $v(t)\in K$ a.e., 其中 $K\subseteq\mathbb{R}^n$ 是一个给定的闭凸集. 证明

$$\frac{1}{b-a}\int_a^b v(t)\,dt\in K.$$

5.11.2 考虑常微分系统

$$\dot{x}=-x+2y^3,\quad \dot{y}=-x.$$

(a) 证明对所有 $r\geqslant 0$, 集合 $E_r:=\{(x,y):x^2+y^4\leqslant r^2\}$ 具有流动不变性.

(b) 证明 $r = 0$ 或 $1/\sqrt{2}$ 当且仅当 $r\bar{B}$ 是不变的.

(c) 证明 $S_r := \{(x,y) : \max\{|x|, |y|\} \leqslant r\}$ 仅在 $r = 0$ 时不变.

5.11.3　现在, 我们考虑前面的练习的一个控制版本. 具体来说, 我们取

$$\dot{x} = -x + 2y^3 + u, \quad \dot{y} = -x + v,$$

其中 u 和 v 是可测的控制函数且满足

$$|u(t)| \leqslant \delta \quad \text{和} \quad |v(t)| \leqslant \Delta \text{ a.e..}$$

给定 $r \geqslant 0$, 找出能确保 S_r 弱不变的 δ 和 Δ 值 (其中 S_r 的定义见习题 5.11.2).

5.11.4　多值函数 F 在 $\mathbb{R}^n$ 上具有下 Hamilton 函数

$$h(x,p) = \begin{cases} -\|x\|\|p\|, & \text{若 } \|x\| < 1, \\ -2\|p\|, & \text{若 } \|x\| \geqslant 1, \end{cases}$$

给出 F 的表达式.

5.11.5　假设 $\{S_\alpha\}$ 是 $\mathbb{R}^n$ 的一个子集族, 每个子集相对 F 都是弱不变的. 证明 $\operatorname{cl}\bigcup_\alpha S_\alpha$ 相对 F 是弱不变的.

5.11.6　考虑

$$F(x,y) = \begin{cases} \left(1, \dfrac{1}{\sqrt{2}}\right), & \text{若 } y > \sqrt{1+x^2}, \\ (1,0), & \text{若 } y < \sqrt{1+x^2}, \\ \{1\} \times \left[0, \dfrac{1}{\sqrt{2}}\right], & \text{若 } y = \sqrt{1+x^2}. \end{cases}$$

(a) 证明 F 满足基本假设.

(b) 证明对 F 的任意选择 f, $(\dot{x}, \dot{y}) = f(x,y)$ 在 $[0,1]$ 上从 $(0,1)$ 开始的唯一 Euler 解, 是两个线性函数中的一个, 完全取决于 $f(0,1)$.

(c) 证明曲线 $(t, \sqrt{1+t^2})$ 并不是 Euler 解, 但它是微分包含 $(\dot{x}, \dot{y}) \in F(x,y)$ 在 $[0,1]$ 上的轨迹.

(d) 找出在 $[0,1]$ 上从 $(0,1)$ 开始的微分包含的所有轨迹; 有无限多条轨迹.

5.11.7　考虑

$$F(x,y) = \{[xu, yv] : u \geqslant 0, v \geqslant 0, u + v = 1\},$$

验证基本假设成立, 并证明可达集合 $\mathcal{A}((1,1);1)$ 不是凸的. (提示: 证明虽然 $(e,1)$ 和 $(1,e)$ 在时间 1 内都可以从 $(1,1)$ 到达, 但它们的中点却不是.)

5.11.8　设 F 满足基本假设, $S \subseteq \mathbb{R}^n$ 是 $\mathbb{R}^n$ 的一个非空紧楔形子集, 它相对于 F 是弱可回避的; 也就是说, $\mathrm{cl}\,[\mathrm{comp}\,(S)]$ 相对于 F 是弱不变的. 假设 $\mathrm{cl}\,[\mathrm{comp}\,(S)]$ 是正则的. 那么 S 包含 F 的一个零点.

5.11.9　设 $g : \mathbb{R}^n \to \mathbb{R}^n$ 是一个连续函数满足相切条件

$$\lim_{\substack{x' \in x \\ x' \in S \\ \lambda \downarrow 0}} \frac{d_S\,[\lambda g(x') + (1-\lambda)x]}{\lambda} = 0,$$

其中 $S \subseteq \mathbb{R}^n$ 是一个紧的楔形的同构凸集.

(a) 证明 g 在 S 中有一个不动点.

(b) 证明如果 S 是凸的, 且 g 将 S 映射到自身 (Brouwer 定理的情况), 则切线条件总是成立的.

5.11.10　证明 Kakutani 不动点定理: 设 C 是 $\mathbb{R}^n$ 的紧凸子集, 并设多值函数 G 满足基本假设. 假设

$$G(x) \cap C \neq \varnothing, \quad \forall x \in S.$$

那么存在 $\hat{x} \in C$, 使得 $\hat{x} \in G(\hat{x})$.

5.11.11　设 F 是 $\mathbb{R}^n$ 上的上半连续多值函数, 其像是 $\mathbb{R}^n$ 的非空紧凸子集. 证明对任意给定的 $\varepsilon > 0$, 存在一个局部 Lipschitz 选择

$$f_\varepsilon(x) \in F(x) + \varepsilon B, \quad \forall x \in \mathbb{R}^n.$$

5.11.12　考虑线性微分方程系统

$$\dot{x}(t) = Ax(t),$$

其中 A 是 $n \times m$ 的恒定实矩阵. 证明以下命题等价:

(a) 非负象限 $\mathbb{R}^n_+$ 是不变的;

(b) $e^{tA}\mathbb{R}^n_+ \subseteq \mathbb{R}^n_+$, $\forall t \geqslant 0$;

(c) A 是 Metzler 矩阵, 即对角线以外的元素都是非负的.

5.11.13　设 S 是 $\mathbb{R}^n$ 的非空紧子集, 设 $f : \mathbb{R}^n \to \mathbb{R}^n$ 是连续的. 证明 $(S, \{f\})$ 是弱不变的当且仅当 $f(x) \in T^C_S(x)$, $\forall x \in \mathbb{R}^n$.

5.11.14

(a) 假设 S 是 $\mathbb{R}^n$ 的紧子集, 并且

$$h(x, \zeta) < 0, \quad \forall \zeta \in N^P_S(x) \setminus \{0\}, \quad \forall x \in S.$$

举例说明 S 仍有可能无法局部可达.

(b) $\mathbb{R}^n$ 中的紧集 S 表示为

$$\{x \in \mathbb{R}^n : f(x) \leqslant 0\},$$

其中局部 Lipschitz 函数 $f : \mathbb{R}^n \to \mathbb{R}$ 满足

$$f(x) = 0 \implies 0 \notin \partial_L F(X).$$

证明如果

$$h(x, \zeta) < 0,\ \forall \zeta \in \partial_L f(x),\ \forall x \in S \text{ 使得 } f(x) = 0,$$

则 S 是局部可达的.

5.11.15　Lyapunov 理论既可用于集合, 也可用于平衡点. 设 S 是 $\mathbb{R}^n$ 的非空紧子集. (平衡点 x^* 的情况对应于取 $S = \{x^*\}$.) S 的 Lyapunov 对 (Q, W) 定义为一对严格的正函数 $Q, W \in \mathcal{F}(\operatorname{comp} S)$, 使得水平集 $\{x : Q(x) \leqslant q\}$ 是紧的, 且以下条件成立:

$$h(x, \partial_P Q(x)) \leqslant -W(x), \quad \forall x \in \operatorname{comp} S.$$

(a) 证明如果存在这样一对 (Q, W), 则存在另一对 $(Q, \widetilde{W})$, 其中 $\widetilde{W}$ 在 $\mathbb{R}^n$ 上是全局定义和局部 Lipschitz 的, 在 S 上恒等于零, 并满足线性增长条件.

(b) 证明如果 S 存在 Lyapunov 对 (Q, W), 那么任意 $\alpha \in \operatorname{dom} Q$ 至少可以渐进地引导到 S(即存在始于 α 并在有限时间内到达 S 的轨迹 $x(\cdot)$, 或者满足 $\lim\limits_{t\to\infty} d_S(x(t)) = 0$).

(c) (b) 的部分逆命题成立. 假设 S 具有如下性质: 任意 $\alpha \in \mathbb{R}^n$ 至少可以渐近地引导到 S. 设 $\varepsilon > 0$, 那么集合 $S + \varepsilon\bar{B}$ 有一个 Lyapunov 对 (Q, W), 其中 Q 是有限的. (提示: 设

$$Q(\alpha) := \min\left\{T \geqslant 0 : \text{存在轨迹 } x \text{ 有 } x(0) = \alpha, x(T) \in S + \varepsilon\bar{B}\right\}.)$$

5.11.16　设 (φ, F) 是弱递减的, 其中 $\varphi:\ \mathbb{R}^n \to \mathbb{R}$ 是连续的. 证明给定 $\alpha \in \mathbb{R}^n$, 存在 F 的轨迹 x, 且 $x(0) = \alpha$, 使得函数 $t \longmapsto \varphi(x(t))$ 是递减的. (如果仅仅假定 φ 属于 $\mathcal{F}(\mathbb{R}^n)$, 这是否为真就不得而知了.)

5.11.17　对 $n = 1$, 若 $x \in (0, 1)$ 且 x 为有理数, 则 $f(x) = 0$, 否则 $f(x) = -1$. 设函数:

$$\bar{x}(t) = \begin{cases} 1 - t, & \text{若 } 0 \leqslant t \leqslant 1, \\ 0, & \text{若 } t \geqslant 1. \end{cases}$$

证明 $\bar{x}$ 是初值问题 $\dot{x} = f(x)$, $x(0) = 1$ 的 Euler 解. 然而, 局限于 $[1, \infty)$ 上的 $\bar{x}$ 并不是初值问题 $\dot{x} = f(x)$, $x(1) = 0$ 的 Euler 解. (Euler 解被截断后不一定是 Euler 解.)

5.11.18 设 φ 连续且 F 是局部 Lipschitz 的. 通过举例说明系统 (φ, F) 的以下单调性都是不同的, 然后继续证明每个相应的邻近 Hamilton 函数不等式都成立:

(a) 弱递减: $h\left(x, \partial_P\varphi(x)\right) \leqslant 0$;

(b) 弱递增: $H\left(x, \partial^P\varphi(x)\right) \geqslant 0$;

(c) 强递减: $h\left(x, \partial_P\varphi(x)\right) \leqslant 0$ 或者 $H\left(x, \partial^P\varphi(x)\right) \leqslant 0$;

(d) 强递增: $h\left(x, \partial_P\varphi(x)\right) \geqslant 0$ 或者 $H\left(x, \partial^P\varphi(x)\right) \geqslant 0$;

(e) 弱预减 (即给定任意 x_0, 在 $(-\infty, 0]$ 上存在 F 的轨迹 x, 使得 $x(0) = x_0$ 且 $\varphi\left(x(t)\right) \geqslant \varphi(x_0)$, $t \leqslant 0$): $h\left(x, \partial^p\varphi(x)\right) \leqslant 0$;

(f) 弱预增 (定义类似于 (e)): $H\left(x, \partial_P\varphi(x)\right) \geqslant 0$.

在上述哪种情况下, F 的 Lipschitz 假设是必需的? (提示: 练习 5.2.11 (c), (d) 与上述 (e) 相关.)

5.11.19 对给定的初始时间 t_0 和 $\mathbb{R}^n$ 的紧子集 A, 从 A 出发的可达集 $\mathcal{R}$ 定义如下:

$$\mathcal{R} := \left\{(t, x(t)) : t \geqslant t_0,\ x \text{ 是 } F \text{ 在 } [t_0, t] \text{ 上的轨迹},\ x(t_0) \in A\right\}.$$

我们用 $\mathcal{R}_T$ 表示 $\mathcal{R}$ 在 T 时间的 "片", 即

$$\mathcal{R}_T := \{x : (T, x) \in \mathcal{R}\}.$$

那么显然

$$\mathcal{R} = \bigcup \{\mathcal{A}(t_0, x_0; T) :\ x_0 \in A\}.$$

我们将看到, $\mathcal{R}$ 的内在不变性使我们能够通过邻近法向量所满足的某种 Hamilton-Jacobi 关系来描述它.

(a) 证明 $\mathcal{R}$ 是闭的, 且每个 $\mathcal{R}_T$ 都是紧的及 $\mathcal{R}_{t_0} = A$.

(b) 证明 $\mathcal{R}$ 在 t_0 附近是一致有界的; 即存在 $\varepsilon > 0$ 和一个紧集 C, 使得

$$\mathcal{R}_T \subseteq C, \quad \forall T \in [t_0, t_0 + \varepsilon].$$

(c) 设 S 是 $[t_0, \infty) \times \mathbb{R}^n$ 上的闭子集, 在 t_0 附近一致有界, 且 $S_{t_0} = A$. 证明对任意 $\varepsilon > 0$, 存在 $\delta > 0$ 使得 $S_T \subseteq A + \varepsilon B$, $\forall T \in [t_0, t_0 + \delta]$.

(d) 证明以下内容:

定理 假设 F 是局部 Lipschitz 的. 那么 $\mathcal{R}$ 是 $[t_0,\infty)\times\mathbb{R}^n$ 上满足下列条件的唯一闭子集 S: 在 t_0 附近一致有界且有

(i) $\theta+H(t,x,\zeta)=0,\ \forall(\theta,\zeta)\in N_S^P(t,x),\ \forall(t,x)\in(t_0,\infty)\times\mathbb{R}^n$; 以及

(ii) $S_{t_0}=A$.

5.11.20 设 (Q_1,W_1) 和 (Q_2,W_2) 是 x^* 的 Lyapunov 对. 证明 $(\min\{Q_1,Q_2\},\min\{W_1,W_2\})$ 也是 x^* 的 Lyapunov 对.

5.11.21 对 $n=2$, 与 F 相关的下 Hamilton 函数为

$$h(x,y,p,q)=-|(x-y)(p-1)|.$$

(a) 找到 F.

(b) 设

$$\varphi_1(\tau,\alpha,\beta):=e^{2\tau-2}|\alpha-\beta|,\quad \varphi_2(\tau,\alpha,\beta):=-e^{-2\tau+2}|\alpha-\beta|.$$

φ_1,φ_2 中的哪一个是如下问题的最优值函数

$$\text{minimize}\ \{\ell\,(x(1)):\dot{x}\in F(x),x(\tau)=(\alpha,\beta)\}?$$

5.11.22 在定理 5.9.1 的条件下, 假设 $F(x)$ 的形式为 $f(x,U)$, 其中 U 是 $\mathbb{R}^m$ 的紧子集, 而 f 是连续可微的. 另外, 假设 $F(x)$ 对于每个 x 都是严格凸的:

$$v,w\in F(x),\ v\neq w,\ \lambda\in(0,1)\implies \lambda v+(1-\lambda)w\in\operatorname{int}F(x).$$

从定理 5.9.1 的 Hamilton 函数包含中推导以下结论: 在 $[a,b]$ 上存在一个可测函数 $u(\cdot)$, 使得对 $[a,b]$ 中的几乎每一个 t 都有

$$\dot{x}(t)=f\left(x(t),u(t)\right),\quad -\dot{p}(t)=f_x'\left(x(t),u(t)\right)^*p(t),$$

$$\max_{u'\in U}\langle p(t),f\left(x(t),u'\right)\rangle=\langle p(t),\dot{x}(t)\rangle.$$

这些结论 (连同横截条件) 构成了 Pontryagin 最大原理; 它们可以在更弱的假设条件下得到. (提示: 习题 3.9.13.)

5.11.23 考虑最小化问题

$$\min\left\{\ell\left(x(b)\right)+\int_a^b\varphi\left(x(t)\right)dt:x(a)=x_0,\dot{x}\in F(x)\right\},$$

其中 x_0 是给定的点, φ 和 ℓ 是给定的局部 Lipschitz 函数. 假设 $x(\cdot)$ 是一个解. 利用定理 5.10.3 证明中引入的方法来证明以下必要条件: 存在一个弧 p, 使得

$$(-\dot{p}(t),\dot{x}(t))\in\partial_C H\left(x(t),p(t)\right)-\partial_C\varphi\left(x(t)\right)\times\{0\},\quad t\in[a,b]\ \text{a.e.},$$

$$H\left(x(t),p(t)\right)-\varphi\left(x(t)\right)=\text{常数},\quad t\in[a,b],$$

$$-p(b)\in\partial_L\ell\left(x(b)\right).$$

(提示: 在不失一般性的前提下, 我们可以假设 φ 满足线性增长条件.)

5.11.24 在 $n=1$ 的情况下, 设 $x(\cdot)$ 是下列问题的解:

$$\min\left\{-\beta x(1)+\int_0^1|x(t)|\,dt : x(0)=\alpha, |\dot{x}(t)|\leqslant 1, \forall t\in[0,1]\,\text{a.e.}\right\},$$

其中 α 和 β 为给定常数.

(a) 证明 x 是分段仿射的, 且仿射部分的斜率只有三个可能的值. (提示: 研究曲线 $H(x,p)-|x|=$ 常数.)

(b) 求当 α 和 β 均为正数时的唯一解 x.

5.11.25 设 F 为局部 Lipschitz 的, 并假设系统在全局上是零可控的. 那么最小时间函数 Q(见练习 5.10.7) 是处处有限的. 证明 Q 是唯一的函数 $\varphi:\mathbb{R}^n\to\mathbb{R}$, 满足以下条件:

(i) $\varphi\in\mathcal{F}(\mathbb{R}^n)$, $\varphi(0)=0$, $\varphi(x)>0$, $\forall x\neq 0$;

(ii) $\liminf_{x'\to x,x'\neq 0}\varphi(x')=0$; 以及

(iii) $h\left(x,\partial_P\varphi(x)\right)=-1$, $\forall x\in\mathbb{R}^n\backslash\{0\}$.

5.11.26 我们将证明, 若原点是正规的, 则最小时间函数在 0 点是连续的. 在定理 5.10.3 中已经证明, 对某个 $b>0$, 证明中使用的最优值函数 V_b 在 0 点处是 Lipschitz 的: 存在 $\delta_b>0$, 我们有

$$0\leqslant V_b(\alpha)\leqslant K_b\|\alpha\|\text{ 当 }\|\alpha\|\leqslant\delta_b.$$

(a) 证明对充分小的 $b>0$, 这一结论成立.

(b) 如果 Q 是最小时间函数, 那么证明

$$Q(\alpha)\leqslant\sqrt{K_b\|\alpha\|}+b\text{ 当 }\|\alpha\|<\delta_b.$$

(c) 给定 $\varepsilon>0$, 选取 $b>0$, 使 $\sqrt{b}+b<\varepsilon$. 那么, 对 $\|\alpha\|<\min\{\delta_b b/K_b\}$, 我们有 $Q(\alpha)<\varepsilon$. 证明 Q 在 0 处是连续的.

5.11.27 设 $\mathcal{R}_0$ 为从原点出发的可达集合:

$$\mathcal{R}_0:=\left\{(t,x(t)):t\geqslant 0,\ x\text{ 是一个轨迹},\ x(0)=0\right\}.$$

我们假设 F 是局部 Lipschitz 且自主的. 假设 (T,β) 是 $\mathcal{R}_0$ 的一个边界点, $T>0$.

(a) 证明 $[0,T]$ 上存在弧 p, 存在 F 的轨迹 x 且 $x(0)=0$, $x(T)=\beta$, 使得对某个常数 h, 我们有 $|h|+\|p\|_\infty\neq 0$ 且

$$(-\dot{p}(t), \dot{x}(t)) \in \partial_C H\left(x(t), p(t)\right), \quad t \in [0, T] \text{ a.e.},$$

$$H\left(x(t), p(t)\right) = h, \quad t \in [0, T],$$

$$(h, -p(T)) \in N^L_{\mathcal{R}_0}(T, \beta).$$

(提示: 首先考虑 $N^P_{\mathcal{R}_0}(T, \beta)$ 是非平凡的情况, 然后, 对某个点 $(\tau, \gamma) \in \operatorname{comp} \mathcal{R}_0$, 存在 (T, β) 是 $\mathcal{R}_0$ 中的最近点; 应用练习 5.9.16.)

(b) 推导最小时间问题 (练习 5.10.7) 存在解 x、存在弧 p 和常数 h, 且 $|h| + \|p\|_\infty \neq 0$, 使得

$$(-\dot{p}(t), \dot{x}(t)) \in \partial_C H\left(x(t), p(t)\right), \quad t \in [0, T] \text{ a.e.},$$

$$H\left(x(t), p(t)\right) = h, \quad t \in [0, T].$$

(c) 考虑寻找函数 x: $[0, T] \to \mathbb{R}$, 在 $|\ddot{x}(t)| \leqslant 1$ 的约束条件下, 使初始位置 $\alpha = x(0)$ 和初始速度 $v = \dot{x}(0)$ 在最短时间 T 内到达原点. 将其解释为最小时间问题的一个特例, $n = 2$, $F(x, y) := \{(y, u) : \ |u| \leqslant 1\}$.

(d) 解释 (b) 的必要条件. (提示: 练习 5.9.9.) 继续求出问题的唯一解, 作为初始条件 (α, v) 的函数.

(e) 证明原点是正规的.

(f) 通过计算最小时间函数的表达式, 验证它在零点是连续的, 但不是 Lipschitz 的.

5.11.28 设 $f : \mathbb{R}^m \times \mathbb{R}^n \to \mathbb{R}$ 是局部 Lipschitz 的, 并假设 $f(x, y)$ 作为 x 的函数是凹的, 作为 y 的函数是凸的. 证明

$$\partial_C f(x, y) = \partial_C f(\cdot, y)(x) \times \partial_C f(x, \cdot)(y).$$

(提示: 参见问题 3.9.15 以及引理 5.9.5 的证明.)

5.11.29 我们考虑在定理 5.9.2 条件下, 还要假设集合 $G := \operatorname{graph} F$ 是凸的.

(a) 证明 $H(x, p)$ 是 x 的凹函数.

(b) 证明 Hamilton 函数包含等价于关系式

$$-\dot{p}(t) \in \partial_C H\left(\cdot, p(t)\right)(x(t)), \quad \dot{x}(t) \in \partial_C H\left(x(t), \cdot\right)(p(t)).$$

(c) 证明 Hamilton 函数包含也等价于

$$(\dot{p}(t), p(t)) \in N^P_G\left(x(t), \dot{x}(t)\right).$$

(d) 如果此外, 假定 $\ell(\cdot)$ 是凸的, 那么证明 (P) 可容许的任意弧 x, 只要满足 (与某个弧 p 一起) Hamilton 函数包容和横断条件, 就是 (P) 的解 (即定理 5.9.1 的必要条件也是充分条件.)

5.11.30 设 V 为 5.7 节的最优值函数:

$$V(\tau,\alpha) := \min\left\{\ell\left(x(T)\right) : \dot{x} \in F(x), x(\tau) = \alpha\right\},$$

其中 ℓ 和 F 是局部 Lipschitz 的. 设 $M(\tau,\alpha)$ 表示 $[\tau,T]$ 上的弧 x 的集合且满足

$$(-\dot{p}(t), \dot{x}(t)) \in \partial_C H\left(x(t), p(t)\right), \quad t \in [\tau, T],$$

$$H\left(x(t), p(t)\right) = \text{常数}, \quad t \in [\tau, T],$$

$$-p(T) \in \partial_L \ell\left(x(T)\right).$$

证明

$$V(\tau,\alpha) = \min\left\{\ell(x\,(T)) :\ x \in M(\tau,\alpha)\right\}.$$

(Hamilton-Jacobi 方程的解 V 是由 Hamilton 函数系统的解生成的, 这一事实在经典环境中被称为特征法.)

5.11.31 在定理 5.5.5 的条件下, 假设 Q 和 W 是连续可微的. 证明系统 (F, x^*) 具有全局稳定反馈 $\hat{v}(\cdot)$; 即 F 的选择 $\hat{v}$ 在 $[0,\infty)$ 上的所有 Euler 解, 在任意初始条件下, 均在 $t \to \infty$ 时趋向于 x^*. (提示: 考虑多值函数

$$\hat{F}(x) := \{v \in F(x); \langle \nabla Q(x), v\rangle \leqslant -W(x)\}.\ )$$

我们要指出的是, 一个对原点具有全局渐近可控性的 “好” 系统并不一定需要光滑的 Lyapunov 对. 例如是非逻辑积分器, 其中 $n = 3$ 和

$$F(x) := \left\{(u_1, u_2, x_1u_2 - u_1x_2) : \|(u_1, u_2)\| \leqslant 1\right\}.$$

注释和评论

在自己的时代到来之前被忽视, 一定是令人非常烦恼的.

——Jane Austen《Mansfield 庄园》

Clarke 于 1973 年提出的广义梯度理论, 证明了在完全非光滑、非凸的环境中发展微分的可能性. 这一理论已经成为后续理论的模式, 并指明了如何以及为什么要平等地对待函数和集合, 如何从函数到集合来回传递, 从而获得连贯、完整的微分. 这种设计的某些要素在 Moreau 和 Rockafellar 的凸分析中已有预示. 但是, 抛开凸性假设极大地扩展了这一课题的潜在应用范围.

邻近分析的基本构造——邻近法向量, 在 Clarke 的早期著作中也有介绍, 当时称为"垂直方向". 在那里, 它被用来生成法锥 (进而通过上图生成次梯度). 从这个意义上说, 邻近次梯度从一开始就是隐含的. 然而, 邻近微分本身的发展是后来的事, 人们逐渐意识到, 邻近分析本身应被视为一门独立的学科分支. 在这方面, Rockafellar, Ioffe, Mordukhovich 和 Borwein 的工作非常有价值.

我们不会试图在一篇介绍性文章中列出数以百计的参考文献, 也不会列出有理由提及的数十个其他名字. 不过, 参考文献精选了一些理论和应用方面的最新文章和书籍, 感兴趣的读者可以阅读它们. 在下面的注释中, 如果没有给出引文, 则该结果 (或其变体) 很可能可以在本著作的两个基本来源 [C4] 和 [C5] 中的一个或两个中找到, 这两个来源还包含许多其他参考文献和相关主题.

关于非光滑和非线性分析, 我们向读者推荐的其他一般著作包括 [A2] (侧重于博弈论和经济学)、[DR] 和 [L1] (侧重于最优控制), 以及 [MN] (侧重于应用). 例如, Hiriart-Urruty 和 Lemaréchal 在 [HUL] 中讨论了凸分析. [Ph] 是可微性方面的极好资料. 作为控制论的标准参考文献, 我们建议使用 [FS], [Ro], [So] 和 [Z]. [HL], [PBGM] 和 [Y] 等书是我们的最爱.

第 1 章

[Bo] 中关于 Dini 导数的基本讨论很不错, 这方面的经典参考书是 Saks[Sa] 和 Bruckner[Bru] 的著作. 用于证明定理 1.1.1 的论证源自 [CR]. 所提到的变分学存在定理出现在 [C6] 中. 定理 1.2.3 所给出的流动不变性的切向特征有一段被重新发现的历史, 始于 Nagumo 于 1942 年的研究. 定理 1.2.4 的正态性特征可追溯到

Bony. 特征值的优化在 [BO], [HY] 和 [O] 中有过讨论. 详细讨论见 [CO] 和 [Cx]. Torricelli 桌子的灵感来自 Lyusternik[Ly] 的一个例子. Tikhomirov 的书 [T1] 是一本迷人的优化初级入门书.

第 2 章

定理 2.3.1 的证明技巧是最小化原理的标准技巧 (见 [LS]), 可见参考文献 [DGZ]. 最著名的此类原理是 Ekeland[E] 的变分原理. 然而, 它在邻近分析中的意义有限, 因为它引入了一个带 "角" 的术语, 这与 Borwein 和 Preiss[BP] 的 "光滑变分原理" 不一样. 我们遵循从邻近稠密推导出这一结果. 文章 [CLW] 举了一个线段上 C^1 函数的例子, 该函数的邻近次微分除了在一个集合上比较小之外, 在度量和范畴的意义上都是空的.

定理 2.7.3 有许多前身, 这里使用的方法出现在 [CSW], [RW] 和 [W] 中. 这个结果也是紧接着 4.2 节的中值不等式得出的. 模糊求和法则 (定理 2.8.3) 的本质可追溯到 Ioffe, 而极限求和规则 (定理 2.10.1) 则归功于 Mordukhovich. 习题 2.11.23 源于 Rockafellar 在有限维中得出的结果.

第 3 章

本章的结果紧跟 Clarke[C4] 的结果, 不过后者的内容更丰富. 链式法则 (定理 3.2.5) 是对原方法的改进. 由于符号 ∂, N_S 和 T_S 已被广泛使用, 我们选择保留它们, 同时引入了另一种符号 ∂_C, N_S^C 和 T_S^C, 用于其他构造介入的情况 (如第 5 章).

第 4 章

约束优化在 [C4] 的第 6 章中有更详细的论述. 定理 4.2.6 的中值不等式源于 [CL2]. 令人惊讶的是, 对两个不同集合的值进行比较的情况似乎完全不同, [CL1] 对其进行了处理. 4.3 节的结果有很多前例, 尽管具体方法似乎是新的. Lipschitz 反函数定理源于 Clarke. 关于定理 4.4.2, 参见 [Su]. 定理 4.4.16 以及由此得到的 Rademacher 定理证明, 来自 [BC]. 4.5 节大部分内容沿用 [C4]. 关于变分法的进一步结果, 请参阅 [C5]. Rockafellar 首次指出切锥 T_S^C 具有非空内部的重要性, 以及由此产生的性质. 我们所说的 "楔形" 是一个新名词, 在这里提出它来代替 "上图 Lipschitz". 定理 4.6.12 由 Aubin 和 Clarke[ACl] 提出, 习题 4.7.30 中的函数源于 Rockafellar.

第 5 章

关于我们所说的弱不变性, 有大量工作是在可行性下完成的, 见 [A1] 和 [AC]. Deimling[D] 的书是微分包含的另一本有价值的参考书 (注意: 这里既没有使用

“不变性”, 也没有使用 “可行性”, 作者只简单用了存在性). Euler 解的概念来自 Krasovskii 和 Subbotin 的 [KS], 它在微分博弈中扮演着重要角色, 我们的邻近目标受他们的 “极值目标法” 启发. 定理 5.2.10 是几个结果的综合, 包括函数情况下的某些结果 (见第 1 章注释), 以及 Haddad 和 Veliov 在 [V] 中的一些定理, 这两人第一次提出了邻近标准. 更多评论见 [CLSW]. 强不变性定理 (定理 4.3.8) 的前身在 [C2] 中. 5.4 节的结果摘自 [CLS1]. 我们注意到, 通过考虑可能的有限 “爆破” 次数, 本章的所有结果都可以推广到线性增长假设被去掉的情况.

在过去的几十年里, 有多个学派参与了 Hamilton-Jacobi 方程的非光滑理论的发展. 文献 [B] 描述了 1976 年前后的技术发展状况, 其中 “几乎处处” 类型的 (Lipschitz) 解占主导地位, 并概述了 Fleming 的 “人工粘性” 的近似方法. 据我们所知, 第一个真正意义上的 (次微分) 广义解定义 (由 Clarke 提出, 同样是针对 Lipschitz 函数) 出现在 1977 年[H]. 这些都是粘性意义上的半解. Clarke 和 Vinter 在 [CV] 中综合了这一方法. 1980 年, Subbotin[Su] 在微分博弈的背景下, 用 Dini 导数开创了定义非光滑 (Lipschitz) 解的二重方法. 随后, Crandall, Ishii 和 Lions [CIL] 进一步发展了 Fleming 的方法, (最终) 针对连续函数定义粘性解的二重次微分方法以及随之而来的唯一性定理造就了一个重要突破, 证明了非光滑分析方法在这一问题上的正确性. 似乎是 Barron 和 Jensen[BJ] 首次证明了在某些情况下给出单一次微分特征的可能性, 而且仅仅是针对下半连续解. 5.7 节的结果要归功于他们, 也要归功于 Subbotin, 是他首先强调了不变性的相关性. 关于当前研究方向的其他例子, 请参见 [AF2], [Ba], [BaS], [CaF], [CD] 和 [He].

定理 5.9.1 源于 Clarke, 定理 5.10.3 取自 [CL]. 将许多伴随变量与问题灵敏性联系起来的一些结果是由 Clarke 和 Vinter 提出的. 关于最优控制中的必要条件的改进, 以及在不太严格的条件下使用这些例子, 我们参考 [C5]. 关于最大原理, 请参见 [C3]. 特别地, 并没有假设速度集是凸的. 换句话说, 本章只讨论 “松弛问题”. 即将出版的 [Vi] 一书探讨了最优控制中的必要性条件问题, 包括 Ioffe, Loewen, Mordukhovich 和 Rockafellar 的结果, 旨在完善 Hamilton 函数包含的一些结果.

Brockett 的一个著名定理认为, 对原点具有全局渐近可控性的 (光滑) 系统不一定要有能稳定系统的连续反馈控制. 在 [CLSS] 中, 如果与时间无关的稳定反馈是不连续的, 并且相应的解概念定义如第 5 章所述, 则证明该稳定反馈确实存在. 这主要是通过以下方法实现的: 引用 Sontag 的一个结果来推导连续 Lyapunov 对的存在, 然后类似习题 5.11.31 中的推导. 关于光滑 Lyapunov 对是否存在的见解见 [CLS2]. 关于反馈构造的其他方法, 请参见 [Ber], [CPT], [Kry], [KS] 和 [RolV].

概 念 列 表

我们在此列出该书中出现的主要概念.

$\mathrm{proj}_S(x)$	x 在集合 S 上的投影
$d_S(x)$ 或 $d(x;S)$	x 到 S 的距离
$N_S^P(x)$ 或 $N^P(x;S)$	S 在 x 处的邻近法锥
$\partial_P f(x)$	f 在 x 处的邻近次微分
$\partial^P f(x)$	f 在 x 处的邻近超微分
$\mathrm{dom}\, f$	f 的有效域
$\mathrm{gr}\, f$	f 的图
$\mathrm{epi}\, f$	f 的上图
$\mathcal{F}(U)$	U 上所有不恒为 $+\infty$ 的扩充实值下半连续函数构成的集合
$\partial_L f(x)$	f 在 x 处的极限次微分
$N_S^L(x)$	S 在 x 处的极限法锥
$f'(x;v)$	f 在 x 处方向为 v 的方向导数
$f'_G(x)$	f 在 x 处的 Gâteaux 导数
$f'(x)$	f 在 x 处的 Fréchet 导数
$I_S(\cdot)$ 或 $I(\cdot;S)$	S 的指示函数
$f^\circ(x;v)$	f 在 x 处方向为 v 的广义方向导数
$h_S(\cdot)$, $H_S(\cdot)$	S 的下和上支撑函数
$\partial f(x)$ 或 $\partial_C f(x)$	f 在 x 处的广义梯度
$T_S(x)$ 或 $T_S^C(x)$	S 在 x 处的广义切锥
$T_S^B(x)$	S 在 x 处的 Bouligand 切锥
$N_S(x)$ 或 $N_S^C(x)$	S 在 x 处的广义法锥
$Df(x;v)$	f 在 x 处方向为 v 的次导数
$\partial_D f(x)$	f 在 x 处的方向次微分
$\nabla f(x)$	f 在 x 处的梯度向量
h, H	下和上 Hamilton 函数

参考文献

[Ar] Artstein, Z., Stabilization with relaxed controls, Nonlinear Anal. **7** (1983), 1163-1173.

[At] Attouch, H., Viscosity solutions of minimization problems, SIAM. J. Optim. **6** (1996), 769-806.

[A1] Aubin, J.-P., Viability Theory, Birkhäuser, Boston, 1991.

[A2] Aubin, J.-P., Optima and Eguilibria: An Introduction to Nonlinear Analysis, Graduate Texts in Mathematics, vol. 140, Springer-Verlag, New York, 1993.

[AC] Aubin, J.-P. and Cellina, A., Differential Inclusions, Springer-Verlag, Berlin, 1994.

[ACl] Aubin, J.-P. and Clarke, F.H., Monotone invariant solutions to differential inclusions, J. London Math. Soc. **16**(2) (1977), 357-366.

[AF1] Aubin, J.-P. and Frankowska, H., Set-Valued Analysis, Birkhäuser Boston, 1990.

[AF2] Aubin, J.-P. and Frankowska, H., Partial differential inclusions governing feedback controls, J. Convex Ana. **2** (1995), 19-40.

[BaS] Bardi, M. and Soravia, P., A comparison result for Hamilton-Jacobi equations and applications to some differential games lack ing controllability, Funkcial. Ekvac. **37** (1994), 19-43.

[Ba] Barles, G., Discontinuous viscosity solutions of first-order Hamilton-Jacobi equations: A guided visit, Nonlinear Anal. **20** (1993), 1123-1134.

[BJ] Barron, E. N. and Jensen, R., Optimal control and semicontinuous viscosity solutions, Proc. Amer. Math. Soc. **113** (1991), 397-402.

[BB] Basar, T. and Bernhard, P., H^∞-Optimal Control and Related Minimax Design Problems, Birkhäuser, Berlin, 1991.

[B] Benton, S. H., The Hamilton-Jacobi Equation: A Global Approach, Academic Press, New York, 1977.

[Ber] Berkovitz, L. D., Optimal feedback controls, SIAM J. Control Optim. **27** (1989), 991-1006.

[BC] Bessis, D. and Clarke, F. H., Partial subdifferentials, derivates, and Rademacher's Theorem, Trans. Amer. Math. Soc. **7** (1999), 2899-2926.

[BEFB] Boyd, S., El Ghaoui, L., Feron, E. and Balakrishnan, V., Linear Matrix Inequalities in System and Control Theory, SIAM, Philadelphia, PA, 1994.

[Bo] Boas, R. P., A Primer of Real Functions, Carus Mathematical Monographs, Mathematical Association of America, Washington, DC, 1960.

[BoCo] Bonnisseau, J.-M. and Cornet, B., Existence of marginal cost pricing equilibria: The nonsmooth case, Internat. Econom. Rev. **31** (1990), 685-708.

[BI] Borwein, J. M. and Ioffe, A., Proximal analysis in smooth spaces, Set-Valued Anal. **4** (1996), 1-24.

[BP] Borwein, J. M. and Preiss, D., A smooth variational principle with applications to subdifferentiability and to differentiability of convex functions, Trans. Amer. Math. Soc. **303** (1987), 517-527.

[BZ] Borwein, J. M. and Zhu, Q. J., Variational analysis in nonreflexive spaces and applications to control problems with L^1 perturbations, Nonlinear Anal. **28** (1997), 889-915.

[Br] Brézis, H., Analyse Fonctionnelle: Théorie et Applications, Masson, Paris, 1983.

[Bru] Bruckner, A., Differentiation of Real Functions, 2nd ed., CRM Monograph Series 5, American Mathematical Society, Providence, RI, 1994.

[BO] Burke, J. V. and Overton, M. L., Differential properties of the spectral abscissa and the spectral radius for analytic matrix-valued mappings, Nonlinear Anal. **23** (1994), 467-488.

[By] Byrnes, C. I., On the control of certain infinite dimensional systems by algebro-geometric techniques, Amer. J. Math. **100** (1978), 1333-1381.

[CD] Cannarsa, P. and DaPrato, G., Second-order Hamilton-Jacobi equations in infinite dimensions, SIAM J. Control Optim. **29** (1991), 474-492.

[CaF] Cannarsa, P. and Frankowska, H., Value function and optimality condition for semilinear control problems. II. The parabolic case, Appl. Math. Optim. **33** (1996), 1-33.

[C1] Clarke, F. H., Necessary conditions for nonsmooth problems in optimal control and the calculus of variations, Doctoral thesis, University of Washington, 1973.

[C2] Clarke, F. H., Generalized gradients and applications, Trans. Amer. Math. Soc. **205** (1975), 247-262.

[C3] Clarke, F. H., The maximum principle under minimal hypotheses, SIAM J. Control Optim. **14** (1976), 1078-1091.

[C4] Clarke, F. H., Optimization and Nonsmooth Analysis, Wiley Interscience, New York, 1983; reprinted as vol. 5 of Classics in Applied Mathematics, SIAM, Philadelphia, PA, 1990; Russian translation, Nauka, Moscow, 1988.

[C5] Clarke, F. H., Methods of Dynamic and Nonsmooth Optimization, CBMS/NSF Regional Conf. Ser. in Appl. Math., vol. 57, SIAM, Philadelphia, PA, 1989.

[C6] Clarke, F. H., An indirect method in the calculus of variations, Trans. Amer. Math. Soc. **336** (1993), 655-673.

[CL1] Clarke, F. H. and Ledyaev, Yu., Mean value inequalities, Proc. Amer. Math. Soc. **122** (1994), 1075-1083.

[CL2] Clarke, F. H. and Ledyaev, Yu., Mean value inequalities in Hilbert space, Trans. Amer. Math. Soc. **344** (1994), 307-324.

[CL] Clarke, F. H. and Loewen, P. D., The value function in optimal control: Sensitivity, controllability and time-optimality, SIAM J. Control Optim. **24** (1986), 243-263.

[CLS1] Clarke, F. H., Ledyaev, Yu., and Stern, R. J., Fixed points and equilibria in nonconvex sets, Nonlinear Anal. **25** (1995), 145-161.

[CLS2] Clarke, F. H., Ledyaev, Yu., and Stern, R. J., Asymptotic stability and smooth Lyapunov functions, J. Differ. Equations **149(1)** (1998), 69-114.

[CLSS] Clarke, F. H., Ledyaev, Yu., Sontag, E. D., and Subbotin, A. I., Asymptotic controllability implies feedback stabilization, IEEE Trans. Automat. Control **42(10)** (1997), 1394-1407.

[CLSW] Clarke, F. H., Ledyaev, Yu., Stern, R. J., and Wolenski, P. R., Qualitative properties of trajectories of control systems: A survey, J. Dynam. Control Systems **1** (1995), 1-47.

[CLW] Clarke, F. H., Ledyaev, Yu., and Wolenski, P. R., Proximal analysis and minimization principles, J. Math. Anal. Appl. **196** (1995), 722-735.

[CR] Clarke, F. H. and Redheffer, R., The proximal subgradient and constancy, Canad. Math. Bull. **36** (1993), 30-32.

[CSW] Clarke, F. H., Stern, R. J., and Wolenski, P. R., Subgradient criteria for Lipschitz behavior, monotonicity and convexity, Canad. J. Math. **45** (1993), 1167-1183.

[CV] Clarke, F. H. and Vinter, R. B., Local optimality conditions and Lipschitzian solutions to the Hamilton-Jacobi equations, SIAM J. Control Optim. **21** (1983), 856-870.

[CPT] Coron, J.-M., Praly, L., and Teel, A., Feedback Stabilization of Nonlinear Systems: Sufficient Conditions and Lyapunov and Input-output Techniques, In Trends in Control (A. Isidori, Ed.), Springer-Verlag, New York, 1995.

[Cx] Cox, S. J., The shape of the ideal column, Math. Intelligencer **14(1)** (1992), 16-24.

[CO] Cox, S. J. and Overton, M. L., On the optimal design of columns against buckling, SIAM J. Math. Anal. **23** (1992), 287-325.

[CIL] Crandall, M. G., Ishii, H., and Lions, P.-L., User’ s guide to viscosity solutions of second-order partial differential equations, Bull. Amer. Math. Soc. **27** (1992), 1-67.

[D] Deimling, K., Multivalued Differential Equations, de Gruyter, Berlin, 1992.

[DR] Demyanov, V. F. and Rubinov, A. M., Constructive Nonsmooth Analysis, Peter Lang, Frankfurt, 1995.

[DGZ] Deville, R., Godefroy, G., and Zizler, V., Smoothness and Renormings in Banach Spaces, Longman and Wiley, New York, 1993.

[E] Ekeland, I., Nonconvex minimization problems, Bull. Amer. Math. Soc. (New Series) **1** (1979), 443-474.

[F] Filippov, A. F., Differential Equations with Discontinuous Right-Hand Sides, Kluwer Academic, Dordrecht, 1988.

[FS] Fleming, W. H. and Soner, H. M., Controlled Markov Processes and Viscosity Solutions, Springer-Verlag, New York, 1993.

[Fr] Frankowska, H., Lower semicontinuous solutions of the Hamilton-Jacobi equation, SIAM J. Control Optim. **31** (1993), 257-272.

[FK] Freeman, R. A. and Kokotovic, P. V., Robust Nonlinear Control Design. State-Space and Lyapunov Techniques, Birkhäuser, Boston, 1996.

[H] Havelock, D., A Generalization of the Hamilton-Jacobi Equation, Master's thesis, University of British Columbia, Vancouver, Canada, 1977.

[He] Hermes, H., Resonance, stabilizing feedback controls, and regularity of viscosity solutions of Hamilton-Jacobi-Bellman equations, Math. Control Signals Systems **9** (1996), 59-72.

[HL] Hermes, H. and Lasalle, J. P., Functional Analysis and Time Optimal Control, Academic Press, New York, 1969.

[HS] Heymann, M. and Stern, R. J., Ω rest points in autonomous control systems, J. Differ. Equations **20** (1976), 389-398.

[HUL] Hiriart-Urruty, J.-B. and Lemaréchal, C., Convex Analysis and Minimization Algorithms. I. Fundamentals, Springer-Verlag, Berlin, 1993.

[HY] Hiriart-Urruty, J.-B. and Ye, D., Sensitivity analysis of all eigenvalues of a symmetric matrix, Numer. Math. **70** (1995), 45-72.

[I] Ioffe, A. D., Proximal analysis and approximate subdifferentials, J. London Math. Soc. **41** (1990), 175-192.

[Is] Isidori, A., Nonlinear Control Systems: An Introduction, Springer-Verlag, Berlin, 1985.

[JDT] Jofré, A., Dihn, T. L., and Théra, M., ε-Subdifferential calculus for nonconvex functions and ε-monotonicity, C. R. Acad. Sci. Paris Sér. I Math. **323** (1996), 735-740.

[KS] Krasovskii, N. N. and Subbotin, A. I., Game-Theoretical Control Problems, Springer-Verlag, New York, 1988.

[Kry] Kryazhimskii, A., Optimization of the ensured result for dynamical systems, Proceedings of the International Congress of Mathematicians, vols. 1, 2 (Berkeley, CA, 1986), pp. 1171-1179, American Mathematical Society, Providence, RI, 1987.

[LLM] Lakshmikantham, V. Leela, S., and Martynyuk, A., Practical Stability of Nonlinear Systems, World Scientific, Singapore, 1990.

[Le] Leitmann, G., One approach to the control of uncertain dynamical systems, Appl. Math. Comput. **70** (1995), 261-272.

[LS] Li, Y. and Shi, S., A generalization of Ekeland's ε-variational principle and of its Borwein-Preiss smooth variant, J. Math. Anal. Appl. **246(1)** (2000), 308-319.

[L] Lions, J. L., Contrle Optimal de Systèmes Gouvernés des Equations aux Dérivées Partielles, Dunod, Paris, 1968.

[L1] Loewen, P. D., Optimal Control via Nonsmooth Analysis, CRM Proc. Lecture Notes, vol. 2, American Mathematical Society, Providence, RI, 1993.

[L2] Loewen, P. D., A mean value theorem for Fréchet subgradients, Nonlinear Anal. **23** (1994), 1365-1381.

[Ly] Lyusternik, L. A., The Shortest Lines. Variational Problems, MIR, Moscow, 1976.

[MN] Mäkelä, M. M. and Neittaanmäki, P., Nonsmooth Optimization, World Scientific, London, 1992.

[MW] Mawhin, J. and Willem, M., Critical Point Theory and Hamiltonian Systems, Springer-Verlag, New York, 1989.

[MS] Mordukhovich, B. S. and Shao, Y. H., On nonconvex subdifferential calculus in Banach spaces, J. Convex Anal. **2** (1995), 211-227.

[O] Overton, M. L. Large-scale optimization of eigenvalues, SIAM J. Optim. **2** (1992), 88-120.

[Pa] Panagiotopoulos, P. D., Hemivariational Inequalities. Applications in Mechanics and Engineering, Springer-Verlag, Berlin, 1993.

[PQ] Penot, J.-P. and Quang, P. H., Generalized convexity of functions and generalized monotonicity of set-valued maps, J. Optim. Theory Appl. **92** (1997), 343-356.

[Ph] Phelps, R. R., Convex Functions, Monotone Operators and Differentiability, 2nd ed., Lecture Notes in Mathematics, vol. 1364, Springer-Verlag, New York, 1993.

[Po] Polak, E. On the mathematical foundations of nondifferentiable optimization in engineering design, SIAM Rev. **29** (1987), 21-89.

[PBGM] Pontryagin, L. S., Boltyanskii, R. V., Gamkrelidze, R. V., and Mischenko, E. F., The Mathematical Theory of Optimal Processes, Wiley, New York, 1962.

[RW] Redheffer, R. and Walter, W., The subgradient in Rn, Nonlinear Anal. **20** (1993), 1345-1348.

[R1] Rockafellar, R. T., Convex Analysis, Princeton Mathematical Series, vol. 28, Princeton University Press, Princeton, NJ, 1970.

[R2] Rockafellar, R. T., The Theory of Subgradients and Its Applications to Problems of Optimization: Convex and Nonconvex Functions, Helderman Verlag, Berlin, 1981.

[R3] Rockafellar, R. T., Lagrange multipliers and optimality, SIAM Rev. **35** (1993), 183-238.

[RolV] Roland, J. D. and Vinter, R. B., Construction of optimal feedback control, System Control Lett. **16** (1991), 357-367.

[Ro] Roxin, E. O., Control Theory and its Applications, Gordon and Breach, New York, 1996.

[Ru1] Rudin, W., Real and Complex Analysis, McGraw-Hill, New York, 1966.

[Ru2] Rudin, W., Functional Analysis, McGraw-Hill, New York, 1973.

[Sa] Saks, S., Theory of the Integral, Monografie Matematyczne Ser., no. **7** (1937); 2nd rev. ed., Dover, New York, 1964.

[So] Sontag, E. D., Mathematical Control Theory, Texts in Applied Mathematics vol. 6, Springer-Verlag, New York, 1990.

[Su] Subbotin, A. I., Generalized Solutions of First-Order PDEs, Birkhäuser, Boston, 1995.

[SSY] Sussmann, H., Sontag, E., and Yang, Y., A general result on the stabilization of linear systems using bounded controls, IEEE Trans. Automat. Control **39** (1994), 2411-2425.

[T1] Tikhomirov, V. M., Stories about Maxima and Minima, American Mathematical Society, Providence, RI, 1990.

[T2] Tikhomirov, V. M., Convex Analysis and Approximation Theory, Analysis II, Encyclopaedia of Mathematical Sciences (R. V. Gamkrelidze, Ed.), vol. 14, Springer-Verlag, New York, 1990.

[V] Veliov, V., Sufficient conditions for viability under imperfect measurement, Set-Valued Anal. **1** (1993), 305-317.

[Vi] Vinter, R. B., Optimal Control, Birkhäuser Boston, 2010.

[W] Weckesser, V., The subdifferential in Banach spaces, Nonlinear Anal. **20** (1993), 1349-1354.

[WZ] Wolenski, P. R. and Zhuang, Y., Proximal analysis and the minimal time function, SIAM J. Control Optim. **36(3)** (1998), 1048-1072.

[Y] Young, L. C., Lectures on the Calculus of Variations and Optimal Control Theory, Saunders, Philadelphia, PA, 1969.

[Z] Zabczyk, J., Mathematical Control Theory: An Introduction, Birkhäuser, Boston, 1992.

《现代数学译丛》已出版书目

(按出版时间排序)

1 椭圆曲线及其在密码学中的应用——导引 2007. 12 〔德〕Andreas Enge 著 吴 铤 董军武 王明强 译

2 金融数学引论——从风险管理到期权定价 2008. 1 〔美〕Steven Roman 著 邓欣雨 译

3 现代非参数统计 2008. 5 〔美〕Larry Wasserman 著 吴喜之 译

4 最优化问题的扰动分析 2008. 6 〔法〕J. Frédéric Bonnans 〔美〕Alexander Shapiro 著 张立卫 译

5 统计学完全教程 2008. 6 〔美〕Larry Wasserman 著 张 波 等 译

6 应用偏微分方程 2008. 7〔英〕John Ockendon, Sam Howison, Andrew Lacey & Alexander Movchan 著 谭永基 程 晋 蔡志杰 译

7 有向图的理论、算法及其应用 2009. 1〔丹〕J. 邦詹森〔英〕G . 古廷 著 姚 兵 张忠辅 译

8 微分方程的对称与积分方法 2009.1〔加〕乔治 W. 布卢曼 斯蒂芬 C. 安科 著 闫振亚 译

9 动力系统入门教程及最新发展概述 2009.8 〔美〕Boris Hasselblatt & Anatole Katok 著 朱玉峻 郑宏文 张金莲 阎欣华 译 胡虎翼 校

10 调和分析基础教程 2009.10 〔德〕Anton Deitmar 著 丁 勇 译

11 应用分支理论基础 2009. 12 〔俄〕尤里・阿・库兹涅佐夫 著 金成桴 译

12 多尺度计算方法——均匀化及平均化 2010. 6 Grigorios A. Pavliotis, Andrew M. Stuart 著 郑健龙 李友云 钱国平 译

13 最优可靠性设计：基础与应用 2011. 3 〔美〕Way Kuo, V. Rajendra Prasad, Frank A.Tillman, Ching-Lai Hwang 著 郭进利 闫春宁 译 史定华 校

14 非线性最优化基础 2011.4 〔日〕Masao Fukushima 著 林贵华 译

15 图像处理与分析：变分，PDE，小波及随机方法 2011.6 Tony F. Chan, Jianhong (Jackie) Shen 著 陈文斌，程 晋 译

16 马氏过程 2011.6 〔日〕福岛正俊 竹田雅好 著 何 萍 译 应坚刚 校

17 合作博弈理论模型 2011.7 〔罗〕Rodica Branzei 〔德〕Dinko Dimitrov 〔荷〕Stef Tijs 著 刘小冬 刘九强 译

18 变分分析与广义微分 I：基础理论 2011. 9 〔美〕 Boris S. Mordukhovich 著 赵亚莉 王炳武 钱伟懿 译

19 随机微分方程导论应用(第 6 版) 2012. 4 〔挪〕Bernt Øksendal 著 刘金山 吴付科 译

20 金融衍生产品的数学模型 2012.4 郭宇权(Yue-Kuen Kwok) 著 张寄洲 边保军 徐承龙 等 译

21 欧拉图与相关专题 2012.4 〔英〕Herbert Fleischner 著 孙志人 李 皓 刘桂真 刘振宏 束金龙 译 张 昭 黄晓晖 审校

22 重分形：理论及应用 2012.5 〔美〕戴维・哈特 著 华南理工分形课题组 译

23 组合最优化：理论与算法 2014. 1 〔德〕 Bernhard Korte Jens Vygen 著 姚恩瑜 林治勋 越民义 张国川 译

24 变分分析与广义微分 II：应用 2014. 1 〔美〕 Boris S. Mordukhovich 著 李 春 王炳武 赵亚莉 王 东 译

25 算子理论的 Banach 代数方法(原书第二版) 2014.3 〔美〕 Ronald G. Douglas 著 颜 军 徐胜芝 舒永录 蒋卫生 郑德超 孙顺华 译

26 Bäcklund 变换和 Darboux 变换——几何与孤立子理论中的应用 2015.5 [澳]C. Rogers W. K. Schief 著 周子翔 译

27 凸分析与应用捷径 2015.9 〔美〕 Boris S. Mordukhovich, Nguyen Mau Nam 著 赵亚莉 王炳武 译

28 利己主义的数学解析 2017.8 〔奥〕 K. Sigmund 著 徐金亚 杨 静 汪 芳 译

29 整数分拆 2017.9 〔美〕 George E. Andrews 〔瑞典〕Kimmo Eriksson 著 傅士硕 杨子辰 译

30 群的表示和特征标 2017.9 〔英〕 Gordon James, Martin Liebeck 著 杨义川 刘瑞珊 任燕梅 庄 晓 译

31 动力系统仿真、分析与动画—— XPPAUT 使用指南 2018.2 〔美〕 Bard Ermentrout 著 孝鹏程 段利霞 苏建忠 译

32 微积分及其应用 2018.3 〔美〕 Peter Lax Maria Terrell 著 林开亮 刘 帅 邵红亮 等 译

33 统计与计算反问题 2018.8 〔芬〕 Jari Kaipio Erkki Somersalo 著 刘逸侃 徐定华 程 晋 译

34　图论(原书第五版)　2020.4　〔德〕 Reinhard Diestel　著　〔加〕于青林　译

35　多元微积分及其应用　2019.10　〔美〕 Peter Lax　Mara Terrell　著　林开亮　刘　帅　邵红亮　等　译

36　变分分析与应用　2023.3　〔美〕 Boris S. Mordukhovich　著　欧阳薇　译

37　流行病学中的数学模型　2023.4　〔美〕 弗雷德·布劳尔 (Fred Brauer)　〔美〕 卡洛斯·卡斯蒂略-查弗斯 (Carlos Castillo-Chavez)　〔美〕 冯芷兰 (Zhilan Feng)　著　〔荷〕金成桴　〔荷〕何燕琍　译

38　非光滑分析与控制理论　2024.6　〔法〕 F. H. 克拉克 (F. H. Clarke)　〔俄〕 Yu. S. 拉德耶夫 (Yu. S. Ledyaev)　〔加〕 R. J. 斯特恩 (R. J. Stern)　〔美〕 P. R. 沃伦斯基 (P. R. Wolenski)　李明华　薛小维　李小兵　王其林　卢成武　译